審計

（第三版）

主編 呂先錩

S 崧燁文化

前　言

自 2006 年初版、2008年再版以來，得到了廣大讀者的認可和肯定。初版至今已有10年，審計的環境、理論與技術方法的研究與應用也已上了一個新臺階，主要表現在審計功能拓展、審計內容延伸、審計準則更新、審計技術進步、審計報告改進等方面。為了適應這些變化，反應審計理論研究的最新成果和審計實務的新準則與標準，本書在保留原書特色的基礎上，做了較大變動。主要體現在：

第一，本書在保留原書整體思路和基本結構的基礎上，對第二部分內容做了較大改動。按照初學者的邏輯思維，從審計的基本流程和技術入手；按照既要保證審計質量又要控制審計成本的思路，利用風險管理和目標管理的思路與方法，強化審計方案的針對性和有效性，依據目標導向和風險評價的結果來指導與規範審計實施階段的工作。

第二，本書體現了最新的審計社會需求和實務規則，以註冊會計師審計為主，兼顧政府審計和內部審計，依據新修訂的《審計準則及應用指南》，對審計規範、審計技術和審計報告等相關內容進行了修訂。

第三，本書按照創新人才、發散思維和信息技術的要求，精簡了知識性的介紹內容，重在應用基本技能、案例分析和職業判斷培養審計思維，強調審計人員的專業能力和職業判斷，關注審計程序的選擇和審計職業判斷的運用。

第四，為了幫助學習者理解和掌握教學重點，本書每章都列示了學習目標。

在廣泛徵求意見的基礎上，本書的結構和框架由主編擬定。本書各章作者如下：呂先錩教授修訂第一章、第二章、第三章、第四章，李越冬副教授修訂第五章、第六章、第七章、第八章，劉新琳副教授修訂第九章、第十章、第十三章、第十四章，唐敏副教授修訂第十一章和第十二章。

教材的修訂和質量提升是一個持續過程，鑒於修訂時間緊和作者能力有限，教材難免存在缺陷和不足，敬請各位讀者和老師批評指正，以便進一步提高教材的質量，更好地適應教學需要。

編　者

目　錄

第一章　審計要素 (1)
第一節　審計動因 (1)
第二節　審計概念 (8)
第三節　審計業務 (13)
第四節　審計組織 (16)

第二章　自律與道德約束 (22)
第一節　職業道德原則 (23)
第二節　潛在利益衝突 (26)

第三章　業務準則與執行 (31)
第一節　業務準則 (32)
第二節　控制準則 (39)

第四章　法律責任 (47)
第一節　責任界定 (48)
第二節　民事法律責任認定 (57)
第三節　防範措施 (61)

第五章　基本審計流程 (64)
第一節　審計流程概述 (64)
第二節　計劃審計工作 (66)
第三節　實施審計測試 (83)
第四節　編製工作底稿 (86)

第六章　關鍵審計流程 (95)
第一節　審計目標 (96)
第二節　審計程序 (102)

第三節　審計證據 …………………………………………………（108）

第七章　重要審計策略 ……………………………………………………（114）
　　第一節　重要性 ……………………………………………………（115）
　　第二節　重大錯報風險評估與應對 ………………………………（121）
　　第三節　利用他人工作 ……………………………………………（127）

第八章　審計的技術運用 …………………………………………………（132）
　　第一節　審計抽樣 …………………………………………………（132）
　　第二節　控制測試中的抽樣技術 …………………………………（143）
　　第三節　實質性程序中的抽樣技術 ………………………………（152）
　　第四節　信息技術的運用 …………………………………………（157）

第九章　收入與銷售循環審計 ……………………………………………（167）
　　第一節　銷售循環與審計策略 ……………………………………（169）
　　第二節　典型實質性程序 …………………………………………（174）

第十章　支出與付款循環審計 ……………………………………………（190）
　　第一節　支出循環與審計策略 ……………………………………（190）
　　第二節　典型實質性程序 …………………………………………（197）

第十一章　生產循環審計 …………………………………………………（210）
　　第一節　生產循環與審計策略 ……………………………………（210）
　　第二節　典型實質性程序 …………………………………………（219）

第十二章　籌資與投資循環審計 …………………………………………（232）
　　第一節　循環交易與審計策略 ……………………………………（232）
　　第二節　籌資活動實質性程序 ……………………………………（240）
　　第三節　投資活動實質性程序 ……………………………………（247）

第十三章　特殊事項審計 …………………………………………………（253）
　　第一節　貨幣資金審計 ……………………………………………（254）
　　第二節　考慮持續經營假設 ………………………………………（266）
　　第三節　或有事項審計 ……………………………………………（271）
　　第四節　期後事項審計 ……………………………………………（274）

第十四章　完成審計工作 ……………………………………………（282）
 第一節　匯總審計差異 ………………………………………（282）
 第二節　獲取管理層和律師聲明書 …………………………（288）
 第三節　與治理層溝通 ………………………………………（291）
 第四節　復核與評價 …………………………………………（292）

第十五章　審計報告 …………………………………………………（297）
 第一節　審計報告概述 ………………………………………（298）
 第二節　標準審計報告 ………………………………………（300）
 第三節　非標準審計報告 ……………………………………（304）
 第四節　審計報告的編製 ……………………………………（310）
 第五節　審計以后發現的事項 ………………………………（313）

第一章
審計要素

學習目標：

通過本章學習，你應該能夠：
- 理解受託責任與審計的關係；
- 掌握審計與鑒證；
- 瞭解能夠提供的主要業務；
- 明確不同主體的組織模式及差異；
- 區分會計與審計的關係。

在開始學習審計之前，我們首先需要瞭解審計是從哪裡來的、誰需要審計、審計能夠做什麼。要回答以上問題，先閱讀下面引例。

[引例] 陳欣下崗發了5萬元遣散費，認為存銀行利率太低，投資購房本錢太少，想投資於股票市場。到證券公司辦理了各項手續後，他便開始選擇要投資的股票，但不知購買哪一家上市公司的股票。他請教了幾個朋友。朋友元芳認為，挑一家每股盈余最大的公司做投資，投資回報肯定不錯。吳衛說挑一家每股現金流量最大的公司，投資最為保險。李剛說哪家公司股票漲得好就買哪家，跟著莊家炒收益一定好。另一個朋友文眾提醒他，最好看看公司公布的審計報告，看註冊會計師是怎樣說的。陳欣想，我買上市公司股票，與審計有什麼關係？

第一節 審計動因

一、國家分權與政府審計

政府審計源於國家的產生，國家經濟發展到一定程度，國家管理日益複雜，國家資源的所有者與管理者實施分離，形成受託經濟責任關係，從客觀上誘發了審計的產生。

我國政府審計萌芽於夏禹時期，即公元前21世紀，其主要標誌是「會稽」的產生。《史記·夏本紀》載：「自虞、夏時，貢賦備矣。或言禹會諸侯江南，記功而崩，因葬焉，命曰會稽。會稽者，會計也。」「會稽」應取會聚考核驗證之意，即對諸侯王的治水以及政績考功和交納貢賦的稽驗。可以講，夏朝孕育了國家審計的萌芽。

據《周禮》記載，西周在天子之下設有天、地、春、夏、秋、冬六卿，冢宰為天官之長、六卿之首，相當於后世的宰相。其中，國家財計機構分為兩個系統：一是掌管財政收入的「地官司徒」系統；二是掌管財政支出、會計核算、審計監督等事項的「天官冢宰」系統。在中大夫下設置「宰夫」，行使審計職責。據《周禮·天官·宰夫》記載：「宰夫之職，掌治朝之法，以正王及三公、六卿、大夫群吏之位。掌其禁令，敘群吏之治。」宰夫「歲終，則令群吏正歲會；月終，則令正月要；旬終，則令正日成。而以考其治，治不以時舉者，以告而誅之。」「掌治法，以考百官府郡都縣鄙之治，乘其財用之出入。凡失財用物辟名者，以官刑詔冢宰而誅之；其足用長財善物者，賞之。」由上述文獻記載可見，宰夫地位雖然低下，但已經具有一定的獨立性，標誌著我國政府審計的產生，如圖 1-1 所示。

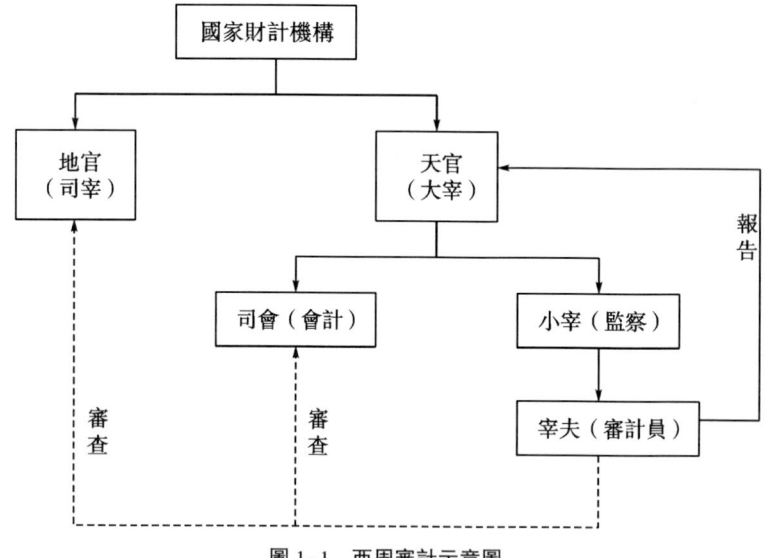

圖 1-1　西周審計示意圖

秦漢時期是我國審計的確立階段，主要表現在三個方面：一是初步形成了統一的審計模式。秦建立起一套由君主直接控制的監察系統，在官制上秦朝實行「三公九卿」制，「三公」是指丞相、御史大夫和太尉。其中，御史大夫執掌圖籍章奏、彈劾、糾察百官之權，即行使政治、軍事、經濟的監察大權，並輔助丞相處理政務，集審計與監察於一身。二是「上計」制度日趨完善。三是審計地位提高，職權擴大。秦漢時期審計制度雖已確立，但仍屬初步發展時期。

隋唐時代是我國封建社會的鼎盛時期，宋代是我國封建社會經濟的持續發展時期。在這一時期，審計在制度方面日臻完善。隋、唐兩代，在刑部之下設比部，與司法監督並列，是我國最早的獨立於財政機關以外的司法審計監督機關。據《舊唐書·職官志》記載，比部官員的職責是：「掌勾諸司百僚俸料，公廨、贓贖、調斂、徒役、課程，逋懸數物，周知內外之經費而總勾之。」據《唐六典·刑部》記載，「諸司百僚俸料，公廨、贓贖。戍上、中、下差。凡京師有別借食本。每季一申省……比部

總勾復之。」由此可見，到唐代，凡國家財計，無論軍政、內外、上下，無所不審，審計範圍通達國家財政經濟的各個領域，一直下伸到州、縣，史無前例。建炎元年（公元 1127 年），為避宋高宗趙構名諱，將諸司諸軍專勾司改稱審計院，下設干辦諸司審計司和干辦諸軍審計司兩大部門，負責戶部所轄諸司諸軍的財務審計。審計院的創立標誌著我國用「審計」一詞命名的審計機構的產生。

元、明、清各朝，由於實行了日益強化的君主專制，審計雖有發展，但總體上是停滯不前的。元、明兩代均未設獨立審計機構。清代直至光緒年間，才擬定單獨設立審計院，並草訂《審計院官職條例》二十條，由於清政府被推翻而未能實施。

辛亥革命后，中華民國於 1912 年在國務院下設審計處，1914 年北洋政府將其改為審計院；同年頒布《審計法》，這是我國正式頒布的第一部審計法。1928 年國民黨政府設審計院，並頒布了《審計法》及其實施細則，次年頒布《審計組織法》。1933 年改審計院為審計部，直屬監察院，將審計機構置於監察系統之中。並於 1938 年修訂了《審計法》，以後又有幾次修改補充，審計制度日臻完善。

據考證，早在古羅馬、古埃及和古希臘時代，就有了官廳審計機構。審計人員以「聽證」的方式，對掌管國家財物和賦稅的官吏進行考核。西方國家中，英國的審計具有悠久的歷史，是近代審計的發源地。英國的王室財政審計制度早在 13 世紀就已正式建立，至今有 770 年的歷史。在威廉一世和亨利一世時代，財政部就設置了審計監督部門，即上、下兩院，上院（收支監督局）和下院（收支局）執行審計監督。為實施分權管理，建立約束機制，英國在 1215 年頒布了制約英王權力的《大憲章》，奠定了英國政府審計制度產生和發展的政治基礎。現代意義上的政府審計，是近代民主政治發展的產物。按照民主政治的原則，人民有權對國家事務和人民財產的管理進行監督。因此，各級政府機關和官員在受託管理屬於全民所有的公共資金和資源時，應接受經濟責任制度的嚴格約束。這種約束方式表現為政府審計機關對受託管理者的經濟責任進行審計監督。

二、企業財產權與註冊會計師審計

註冊會計師審計起源於義大利，形成於英國，發展於美國。早在 16 世紀的義大利，商業城市威尼斯出現了最早的合夥企業。在合夥企業中，有的合夥人不參與經營管理，委託另一些合夥人管理企業事務，於是出現了兩權（所有權與經營權）分離。不參與企業管理的合夥人，客觀上希望能有一個獨立的第三者對合夥企業的經營情況進行監督與檢查，產生了對註冊會計師審計的最初需要。1581 年，一批具有良好的會計知識、專門從事查帳和公證工作的專業人員，在威尼斯創立了威尼斯會計協會。註冊會計師審計雖然起源於義大利，但它對后來註冊會計師審計事業的發展影響不大。

英國在創立和傳播註冊會計師審計職業的過程中發揮了重要作用。工業革命開始后的 18 世紀下半葉，資本主義的生產力得到了迅速發展，生產的社會化程度大大提高。股份公司制產生，公司規模擴大，所有權與經營權進一步分散，大多數股東

已完全脫離經營管理，股東及潛在的市場投資者非常關心公司的經營成果，以便做出是否繼續持有或購買公司股票的決定。瞭解公司經營成果等方面的情況主要是依據財務報表來進行的。因此，在客觀上進一步產生了由獨立會計師對公司財務報表進行審計，以保證財務報表信息真實可靠的需求。促使註冊會計師審計產生的「催化劑」是1721年英國的「南海公司事件」，南海公司以虛假會計信息誘騙投資者上當，最終導致公司破產，給股東和債權人帶來嚴重損失。英國議會聘請會計師查爾斯‧斯內爾（Charles Snell）對南海公司進行審計。查爾斯‧斯內爾成了世界上第一位註冊會計師。1853年蘇格蘭愛丁堡創立了第一個註冊會計師的專業團體——愛丁堡會計師協會。該協會的成立，標誌著註冊會計師職業的誕生。

美國南北戰爭后，英國巨額資本開始流入美國，促進了美國經濟的發展，出現了一些民間的會計組織。1887年，美國公共會計師協會成立；1916年該協會改組為美國註冊會計師協會，現成為世界上最大的註冊會計師協會。在20世紀初期，由於金融資本對產業資本的廣泛滲透，公司同銀行的聯繫更加緊密，銀行逐步把資產負債表作為瞭解企業信用的依據，於是產生了資產負債表審計，即美國式註冊會計師審計。審計方法也逐步從單純的詳細審計過渡到初期的抽樣審計。

到20世紀三四十年代，資本主義國家出現了嚴重的經濟危機，大批企業倒閉，投資人和債權人遭受了巨大的經濟損失，迫使企業的相關利益人關心企業的經營結果。1933年，美國《證券法》規定，在證券交易所上市企業的財務報表必須接受註冊會計師審計，向社會公眾公布註冊會計師的審計報告。美國註冊會計師協會與證券交易所合作的特別委員會與紐約證券交易所上市委員會於1936年發表的《獨立註冊會計師對財務報表的檢查》（Examination of Financial Statements by Independent Public Accountants）明確規定，應當檢查全部財務報表並向股東報告，尤其強調利潤表審計。隨著商品經濟的發展，促使註冊會計師審計由最初的詳細審計發展到資產負債表審計，進而發展為財務報表審計。審計的目標由查錯防弊發展到對財務報表發表審計意見。註冊會計師審計的服務對象逐步由所有者擴大到債權人及整個社會。

第二次世界大戰后，跨國公司得到空前發展，國際資本的流動帶動了註冊會計師審計的國際化，形成了一大批國際性會計師事務所。至2005年，國際性會計師事務所已經合併為「四大」，即是普華永道（Price House Coopers）、安永（Ernst & Young）、畢馬威（KPMG）、德勤（Deloitte Touche Tohmatsu）。與此同時，審計技術也在不斷發展，抽樣審計方法普遍使用，制度基礎審計方法得到推廣，風險導向審計的開始應用以及計算機輔助審計技術被廣泛採用。註冊會計師業務擴大到代理納稅、會計服務、投資諮詢、管理諮詢等領域。美國註冊會計師審計發展階段的對比如表1-1所示。

表 1-1　　　　　　　　　註冊會計師審計的發展過程

階段		資產負債表審計（20世紀初至30年代）	財務報表審計（20世紀三四十年代）	現代審計（二戰後至今）
特點	1. 審計對象	由會計帳目擴大到資產負債表	所有財務報表和相關財務資料	所有財務報表和相關財務資料
	2. 審計目的	主要是通過對資產負債表數據的檢查，判斷企業信用狀況（償債能力）	對財務報表發表審計意見	對財務報表發表審計意見
	3. 審計技術	從詳細審計初步轉到抽樣審計	廣泛採用抽樣審計	普遍運用抽樣審計，推廣應用制度基礎審計、風險導向審計；廣泛採用計算機輔助審計技術
	4. 報告使用者	除企業股東外，更突出了債權人	社會公眾	社會公眾
	5. 審計範圍		擴大到測試相關的內部控制	擴大到測試相關的經營風險與內部控制
	6. 其他		制定審計準則，推行註冊會計師資格考試制度	會計師事務所跨國發展；業務範圍擴大到鑒證、諮詢服務等

　　辛亥革命之后，我國出現了中國民族資本主義的萌芽。1918年年初，時任中國銀行總司長的謝霖向當時的北洋政府農商部、財政部遞呈了執行會計師業務的呈文和章程——《會計師暫行章程》；同年9月，北洋政府農商部核准了該章程，頒布了我國第一部註冊會計師法規——《會計師暫行章程》，並批准謝霖先生為中國的第一位註冊會計師。與此同時，謝霖創辦了中國第一家會計師事務所——正則會計師事務所。1930年，國民政府頒布了《會計師條例》，確立了會計師的法律地位，之后，上海、天津、廣州等地也相繼成立了多家會計師事務所。1925年在上海成立了全國會計師公會。1933年，成立了全國會計師協會。至1947年，全國已擁有註冊會計師2,619人，並建立了一批會計師事務所。

　　新中國成立后，註冊會計師審計在我國的經濟恢復工作中發揮了積極作用。黨的十一屆三中全會以后，隨著外商來華投資日益增多，1980年12月14日財政部頒布了《中華人民共和國中外合資經營企業所得稅法實施細則》，規定外資企業財務報表要由註冊會計師進行審計，這為恢復我國註冊會計師制度提供了法律依據。1980年12月23日，財政部頒發了《關於成立會計顧問處的暫行規定》，1981年1月1日在上海成立了恢復註冊會計師制度后的第一家會計師事務所——上海會計師事務所。隨后，全國各地紛紛成立會計師事務所（審計事務所），從而推動了我國註冊會計師審計的發展。我國註冊會計師審計的發展如表1-2所示。

表 1-2　　　　　　　　我國註冊會計師審計的發展過程

時間	重要事件
1980年12月23日	財政部發布《關於成立會計顧問處的暫行規定》，是我國恢復註冊會計師的標誌
1981年1月1日	新中國第一家會計師事務所——上海會計師事務所成立
1986年7月3日	頒布第一部註冊會計師法規——《中華人民共和國註冊會計師條例》
1988年11月15日	中國註冊會計師協會成立
1991年	恢復全國註冊會計師統一考試
1993年10月31日	頒布了第一部註冊會計師法律——《中華人民共和國註冊會計師法》
1995年12月	正式頒布第一批獨立審計準則，並於1996年1月1日起開始施行
1996年10月	中國註冊會計師協會加入亞太會計師聯合會
1997年5月	國際會計師聯合會（IFAC）接納中國註冊會計師協會為正式會員，並同時成為國際會計準則委員會的正式成員
1999年2月	發布了第三批獨立審計準則，於1999年7月1日開始施行
2006年2月	發布了與國際準則趨同的執業準則體系，並於2007年1月1日起執行

三、公司管理分權與內部審計

從世界範圍內來考察，內部審計的發展先後經歷了莊園內部審計、行會內部審計和企業內部審計三種不同形態。

（一）莊園內部審計

歐洲的莊園隨著封建制度的確立形成於9世紀，13世紀達到頂峰。莊園是歐洲農村的基本生活中心，13世紀90%的人口生活在莊園裡。莊園是封建制度下的政治經濟單位，是國王封給封臣的土地，封臣即莊園主，稱為領主。莊園的土地分為領主的自營地和農奴的份地。領種份地的農奴必須服勞役無償耕種領主的自營地。領主為了鞏固自己的地位，任命莊園官吏——總管、管家和莊頭管理莊園。莊頭通常是農奴，具體負責莊園農業經營，並記錄帳簿。領主和莊頭之間形成委託受託關係。為了檢查莊頭的行動，建立了監視制度，包括由領主任命審計人一年一次對莊頭編製的帳簿進行審計。審計通過聽帳或者檢查的方式核對帳簿，如果發現有應付未付的領主財物時，可以把莊頭示眾或者關入監獄，直至所欠款付清為止。

（二）行會內部審計

行會是城市手工業者和商人保障自身利益的行業內部組織，最早於10世紀出現在義大利，后來傳入法國、英國和德國。行會的成員稱為行東，行會名義上擁有財產，可以對外簽訂合同，其財產和合同屬於全體行員所有。經國王認可的商人行會，可以獲得其所在區域內的交易獨占權。會員可以自負盈虧或者與其他會員合夥進行交易，但大多數行會擁有會員投入、行會管理的財產。為了管理行會的財產，行會

設置了各種管理理事和會計。行會每年召開一次行會成員大會，其主要議題是：①選舉行會理事會成員和審計人員；②評價理事會工作情況，聽取審計人員報告審計工作情況。審計人員的主要任務是：定期檢查「行會帳戶」的帳簿和行會帳戶記錄；其工作重點是對行會理事會及其成員管理行會業務的情況，並定期向行會大會報告審計結果，行會審計作為一種獨特的內部審計形式，最早出現於英國。根據審計史研究文獻記載，14世紀中葉倫敦市雜貨商行會、16世紀中葉倫敦市合金工匠行會及17世紀后期的木匠行會，都曾實行過行會審計。

（三）企業內部審計

18世紀以後，產業革命促進了整個歐洲經濟的發展。手工業經濟組織向現代工業企業過渡，給企業所有權帶來了新的變化。股份公司出現後，由於大量股東分散在社會各方，企業的重大經營決策只能由股東選出的董事會進行。董事會成員作為股東之一，接受股東大會委託，組織企業經營活動，並向廣大股東承擔經濟責任。在經營過程中，董事會作為決策機構，又任命具體的經理人員負責對董事會決策的全面組織、實施。因此，廣大股東為維護自身的利益，不僅要求瞭解董事會決策是否對自己有利，也要求及時瞭解經營管理人員所執行的經營方針，以及利潤分紅政策是否對其有利。19世紀末，在一次次經濟危機的嚴重打擊下，深受股份公司破產之苦的股東和債權人強烈要求對企業的會計記錄與資產管理加強監督。為了滿足這些正當的要求，英國議會於1844年率先制定公司法，從法律制度上明確要求企業設監事之職，行使內部審計之權，從而初步確立了近代內部審計制度。

德國克虜伯公司在軍火工業中占據著統治地位，它是一個將採煤、冶金、機器和軍火生產合為一體的巨大康採恩。1875年，該公司也實行了內部審計制度。該公司的審計手冊指出：審計人員應確定公司業務是否正確地遵循了法律、合同、政策和程序，並取得成功。就此而論，審計人員應提出建議，以改進現存設備和程序，並改進管理。這表明，該公司已配備審計人員，並初步實施了合規審計和經營審計。

在美國，鐵道部門是最早認識到審計的必要性並建立內部審計制度的行業。它們在19世紀末就配備了內部審計人員，負責巡視各鐵路售票機構，檢查現金記錄的正確性，故這些審計人員也稱為「巡迴審計師」。約在1919年，美國一家大型鐵路公司就曾利用內部審計人員對餐車業務進行了財務審計和經營審計。這些審計人員在審計報告中不僅揭露了工作差錯和舞弊行為，而且詳細列舉了浪費現象。

四、審計發展歷程揭示

（1）審計是政治經濟發展到一定階段的產物，其直接原因是財產所有權與經營權的分離以及內部的分權管理。政府審計的產生以國家為前提，國家出現剩餘物品后，交予各級官吏管理，於是產生了剩餘財產國王所有與官員管理的分離。註冊會計師審計萌芽於地中海的合夥制企業，產生於英國的股份制公司。內部審計產生於組織內部的分權管理。

（2）審計隨著經濟的發展而發展。經濟的發展程度不同，審計的制度和效用不

同。政府審計萌芽於夏朝，產生於周朝，發達於隋、唐，衰落於元、明、清。註冊會計師審計萌芽於地中海商品經濟，產生於英國股份制經濟，發達於美國的資本經濟。

（3）審計功能和範圍逐步拓展，審計技術和程序日趨成熟。審計功能從檢查到評價，審計技術從全面到抽查，從復核到制度風險導向，審計範圍從會計帳目到財務報表到經營管理。

（4）審計組織具有獨立的身分，審計人員具備客觀、公正的態度。

第二節　審計概念

一、審計關係

在經濟不發達的時期，對於小規模的經濟，生產資料的所有者可以親自管理，生產資料的所有者也是生產資料的管理者和監督者。隨著社會生產力的提高和社會經濟的發展，社會財富日益增多，剩餘產品逐漸增加。當生產資料的所有者不能直接管理和經營其所擁有的財富時，就有必要授權或委託他人代為管理和經營，必然導致生產資料所有權與經營管理權的分離，從而產生委託和受託責任關係。如圖1-2 所示。

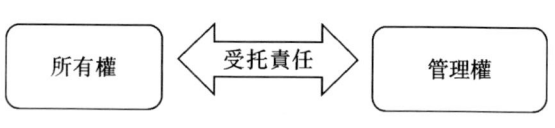

圖 1-2　受託責任關係

當社會生產力發展到一定的水平上，奴隸主國家疆土的擴大與財富的增多，導致了統治者分封王族、功臣和貴族到各地做諸侯，這些諸侯受命於國王，管理國王的土地，並向國王交納一定的貢賦。這種土地國王所有制與管理權的分離，也即是國家授權管理的開始，它使國王與各路諸侯之間不僅存在政治依附關係，也出現了經濟責任關係。

當合夥人企業出現後，企業合夥人授權或委託部分合資者管理企業，需要瞭解管理者履行合夥契約的情況。當企業生產規模進一步發展以後，股份有限公司的企業組織一出現，生產資料的所有者和經營者得到了進一步分離，企業所有者增加──股東與債權人，受託責任範圍進一步擴大。

財產所有權和管理權的分離，所有者或者委託者將自己的經濟資源交予管理者進行經營管理，管理者承擔經濟資源保值和增值的責任，在所有或者委託者和管理者之間形成受託責任關係。所有或者委託者不直接參與管理者的經營管理活動，為了瞭解經營管理的現狀和結果，特委託具有專業能力的第三者（審計者）對管理者進行審計，以便解除管理者的受託責任。兩權分離引發了社會經濟生活對審計的需

求，產生了審計關係。沒有兩權分離，就沒有審計關係的產生。如圖 1-3 所示。

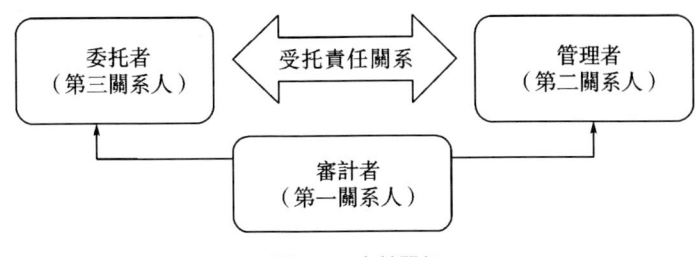

圖 1-3　審計關係

所謂審計關係就是構成審計需求的三要素之間的責任關係。作為審計主體的第一關係人在審計活動中起主導作用，它既要接受第三關係人的委託或授權，又要對第二關係人所履行的受託責任進行審查和評價，還要獨立於第二關係人及第三關係人，其獨立性影響審計效果。因此，受託責任關係是審計產生的基礎。

二、審計的定義

受託責任的解除需要借助管理層提供的會計信息。從會計信息的傳遞過程來看，會計信息傳遞的基本目的在於把關於經濟活動的信息轉換和傳遞給會計信息使用者（股東等），如圖 1-4 所示。

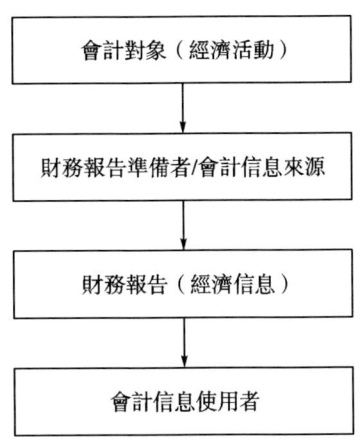

圖 1-4　會計信息的傳遞過程

會計信息使用者收到信息后通常有兩種判斷：①把信息內容轉換成他所需瞭解的經濟事項的相關知識；②需評價收到的信息的質量。

如果會計信息使用者有能力對這兩項判斷做出正確的分析，那麼審計也沒有產生的可能。

如果會計信息使用者無法評價會計信息質量，他要麼信任信息的質量（在沒有利益衝突時），要麼依賴於第三者來幫助其評估信息質量。但由於委託者與受託人

之間天生的利益衝突，以及經濟后果的嚴重性，會增加會計信息使用者評估信息質量的重要性和評估難度，由此產生了對獨立第三者審計會計信息質量的需求。我們稱獨立第三者為審計師，並將其作為信息傳遞過程的一部分。修正后的信息傳遞如圖1-5所示。

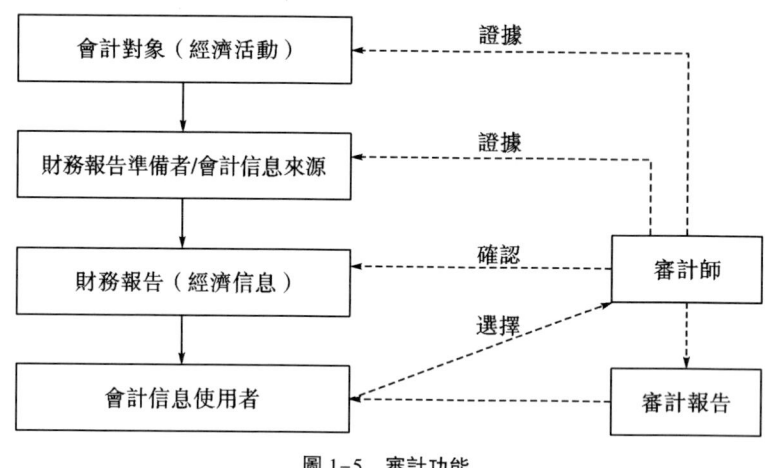

圖1-5 審計功能

如圖1-5所示，審計師的增加並未改變使用者和經濟事項之間基本的信息傳遞（實線連線部分），而是增加了一個次級的審計師和使用者之間的信息確認過程（虛線連線部分）。信息傳遞的基本目的在於滿足使用者可靠信息的需要。審計確認的目的在於幫助使用者判斷信息質量，是一種提高會計信息的可信度、降低會計信息風險的一種保障服務。

審計（Audit）是指具有專業勝任能力的獨立人員，客觀地獲取證據以評價有關認定的一個系統過程，其目的是確認這些認定的可靠性和有效性。正確理解這一概念應從以下幾方面進行：

（一）獨立的專業勝任能力

審計人員必須有專業知識、經驗和能力，熟知既定的標準，具有得出適當結論所需的職業判斷；同時，審計人員必須在審計形式和審計實質上都能夠保持獨立的身分和態度。

（二）客觀收集和評價的系統過程

審計的目的是基於制訂審計計劃和審計策略，通過實施系列的審計程序來獲取證據，以評價這些證據與既定標準的相符程度。既定標準是指判斷被審計單位認定時所使用的標準。這些標準既可能是立法機關、政府部門所制定的法律法規，或管理當局所制定的預算或其他績效衡量標準，也可能是權威團體所發布的一般公認會計準則。

（三）相關認定

相關認定是被審計單位確認並承諾的，需要傳達給認定的需求者和使用者（是

指所有使用或依賴審計報告的個體，對一個企業來說通常包括股東、管理當局、債權人、政府機構和一般社會公眾）。認定的範圍是由受託責任界定的，主體是經濟責任，也可能包括環境責任、社會責任等，具體表現為財務報表、內部控制、財政預算及決算等。審計的責任是對這些認定發表審計意見，如財務報表是上市公司管理層的認定。審計需要對財務報表認定發表意見，並報告上市公司股東等信息使用者。

（四）可靠性與有效性

通過獨立的、外部的視角，審計可以提高認定信息的可靠性和有效性，從而降低認定信息的風險。美國財務會計概念公告第 1 號《企業財務報表的目標》（Objectives of Financial Reporting by Business Enterprises）精闢闡釋了審計的作用：「如果決策者掌握了反應企業經營狀況和成果的信息，並將其應用於評價各種備選方案的預期回報、成本和風險，那麼，個人、企業、市場和政府在各項相互競爭的用途之間分配稀缺資源的有效性將得以提高。經過獨立第三者對財務報表以及其他可能的信息進行檢查或審核，可以提高信息的可靠性或可信度。」

目前，審計已經拓展到鑒證。按照 AICPA 鑒證服務委員會的定義，鑒證是「提高決策者所需信息或相關內容的質量的獨立專業服務」。鑒證業務包括三方關係、鑒證對象、標準、證據和鑒證報告五要素。

（1）三方關係。三方關係人分別是註冊會計師、責任方和預期使用者。註冊會計師對由責任方負責的鑒證對象或鑒證對象信息提出結論，以增強除責任方之外的預期使用者對鑒證對象信息的信任程度。

（2）鑒證對象。鑒證對象具有多種不同的表現形式，如財務或非財務的業績或狀況、物理特徵、系統與過程、行為等。不同的鑒證對象具有不同特徵。

（3）標準。標準即用來對鑒證對象進行評價或計量的基準，當涉及列報時，還包括列報的基準。

（4）證據。通過實施程序獲取充分、適當的證據是註冊會計師提出鑒證結論的基礎。

（5）鑒證報告。註冊會計師應當針對鑒證對象信息（或鑒證對象）在所有重大方面是否符合適當的標準，以書面報告的形式發表能夠提供一定保證程度的結論。

三、會計與審計的關係

審計通常與會計信息的產生過程有關，審計多數的證據來源於會計系統，一個審計師必須具備會計的專門知識和技能（而會計師卻不必有審計的專門知識和技能）。如圖 1-6 所示，在形成財務報告的過程中，會計人員按照適當的會計準則確認、計量、分類、披露和報告財務信息。審計人員則以會計準則作為標準來評價財務表達的公允性。

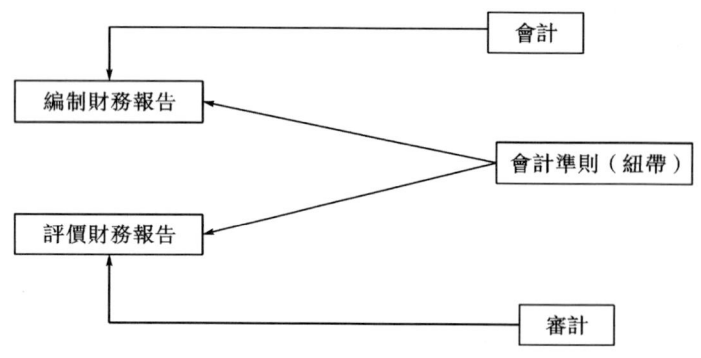

圖 1-6　會計與審計的關係

會計和審計的區別：
（一）目的不同
（1）會計的目的是為決策者提供可靠和相關的會計信息；
（2）審計目的是通過證據判斷會計信息的可信程度，形成審計意見。
（二）方法不同
　　會計方法包括計量、描述和解釋經濟數據時所採用的各種技術和程序，包括計量、記錄、報告的方法。通過應用這些方法，反應了取得、使用和處理經濟資源的活動。這種描述和解釋程序的結果是用財務報表的形式進行表述。會計是一個產生有用的、可定量的經濟信息的創造過程。
　　審計方法包括收集和評價用以判定已產生的會計信息和既定標準吻合程度的證據技術與程序。調查的結果和評價的過程通常以某種鑒證的形式向會計信息使用者表述，幫助他們在多大程度上依靠所得到的信息做出決策。因而，審計本質上是一個收集有用和做出判斷的信息鑒定過程。它通常並不產生任何新的經濟信息，它能夠而且確實提高會計過程中產出的經濟信息的價值。
（三）流程不同
　　會計與審計流程的區別，如圖 1-7 所示。

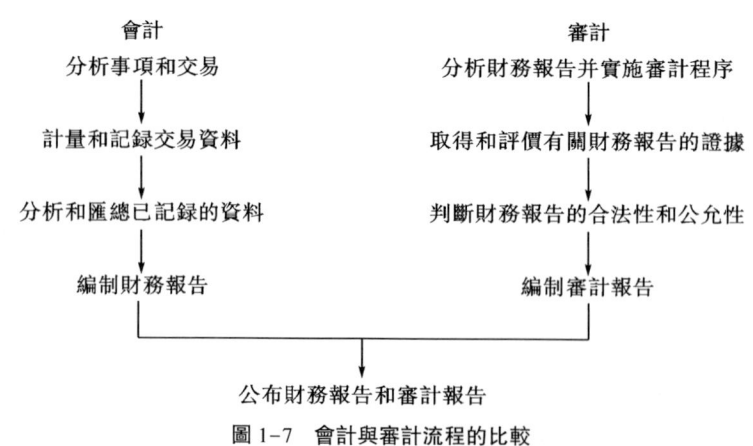

圖 1-7　會計與審計流程的比較

［案例分析］周小康是一家公司的經營負責人，在經營期結束之后，他請當地一家會計師事務所對其經營期內的財務報表進行審計。該會計師事務所經過審計，出具了無保留意見審計報告。不久，檢察機關接到舉報，有人反應周小康在經營期內，暗自收受回扣，侵吞國家財產。為此，檢察機關傳訊周小康。周小康到檢察機關后，手持會計師事務所審計報告，振振有詞地說：「會計師事務所已經出具了審計報告，證明我沒有經濟問題。如果不信，你們可以問註冊會計師。」你是否同意周小康的話？如果你是會計師事務所的負責人，你將如何回答這一問題？

第三節　審計業務

審計業務範圍取決於受託責任範圍，受託責任主要指經濟責任，但也可能包括環境責任、社會責任等。按照不同的標準考察審計業務，會形成不同的審計業務類型。

一、按內容分類

審計按照業務內容，可以劃分為財政（財務）審計、合規審計、績效審計。

（1）財政（財務）審計是指對被審計單位的財政（財務）收支所進行的審計，如開展財務報表審計對是否按照適用的財務報表編製基礎發表審計意見。財務報表編製基礎分為通用目的編製基礎和特殊目的編製基礎。其中，通用目的編製基礎主要是指會計準則和會計制度，特殊目的編製基礎包括計稅核算基礎、現金收付實現核算等。財務報表通常包括資產負債表、利潤表、現金流量表、所有者權益（或股東權益）變動表以及財務報表附註。

（2）合規審計是指對被審計單位是否遵循了特定的法律、法規、程序或規則，或者是否遵守將影響經營或報告合同的要求所進行的審計，如法規的遵循審計、合同審計等。

（3）績效審計是指對被審計單位經營活動的經濟和效率以及程序所進行的審計。美國政府審計準則對績效審計做出如下規定：「經濟和效率審計包括確定：①經濟主體取得、保護和使用其資源（如人員、財產和空間）時是否具備經濟性和效率性；②低效或不經濟的成因；③經濟主體是否遵守法律法規中關於經濟和效率的規定。程序審計包括確定：①立法機關或其他權威機構的預測結果或多或少影響收益的實現程度；②組織、系統、業務活動或職能的效力；③經濟主體是否遵循法律法規所適用於該系統的規定。」績效審計要對企業生產、經營、管理的全過程進行審計。績效審計的對象不限於會計，還包括組織機構、計算機系統、生產方法、市場行銷等領域。其任務是：揭露經營管理過程中存在的問題和薄弱環節，探求解決問題的有效途徑，提出改善經營管理、提高經濟效益的措施。

二、按主體分類

審計按照執行的主體，可以劃分為政府審計、內部審計和註冊會計師審計。

（1）政府審計是指政府審計機關依法所實施的審計。其審計內容包括對中央和地方政府各部門及其他公共機構財政財務收支的真實性、合法性，運用公共資源的有效性以及提供公共服務的質量。

（2）內部審計是組織內部審計機構對本部門、本單位的財政財務收支和其他經濟活動所進行的審計。2001年1月國際內部審計師協會發布的新版《國際內部審計專業實務框架》中，將內部審計定義為：內部審計是一種獨立、客觀的確認和諮詢活動，旨在增加價值和改善組織的營運。它通過應用系統的、規範的方法，評價並改善風險管理、控制及治理過程的效果，幫助組織實現其目標。

（3）註冊會計師審計（也稱為獨立審計、民間審計）是指註冊會計師接受委託對財務報表等所進行的審計。

三、按實施時間分類

審計按照實施時間，可以劃分為事前審計、事中審計和事後審計。

（1）事前審計是指在被審計單位經濟業務實際發生以前所進行的審計，例如：政府審計機關對財政預算編製的合理性、重大投資項目的可行性等進行的審查；會計師事務所對企業盈利預測文件的審核；內部審計組織對本企業生產經營決策和計劃的科學性與經濟性、經濟合同的完備性所進行的評價。開展事前審計，有利於被審計單位進行科學決策和管理，保證未來經濟活動的有效性，避免因決策失誤而遭受重大損失。

（2）事中審計是指在被審計單位經濟業務執行過程中進行的審計。如對預算執行審計、基本建設工程跟蹤審計、信息系統運行有效性審計、內部控制運行有效性審計等。通過這種審計，能夠及時發現和反饋問題，盡早糾正偏差，從而保證經濟活動按預期目標合法合理和有效地進行。

（3）事後審計是指在被審計單位經濟業務完成之後進行的審計。大多數審計活動都屬於事後審計。如上市公司的年度財務報表審計、領導幹部任期經濟責任審計、決算審計等。

四、按審計技術模式分類

審計按照採用技術模式，可以分為帳項基礎審計、制度基礎審計和風險基礎審計三種。這三種審計技術模式代表著審計技術的進步與發展，但就具體的審計項目來講，往往幾種技術模式同時採用。

（1）帳項基礎審計是指以會計帳目記錄為基礎，通過審查會計資料收集有關審計證據，從而形成審計意見的一種審計取證模式。審計目標是查錯防弊。審計方法主要是詳細審計，即對大量的憑證、帳目、財務報表等進行逐項審查。其優點是：這種取證方式可以直接取得具有實質性意義的審計證據，審計質量有保障。其缺點是：在審計範圍和審計目標發生巨大變化的條件下，帳目基礎審計已無法兼顧審計質量和審計效率兩方面的要求。

（2）制度基礎審計是指從評價被審計單位內部控制入手，根據對內部控制風險

的評估結果，確定實質性程序的審查範圍和重點，依據綜合測試證據形成審計意見的一種審計取證模式。由於公司規模擴大，財務報表審計無法採用傳統的詳細審計，因而改為運用抽查方法。其優點是：根據內部控制的測評結果確定實質性程序的範圍和重點。這種取證方式較好地適應了審計環境和審計目標的變化，提高了審計質量和效率，同時也減少了審計取證的盲目性，降低了審計風險。其缺點是：內部控制的可依賴程度與實質性程序所需要的檢查工作之間缺乏量化關係；被審計單位雖然建立了較為完善的內部控制，如果其管理人員不予執行，內部控制的有效性難以保障。

風險基礎審計是指在通過對被審計單位各種風險因素進行充分評估分析的基礎上，將風險控制方法融入傳統審計方法中，進而獲取審計證據，形成審計結論的一種審計取證模式。該審計大量運用於財務報表審計。風險基礎審計立足於對風險進行系統的分析和評價。在審計過程中，審計人員不僅要對控制風險進行評價，而且要對審計各個環節的風險進行評價，並在評價的基礎上運用相應的方法進行實質性程序。這種技術既可以提高審計效率，又可以保證審計工作質量。

審計分類的標準有很多，可歸納如表 1-3 所示。

表 1-3　　　　　　　　　　審計分類匯總表

基本分類 （體現審計本質）	按主體分類	政府審計 內部審計 民間審計（註冊會計師審計）
	按內容分類	財務報表審計 合規審計 績效審計
其他分類	按技術模式分類	帳項基礎審計 制度基礎審計 風險基礎審計
	按實施時間分類	事前審計 事中審計 事后審計
	按執行地點分類	就地審計 報送審計
	按與被審計單位關係分類	內部審計 外部審計
	按是否取酬分類	有償審計 無償審計

不同審計主體主要從事的審計業務類型及關注的重點領域各有不同，歸納總結如表 1-4 所示。

表 1-4　　　不同審計主體從事的審計類型及關注的重點領域比較

	政府審計	註冊會計師審計	內部審計
績效審計	次要	較少	主要
財務審計	較少	主要	較少
合規審計	主要	次要	次要

第四節　審計組織

一、會計師事務所的組織形式

會計師事務所是註冊會計師依法承辦業務的機構。綜觀世界各國註冊會計師行業的發展，會計師事務所有獨資、普通合夥制、股份有限公司制和有限責任合夥制四種形式。

（一）獨資

獨資會計師事務所是由具有註冊會計師執業資格的個人獨立開辦，承擔無限責任的會計師事務所。這類會計師事務所執業人員少，經營方式靈活，但無力承擔大型業務，發展受到限制。

（二）普通合夥制

普通合夥制會計師事務所是由兩位或兩位以上的註冊會計師組成的合夥組織。合夥人以各自的財產對會計師事務所的債務承擔無限連帶責任。這類會計師事務所有利於專業發展，但發展過程較慢。

（三）股份有限公司制

股份有限公司制會計師事務所是由註冊會計師認購會計師事務所的股份，並以其所認購股份對會計師事務所的債務承擔有限責任的會計師事務所。會計師事務所以其全部資產對債務承擔有限責任。這類會計師事務所容易形成規模經營，能承擔大型業務，但降低了風險責任對執業行為的高度約束，降低了註冊會計師個人的責任。

（四）有限責任合夥制

有限責任合夥（Limited Liability Partnership, LLP），國內稱特殊普通合夥制。在特殊的普通合夥會計師事務所的合夥人中，一個合夥人或者數個合夥人在執業活動中因故意或者重大過失造成合夥事務所債務的，應當承擔無限責任或者無限連帶責任，而其他合夥人以其在合夥事務所中的財產份額為有限承擔責任。合夥人在執業活動中非因故意或者重大過失造成的合夥事務所債務以及合夥事務所的其他債務，由全體合夥人承擔無限連帶責任。它具有合夥制和股份有限公司制的優點。

各個會計師事務所都有自己的組織結構，設立分所的會計師事務所一般按照業務類型或者地區組織，每個業務類別或者地區都由一個合夥人或者負責人全權負責該類業務或者地區業務。

每個審計項目由合夥人或者負責人領導的項目小組負責實施，由合夥人或者負責人以及項目經理簽署報告，並對審計結果承擔責任。合夥人或者負責人負責項目的各項決策，包括審計範圍、審計策略以及重大會計審計事項等。項目經理具體負責管理項目審計各項活動，包括制訂審計計劃、與被審計單位溝通、分配小組成員任務，指導、監督和復核小組成員工作等。

參與項目審計工作的註冊會計師，按照國際慣例實行「考試+註冊」登記制度。考試劃分為專業階段和綜合階段。專業階段主要測試受試者是否具備註冊會計師執業所需的專業知識，是否掌握基本技能和職業道德要求。專業階段的考試科目為：審計、財務成本管理、經濟法、會計、公司戰略與風險管理、稅法。綜合階段主要測試受試者是否具備在註冊會計師執業環境中運用專業知識，保持職業價值觀、職業態度與職業道德，有效解決實務問題的能力。綜合階段的考試科目為：職業能力綜合測試。考試合格的考生從事兩年審計實務工作後可以註冊成為簽字註冊會計師。

二、政府審計的組織模式

政府審計機關的組織模式與各個國家的權力分配和制衡相適應，它充分體現各國的政治體制特色。目前，世界各國政府審計機關的組織模式大體有如下幾種：

（一）立法型政府審計機關

立法型政府審計機關服務於立法部門。這是現代政府審計機關中最為普遍的一種形式，美國、加拿大、英國、澳大利亞等政府審計機關都屬於這一類型。立法型政府審計機關的特點是：由議會直接領導，能夠對政府行政部門獨立行使審計監督而不受行政當局的控制和干預。這種模式的政府審計機關必須有強有力的立法機構體系和完善的立法程序做後盾，才能保證發揮其職能作用。

（二）司法型政府審計機關

司法型政府審計機關服務於國家司法部門，擁有很強的司法權，西班牙、法國、土耳其等政府審計機關都屬於這一類型。這種模式的特點是：政府審計機關實施審計時不受任何第三者干擾，只受法律約束，同時擁有一定的司法權。實際上這是將政府審計司法化，從而強化審計職能。

（三）行政型政府審計機關

行政型政府審計機關服務於政府行政部門，是政府行政部門的一個職能部門，也有少數將其隸屬於財政部門。瑞典、瑞士等政府審計機關均屬於這一類型。這種模式的政府審計機關直接對政府負責，有權對各級政府和部門及國有企事業單位獨立行使審計職權。由於政府行政部門具有廣泛的行政權力，因此，在審計工作的開展和審計建議的執行方面，這類審計機關可能具有更為便利的條件。

（四）獨立型審計機關

這種模式的特點是：政府審計機關獨立於立法、司法和行政機構之外，由法律規定其服務對象。這種審計可以確保政府審計不帶政治偏向的、公正地行使審計監督職能。德國是獨立型審計制度的最早實踐者。德國的聯邦審計法院與法國的審計法院的區別在於：雖然德國政府審計人員與法國一樣，享有司法地位，但並不直接

擁有處理權和直接進行終審判權，而只是採取批判態度，根據自己在審計過程中發現的問題和收集的資料，向立法部門提供信息，以等最後的裁決。日本借鑑了德國政府審計模式，其會計檢察院是一個獨立於國會、內閣和司法部門的經濟監督機構，現行會計檢察院法是一部很有特色的政府審計法。

從上述四種政府審計模式的比較可以得出：各國在實現政府審計現代化的過程中，必須善於從各種不同審計模式中找到適合本國發展的經驗，走出自己的路子，如圖1-8所示。

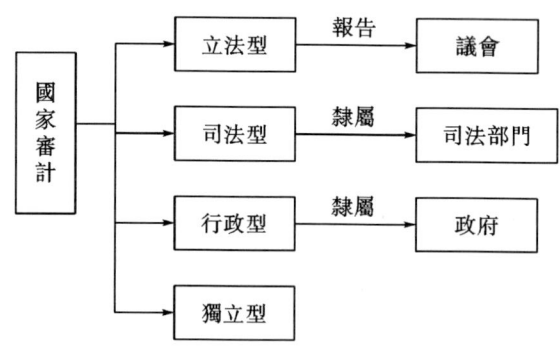

圖1-8 政府審計的組織類型

我國實行的是行政審計模式。1983年9月中華人民共和國審計署正式成立，1995年1月1日起《中華人民共和國審計法》開始實施。該法對我國政府審計機關的職責和權限做出明確規定，並賦予政府審計機關職責和權限的法律地位。

目前，我國政府審計機構共分四級：審計署，各省、自治區、直轄市審計（廳）局，省轄市、自治州、盟、行政公署（省人民政府派出結構）審計局，縣、旗、縣（市）級審計局。此外，中國人民解放軍系統也設置了審計機構。我國的地方各級審計機關，分別在省長、市長和審計署的雙重領導下，組織領導本行政區的審計工作，負責對本級政府所屬單位和下一級政府的財政財務收支進行審計。此外，從1984年開始，審計署在國務院下屬各部門及上海、成都等地先後設立了派駐機構。我國審計體制如圖1-9所示。

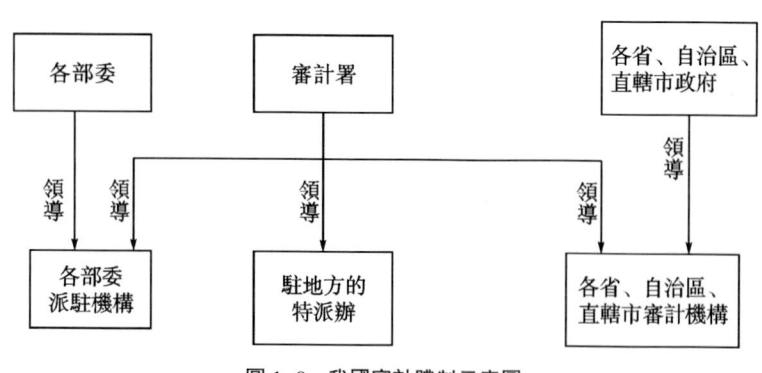

圖1-9 我國審計體制示意圖

政府審計人員是指各級政府審計機關中從事審計的工作人員，一般屬於國家公務員。其職稱一般分為三種：高級審計師、審計師、助理審計師。

三、內部審計的組織形式

內部審計是組織內部設置審計機構和人員所從事的審計工作。內部審計協會將內部審計定義為一種獨立、客觀的確認和諮詢活動。它通過運用系統、規範的方法，審查和評價組織的業務活動、內部控制和風險管理的適當性和有效性，以促進組織完善治理、增加價值和實現目標。內部審計產生於組織內部分權管理的需要，其權利來源於組織內部授權。世界上內部審計機構的組織形式如表 1-5 所示。

表 1-5　　　　　　　　　世界上內部審計機構的組織形式

	組織模式	獨立性和權威性	監察效果
1	公司總經理直接分管	獨立性較強，提高執行效率。	對經理層的監督受限。
2	在董事會或董事會下設的審計委員會領導之下	獨立性強，能涉及經營管理的各個層面，確保董事會對決策執行的瞭解與控制。	對董事會本身無法監控。
3	隸屬於監事會	獨立性強，能夠檢查公司的財務及經營管理，可以對董事進行監督。	如果監事會有職無權，則效果不理想。
4	總裁和董事會雙重領導	能夠充分發揮內部審計工作效果，其獨立性、權威性有保障。	取決於制度規範授權。

內部審計人員是組織內部雇員。與內部審計職業相關的資格有：

（一）國際註冊內部審計師

國際註冊內部審計師（CIA）考試是國際內部審計師協會組織的最主要的資格認證考試，也是內部審計領域國際公認的權威認證。CIA 是由國際內部審計師協會於 1974 年創辦的全球性考試，凡通過考試的人員均由國際內部審計師協會頒發註冊內部審計師證書。至今，全世界已有近 50 個國家、地區組織了 CIA 資格考試，已頒發 CIA 資格證書的人員有近 3 萬余人。考試的語種分別有英語、法語、德語、西班牙語、希伯來語、義大利語和漢語等。考試的內容包括四個科目：內部審計在治理、風險和控制中的作用，實施內部審計業務，經營分析和信息技術，經營管理技術。

（二）內部控制自我評估認證

內部控制自我評估認證（CCSA）是內部控制自我評估人員的專項認證，也是國際內部審計師協會開發的第一項專項資格認證。CCSA 認證體系明確了成功的內部控制自我評估人員所需要的技能、方法，並且提供操作指南。

四、註冊會計師審計與政府審計的關係

政府審計與註冊會計師審計都屬於外部審計，是審計體系的重要組成部分，但又各自獨立、各司其職，具有明顯的區別，如表 1-6 所示。

(一) 註冊會計師審計與政府審計的區別

表 1-6　　　　　　　　政府審計與註冊會計師審計的比較

比較	政府審計	註冊會計師審計
1. 在審計目標上	依法對被審計單位的財政或者財務收支的真實、合法和效益進行審計。	依法對被審計單位財務報表的合法性與公允性進行審計。
2. 在審計標準上	依據《中華人民共和國審計法》和政府審計準則進行審計。	依據《中華人民共和國註冊會計師法》和獨立審計準則進行審計。
3. 在經費或收入來源上	經費來源於政府財政預算，由本級人民政府保證。	收入來源於客戶，由註冊會計師與客戶商定。
4. 在取證權限上	有權就審計事項的有關問題向有關單位和個人進行調查，並取得有關證明材料。有關單位和個人應當提供支持與協助，如實反應情況，提供有關證明材料。	在獲取證據時很大程度上有賴於被審計單位及相關單位配合與協助，對被審計單位及相關單位沒有行政強制力。
5. 在處理方式上	審定審計報告；對違反國家規定的財政收支、財務收支行為，需要給予處理、處罰的，在法定職權範圍內做出審計決定或者向有關主管機關提出處理、處罰意見。	對審計過程中發現需要調整或披露的事項只能提請被審計單位調整或披露；如果被審計單位拒絕調整或披露，註冊會計師視情況出具保留意見或否定意見的審計報告。如果審計範圍受到限制，註冊會計師視情況出具保留或無法表示意見的審計報告。

(二) 註冊會計師審計與政府審計的聯繫

政府審計和註冊會計師審計均是外部審計，都具有較強的獨立性。

(1) 它們之間既相互聯繫又各自獨立，在不同領域實施審計。

(2) 它們各有特點，相互不可替代，共同構成審計體系。

五、內部審計與註冊會計師審計的關係

內部審計與註冊會計師審計都是現代審計體系的重要組成部分，都是對被審計單位經濟活動的有關事項進行審計。註冊會計師審計具體執行的深度和廣度，與內部審計工作的質量有很大關係，因此，註冊會計師審計需要利用內部審計工作以提高工作效率，而內部審計也需要註冊會計師審計提供管理建議。通常情況下，外部審計都需要瞭解和利用內部審計的工作成果。這是因為：

(1) 內部審計是單位內部控制制度的重要組成部分。外部審計在對被審計單位進行審計時，需要對內部控制制度進行測試，必然會瞭解內部審計的設置和工作情況。

(2) 內部審計和外部審計在審計依據、審計內容、審計方法等方面都具有一致

性。如財務審計都以會計準則為依據,都涉及會計憑證、會計帳簿、財務報表等內容,都需要採用內控制度測試等方法。

(3) 外部審計利用內部審計工作成果,可以提高審計工作效率、節約審計費用。

儘管內部審計與外部審計擁有許多相同或相似的地方,但內部審計與註冊會計師審計比較仍有很大差別,如表1-7所示。

表 1-7　　　　　　　　內部審計與註冊會計師審計的比較

	授權方式	獨立性	審計的重點	審計的作用
內部審計	組織內部授權	相對於本部門、本單位的各個職能部門及下屬單位而言是獨立的。	內部控制審計和為改進管理、提高效益的績效審計。	結論只能作為組織內部改善管理的參考,對外不起鑒證作用。
註冊會計師審計	委託授權	擁有一定的雙向獨立性。	財務報表審計。	要對股東、債權人及社會投資者負責,出具的審計報告對外起鑒證作用。

第二章
自律與道德約束

學習目標：

通過本章學習，你應該能夠：
- 瞭解職業道德的重要性和強制性；
- 理解獨立、客觀、公正原則；
- 理解應有的職業謹慎；
- 明確專業勝任能力；
- 區分註冊會計師的不同職業責任；
- 掌握威脅職業道德的主要情形；
- 明確會計師事務所和註冊會計師對職業道德的責任。

　　羅斯科・龐德（Roscoe Pound）指出，所謂職業，就是富於為公眾服務精神的，並把一門有學問的藝術當作共同的天職來追求的一群人。即使這種追求是一種謀生手段，但其本質仍然是一種公共服務。職業的存在並不是說從事這門職業的人都應獲得高額的報酬，而是應為社會服務。亞伯拉罕・弗萊克斯納（Abraham Flexner）提出了識別職業的六條標準：①伴隨著重大個人責任的智力作業；②從科學和學術中吸取原理；③實際運用這些原理；④可通過教育傳播的技術；⑤通過行業自治進行組織的趨勢；⑥逐漸增強的利他主義動力。「作為一種職業，審計應對所有依靠其工作的人承擔責任……審計只有接受這些社會責任，才會確立它作為一種職業的地位。」（Mautz, Sharaf, 1961）。

　　[引例] 西部股份有限公司主要生產廚房設備，公誠信會計師事務所多年從事該公司財務報表審計工作，前兩年因公司經營困難，拖欠審計費用 20 萬元。西部股份有限公司總經理李實建議，將拖欠的審計費用轉化為對公司的優先股，並認為優先股對公司沒有選舉權，不會影響會計師事務所的獨立性。如果公司情況好轉，這些股票會償還的。會計師事務所接受了公司的建議，並一直承擔該公司的年度財務報表審計工作。

　　思考：你是否同意這種做法？為什麼？

　　職業道德是人們從事職業活動所要求遵循的行為標準，它既是從業人員在職業活動中的行為標準和要求，又是職業對社會所負的道德責任與義務。註冊會計師職業道德是指註冊會計師在職業活動中應當遵循的行為標準，是公眾對註冊會計師行

為的期望，通過道德準則讓公眾增強對專業服務的信心。職業道德的實質是行為責任，包括對同事的責任和對客戶與公眾的責任。

第一節　職業道德原則

註冊會計師為履行職業責任，必須遵守一系列前提或一般原則。這些基本原則是對註冊會計師道德行為基本概念的闡述，包括下列職業道德基本原則：獨立、客觀和公正、專業勝任能力和應有的職業關注、保密、職業責任等。

一、獨立、客觀和公正

獨立、客觀和公正是註冊會計師職業道德中的三個重要原則，也是對註冊會計師職業道德最基本的要求。公正是一種品質，是註冊會計師贏得公眾信任的保證，是註冊會計師提供專業服務價值的保障，獨立是客觀、公正的前提和基礎。

（一）獨立

獨立性是註冊會計師的靈魂和最珍貴的美德。Michael J. Pratt（1982）曾形象地指出：「沒有獨立性，審計人員將成為無足輕重的人，事實上比沒有審計人員更壞，因為他可以對財務報表賦予不應有的可信性，就像給臭蛋糕覆上一層糖衣。」在市場經濟條件下，投資者主要依賴財務報表判斷投資風險，在投資機會中做出選擇。如果註冊會計師不能與客戶保持獨立性，而是存在經濟利益、關聯關係，或屈從於外界壓力，就很難取信於社會公眾。

美國註冊會計師協會在 1947 年發布的《審計暫行標準》（The Tentative Statement of Auditing Standards）中指出：「獨立性的含義相當於完全誠實、公正無私、無偏見、客觀認識事實、不偏袒。」獨立是指有獨立的思想、獨立的人格、有獨自生活的條件及自由意志。註冊會計師及會計師事務所執行鑒證業務時應當保持實質上和形式上的獨立，不得因任何利害關係影響其客觀、公正的立場。所謂實質上的獨立性，又稱為「精神」獨立性，是要求註冊會計師與被鑒證單位之間必須實實在在地毫無利害關係。它要求註冊會計師在審計過程中嚴格保持超然境界，不能主動祖護任何一方當事人，尤其是不能使專業結論依附或屈從於持反對意見利益集團或人士的影響和壓力。所謂形式上的獨立性，它是針對第三方而言的，註冊會計師及會計師事務所必須在第三方面前呈現一種獨立於被鑒證單位的身分，即在他人看來是獨立的。如不擁有被鑒證單位的股權或擔任被鑒證單位的高級職務，不是被鑒證單位的重要借款人，與被鑒證單位管理當局沒有親屬關係等。實質上的獨立性是無形的，難以觀察和度量，而形式上的獨立性則是有形的和可觀察的。社會公眾往往通過形式上的獨立性來推斷實質上的獨立性，因此形式上的獨立性是實質上的獨立性的載體和重要前提。

（二）客觀

客觀是一種精神狀態，要求註冊會計師應當力求公平，不因成見或偏見、利益

衝突和他人影響而損害其專業性。註冊會計師在許多領域提供專業服務，在不同情況下均應表現出其客觀狀態。在確定那些情況和業務尤其需要遵循客觀性規範時應當充分考慮以下因素：

（1）註冊會計師可能被施加壓力，這些壓力可能損害其客觀性；

（2）列舉和描述在制定準則以識別實質上或形式上可能影響註冊會計師客觀性的關係時，應體現合理性；

（3）應避免那些導致偏見或受到他人影響，從而損害客觀性的關係；

（4）註冊會計師有義務確保參與專業服務的人員遵守客觀性原則；

（5）註冊會計師既不得接受也不得提供可被合理認為對其職業判斷或對其業務交往對象產生重大不當影響的禮品或款待，盡量避免使自己專業聲譽受損的情況。

（三）公正

公正是一種品德，註冊會計師在提供專業服務時，應當坦率、誠實，保證公正。公正不僅僅指誠實，還有公平交易和真實的含義。無論提供何種服務、擔任何種職務，註冊會計師都應維護其專業服務的公正性，並在判斷中保持專業性。

二、專業勝任能力

註冊會計師應當具有專業知識、技能或經驗，能夠勝任承接的業務。專業勝任能力既要求註冊會計師具有專業知識、技能和經驗，又要求其經濟、有效地完成客戶委託的業務。如果註冊會計師缺乏足夠的知識、技能和經驗提供專業服務，就可能構成了一種詐欺。一個合格的註冊會計師不僅要充分認識自己的能力，對自己充滿自信。更重要的是，必須清醒地認識自己在專業勝任能力方面的不足，不承接自己不能勝任的業務。

註冊會計師可以通過獲得適當的建議和幫助，以使其能滿意地提供專業服務。如果註冊會計師沒有能力實施專業範圍的某些特定部分，可以向其他職業會計師、律師、精算師、工程師、地質專家、評估師等尋求技術建議。在這種情況下，雖然註冊會計師是依賴專家的技術能力，但不能自動假定這些專家瞭解了有關的職業道德要求。

專業勝任能力可以分為兩個獨立的階段：一是專業勝任能力的獲取。獲取專業勝任能力首先需要高水平的普通教育，以及與專業相關學科的專門教育、培訓和考試，而且無論是否有明確規定，一般都要求有一定的工作經驗。二是專業勝任能力的保持。專業勝任能力的保持需要不斷學習、培訓和研究註冊會計師職業的法律、法規、經驗和技能的要求。

三、應有的職業謹慎

註冊會計師提供專業服務時，應當保持應有的職業謹慎，以確保客戶能夠享受到高水平的專業服務。應有的職業謹慎要求註冊會計師在執業過程中保持職業謹慎，以質疑的思維方式評價所獲取證據的有效性，並對有懷疑的證據保持警覺。按照應有職業謹慎的要求，註冊會計師需要具有：①慎重的實務家的觀念，做出相當於社

會水平的判斷；②能理智地運用他擁有的知識；③在其日常的執業中擁有並能運用合理的技能；④認識並適當運用自己的經驗。

應有的職業謹慎要求註冊會計師做到：

（1）註冊會計師將採取措施獲得任何容易到手的知識，以使他能預見到不合理的風險或對他人的危害。

（2）只要註冊會計師自身的或他人的經驗、被鑒證單位的歷史表明在人員、部門、業務類型或資產方面存在著特別的風險，註冊會計師就應該對這種危險給予特別的關注。

（3）註冊會計師在制訂工作計劃和實施工作階段，應考慮各種不正常情況和關係。

（4）註冊會計師應該認識不熟悉的情況，並且採取與環境相適應的正當的預防措施。如果專業術語、實務操作和業務關係等超乎尋常並且對註冊會計師來說十分陌生，或者難以獲取充足的信息，註冊會計師就應採取特別的預防措施。

（5）註冊會計師將採取一切適當的措施消除自己對關係鑒證意見事項的疑慮（包括對所有會帶來嚴重後果的問題，應獲得充分的證據）。

（6）註冊會計師應跟上專業領域的發展，竭力掌握有關舞弊、差錯及其發現方法的知識和技能。註冊會計師應在執業之前證實獲得了令人滿意的技能，並採取必要的措施熟悉鑒證領域的新進展。

（7）註冊會計師應認識到檢查其助手工作的必要性，而且應在充分理解其重要性的基礎上進行這種檢查。

四、職業責任

註冊會計師應當遵守職業道德標準，履行相應的社會責任，維護社會公眾利益。

（一）對客戶的責任

客戶是註冊會計師業務的委託者，註冊會計師與客戶之間是一種契約關係，對客戶責任即是履行契約責任，具體包括：①註冊會計師應當在維護社會公眾利益的前提下，竭誠為客戶服務；②註冊會計師應當按照業務約定履行對客戶的責任；③註冊會計師應當對執行業務過程中知悉的商業秘密保密，並不得利用其為自己或他人謀取利益。

（二）對同行的責任

對同行的責任是指會計師事務所、註冊會計師在處理與其他會計師事務所、註冊會計師相互關係中所應遵守的道德標準。註冊會計師在向公眾傳遞信息以及推介自己和工作時，應當客觀、真實，遵守相關法律法規，維護同行的職業聲譽。

註冊會計師不得有損害同行利益的下列行為：①貶低或無根據地比較其他註冊會計師的工作；②誇大宣傳所提供的服務、擁有的資質或獲得的經驗；③以向他人支付佣金等不正當方式招攬業務，向客戶或通過客戶獲取服務費之外的任何利益。

五、保密

註冊會計師在承接業務的過程中，不可避免地會接觸客戶的秘密信息。註冊會

計師從事職業活動必須建立在為客戶信息保密的基礎上。這裡所說的客戶信息，通常是指涉及商業秘密的信息。一旦涉密信息被洩露或被利用，往往會給客戶造成損失。因此，許多國家規定，在公眾領域執業的註冊會計師，在沒有取得客戶同意的情況下，不能洩露任何客戶的涉密信息。

保密原則要求註冊會計師應當對在職業活動中獲知的涉密信息予以保密，不得有下列行為：①未經客戶授權或法律法規允許，向會計師事務所以外的第三方披露其所獲知的涉密信息；②利用所獲知的涉密信息為自己或第三方謀取利益。

註冊會計師在社會交往中應當履行保密義務。應當對擬接受的客戶或擬受雇的工作單位向其披露的涉密信息保密。在終止與客戶或工作單位的關係之後，仍然應當對在職業關係和商業關係中獲知的信息保密。如果變更工作單位或獲得新客戶，註冊會計師可以利用以前的經驗，但不應利用或披露任何由於職業關係和商業關係獲得的涉密信息。會員應當明確在會計師事務所內部保密的必要性，採取有效措施，確保其下級員工以及為其提供建議和幫助的人員遵循保密義務。

註冊會計師在下列情況下可以披露涉密信息：

（1）法律法規允許披露，並且取得客戶或工作單位的授權；

（2）根據法律法規的要求，為法律訴訟、仲裁準備文件或提供證據，以及向有關監管機構報告發現的違法行為；

（3）在法律法規允許的情況下，在法律訴訟、仲裁中維護自己的合法權益；

（4）接受註冊會計師協會或監管機構的執業質量檢查，答覆其詢問和調查；

（5）法律法規、執業準則和職業道德規範規定的其他情形。

第二節　潛在利益衝突

註冊會計師應當採取適當措施，識別可能產生利益衝突的情形。這些情形可能對職業道德基本原則產生不利影響：

一、自我利益威脅

這種威脅產生於鑒證小組成員及會計師事務所追求其自我利益的過程。自我利益包括鑒證小組成員情感上、財務上及其他方面的個人利益。鑒證小組成員可能會有意識或無意識地將自我利益凌駕於實施高質量鑒證服務所導致的公眾利益之上。

經濟利益是指註冊會計師因持有某一實體的股權、債券和其他證券以及其他債務性的工具而擁有的利益，包括為取得這種利益享有的權利和承擔的義務。經濟利益包括直接經濟利益和重大的間接經濟利益。經濟利益對獨立性有著實質性的傷害。鑒證小組及會計師事務所應當考慮經濟利益對獨立性的損害。可能損害獨立性的情形主要包括以下幾種：

（1）與鑒證客戶存在專業服務收費以外的直接經濟利益或重大的間接經濟利益，如註冊會計師持有被審計單位的股票或債券，或會計師事務所對鑒證客戶提供

過擔保等。

（2）收費主要來源於某一鑒證客戶或者過分擔心失去某項業務。如果會計師事務所從某一客戶收取的全部費用占其收費總額的比重很大，則對該客戶的依賴及對可能失去該客戶的擔心將因自身利益或外在壓力產生不利影響。

不利影響的嚴重程度主要取決於下列因素：①會計師事務所的業務類型及收入結構；②會計師事務所成立時間的長短；③該客戶對會計師事務所是否重要。如某公司是會計師事務所的大客戶，會計師事務所15%以上的收入都來源於該公司所繳納的鑒證費用。

（3）與鑒證客戶存在密切的經營關係。具體表現為：

①會計師事務所或鑒證小組成員與鑒證客戶或其管理層之間存在密切的經營關係，會帶來商業的或共同的經濟利益，並產生經濟利益威脅和外界壓力威脅。如在與鑒證客戶或對其有控制權的所有者、董事、經理或其他高級管理人員合資的企業中擁有重大的經濟利益。

②將會計師事務所的一種或多種服務與鑒證客戶的一種或多種服務或產品相結合，並將雙方的這些服務或產品進行一攬子交易。

③會計師事務所作為鑒證客戶產品或服務的分銷商或交易商，或鑒證客戶作為會計師事務所服務的分銷商或交易商。

（4）對鑒證業務採取或有收費的方式。鑒證收費應是為客戶提供的專業服務的價值的公允反應，它通常以適當的小時費用率或日費用率為基礎，按照實施專業服務的每個人員所耗用的時間來計算。

鑒證收費的確定應考慮以下幾個方面：①各類專業服務所需的技能與知識；②實施專業服務所需人員的培訓水平和經驗；③實施專業服務所承擔的責任的程度。所謂或有收費是指服務的報酬不是按照其投入的工作時數而定，而是根據提供服務以後是否讓客戶得到特定的結果而定。如註冊會計師為即將上市的企業提供財務報表審計，而審計的收費是按發行收入的一定比例收取的。在這種情況下，註冊會計師就可能忽視或引導委託人虛增利潤的行為，以提高股票的發行價格，最終造成投資人的損失。

會計師事務所向審計客戶提供非鑒證服務，也可能對獨立性產生不利影響。註冊會計師在接受委託向審計客戶提供非鑒證服務之前，會計師事務所應當確定提供該服務是否將對獨立性產生不利影響。在評價某一特定非鑒證服務產生不利影響的嚴重程度時，會計師事務所應當考慮審計項目組認為提供其他相關非鑒證服務將產生的不利影響。如果沒有防範措施能夠將不利影響降低至可接受的水平，會計師事務所不得向審計客戶提供該非鑒證服務。

註冊會計師在評價經濟利益威脅的重要性以及用以消除威脅或將其降至可接受水平的適當防範措施時，有必要檢查經濟利益的性質，包括評價擁有經濟利益人員的角色、經濟利益的性質和經濟利益的類型（直接或間接）。在評價經濟利益的類型時，應當考慮經濟利益的範圍，包括擁有者對所擁有的投資工具或經濟利益沒有控制權情況下的經濟利益，以及對經濟利益有控制權或能夠影響投資決策的情況下

的經濟利益。在評價對獨立性威脅的重要性時，考慮對中間工具、擁有的經濟利益或其他投資策略施加控制或影響的程度很重要。當存在控制時，經濟利益應被認為是直接的；相反，當經濟利益的擁有者不能實施這樣的控制時，經濟利益應被認為是間接的。如果鑒證小組成員或其直系親屬在鑒證客戶內擁有直接經濟利益或重大的間接經濟利益，所產生的經濟利益威脅就會非常重要，以致只能採取以下防範措施：①直接的經濟利益處置；②間接的經濟利益處置，或對其中的足夠數量進行處置，使剩餘利益不再重大；③將該鑒證小組成員調離鑒證業務；④拒絕執行該鑒證業務。

二、自我復核威脅

這種威脅產生於鑒證小組成員及審查自己或同一會計師事務所其他鑒證小組成員的工作。審查自己的工作或同一會計師事務所其他鑒證小組成員的工作很難保持客觀的態度，這時自我復核威脅就產生了。

如果註冊會計師對自己或者其所在會計師事務所的其他人員以前的判斷或服務結果做出鑒證評價，鑒證小組及會計師事務所應當考慮自我評價對獨立性的損害。可能損害獨立性的情形主要包括以下幾種：

（1）鑒證小組成員曾是鑒證客戶的董事、經理、其他關鍵管理人員或能夠對鑒證業務產生直接重大影響的員工。不利影響存在與否及其嚴重程度取決於多種因素，包括該成員在鑒證項目組的角色、在客戶中的職位等。

（2）為鑒證客戶提供直接影響鑒證業務對象的其他服務。如會計師事務所為上市公司同時提供資產評估和報表審計業務。

（3）為鑒證客戶編製屬於鑒證業務對象的數據或其他記錄。會計師事務所向審計客戶提供編製會計記錄或財務報表等服務，隨後又審計該財務報表，將因自我評價產生不利影響。

三、熟悉/信任威脅

這種威脅源於鑒證小組成員與鑒證客戶之間所存在的密切關係。當鑒證小組成員對鑒證客戶非常熟悉或信任，鑒證小組成員可能會對客戶的認定未能保持足夠的懷疑，而輕易接受其觀點，此時熟悉/信任威脅就會產生。

鑒證小組成員與鑒證客戶的董事、經理或某些特定角色的員工之間存在家庭和個人關係，可能產生影響獨立性的威脅。其影響重要性將取決於諸多因素，包括相應人員在鑒證小組內的職責、關係的密切程度以及相應家庭成員或其他成員在鑒證客戶中的角色。

鑒證小組及會計師事務所應當考慮可能損害獨立性的關聯關係：

（1）與鑒證小組成員關係密切的家庭成員是鑒證客戶的董事、經理、其他關鍵管理人員或能夠對鑒證業務產生直接重大影響的員工。不利影響存在與否及其嚴重程度取決於多種因素，包括該成員在鑒證項目組的角色、其家庭成員或相關人員在客戶中的職位以及關係的密切程度等。

（2）鑒證客戶的董事、經理、其他關鍵管理人員或能夠對鑒證業務產生直接重大影響的員工是會計師事務所的高級管理人員。

（3）會計師事務所的高級管理人員或簽字註冊會計師與鑒證客戶長期交往。在一項鑒證業務中長期委派同一名高級職員，可能產生關聯關係威脅。其取決於以下幾種因素：①該人員成為鑒證小組成員的時間長短；②該人員在鑒證小組中的角色；③會計師事務所的結構；④鑒證業務的性質。

（4）接受鑒證客戶或其董事、經理、其他關鍵管理人員或能夠對鑒證業務產生直接重大影響的員工的貴重禮品或超出社會禮儀的款待。

（5）與鑒證客戶發生雇傭關係。如果鑒證客戶的董事、經理或所處職位能夠對鑒證業務的對象產生直接重大影響的員工，曾經是鑒證小組的成員或會計師事務所的合夥人，那麼會計師事務所或鑒證小組成員的獨立性可能受到威脅。如果參與鑒證業務的人員有理由相信其會或可能會在未來某一時間加入鑒證客戶，那麼鑒證小組成員的獨立性也會受到威脅。

（6）最近曾在鑒證客戶中工作。如果在鑒證報告涉及的期間內，鑒證小組的成員曾經是鑒證客戶的經理或董事，或曾經是一名所處職位能夠對鑒證業務對象產生直接重大影響的員工，所產生的威脅就會非常大，以致沒有防範措施能夠將其降至可接受水平。

以上威脅的重要性取決於以下幾種因素：①相關人員在客戶中的職位；②該專業人員在鑒證小組中的作用。

四、擁護/倡導威脅

這種威脅產生於鑒證小組成員及會計師事務所極力倡導或反對客戶的立場或意見，而不以客戶有關信息的無偏見的鑒證者身分出現。如當鑒證小組成員為客戶承銷證券時，這種威脅就會產生。

過度推介導致不利影響的情形主要包括：①會計師事務所推介鑒證客戶的股份；②在鑒證客戶與第三方發生訴訟或糾紛時，註冊會計師擔任該客戶的辯護人。

五、脅迫威脅

這種威脅是指鑒證小組成員及會計師事務所處於或他們認為處於鑒證客戶或其他利益集團公開的或秘密的脅迫之下。例如，當鑒證小組成員或其會計師事務所與客戶就會計原則的運用產生爭議時受到客戶更換會計師事務所的威脅。

如果註冊會計師受到實際的壓力或感受到壓力（包括實施不當影響的意圖）而無法客觀行事，將產生外在壓力導致的不利影響。外在壓力導致不利影響的情形主要包括以下幾種：

（1）在重大會計、審計等問題上與鑒證客戶存在意見分歧而受到解聘威脅。

（2）客戶威脅將起訴會計師事務所。

（3）會計師事務所受到降低收費的影響而不恰當地縮小工作範圍。註冊會計師及會計師事務所通過比別人更低的費用報價保留客戶並非一定是不適當的，但當通

過收取明顯低於現任會計師收費或其他會計師報價的費用獲取業務時，應清楚地認識到其工作質量會被認為受到損害的風險。相應地，在為客戶提供的專業服務確定費用報價時，註冊會計師應確定費用報價能夠保證：一是在提供服務時，工作質量不會受到損害，並且能保持應有的謹慎，遵守所有的職業準則和質量控制程序；二是在該費用報價所涵蓋服務的準確範圍及未來收費的基礎等方面，客戶不會受到誤導。

（4）會計師事務所合夥人告知註冊會計師，除非同意鑒證客戶不恰當的會計處理，否則將影響晉升。

會計師事務所應當明確解決職業道德問題的思路和方法，用以指導註冊會計師：①識別對職業道德基本原則的不利影響；②評價不利影響的嚴重程度；③必要時採取防範措施消除不利影響或將其降低至可接受的水平。

會計師事務所應當制定政策，識別損害獨立性的因素。這些政策包括：

（1）會計師事務所的高級管理人員重視獨立性，並要求鑒證小組成員保持獨立性；

（2）制定識別損害獨立性的因素、評價損害的嚴重程度以及可採取的維護措施辦法；

（3）建立必要的監督及懲戒機制以促使有關政策和程序得到遵循；

（4）及時向所有高級管理人員和員工傳達有關政策與程序及其變化；

（5）制定能使註冊會計師向更高級別人員反應獨立性問題的政策和程序。

識別出可能影響獨立性的因素後，會計師事務所應當採取措施維護其獨立性。具體包括：

（1）安排鑒證小組以外的註冊會計師進行復核；

（2）定期輪換項目負責人及簽字註冊會計師；

（3）與鑒證客戶的審計委員會或監事會討論獨立性問題；

（4）向鑒證客戶的審計委員會或監事會告知服務性質和收費範圍；

（5）制定確保鑒證小組成員不代替鑒證客戶行使管理決策或承擔相應責任的政策和程序；

（5）將獨立性受到損害的鑒證小組成員調離鑒證小組。

當維護措施不足以消除損害獨立性因素的影響或將其降至可接受水平時，會計師事務所應當拒絕承接業務或解除業務約定。

第三章
業務準則與執行

學習目標：

通過本章學習，你應該能夠：
- 理解業務準則與審計（鑒證）質量；
- 理解鑒證業務關係；
- 明確財務報表出具不同審計意見的條件與標準；
- 明確會計師事務所的質量控制內容；
- 理解會計師事務所如何貫徹業務標準與行為標準。

審計的價值在於以服務對象期望的能力水平提供專業服務，而專業服務的質量取決於專業技術標準。設立專業技術標準的目標是保證一定水平的工作質量，業務準則設定了客戶和公眾期望審計人員工作質量的最低標準。

[引例] 藍田股份是一家以農業為主的綜合性經營企業，自 1996 年 6 月上市以來一直保持了業績優良高速成長的特性，其業績主要來自「神奇」的「無氧魚」故事。據估計，藍田一畝水面的產值要達到二三萬元，才能符合其業績水平。但是，據瞿家灣鎮一位村民介紹：「每口塘是 17 畝水面，養魚能產出七八萬元，即使加上養鴨的收入，每畝水面的產出也很難突破 1 萬元。」每畝 3 萬元，意味著藍田一畝水面至少要產三四千千克魚，就是說不到一米多深的水塘裡，每平方米水面下要有五六千克魚在遊動。這麼大的密度，不說別的，光是氧氣供應就是大問題。而同樣是在湖北養魚，武昌魚在招股說明書中稱，公司 6.5 萬畝魚塘的武昌魚，養殖收入每年五六千萬元，單畝產值不足 1,000 元。

而從事年報審計的會計師事務所一名工作人員稱：「藍田資產不實的問題，當時我們也不清楚，我們提出要求做評估，並且按照評估的意見加以認定。」「至於虛報利潤，我們並不是專家，魚塘到底有多少魚，到底能賣多少錢，我們只能借助專家的評估、預測。我們當時去的時候，也要求公司做評估。后來我們是在專家的評估判斷后才簽的字。」「對於我們本身認定不了的東西，我們找專家了，也找評估機構了。除此之外，我們還能做些什麼？」

思考：應該如何審計藍田股份的存貨？

第一節　業務準則

業務準則是註冊會計師實施鑒證業務活動應當遵守和執行的技術標準。審計職業本身需要有一套完整的業務規範技術標準，以便為註冊會計師履行職責提供可靠的技術指導。只要註冊會計師執行鑒證、審計業務，均應遵照執行。

一、業務準則框架

執行業務的主體不同，規範執業的依據就不相同。三類審計主體形成三個業務準則體系：政府審計業務準則體系、內部審計業務準則體系和註冊會計師審計業務準則體系（也稱為獨立審計準則）。

（一）政府審計業務準則

政府審計業務準則是對政府審計活動全過程的業務規範，是審計機關和審計人員制訂審計方案、實施審計程序、審定審計報告、出具審計意見書、做出審計決定和進行審計業務管理時應當遵循的業務規則。1996年，審計署首次發布《中華人民共和國國家審計基本準則》；2000年1月，修訂發布新的《中華人民共和國國家審計基本準則》（以下簡稱《國家審計準則》）。國家審計業務準則的框架包括三個層次：第一個層次是基本準則，第二個層次是通用審計準則和專業審計準則，第三個層次是審計指南。

（1）國家審計基本準則是制定其他審計準則和審計指南的依據，是中國國家審計準則的總綱，是審計機關和審計人員依法辦理審計事項時應該遵循的行為規範，是衡量審計質量的基本準則，審計機關和審計人員依法從事審計工作都必須遵照執行。它由總則、一般準則、作業準則、報告準則、審計報告處理準則和附則組成。

（2）通用審計準則是依據國家基本審計準則制定的，審計機關和審計人員在依法辦理審計事項、提交審計報告、評價審計事項、出具審計意見書和做出審計決定時應當遵循的一般具體規範。通用審計準則包括《審計方案準則》《審計工作底稿準則》《審計證據準則》等，審計機關和審計人員在所有項目審計活動中都必須遵守這些準則。

（3）專業審計準則是依據國家基本審計準則制定的，審計機關和審計人員依法辦理審計事項時，在遵循通用審計準則的基礎上，應當遵循特殊具體規範。專業審計準則包括《審計機關對財政部門具體組織預算執行審計準則》《審計機關對行政部門財務審計準則》《審計機關對中國人民銀行財務審計準則》等，審計機關和審計人員在對某一行業或某一事項審計時必須遵照執行這些專業審計準則。

（4）審計指南是對審計機關和審計人員辦理審計事項提出的審計操作規程與方法，為審計機關和審計人員從事專門審計工作提供可操作的指導性意見。國家審計

基本準則、通用審計準則、專業審計準則規定的審計工作要求是審計機關和審計人員必須遵循的,而審計指南是指導審計機關和審計人員辦理審計事項的操作規程與方法,它是指導性的,不具有法律強制性。

(二) 內部審計業務準則

內部審計業務準則是對組織內部審計機構和人員審計業務的技術規範。它包括三個部分:內部審計基本準則、內部審計具體準則和內部審計實務指南。

(1) 內部審計基本準則是內部審計準則的總綱,是內部審計機構和人員進行內部審計時應當遵循的基本規範,是制定內部審計具體準則、內部審計實務指南的基本依據。它主要包括一般準則、作業準則、報告準則和內部管理準則。

(2) 內部審計具體準則是依據內部審計基本準則制定的,是內部審計機構和人員在進行內部審計時應當遵循的具體規範。它包括審計計劃、審計通知書、審計證據、審計工作底稿、舞弊的預防、檢查與報告、審計報告、后續審計、內部審計督導、內部審計與外部審計的協調、結果溝通、遵循性審計、評價外部審計工作質量、利用外部專家服務和分析性復核等。

(3) 內部審計實務指南是依據內部審計基本準則和內部審計具體準則制定的,為內部審計機構和人員進行內部審計而提供的具有可操作性的指導意見。內部審計基本準則和內部審計具體準則是內部審計機構與人員必須遵照執行的,有法律強制性,而內部審計實務指南是具體的指導,沒有法律強制性。

(三) 註冊會計師審計業務準則

註冊會計師業務準則包括鑒證業務準則和相關業務準則。而鑒證業務準則又包括鑒證業務基本準則、鑒證業務具體準則。具體準則又分為審計準則、審閱準則和其他鑒證業務準則。其中,審計準則是整個執業準則體系的核心。

(1) 審計準則用以規範註冊會計師執行歷史財務信息審計業務的技術標準。在提供審計服務時,註冊會計師對所審計信息是否不存在重大錯報提供合理保證,並以積極方式提出結論。具體審計準則見表3-1。

(2) 審閱準則用以規範註冊會計師執行歷史財務信息審閱業務的技術標準。在提供審閱服務時,註冊會計師對所審閱信息是否不存在重大錯報提供有限保證,並以消極方式提出結論。

(3) 其他鑒證業務準則用以規範註冊會計師執行歷史財務信息審計或審閱以外的其他鑒證業務的技術標準,根據鑒證業務的性質和業務約定的要求,提供有限保證或合理保證。

相關服務準則用以規範註冊會計師代編財務信息、執行商定程序,提供管理諮詢等其他服務。在提供相關服務時,註冊會計師不提供任何程度的保證。

表 3-1　　　　　　　　　　　　具體審計準則

準則類別		準則大類		小類及編號	
1	審計準則（對歷史財務信息不存在重大錯報提供合理保證）	1	一般準則與責任	01	財務報表審計目標和一般原則
				11	審計業務約定書
				21	歷史財務信息審計的質量控制
				31	審計工作底稿
				41	財務報表審計中對舞弊的考慮
				42	財務報表審計中對法律法規的考慮
				51	與治理層的溝通
				52	前后任註冊會計師的溝通
		2	風險評估與應對	01	計劃審計工作
				11	瞭解被審計單位及其環境並評估重大錯報風險
				12	對被審計單位使用服務機構的考慮
				21	重要性
				31	針對評估的重大錯報風險實施的程序
		3	審計證據	01	審計證據
				11	存貨監盤
				12	函證
				13	分析程序
				14	審計抽樣和其他選取測試項目的方法
				21	會計估計的審計
				22	公允價值計量與披露的審計
				23	關聯方
				24	持續經營
				31	首次接受委託時對期初余額的審計
		3	審計證據	32	期后事項
				41	管理當局聲明
		4	利用其他主體工作	01	利用其他註冊會計師的工作
				11	考慮內部審計工作
				21	利用專家的工作
		5	審計結論與報告	01	審計報告
				02	非標準審計報告
				11	比較數據
				21	含有已審計財務報表的文件中的其他信息
		6	特殊領域審計	01	對特殊目的的審計業務出具審計報告
				02	驗資
				11	商業銀行財務報表審計
				12	銀行間函證程序
				13	與銀行監管機構的關係
				21	對小型被審計單位審計的特殊考慮
				31	財務報表審計中對環境事項的考慮

二、鑒證業務準則

(一) 鑒證業務

鑒證業務是指註冊會計師對鑒證對象信息提出結論，以增強除責任方之外的預期使用者對鑒證對象信息信任程度的業務。鑒證對象信息是按照標準對鑒證對象進行評價和計量的結果。如責任方按照會計準則和相關會計制度對其財務狀況、經營成果與現金流量（鑒證對象）進行確認、計量和列報而形成的財務報表（鑒證對象信息）。

在國外，如美國、加拿大等國家有鑒證業務（Assurance）、驗證業務（Attestation）和審計業務（Auditing）。其中，鑒證業務的定義是：「Assurance services are independent professional services that improve the quality of information for decision makers.」（鑒證業務是提高決策者所需信息或相關內容的質量的獨立專業服務。）驗證業務的定義是：「attestation service is a type of assurance service in which the CPA firm issues a report about the reliability of an assertion that is the responsibility of another party.」（驗證業務是註冊會計師對被驗證單位認定的可靠性發表意見。）我國準則所指的鑒證業務包括國外的鑒證業務（Assurance）和驗證業務（Attestation）。鑒證業務（Assurance）、驗證業務（Attestation）和審計業務（Auditing）三者的關係如圖 3-1 所示。

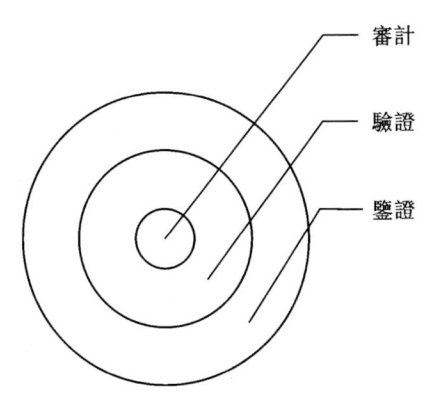

圖 3-1 鑒證業務、驗證業務和審計業務的關係

由此可見，鑒證業務的範圍比審計業務廣，審計只是鑒證業務裡的一個部分。

根據鑒證的性質不同，鑒證業務可以分為以下幾類：①歷史財務信息審計業務；②歷史財務信息審閱業務；③其他鑒證業務。其中，歷史財務信息審閱業務是指註冊會計師接受委託，主要通過實施查詢和分析性程序，說明是否發現財務報表在所有重大方面有違反企業會計準則及國家其他有關財務會計法規規定的情況。財務報表審閱並非審計，註冊會計師不發表審計意見，因此不能滿足使用人對財務報表審計的要求。其他鑒證業務是指除歷史財務信息審計業務和歷史財務信息審閱業務之外的其他鑒證業務，包括預測性財務信息的審核。在美國包括網路信任（WebTrust）、系統信任（SysTrust）、企業業績衡量措施的相關性和可靠性、風險評估、年

長者照顧等。

根據鑒證的對象不同，鑒證業務可以分為基於責任方認定的業務和直接報告業務。在基於責任方認定的業務中，責任方對鑒證對象進行評價或計量，鑒證對象信息以責任方認定的形式為預期使用者獲取。註冊會計師基於責任方認定開展鑒證業務，比如財務報表審計或審閱。在直接報告業務中，註冊會計師直接對鑒證對象進行評價或計量，或者從責任方獲取對鑒證對象評價或計量的認定，而該認定無法被預期使用者獲取，預期使用者只能通過閱讀鑒證報告獲取鑒證對象信息。這種業務屬於直接報告業務，比如信息系統鑒證。

根據保證程度不同，鑒證業務分為合理保證和有限保證。合理保證鑒證業務的目標是：註冊會計師將鑒證業務風險降至該業務環境下可接受的低水平，以此作為以積極方式提出結論的基礎。有限保證鑒證業務的目標是：註冊會計師將鑒證業務風險降至該業務環境下可接受的水平，以此作為以消極方式提出結論的基礎。財務報表審計屬於合理保證，而財務報表審閱屬於有限保證。

（二）鑒證業務關係

鑒證業務關係是指註冊會計師、責任方和預期使用者之間的關係。責任方與預期使用者可能是同一方，也可能不是同一方。

責任方是指在直接報告業務中，對鑒證對象負責的組織或人員或在基於責任方認定的業務中，對鑒證對象信息負責並可能同時對該鑒證對象負責的組織或人員。責任方可能是鑒證業務的委託方，也可能不是委託方。

對責任方的界定與所執行鑒證業務的類型有關。責任方是指下列組織或人員：

（1）在直接報告業務中，對鑒證對象負責的組織或人員。例如，在系統鑒證業務中，註冊會計師直接對系統的有效性進行評價並出具鑒證報告，該業務的鑒證對象是被鑒證單位系統的有效性，責任方是對該系統負責的組織或人員，即被鑒證單位的管理層。

（2）在基於責任方認定的業務中，對鑒證對象信息負責並可能同時對鑒證對象負責的組織或人員。例如，企業聘請註冊會計師對企業管理層編製的持續經營報告，由該企業管理層負責，企業管理層為責任方。該業務的鑒證對象為企業的持續經營狀況，它同樣由企業的管理層負責。責任方可能是鑒證業務的委託人，也可能不是委託人。註冊會計師通常提請責任方提供書面聲明，表明責任方已按照既定標準對鑒證對象進行評價或計量，無論該聲明是否能為預期使用者獲取。在基於責任方認定的業務中，註冊會計師對責任方認定出具鑒證報告，責任方通常會提供有關該認定的書面聲明。在直接報告業務中，當委託人與責任方不是同一方時，註冊會計師可能無法獲取此類書面聲明。

預期使用者是指預期使用鑒證報告的組織或人員。註冊會計師可能無法識別使用鑒證報告的所有組織和人員，尤其在各種可能的預期使用者對鑒證對象存在不同的利益需求時。註冊會計師應當根據法律法規的規定或與委託者簽訂的協議識別預期使用者。在可行的情況下，鑒證報告的收件人應當明確為所有的預期使用者。對於註冊會計師而言，無論在什麼情況下他們都應該負責確定鑒證業務程序的性質、

時間和範圍，並對鑒證業務中發現的、可能導致對鑒證對象信息做出重大修改的問題進行跟蹤。當鑒證業務服務於特定的使用者，或具有特定目的時，註冊會計師應當考慮在鑒證報告中註明該報告的特定使用者或特定目的，對報告的用途加以限定。因此，是否存在三方關係人是判斷某項業務是否屬於鑒證業務的重要標準之一。如果某項業務不存在除責任方之外的其他預期使用者，那麼該業務不構成一項鑒證業務。

（三）鑒證對象與範圍

鑒證對象是鑒證客體，註冊會計師應該選擇恰當的鑒證對象。一般來說，適當的鑒證對象應當同時具備以下條件：①鑒證對象可以識別；②不同的組織或人員對鑒證對象按照既定標準進行評價或計量的結果合理一致；③註冊會計師能夠收集與鑒證對象有關的信息，獲取充分、適當的證據，以支持其提出適當的鑒證結論。鑒證對象與鑒證對象信息的形式主要包括以下幾種：

（1）當鑒證對象為財務業績或狀況時（如歷史或預測的財務狀況、經營成果和現金流量），鑒證對象信息是財務報表；

（2）當鑒證對象為非財務業績或狀況時（如企業的營運情況），鑒證對象信息可能是反應效率或效果的關鍵指標；

（3）當鑒證對象為物理特徵時（如設備的生產能力），鑒證對象信息可能是有關鑒證對象物理特徵的說明文件；

（4）當鑒證對象為某種系統和過程時（如企業的內部控制或信息技術系統），鑒證對象信息可能是關於其有效性的認定；

（5）當鑒證對象為一種行為時（如遵守法律法規的情況），鑒證對象信息可能是對法律法規遵循情況或執行效果的聲明。

（四）鑒證標準

註冊會計師在運用職業判斷對鑒證對象做出合理評價或計量時，需要有適當的標準。標準是指用於評價或計量鑒證對象的基準，當涉及列報時，還包括列報的基準。標準可以是正式的規定，如編製財務報表所使用的企業會計準則和相關會計制度；也可以是某些非正式的規定，如單位內部制定的行為準則或確定的績效水平。

註冊會計師基於自身的預期、判斷和個人經驗對鑒證對象進行的評價與計量，不構成適當的標準。

標準可能是由法律法規規定的，或由政府主管部門或國家認可的專業團體依照公開、適當的程序發布的，也可能是專門制定的。採用標準的類型不同，註冊會計師為評價該標準對於具體鑒證業務的適用性所需執行的工作也不同。

標準應當能夠為預期使用者獲取，以使預期使用者瞭解鑒證對象的評價或計量過程。

如果確定的標準僅能被特定的預期使用者獲取，或僅與特定目的相關，鑒證報告的使用也應限於這些特定的預期使用者或特定目的。

（五）鑒證報告

註冊會計師應當出具含有鑒證結論的書面報告，該鑒證結論應當說明註冊會計

師就鑒證對象信息獲取的保證。註冊會計師應當考慮其他報告責任，包括在適當時與治理層溝通。

在合理保證的鑒證業務中，註冊會計師應當將鑒證業務風險降至具體業務環境下可接受的低水平，以獲取合理保證，作為以積極方式提出結論的基礎。在有限保證的鑒證業務中，由於證據收集程序的性質、時間和範圍與合理保證的鑒證業務不同，其風險水平高於合理保證的鑒證業務，但註冊會計師實施的證據收集程序至少應當足以獲取有意義的保證水平，作為以消極方式提出結論的基礎。當註冊會計師所獲取的保證水平很有可能在一定程度上增強預期使用者對鑒證對象信息的信任時，這種保證水平是有意義的保證水平。

合理保證提供的保證水平低於絕對保證。由於下列因素的存在，將鑒證業務風險降至零幾乎不可能，也不符合成本效益原則。

(1) 選擇性測試方法的運用；
(2) 內部控制的固有局限性；
(3) 大多數證據是說服性而非結論性的；
(4) 在獲取和評價證據以及由此得出結論時涉及大量判斷；
(5) 在某些情況下鑒證對象具有特殊性。

提出鑒證結論的方式有積極方式和消極方式兩種，它們分別適用於合理保證的鑒證業務和有限保證的鑒證業務。

在合理保證的鑒證業務中，註冊會計師應當以積極方式提出結論，如「我們認為，根據×標準，內部控制在所有重大方面是有效的」或「我們認為，責任方做出的『根據×標準，內部控制在所有重大方面是有效的』這一認定是公允的」。

在有限保證的鑒證業務中，註冊會計師應當以消極方式提出結論，如「基於本報告所述的工作，我們沒有注意到任何事項使我們相信，根據×標準，×系統在任何重大方面是無效的」或「基於本報告所述的工作，我們沒有注意到任何事項使我們相信，責任方做出的『根據×標準，×系統在所有重大方面是有效的』這一認定是不公允的」。

三、審計意見類型

註冊會計師從事審計業務，在出具審計報告時，必須正確地判斷審計意見的類型。審計意見的類型可歸納如下：

(1) 無保留意見，表明被審計單位財務報表按照會計準則和會計制度的規定，在所有重大方面公允地反應了被審計單位的財務狀況、經營成果和現金流量。

(2) 保留意見，表明除了與保留事項相關的影響外，被審計單位財務報表按照會計準則和會計制度的規定，在所有重大方面公允地反應了被審計單位的財務狀況、經營成果和現金流量。

(3) 否定意見，表明被審計單位財務報表整體沒有按照會計準則和會計制度的規定公允地反應被審計單位的財務狀況、經營成果和現金流量。

(4) 無法表示意見，表明審計範圍受到限制可能產生的影響非常重大和廣泛，

註冊會計師不能獲取充分、適當的審計證據，以致無法對財務報表是否公允地反應形成審計意見。

就具體的審計項目，註冊會計師應按照合法性與公允性目標的要求，運用專業判斷確定。具體應考慮以下標準，如圖 3-2 所示。

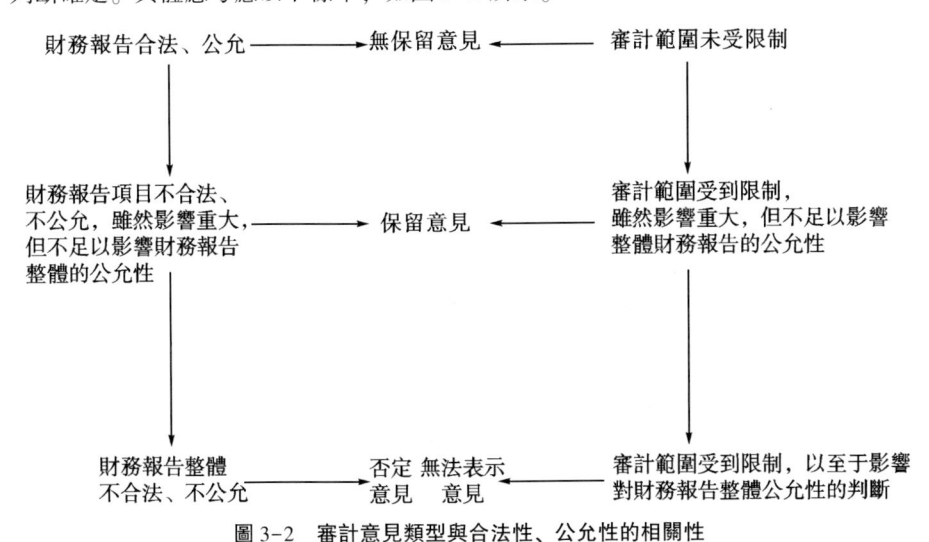

```
財務報告合法、公允 ──────→ 無保留意見 ←────── 審計範圍未受限制

財務報告項目不合法、           保留意見          審計範圍受到限制，
不公允，雖然影響重大，   ────→        ←────   雖然影響重大，但不足以影響
但不足以影響財務報告                              整體財務報告的公允性
整體的公允性

財務報告整體        否定    無法表示        審計範圍受到限制，以至於影響
不合法、不公允     意見     意見             對財務報告整體公允性的判斷
```

圖 3-2　審計意見類型與合法性、公允性的相關性

(1) 滿足合法性、公允性的程度；
(2) 審計範圍是否受到限制及限制程度；
(3) 被審計單位是否願意就審計發現的重要問題進行調整。

註冊會計師的審計意見，應合理保證財務報表使用人確定已審計財務報表的可靠程度，但不應被認為是對被審計單位持續經營能力及其經營效率、效果做出的承諾。

第二節　控制準則

[引例] 註冊會計師程實在一家規模不大的會計師事務所工作，多年受託從事東方電子公司財務報表審計，沒有發現公司存在重大錯報的情況。東方電子公司急需審計報告，要求程實在委託之日起 10 天內完成所有的審計業務，並出具審計報告；否則，超過一天即不付審計費用。而如果提前完成，公司可以額外加付審計費用 50,000 元/天。程實同意了這一條件。為了盡快完成任務，程實臨時雇用了一批在校的會計專業學生，並對這些學生就如何核對帳冊、檢查憑證等基本技能進行了培訓。3 天后，程實生病住院。為了保證工作進度，他指派一名學習成績較好的學生作為該項目的臨時負責人，安排他們獨立進行收入、存貨等項目審計，他自己則在醫院進行電話指揮。10 天之後，這些學生帶回厚厚一疊工作底稿，程實將這些工作底稿稍作整理，就草擬了審計報告，並在委託到期之前出具。

思考：註冊會計師程實的行為有哪些不妥？

業務準則是審計（鑒證）業務質量的技術標準，道德準則是註冊會計師執行業務的行為標準，要貫徹執行技術標準和行為標準，需要組織機構引入質量控制措施，實施管理保障。質量控制準則就是保障業務標準和行為標準貫徹執行的管理標準。

一、理解質量控制

質量控制是指組織為了確保審計（鑒證）質量符合法律法規、職業道德規範以及業務準則要求，明確組織及其人員的質量控制責任而建立和實施的控制政策和程序。該定義具有以下幾方面的含義：

（1）質量控制的主體是承擔審計（鑒證）的組織，組織有責任和義務採取措施確保業務準則與道德規範的全面貫徹和執行。

（2）質量控制的目的在於促進組織和個人的工作質量，保障審計（鑒證）業務質量符合法律法規、職業道德規範以及業務準則的要求。

（3）質量控制由控制政策和控制程序構成。控制政策是指組織為確保業務質量符合業務準則要求而採取的基本方針與策略；控制程序是指組織為貫徹執行質量控制政策而採取的具體措施與方法。

二、質量控制的主要內容

組織質量控制標準主要表現在以下幾個方面：

（1）滿足職業道德要求。組織的人員應當堅持獨立、客觀、公正、保密和職業行為的原則。

（2）技術與專業勝任能力。組織應當配備能達到並保持以應有的職業謹慎履行其職責所需的技術水準和專業勝任能力的人員。

（3）工作委派。業務工作應當指派給具有相應的技術資格和熟練能力的人員。

（4）督導。對每個層次的工作應當進行適當的指導、監督和檢查，以合理保證所執行的工作滿足相關質量標準的要求。

（5）諮詢。必要時，應向具有相關專業知識的人員進行諮詢。

（6）接受與保留客戶。組織應當對新客戶做出評價，並對老客戶進行經常性的檢查。在決定接受或保留某客戶時，應考慮會計師事務所的獨立性、向客戶提供適當服務的能力以及客戶管理當局的品德。

（7）監控。組織應當監控質量控制政策和程序是否仍然完善及其執行的效果。

三、組織的質量控制責任

組織應該以質量為核心，形成和傳播質量至上的內部文化。因此，領導層的示範對組織內部文化有重大影響。組織各級領導應當強調質量控制政策和程序的重要性，要求各級人員按照法律法規、職業道德規範和業務準則的規定執行工作，根據具體情況出具恰當的報告。

組織的領導層應該樹立質量至上的意識，確定管理責任，以質量為導向評價業績、薪酬。通過下列措施實現質量控制的目標：

(1) 合理確定管理責任,以避免重商業利益輕業務質量;
(2) 建立以質量為導向的業績評價、薪酬及晉升的政策和程序;
(3) 投入足夠的資源制定和執行質量控制政策與程序,並形成相關文件記錄。

質量控制的最終責任由主任會計師承擔,委派能夠承擔質量控制有效運行的責任人。質量責任人應當具有足夠、適當的經驗和能力以及必要的權限以履行其責任。

四、遵循職業道德規範

職業道德是規範註冊會計師行為道德的標準,會計師事務所應該制定控制政策和程序遵循道德守則,具體措施包括領導層的示範、教育和培訓、監控、對違反職業道德規範行為的處理等。會計師事務所及其工作人員應恪守獨立、客觀、公正的原則,保持專業勝任能力和應有的關注,並對執業過程中獲取的信息保密。

會計師事務所的政策和程序需要合理保證會計師事務所及其人員,包括聘用的專家和其他需要滿足獨立性要求的人員,保持職業道德規範要求。這些政策和程序應當能夠:向相關人員傳達獨立性要求;識別和評價對獨立性造成威脅的情況和關係,並採取適當的防護措施以消除對獨立性的威脅,或將其降至可接受的水平。

項目負責人及成員應當做到以下幾點:
(1) 項目負責人應該提供與客戶業務相關的信息,以使會計師事務能夠評價這些信息對保持獨立性的總體影響;
(2) 項目負責人及小組成員,以及需要保持獨立性的其他人員能夠且必須報告對獨立性造成威脅的情況和關係,以便組織採取適當行動;
(3) 收集相關信息並向適當人員傳達,以便於確定會計師事務所及其人員是否滿足獨立性要求;保持並更新有關獨立性的記錄;針對已識別的對獨立性的威脅採取適當的行動。

會計師事務所和項目負責人應採取適當行動以消除對獨立性的威脅或將威脅降至可接受的水平,或解除業務約定。這些措施包括以下幾個方面:
(1) 為需要保持獨立性的人員提供關於獨立性政策和程序的培訓。每年至少一次向所有受獨立性要求約束的人員獲取其遵守獨立性政策和程序的書面確認函。
(2) 防範同一高級人員由於長期執行某一客戶的鑒證業務可能對獨立性造成的威脅;建立適當的標準,以便確定是否需要採取防護措施,將由於關係密切造成的威脅降至可接受的水平;對所有的上市公司財務報表審計,按照法律法規的規定定期輪換項目負責人。

五、業務關係

客戶是會計師事務所的業務來源,但客戶的風險也可能轉化為註冊會計師風險。為此,會計師事務所對業務管理應當制定統一的政策和程序,並做好以下工作:

(一) 評價客戶的誠信

瞭解以下信息,評價客戶的誠信。具體包括以下內容:
(1) 客戶主要股東、關鍵管理人員、關聯方及治理層的身分和商業信譽;

（2）客戶的經營性質；
（3）客戶主要股東、關鍵管理人員及治理層對內部控制環境和會計準則等的態度；
（4）客戶是否過分考慮將收費維持在盡可能低的水平；
（5）工作範圍受到不適當限制的跡象；
（6）客戶可能涉嫌洗錢或其他刑事犯罪行為的跡象；
（7）變更會計師事務所的原因。

可以通過下列途徑獲取與客戶誠信相關的信息：
（1）與為客戶提供專業會計服務的現任或前任人員進行溝通，並與其他第三方討論。這種溝通包括詢問是否存在與客戶意見不一致的事項及該事項的性質，客戶是否有人為地、錯誤地影響註冊會計師出具恰當的報告的情形及其證據等。
（2）詢問會計師事務所其他人員或金融機構、法律顧問和客戶的同行等第三方，詢問可以涵蓋客戶管理層對於遵守法律法規要求的態度。
（3）從相關數據庫中搜索客戶的背景信息。例如，通過客戶的年報、中期財務報表、向監管機構提交的報告等，獲取相關信息。

（二）考慮具有執行業務必要的人員、專業勝任能力、時間和資源

在確定是否具有接受新業務所需的必要素質、專業勝任能力、時間和資源時，應當考慮下列事項，以評價新業務的特定要求和所有相關級別的現有人員的基本情況。
（1）工作人員是否熟悉相關行業或業務對象；
（2）工作人員是否具有執行類似業務的經驗，以及有效獲取必要技能和知識的能力；
（3）單位是否擁有足夠的具有必要素質和專業勝任能力的人員；
（4）在需要時，是否能夠得到專家的幫助；
（5）如果需要項目質量控制復核，是否具備符合標準和資格要求的項目質量控制復核人員；
（6）是否能夠在提交報告的最后期限內完成業務。

（三）能夠滿足職業道德規範要求

在確定是否接受新業務時，應當考慮接受該業務是否滿足職業道德規範要求，是否會導致現實或潛在的利益衝突。同時，考慮以前業務執行過程中發現的重大事項，對保持客戶關係可能造成的影響。

如果在接受業務後如果獲知某項信息，可能導致拒絕該項業務，應當考慮：①適用於該業務環境的法律責任，包括是否向委託方報告或在某些情況下向監管機構報告；②解除該項業務約定或同時解除該項業務約定及其客戶關係的可能性。

在確定解除業務約定或客戶關係時應考慮：
（1）與客戶適當級別的管理層和治理層討論可能採取的適當行動；
（2）如果確定解除業務約定或同時解除業務約定及其客戶關係是適當的，應當就解除的情況及原因與客戶適當級別的管理層和治理層討論；

（3）考慮是否存在職業準則或法律法規的規定，要求保持現有的客戶關係，或向監管機構報告解除的情況及原因；

（4）記錄重大事項及其諮詢情況、諮詢結論和得出結論的依據。

六、人力資源管理

會計師事務所是一個「人合」組織，應當「以人為本」，制定政策和程序合理保證擁有足夠的具有必要素質和專業勝任能力並遵守職業道德規範的人員，以使會計師事務所和項目負責人能夠按照法律法規、職業道德規範和業務準則的規定執行業務，並根據具體情況出具適當的報告。

人力資源政策和程序包括：①招聘；業績評價；②人員素質；③專業勝任能力；④職業發展；⑤晉升；⑥薪酬；⑦人員需求預測。

招聘時應選擇正直的、通過發展能夠具備執行業務所需的必要素質和專業勝任能力的人員。組織人事部門通常應該定期或不定期地評價總體人員需求，並根據現有人員的數量及層次結構、現有客戶數、業務量、業務結構、預期業務增長率、人員流動率和晉升變化等因素，確定招聘目標和方案。

應該通過職業教育、培訓、工作經驗等方式提高人員素質和專業勝任能力。應該特別強調對各級別人員進行繼續培訓的重要性，並提供必要的培訓資源和幫助，以使人員能夠發展和保持必要的素質與專業勝任能力。

應當制定業績評價、薪酬及晉升程序，對發展和保持專業勝任能力並遵守職業道德規範的人員給予應有的肯定和獎勵。

七、項目組的委派

審計業務通常按照項目組織實施的。項目組負責人和成員的委派是否得當，直接關係到業務完成的質量。會計師事務所應當制定委派項目負責人和配備項目小組成員的政策與程序，確保項目負責人及其小組成員具有履行職責必要的素質、專業勝任能力、權限和時間。

會計師事務所應當根據具體情況委派適當人員擔任項目合夥人，並清楚界定和告知項目合夥人的職責，以使其能夠發揮對某項業務質量的控制作用。

選派的項目負責人應該達到以下要求：

（1）通過適當的培訓和參與業務，獲得執行類似性質和複雜程度業務的知識與經驗；

（2）掌握法律法規、職業道德規範和業務準則的規定；

（3）具有相關技術知識，包括信息技術知識；

（4）熟悉客戶所處的行業，具有職業判斷能力；

（5）掌握會計師事務所質量控制政策和程序。

會計師事務所應當配備具有必要素質、勝任能力和時間的項目組成員，按照職業準則和法律法規的規定執行業務，以使會計師事務所和項目合夥人能夠出具適合具體情況的報告。委派項目組成員時應考慮下列事項：

（1）業務類型、規模、重要程度、複雜性和風險；
（2）需要具備的經驗、專業知識和技能；
（3）對人員的需求以及在需要時能否獲得具備相應素質的人員；
（4）擬執行工作的時間；
（5）人員的連續性和輪換要求；
（6）在職培訓的機會；
（7）需要考慮獨立性和客觀性的情形。

對於大型會計師事務所，由於項目數量眾多，往往會產生人員和項目的矛盾。對於複雜或規模大、風險高的項目，會計師事務所應當在人員安排上保證這個項目有足夠的人員；對於高風險的審計項目，可以規定委派具有豐富經驗的審計人員擔任第二項目合夥人或質量控制復核負責人加強風險控制。

八、業務執行控制

（一）指導、監督與復核

會計師事務所應當制定政策和程序，以合理保證按照法律法規、職業道德規範和業務準則的規定執行業務，使會計師事務所和項目負責人能夠根據具體情況出具恰當的報告。會計師事務所通常使用書面或電子手冊、標準化底稿以及指南性材料等文件使其制定的政策和程序得到貫徹。

項目組的所有成員事前應當瞭解擬執行工作的目標。項目負責人應當通過適當的團隊工作和培訓，使經驗較少的項目組成員清楚瞭解所分派工作的目標。

項目負責人事中對業務的監督包括以下幾個方面：
（1）追蹤業務進程；
（2）考慮項目組各成員的素質和專業勝任能力，以及是否有足夠的時間執行工作，是否理解工作指令，是否按照計劃的方案執行工作；
（3）解決在執行業務過程中發現的重大問題，考慮其重要程度並適當修改原計劃的方案；
（4）識別在執行業務過程中需要諮詢的事項，或需要由經驗較豐富的項目組成員考慮的事項。

在復核項目組成員已執行的工作時，復核人員應當考慮：
（1）工作是否已按照法律法規、職業道德規範和業務準則的規定執行；
（2）重大事項是否已提請進一步考慮；
（3）相關事項是否已進行適當諮詢，由此形成的結論是否記錄和執行；
（4）是否需要修改已執行工作的性質、時間和範圍；
（5）已執行的工作是否支持形成的結論，並得到適當記錄；
（6）獲取的證據是否充分、適當；
（7）業務程序的目標是否實現。

（二）諮詢

註冊會計師不是萬能的，為保持項目小組的業務勝任能力，可以通過會計師事

務所的諮詢政策，確保業務質量。
（1）就疑難問題或爭議事項進行適當諮詢；
（2）可獲取充分的資源進行適當諮詢；
（3）諮詢的性質和範圍得以記錄；
（4）諮詢形成的結論得到記錄和執行。

諮詢途徑包括與內部或外部具有專門知識、經驗及技能的人員，在適當專業層次上進行的討論，以解決疑難問題或爭議事項。

應當建立與執行處理和解決項目組內部、項目組與被諮詢者之間以及項目負責人與項目質量控制復核人員之間的意見分歧的政策和程序。只有意見分歧問題得到解決，項目負責人才能出具報告。

（三）項目質量控制復核

對於特定的業務項目，應該建立項目質量控制復核制度，以客觀評價項目組做出的重大判斷以及在準備報告時得出的結論。項目質量控制復核是指不參與該項目業務的人員，在出具報告前，對項目組做出的重大判斷和在準備報告時形成的結論做出客觀評價的過程。所有上市公司財務報表審計應實施項目質量控制復核。

項目質量控制復核制度應當包括以下內容：
（1）項目質量控制復核的性質、時間和範圍；
（2）項目質量控制復核人員的資格標準；
（3）對項目質量控制復核的記錄要求。

九、業務工作底稿

業務工作底稿是對業務實施全過程的工作記錄，會計師事務所應當制定政策和程序，以滿足下列要求：
（1）安全保管業務工作底稿並對業務工作底稿保密；
（2）保證業務工作底稿的完整性；
（3）便於使用和檢索業務工作底稿；
（4）按照規定的期限保存業務工作底稿。

十、監控

為合理保證質量控制的政策和程序是相關與適當的，並正在有效運行，會計師事務所應該建立監控機制。對質量控制政策和程序遵守情況的監控旨在評價：
（1）遵守法律法規、職業道德規範和業務準則的情況；
（2）質量控制制度設計是否適當，運行是否有效；
（3）質量控制政策和程序應用是否得當，以便組織和項目負責人能夠根據具體情況出具恰當的業務報告。

對質量控制制度的監控應當由具有專業勝任能力的人員實施，可以委派主任會計師、副主任會計師或具有足夠、適當經驗和權限的其他人員履行監控責任。

根據會計師事務所的規模、分支機構的數量及分佈、前期實施監控程序的結果、

人員和分支機構的權限、會計師事務所業務和組織結構的性質及複雜程度、與特定客戶和業務相關的風險，合理確定監控的組織方式。

實施週期性的業務檢查，週期最長不得超過 3 年。在每個週期內，應對每個項目合夥人的業務至少選取一項進行檢查。

會計師事務所應當從以下幾個方面對質量控制制度進行持續考慮和評價：

（1）確定質量控制制度的完善措施，包括要求對有關教育與培訓的政策和程序提供反饋意見；

（2）與適當人員溝通已識別的質量控制制度在設計、理解或執行方面存在的缺陷；

（3）由適當人員採取追蹤措施，以對質量控制政策和程序及時做出必要的修正。

會計師事務所應當適當處理有關投訴和指控，其相關政策和程序，要確保其能夠接收到有關質量方面的投訴和指控，及時、專業和公正地對投訴和指控進行調查，以及根據調查結果做出適當的處理。

第四章
法律責任

學習目標：

通過本章學習，你應該能夠：
- 瞭解不同時期註冊會計師承擔的責任為何不同；
- 理解審計法律責任；
- 區分管理責任與審計責任；
- 明確註冊會計師在業務活動中應當查找哪些問題；
- 明確註冊會計師法律責任的引發原因；
- 理解註冊會計師承擔民事法律責任的不同要件；
- 理解註冊會計師為避免法律訴訟應當採取哪些措施。

在任何一個國家，從事任何一項專門職業，都要承擔與其社會地位相應的責任，我們稱為職業責任。註冊會計師向客戶和第三方提供意見與報告，客戶和第三方利用這些意見和報告，一旦遭受損失，他們會選擇控告註冊會計師，以尋求補償。

[引例] 基金提供公司（Fund of Funds）是一家專門購買其他共同基金的共同投資公司，20世紀70年代末，決定實施多元化經營，計劃大量投資石油和天然氣資產。根據和金資源公司（King Resource Company）簽訂的合同，基金提供公司支付大約9,000萬美元購買了400噸石油和天然氣，合同約定該資產出售價格既要使基金提供公司滿意，又要讓金資源公司可以接受。

同一家會計師事務所審計了這兩家公司。在審計金資源公司時，會計師事務所瞭解到該公司將同一產品銷售給基金提供公司的價格比銷售給其他客戶的價格高許多，但會計師事務所沒有公開這個秘密，也沒有告訴基金提供公司管理當局。很久以後，基金提供公司知道價格差異後便起訴會計師事務所，認為會計師事務所要麼應向自己披露對方違反協議的情況，要麼應辭去其中一家公司的審計業務，而會計師事務所以保密責任為由抗辯。

思考：你認為會計師事務所應承擔責任嗎？為什麼？

第一節　責任界定

一、審計責任的演進

在審計發展史上，註冊會計師的審計責任不是一成不變的，而是隨著社會經濟的發展和使用者的預期不斷演進發展。主要經歷了以下三個階段：

（一）以揭弊查錯為主的階段

揭弊查錯審計責任，這一階段起始於民間審計產生之時，到20世紀30年代財務報表審計形成為止。這一階段，社會對審計需求的主要原因，在於公司股東需要通過審計來瞭解掌握公司管理人員履行其經營職能的情況，因此，審計的目的就是揭露在業務經營過程中管理人員有無舞弊行為和差錯。雖然以后人們逐漸認識到，註冊會計師不可能承擔揭露所有的詐欺、舞弊和差錯的責任，公司管理層也有責任採取措施預防詐欺、舞弊和差錯的發生，但對重大的舞弊和差錯，註冊會計師有責任予以揭露；否則，就沒有履行其職責，沒有達到審計目標。

（二）以驗證財務報表的真實公允為主的階段

這一階段始於20世紀30年代中期到80年代。在這一階段，審計的責任轉向對財務報表是否真實公允地反應了公司的財務狀況和經營成果，發表具有權威性的專家鑒證意見，因此，註冊會計師必須對其發表意見的正確性、可靠性負責。這一階段審計責任產生的原因是多方面的。

1. 社會環境的變化

20世紀以後，以美國為代表的資本主義經濟開始迅速發展，特別是股份公司的大量湧現，使經濟生活出現了兩個新變化：一是企業管理者受託經濟責任的範圍擴大，企業管理責任不再僅僅表現在與股東和債權人的關係上，還表現在與其他許多利益相關者的直接關係上，包括工人的就業、顧客的消費權利、潛在投資者、債權人的投資安全保障等。由於這種關係集中地表現在對企業財務信息的需求上，因此，隨著管理責任的強化，社會對企業財務信息需求也日益增加。二是企業的籌資逐漸由銀行轉向證券市場，使企業風險的承擔者由銀行轉向證券市場，即由銀行轉為廣大的股東。雖然銀行仍然是企業的重要債權人，仍然關心企業的財務狀況，但對企業更有影響的大量股東的出現，使整個社會對企業會計信息的關注從財務狀況迅速轉向盈利能力。上述兩個變化的出現推動了審計責任的轉換。

2. 審計新技術的發展

內部控制理論的出現及其在實務中的運用對審計產生了兩個重要影響：一是審計界開始認為，詐欺舞弊可以通過建立完善的內部控制制度來予以控制，因而，防止舞弊主要是企業管理層的職責。20世紀三四十年代，這一觀點就已被廣大公司的管理部門所接受。二是由於內部控制理論的建立，使審計技術發生了重大的變革。由於企業業務的擴張和審計費用的相對有限，抽查方法已在當時得到運用，但由於抽查方法僅憑經驗判斷，因此，抽查結論的正確性就受到懷疑。內部控制理論的出

現，將當時業已存在的抽查方法建立在對內部控制制度的測試基礎上，這樣不僅可以提高工作效率，而且對保證審計的質量起了相當大的作用。揭弊查錯的職責由註冊會計師轉向公司管理部門，又將抽查方法建立在對內部控制的評價基礎之上，使註冊會計師對財務報表的真實公允性進行驗證，不僅具有可能性，而且具有現實性，從而使這一轉變正式完成。

(三) 以驗證財務報表的真實公允與揭弊查錯並重的階段

這一階段的開始以《審計準則公告》的發布為標誌。促使揭弊查錯重新成為審計主要目標的首要原因是20世紀60年代以后企業管理人員詐欺舞弊案的增加及訴訟爆炸。在此之前，防止雇員舞弊是企業管理部門的職責，但現在管理人員也參加舞弊，這樣對社會造成的危害則是巨大的，因此，社會對註冊會計師應承擔揭弊查錯的責任的呼聲越來越強烈。實際上，從社會公眾的觀點看，揭弊查錯一直是他們對註冊會計師提出的要求，再加上政府管理機構的壓力，使得註冊會計師職業界不得不把真實公允與揭弊查錯並重為審計責任。

二、理解法律責任

英國著名學者湯姆李在《企業審計》一書中，將審計責任按不同的責任對象劃分為三部分。一是法律責任：審計師對企業及其股東的契約責任。二是道德責任：審計師遵循職業行為規範對自己的職業和同行應負的責任。三是道義責任：審計師對法律上未要求其負責的那些人（如貸款人、供應商、政府機構和雇員等）應負的社會責任。

審計（鑒證）是一個職業，註冊會計師從事職業活動應承擔的責任即是職業責任，它是這個職業賴以生存和發展的基礎。註冊會計師的法律責任是指註冊會計師在履行職業責任時，未按法律法規、業務準則和道德規範執業，社會強制其承擔的法律后果。

職業責任是法律責任的前提，法律責任建立在履行職業責任的基礎上，註冊會計師承擔法律責任與否取決於職業責任履行是否正確充分。註冊會計師的職業責任在於按照執業準則的要求出具審計報告，其職業的性質決定了他所擔負的是對社會公眾的責任，履行職業責任是其職責所在，法律責任則是對其履行職業責任行為的規範、約束及其責任履行不當給予的制裁。

註冊會計師是否承擔法律責任以及承擔法律責任的大小要視其履行職業責任的情況及其履職過程中是否存在違約、重大過失或詐欺等行為。通常情況下，註冊會計師訴訟事項需要證明：

(1) 財務報表存在一個或者多個重大錯報；
(2) 運用業務準則可以發現這些重大錯報；
(3) 原告依賴了該財務報表；
(4) 原告由於這種依賴受到了損失。

職業責任明確了註冊會計師應履行的職責，指出什麼是可作為的且應當作為的；法律責任明確了未按要求正確充分履行職業責任需負的行政責任或民事責任或刑事

責任，強調什麼是禁止行為及若作為所帶來的法律后果。

三、管理責任與審計責任

(一) 管理責任

公司的所有權與經營權分離后，管理層負責公司的日常經營管理並承擔受託責任。管理層通過編製財務報表反應受託責任的履行情況。為了借助公司內部之間的權力平衡和制約關係（內部控制）保證財務信息的質量，現代公司治理結構往往要求治理層對管理層編製財務報表的過程實施有效的監督。

在治理層的監督下，管理層作為會計工作的行為人，對編製財務報表負有直接責任。《中華人民共和國會計法》第二十一條規定，財務會計報告應當由單位負責人和主管會計工作的負責人、會計機構負責人（會計主管人員）簽名並蓋章；設置總會計師的單位，還須由總會計師簽名並蓋章。單位負責人應當保證財務會計報告真實、完整。

在被審計單位治理層的監督下，按照適用的會計準則和相關會計制度的規定編製財務報表是被審計單位管理層的責任。管理層對編製財務報表的責任具體包括以下幾個方面：

1. 選擇適用的會計準則和相關會計制度

管理層應當根據會計主體的性質和財務報表的編製目的，選擇適用的會計準則和相關會計制度。就會計主體的性質而言，民間非營利組織適合採用《民間非營利組織會計制度》，事業單位通常適合採用《事業單位會計制度》，而企業根據規模和行業性質，分別適合採用《企業會計準則》《企業會計制度》《金融企業會計制度》和《小企業會計制度》等。

按照編製目的，財務報表可以分為通用目的和特殊目的的兩種報表。前者是為了滿足範圍廣泛的使用者的共同信息需要，如為公布目的而編製的財務報表；后者是為了滿足特定信息使用者的信息需要。相應地，編製和列報財務報表適用的會計準則和相關會計制度也有所不同。

2. 選擇和運用恰當的會計政策

會計政策是指企業在會計確認、計量和報告所採用的原則、基礎和會計處理方法。管理層應當根據企業的具體情況，選擇和運用恰當的會計政策。

3. 根據企業的具體情況，做出合理的會計估計

會計估計是指企業對其結果不確定的交易或事項以最近可利用的信息為基礎所做的判斷。財務報表中涉及大量的會計估計，如固定資產的預計使用年限和淨殘值、應收帳款的可收回金額、存貨的可變現淨值以及預計負債的金額等。管理層有責任根據企業的實際情況，做出合理的會計估計。

為了履行編製財務報表的職責，管理層通常設計、實施和維護與財務報表編製相關的內部控制，以保證財務報表不存在由於舞弊或錯誤而導致的重大錯報。

(二) 審計責任

註冊會計師作為獨立的第三方，對財務報表發表審計（鑒證）意見，有利於提

高財務報表的可信賴程度。為履行這一職責，註冊會計師應當遵守職業道德規範，按照業務準則的規定，獲取充分、適當的審計證據，並根據獲取的審計證據得出合理的審計結論，發表恰當的審計意見。註冊會計師通過簽署審計報告確認其責任。

財務報表審計不能減輕被審計單位管理層和治理層的責任。法律法規要求管理層和治理層對編製財務報表承擔責任，有利於從源頭上保證財務信息質量。同時，在某些方面，註冊會計師與管理層和治理層之間可能存在信息不對稱。管理層和治理層作為内部人員，對企業的情況更為瞭解，更能做出適合企業特點的會計處理決策和判斷，因此管理層和治理層理應對編製財務報表承擔完全責任。儘管在審計過程中，註冊會計師可能向管理層和治理層提出調整建議，甚至在不違反獨立性的前提下為管理層編製財務報表提供一些協助，但管理層仍然對編製財務報表承擔責任，並通過簽署財務報表確認這一責任。

註冊會計師按照業務準則的規定執行審計工作，能夠對財務報表整體不存在重大錯報提供合理保證。由於審計中存在的固有限制影響註冊會計師發現重大錯報的能力，註冊會計師不能對財務報表整體不存在重大錯報獲取絕對保證。導致固有限制的因素主要包括：①選擇性測試方法的運用；②内部控制的固有局限性；③大多數審計證據是說服性而非結論性的；④為形成審計意見而實施的審計工作涉及大量判斷；⑤某些特殊性質的交易和事項可能影響審計證據的說服力。

四、應當承擔的責任類型

按照業務準則的要求，註冊會計師有責任和義務揭示財務報表中的重大錯報。若註冊會計師未能揭示管理層財務報表中的重大錯報，可能形成註冊會計師的法律責任。

（一）查找錯誤、舞弊與違反法規行為

1. 錯誤

錯誤是指導致財務報表錯報的非故意的行為。錯誤的主要情形包括以下幾種：①為編製財務報表而收集和處理數據時發生失誤；②由於疏忽和誤解有關事實而做出不恰當的會計估計；③在運用與確認、計量、分類或列報（包括披露）相關的會計政策時發生失誤。

2. 舞弊

舞弊是指被審計單位的管理層、治理層、員工或第三方使用欺騙手段獲取不當或非法利益的故意行為。舞弊行為主體的範圍很廣，可能是被審計單位的管理層、治理層、員工或第三方。涉及管理層或治理層一個或多個成員的舞弊通常被稱為「管理層舞弊」，只涉及被審計單位員工的舞弊通常被稱為「員工舞弊」。無論是何種舞弊，都有可能涉及被審計單位內部或與外部第三方的串謀，而舞弊行為的目的則是為特定個人或利益集團獲取不當或非法利益。

與財務報表審計相關的舞弊行為。一類是對財務信息做出虛假報告，另一類是侵占資產。這兩類行為都可能導致財務報表發生錯報。

對財務信息做出虛假報告，可能是管理層希望誤導財務報表使用者對被審計單位業績或盈利能力的判斷。之所以會發生這種行為，是因為管理層需要履行受託資

產保值增值的經管責任,而財務業績(特別是盈利能力)往往被視為受託經管責任履行情況的替代指標。對財務信息做出虛假報告通常出於下列重要動機:①迎合市場預期或特定監管要求;②牟取以財務業績為基礎的私人報酬最大化;③偷逃或騙取稅款;④騙取外部資金;⑤掩蓋侵占資產的事實。對財務信息做出虛假報告的重要表現形式,包括對會計記錄或相關文件記錄的操縱、偽造或篡改,對交易、事項或其他重要信息在財務報表中的不真實表達或故意遺漏,以及對會計政策和會計估計的故意誤用。對財務信息做出虛假報告的行為往往是受到被審計單位管理層的授意和掌控的,因此通常與管理層凌駕於控制之上有關。管理層通過凌駕於控制之上實施舞弊的重要手段有以下幾種:

(1)編製虛假的會計分錄,特別是在臨近會計期末時;
(2)濫用或隨意變更會計政策;
(3)不恰當地調整會計估計所依據的假設及改變原先做出的判斷;
(4)故意漏記、提前確認或推遲確認報告期內發生的交易或事項;
(5)隱瞞可能影響財務報表金額的事實;
(6)構造複雜的交易以歪曲財務狀況或經營成果;
(7)篡改與重大或異常交易相關的會計記錄和交易條款。

侵占資產是指被審計單位的管理層或員工非法占用被審計單位的資產。侵占資產的常用手段包括以下幾種:

(1)貪污收入款項。如侵占收回的貨款、將匯入已註銷帳戶的收款轉移至個人銀行帳戶。
(2)盜取貨幣資金、實物資產或無形資產。如竊取存貨自用或售賣、通過向公司競爭者洩露技術資料以獲取回報。
(3)使被審計單位對虛構的商品或勞務付款。如向虛構的供應商支付款項、收受供應商提供的回扣並提高採購價格、虛構員工名單並支取工資。
(4)將被審計單位資產挪為私用。如將公司資產作為個人貸款或關聯方貸款的抵押。

對財務信息做出虛假報告的動機可能是掩蓋侵占資產的事實。實際上,侵占資產通常伴隨著虛假或誤導性的文件記錄,其目的是隱瞞資產缺失或未經適當授權使用資產的事實。

防止或發現舞弊是被審計單位治理層和管理層的責任。在防止或發現舞弊的責任方中,治理層發揮的是一種監督職責,即監督管理層建立和維護內部控制。治理層積極的監督有助於保證管理層誠信責任的履行。在行使治理職能時,治理層有責任考慮管理層凌駕於控制之上或對財務報表過程產生其他不當影響的可能性,例如,管理層試圖操縱利潤以誤導財務報表使用者對被審計單位財務業績的看法。管理層有責任在治理層的監督下建立良好的控制環境,維護有關政策和程序,以保證有序和有效地開展業務活動,包括制定和維護與財務報表可靠性相關的控制,並對可能導致財務報表發生重大錯報的風險實施管理。

3. 違反法規行為

違反法規行為是指被審計單位有意或無意地違反會計準則和相關會計制度之外的法律法規的行為。對財務報表審計而言，適用的會計準則和相關會計制度是註冊會計師評價財務報表的合法性和公允性時直接使用的判斷依據。也就是說，被審計單位違反會計準則和相關會計制度，將直接影響財務報表的合法性和公允性。而被審計單位如違反其他法律法規，可能與財務報表無關，但也可能對財務報表造成影響。違反法規行為具體涉及下列三個方面：

（1）被審計單位從事的違反法規行為；

（2）以被審計單位名義從事的違反法規行為，如控股股東以被審計單位名義從事的違反法規行為；

（3）管理層或員工以被審計單位名義從事的違反法規行為，但不包括管理層和員工個人從事的、與被審計單位經營活動無關的不當行為。

保證經營活動符合法律法規的規定，防止和發現違反法規行為是被審計單位管理層的責任。註冊會計師不應當、也不能對防止被審計單位違反法規行為負責，但執行年度財務報表審計可能是遏制違反法規行為的一項措施。在設計和實施審計程序以及評價和報告審計結果時，註冊會計師應當充分關注被審計單位違反法規行為可能對財務報表產生重大影響。註冊會計師應實施相應的審計程序，以確定是否存在可能對財務報表產生重大影響的違反法規行為。在考慮被審計單位的一項行為是否違反法律法規時，註冊會計師應當徵詢法律意見。因為判斷某行為是否違法需要法律裁決，通常超出了註冊會計師的專業勝任能力。雖然註冊會計師通過培訓獲得的知識、個人執業經驗和對被審計單位及其行業的瞭解，可能為確定某項引起其注意的行為是否違反法律法規提供了基礎，但註冊會計師通常根據有資格從事法律業務的專家的意見，確定某項行為是否違反法律法規或可能違反法律法規。

錯誤、舞弊和違反法規行為的發生主體是被審計單位，被審計單位管理當局對此承擔直接責任和會計責任。註冊會計師並不直接對被審計單位的錯誤、舞弊和違反法規行為承擔法律責任。註冊會計師只要按照執業準則的規定，保持了職業上應有的職業謹慎態度，實施了適當且必要的審計程序，是可以將財務報表中的重大錯誤、舞弊及違反法規行為查出來的。但由於註冊會計師審計自身的固有局限性，不能要求註冊會計師發現和揭露被審計單位財務報表中的所有錯誤、舞弊及違反法規行為，既不對財務報表中所有未查出的錯報承擔責任，也不意味著註冊會計師對未能查出被審計單位財務報表中的錯報沒有責任，關鍵是看未能查出財務報表錯報的原因是否源於註冊會計師的過失，如表4-1所示。

表4-1　　　　　　　　錯誤與舞弊、違反法規行為的區別

不同點	錯誤	舞弊	違法
1. 原因不同	無意	故意	同舞弊
2. 手段不同	未實施掩蓋手法	實施掩蓋手法	同舞弊
3. 形式不同	原理性、技術性的差錯明顯	隱蔽難以查證	同舞弊

表4-1(續)

不同點	錯誤	舞弊	違法
4. 目的不同	不以實現結果為目的	以實現結果為目的	同舞弊
5. 結果不同	可能影響他人、自己收益	肯定影響他人、自己收益	同舞弊
6. 性質不同	過失	不法行為	同舞弊

(二) 揭示經營失敗

經營失敗是指由於極端經營風險發生而導致企業破產或者不能償還債權人的借款。經營失敗是經營風險的極端表現。經營風險是指企業由於經濟或經營條件，比如經濟蕭條、管理決策失誤或者同行之間的惡性競爭等，導致債權人的借款不能歸還或者無法實現投資人的預期收益。隨著經濟的發展和社會競爭的日益加劇，企業的經營失敗隨時有可能發生。

審計失敗是指註冊會計師由於沒有遵守執業準則而形成或出具了錯誤的審計意見。企業出現經營失敗，可能存在審計失敗，也可能不存在審計失敗。主要取決於註冊會計師在審計過程中是否遵守了審計準則，是否存在過失行為。如果註冊會計師遵守了執業準則的規定，沒有過失行為，即使出現經營失敗，也不會存在審計失敗。但是，在實際審計工作中，註冊會計師確屬遵守了執業準則的規定，也有可能提出錯誤的審計意見，我們把這種情況稱為審計風險。

經營失敗與審計失敗之間並不存在因果關係。但當經營失敗發生，註冊會計師未發現重大錯報，提出了錯誤的審計意見時，如何判斷是審計失敗還是審計風險，在財務報表使用者和註冊會計師之間就會產生差異。使用者在企業經營失敗發生時，往往會指責審計失敗，部分原因是他們不瞭解註冊會計師的責任，而更主要的原因是他們希望從註冊會計師和會計師事務所那裡得到經濟補償。作為註冊會計師來講，當上述情況出現時，應就審計質量進行辯護，說明自己已經盡到了應有的職業謹慎，遵守了執業準則的規定，不存在過失行為。儘管審計工作的複雜性致使在實踐中很難確定註冊會計師是否盡到應有的職業謹慎，由於司法傳統，也很難判斷誰有權期望獲得審計利益，但註冊會計師也許有責任向財務報表使用者和其他關係人說明註冊會計師的作用和經營風險、審計失敗與審計風險之間的區別。

五、引起法律責任的原因

如果註冊會計師存在以下未盡履職責任的情況，可能承擔法律責任。

(一) 過失

所謂過失 (Negligence) 是指在一定條件下，註冊會計師缺少應具備的合理的職業謹慎。判斷註冊會計師是否具有過失，是以在相同條件下其他合格的註冊會計師可做到的謹慎為標準。當註冊會計師的過失給審計報告使用者造成損害時，應承擔過失責任。過失責任按程度可以分為普通過失和重大過失。

1. 普通過失

普通過失 (Ordinary Negligence) 又稱為一般過失，通常是指沒有保持職業上應

有的合理的謹慎（Reasonable Care）。對於註冊會計師審計來講，普通過失是指註冊會計師在執業過程中沒有完全遵守審計專業準則的要求。比如，對於應收帳款的存在認定審計項目，由於函證的數量不夠，沒有能夠取得必要和充分的函證回函就做出了財務報表反應的應收帳款項目是真實的審計結論，可視為普通過失。

2. 重大過失

所謂重大過失（Gross Negligence）是指最低的職業謹慎（Minimum Care）都未保持，對業務或事務不加考慮，滿不在乎。就註冊會計師來講，重大過失是指根本沒有遵守審計專業準則或者沒有按專業準則的基本要求執行審計。例如，不遵守獨立審計準則的規定，對應收帳款根本未採取函證程序，就做出了財務報表反應的應收帳款項目真實的結論，應作為重大過失。

此外，如果註冊會計師對於他人承擔過失責任，但同時他人自己也未能保持合理的謹慎而存在過失，我們稱之為共同過失。例如，在審計過程中，註冊會計師未能發現現金短少而被管理層控告過失責任，註冊會計師則可以現金短少是由於被審計單位內部控制制度無效造成的為理由，反訴被審計單位。這種過失稱為共同過失。

「重要性」和「內部控制」這兩個概念有助於區分註冊會計師的普通過失和重大過失。如果財務報表中個別項目存在重大錯報事項，註冊會計師運用常規審計程序應該能夠發現，但因工作疏忽大意而未能將重大錯報查出來，就很有可能在法律訴訟中被解釋為重大過失。如果財務報表有多處錯報事項，但每處都不重大，綜合起來對財務報表影響較大，即財務報表作為一個整體可能嚴重失實。在這種情況下，法院一般認為註冊會計師具有普通過失，而非重大過失，因為常規審計程序發現每處較小錯誤事項的可能性較小。

財務報表審計依賴內部制度，即以評價內部控制風險為基礎開展實質性程序。如果內部控制制度不健全或者無效，註冊會計師應調整實質性程序的性質、範圍和時間。如果註冊會計師對被審計單位控制風險的評價出現重大誤差，導致財務報表中的重大錯報未能查出來，應承擔重大過失責任。如果被審計單位的內部控制制度本身健全，但由於被審計單位有關人員串通作弊，而導致被審計單位內部控制失效。通常情況下，註冊會計師查出這種錯誤的可能性較小，一般會認為註冊會計師沒有過失或者具有普通過失。

註冊會計師是否具有過失？是普通過失還是重大過失？有無詐欺行為？具體到每一個案例，其表現不盡相同，如圖4-1所示。

（二）詐欺

詐欺（Fraud），即註冊會計師舞弊，是指以欺騙或坑害他人為目的的一種故意行為（Intent to Deceive）。作案者具有不良動機是詐欺的重要特徵，也是詐欺與普通過失和重大過失的主要區別之一。對於註冊會計師而言，詐欺就是為了達到欺騙他人的目的，明知被審計單位的財務報表存在重大錯報，仍給以虛偽的陳述，出具不恰當審計意見的審計報告。

與詐欺相關的另一個概念是推定詐欺，又稱為涉嫌詐欺，是指行為人雖無故意詐欺或坑害他人的動機，但確存在極端或異常的過失。推定詐欺和重大過失這兩個

概念往往難以界定。在美國,許多法院將註冊會計師的重大過失解釋為推定詐欺,特別是近年來,一些法院放寬了詐欺的範圍,使推定詐欺與詐欺在法律上成為等效概念,使註冊會計師的法律責任進一步加大。

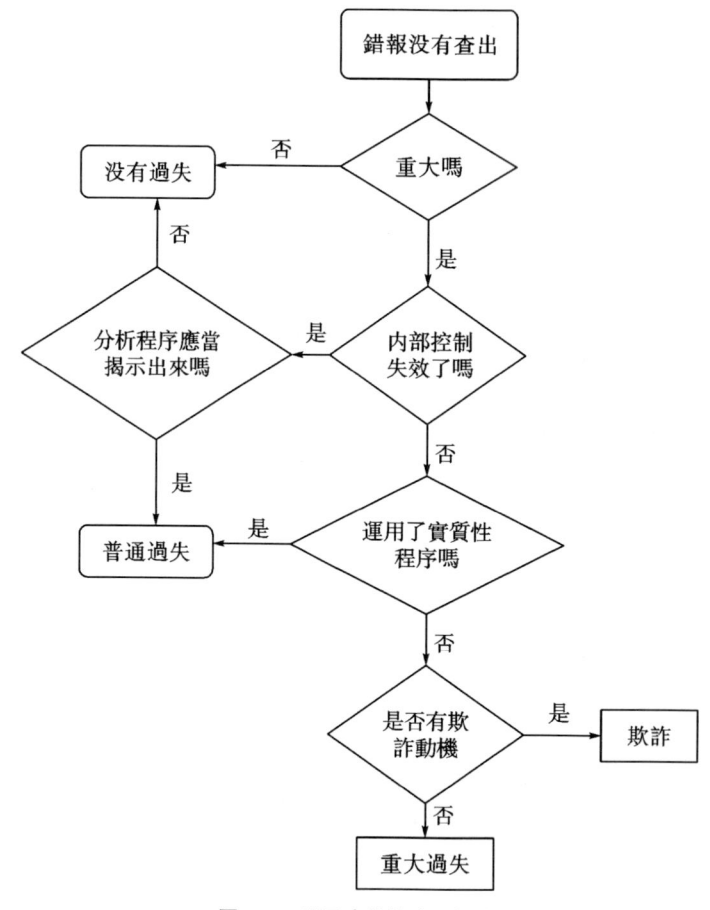

圖 4-1　註冊會計師責任認定

(三) 違約

違約是指合同一方或幾方未能達到合同條款的要求。註冊會計師業務的合同主要表現為審計業務約定書。如果註冊會計師或者會計師事務所沒有按照審計業務約定書的要求,按質按時完成委託的審計業務,給委託人導致損失時,應承擔違約責任。如未能按時完成委託的審計業務、未能遵守為被審計單位保守商業秘密等,註冊會計師和會計師事務所應按有關規定賠償違約損失。

第二節　民事法律責任認定

一、法律責任的種類

註冊會計師為社會公眾提供服務，承擔的法律責任非常重大。註冊會計師承擔的法律責任包括行政責任、民事責任和刑事責任。行政責任主要是指在行政上的處罰，對註冊會計師個人來說，包括警告、暫停執業、吊銷註冊會計師證書；對會計師事務所來說，包括警告、沒收非法所得、罰款、暫停執業、撤銷等。民事責任主要是指賠償受害人的損失。刑事責任主要是指按照有關法律程序判處一定的徒刑。行政責任、民事責任和刑事責任可以單處，也可以並處。三大責任中，影響最大的是民事責任，如表 4-2 所示。

表 4-2　　　　　　　　　註冊會計師法律責任的種類

	原　因	處　罰
行政責任	違約、過失引起	就註冊會計師而言，包括警告、暫停執業、吊銷註冊會計師證書； 就會計師事務所而言，包括警告、沒收違法所得、罰款、暫停執業、撤銷
民事責任	違約、過失、詐欺引起	賠償受害人損失（影響最大）
刑事責任	由詐欺引起	按有關法律程序判處一定的徒刑

二、對客戶的責任

註冊會計師承擔的法律責任，要麼是對客戶，要麼是對第三方，因為他們都依賴註冊會計師的專業服務和意見。通常情況下，採取民事法律行動需要證明：

（1）責任（註冊會計師有過錯）；
（2）因果關係（註冊會計師執業失敗導致損害發生）；
（3）損害賠償（損失已經明確發生）。

註冊會計師依據業務委託書（合約）提供審計服務，審計業務約定書規定或者依附的法律法規指明註冊會計師的責任。客戶起訴註冊會計師，依據的是業務約定，即違反合同，只有合約當事人才能起訴註冊會計師。

謹慎責任。註冊會計師應該對什麼承擔責任，客戶與註冊會計師的意見不一定統一，註冊會計師認為已經盡到了應有的職業謹慎，但客戶可能認為沒有盡到應有關注，兩者的依據都是業務準則。註冊會計師對應有謹慎應該達到其他專業人員在相似情況下普遍履行的關注和技能，其判斷的標準是業務準則。註冊會計師對客戶承擔的責任包括一般過失、重大過失和詐欺行為，但原告（客戶）應承擔舉證責任。

保密責任。註冊會計師與客戶之間因業務產生保密關係。在實施審計業務過程

中，註冊會計師不可避免地會獲得許多客戶的秘密信息。如果註冊會計師將這些秘密信息透露給他人，將會破壞保密關係。註冊會計師對於洩露的具有商業價值的秘密信息，應對客戶承擔保密責任與義務的法律后果。

三、對第三方的責任

美國註冊會計師法律責任的演變過程伴隨成文法和習慣法的發展過程，通過對美國註冊會計師成文法演變和習慣法中的幾個著名案例，可以對美國註冊會計師法律責任的演變過程有一個管窺。

（一）成文法下的責任

1.《1933年證券法》

《1933年證券法》是在借鑑英國證券立法經驗和美國各州立法的基礎上產生的。在民事責任方面，主要針對發行證券申報登記文件中重大事實的不實陳述的法律責任進行了規定。其中規定登記文件不實陳述的法律責任的條款主要是第11節。有權就註冊會計師不當行為提出訴訟的原告僅限於證券的原始購買人，二級市場當中更廣泛的投資大眾無權就註冊會計師在發行上市材料當中的誤述或者遺漏提出賠償。但註冊會計師只要犯有普通過失，就必須承擔民事賠償責任；原告（證券原始購買人）只需證明他遭受了損失並且說明審計報告令人誤解，其他舉證責任，如是否存在過錯、投資者的損失與審計報告之間是否存在因果關係，則轉移到註冊會計師身上，即所謂的舉證責任倒置。

在刑事責任方面，《1933年證券法》中的有關刑事責任的規定是：故意違反證券法的規定及有重大虛假陳述的註冊會計師，一經證明有罪，應處以不超過10,000美元的罰金或者不超過5年的有期徒刑，或者兩者並罰。

2.《1934年證券交易法》

《1934年證券交易法》第十八（a）條規定了註冊會計師的不實陳述民事責任。該法賦予享有權利的人群大大擴大，註冊會計師要對使用上市公司財務報表和審計報告、買賣證券的任何人（即第三人）負責。但是原告不僅需要證明他遭受了損失以及財務報表有誤，而且要向法院證明它信賴了令人誤解的財務報表，即損失與財務報表之間的因果關係。另外，註冊會計師的責任也僅限於重大過失和詐欺。

《1934年證券交易法》中的有關刑事責任的規定是：故意違反本法的虛假陳述行為在證實基礎上應被處以100萬美元以下的罰款或處以10年以下有期徒刑，或兩者並處。如果該人員為非自然人，則應處以250萬美元以下的罰款；但是任何人如果證明其不知道有關規則、規章的規定，個人不得因違反此類規則或規章而判處有期徒刑。

3.《私人證券訴訟改革法案》

自20世紀70年代開始，證券市場的投資者掀起了對註冊會計師行業的訴訟浪潮。原因之一是信息的依賴得到「詐欺市場」理論的支持。司法審判加重了註冊會計師的法律責任。為了減輕訴訟帶來的沉重民事賠償負擔，國會終於在1995年通過了《私人證券訴訟改革法案》。該法案與《1933年證券法》和《1934年證券交易

法》相比，最大的突破就是用「公允份額」的比例責任系統替代以往的連帶責任規則。根據比例責任原則，除非被告是故意違反證券法律，否則被告僅需要賠償他們在比例責任中應分攤的份額。

4.《薩班斯—奧克斯利法案》

2001 年開始，美國相繼爆出一系列會計造假醜聞，而且愈演愈烈。這不僅引起了民眾的震驚，也嚴重打擊了投資者的信心和美國股市。美國政府對會計造假醜聞做出了快速反應，國會於 2002 年 7 月 25 日通過了《薩班斯—奧克斯利法案》。該法案中涉及註冊會計師法律責任的內容主要有審計獨立性的強化、處罰措施的細化、刑事責任的加重和訴訟時效的延長。該法案設立了註冊會計師行業外部的自律性監督機構——上市公司會計監管委員會。該委員會一旦發現備案會計師事務所或有關人員的行為違反了本法案、委員會規則、證券法律中關於編製和出具審計報告以及會計師責任的條款，就可以實施其認為適當的懲戒或糾正性處罰。該法案加重了對註冊會計師違法行為的處罰力度。

從以上幾部美國成文證券法律的演變可以看出，美國註冊會計師的法律責任經歷了兩個階段。第一階段是從證券法到私人證券訴訟改革法案，法律規則由粗略到細化、由嚴厲到緩和。具體體現在過錯認定、比例責任和賠償額的限定。第二階段是《薩班斯—奧克斯利法案》頒布后法律責任有所加重。主要體現在處罰措施的細化、刑事責任的加重及訴訟時效的延長。

(二) 習慣法下的責任

1. 1931 年的厄特馬斯法案

道奇尼文會計師事務所（Ultramares V. Touche）受聘為主要從事橡膠生意的弗雷德·斯特公司審計，弗雷德·斯特公司經營不善，營運資金週轉困難，於 1925 年 1 月宣告破產。厄特馬斯公司是一家主要從事應收帳款業務的金融公司，於 1924 年 3 月根據弗雷德·斯特公司審計后的財務報表批准向其提供了三筆共計 16.5 萬美元的貸款。厄特馬斯公司於弗雷德·斯特公司提出破產后起訴會計師事務所，認為其審計時不負責任甚至有詐欺可能，才導致了公司損失。該法案是美國第一起審計報告使用者起訴註冊會計師的案例，由於判例的空白，經過數次審判和上訴，最終以「道奇尼文會計師事務所因事先不知審計報告的具體使用者是誰」而免於賠償。這是一個劃時代的案例，它創造了「厄特馬斯主義」（即知悉法則）：如果是一般過失，註冊會計師只需對已確知其姓名的審計報告的主要受益者這一特定的第三者負責任；如果是重大過失和詐欺行為，則對一切可合理預見的第三者負責任。

2. 1983 年的羅森布勒姆法案

作為被告的註冊會計師為巨人倉儲公司的財務報表簽發了無保留意見的審計報告，報告顯示該公司是盈利的。以這些報表為依據，羅森布勒姆向巨人倉儲公司出售了一項業務，換取了巨人倉儲公司的股份。然而，不久巨人倉儲公司因資不抵債，提出破產申請，其股票變得一文不值。為此，羅森布勒姆指控巨人倉儲公司的註冊會計師犯有普通過失。

在這一案件中，首先對厄特馬斯主義提出了挑戰，判定註冊會計師不僅要對客

戶及直接受益人負責,還要對因依賴存在重大錯報的財務報表而遭受損失的可預見第三者負責。

3. 1983 年的花旗州銀行案

威斯康星州法院進一步擴大了第三者的範圍,將其擴大到所有可合理預見的第三者。它進一步偏離了厄特馬斯主義,而採用美國侵權法修訂法案(第二版)第522款。法官放棄知悉法則的一個考慮,正如威斯康星州法院所宣稱的:「如果依賴信息的第三者,如債權人,不允許從註冊會計師那裡得到賠償,那麼公眾所承擔的信貸成本將會提高,因為債權人將被迫或者承擔因信賴錯誤的報表而發放的不良貸款的損失,或者雇傭獨立會計師驗證財務信息,而註冊會計師則可以通過投保職業責任險轉移、分散風險。」

4. 1985 年的信貸同盟公司案

原告信貸同盟公司將大約 900 萬美元貸款給斯密斯公司,該公司隨后就宣告破產。信貸同盟公司(Credit Allianc)以斯密斯公司用經安達信會計師事務所審計后的財務報表來爭取貸款為由,起訴安達信,最后信貸同盟公司勝訴。但紐約上訴法院也重申了厄特馬斯主義,並進一步創設了三點關聯測試以判定知悉是否存在,從而確定註冊會計師是否應當對第三者承擔法律責任。

5. 1993 年的 Bily V. Anhur Young Co 案

加利福尼亞高等法院在審理安永會計師事務所一案中,駁回了購買奧斯邦計算機公司(Osboune Computer Corporation)股票投資人的起訴(這些投資人在購買奧斯邦計算機公司股票后不久,該公司即宣告破產)。這些投資人訴訟的理由是:他們輕信了經該會計師事務所審計過的奧斯邦計算機公司 1992 年的財務報表,而該報表實際上存在嚴重錯誤。但法院認為,由於原告不符合上述三個條件,所以,不予以立案。在該案件的判決中,加利福尼亞高等法院認為:「註冊會計師在審計過程中僅對客戶負有合理謹慎的責任」,因為「如果……簡單地准許第三者以客戶的財務報表存在錯誤為由起訴註冊會計師並得到賠償,註冊會計師事實上就不僅成為財務報表的保證人,還成為不良貸款和投資的擔保人」。知悉法則的重新確立,一定程度上減輕了註冊會計師訴訟的風險,使得註冊會計師面臨的法律環境得以改善。

從判例法看,美國民事法律懲罰機制的安排也走過反反覆復的歷程,其間,始終沒有發生重大變化的是,原告始終必須證明他遭受了損失、財務報表存在錯誤、依賴了財務報表、註冊會計師行為存在缺陷,即民事訴訟四要素。註冊會計師的法律責任經歷了只是對委託人負有限責任到註冊會計師對第三者開始承擔責任的年代到對一切可合理預見的第三者負責任。

2006 年 7 月 31 日,湖北藍田股份有限公司(后改名為「生態農業」)造假案,由武漢市中級人民法院公開宣判:83 名原告向 11 名被告索賠 617 萬余元,法院判決被告生態農業公司賠償原告 540 多萬元。包括華倫會計師事務所在內的其他 8 名被告,被法院判決對原告的經濟損失承擔連帶賠償責任。這是中國會計師事務所在「虛假陳述證券民事賠償案」中承擔民事責任的首例判決。藍田股份有限公司造假案的判決和 2007 年 6 月 4 日最高人民法院審判委員會第 1,428 次會議通過《最高人

民法院關於審理涉及會計師事務所在審計業務活動中民事侵權賠償案件的若干規定》的頒布,標誌著註冊會計師民事責任的強化,民事訴訟逐漸完善。

[討論案例] 艾·瑞克作為紐約的一個商人,管理位於曼哈頓第五大街1136號的1,136租戶公司。麥克森·羅森堡會計師事務所的一位合夥人與瑞克達成口頭協議,為1,136租戶提供代理記帳或簿記服務,報酬600美元。瑞克從該公司挪用了近13萬美元。租戶們無法收回被挪用的資金,便對為1,136租戶公司編製年度財務報表和納稅申報表的羅森堡會計師事務所提起訴訟,主要指控事實為該會計師事務所沒有發現並報告瑞克貪污基金的行為。

根據法院審判前的審問,說明原告口頭上與被告公司協議,要求羅森堡會計師事務所根據原告的管理者瑞克所提供的資料進行記帳,被告定期按通常會計格式向原告方及其股東報告。不幸的是,瑞克提供給他們的原始資料完全是錯誤的。儘管按照協議,羅森堡會計師事務所提供的僅是記帳服務,但法庭仍認為,會計師事務所應有職業上的義務,對執行業務過程中引起他們關注的一些特別事項與租戶進行溝通。羅森堡會計師事務所的一位合夥人證實說:他的下屬人員的確查閱了銀行對帳單和其他一些相關資料,以求對租戶基金項目所報告的金額予以核實。原告法律顧問認為,租戶方有理由相信羅森堡會計師事務所提供了超過記帳的服務。例如,羅森堡會計師事務所提供的收入報表中,包括了一項1,136租戶的費用,羅森堡會計師事務所將其列作「審計費用」。法庭認為,羅森堡會計師事務所未能提供一份有說服力的證明書,以否認他們沒有執行審計工作,而僅僅是編製未經全面審計的財務報表,故法庭判決羅森堡會計師事務所應賠給原告1,136租戶23萬美元。

思考:法庭判決的依據是什麼?為什麼?

第三節 防範措施

註冊會計師需要對社會公眾提供專業服務,其職業性質決定了它是一個容易遭受法律訴訟的行業,而那些蒙受經濟損失的受害人總是想通過起訴註冊會計師及會計師事務所以得到經濟補償。在西方國家,法律訴訟一直是困擾註冊會計師職業的一大難題。特別是近些年,隨著註冊會計師法律責任的擴展和被控訴案件的急遽增加,整個註冊會計師職業界都在積極研究如何避免法律訴訟的問題。

註冊會計師要有效應對法律訴訟,關鍵是採取切實可行的措施,減少過失行為,防止詐欺行為的發生。

一、縮小期望差距

會計信息使用者總是希望能用錢換來他們據以決策的可靠會計信息,由於多數會計信息使用者不能控制被審計單位而承擔信息使用的決策風險,他們開始把註冊會計師看成風險分攤者,從而將自己的風險轉嫁在註冊會計師身上。由於企業經營

管理過程的複雜性以及註冊會計師總要受到眾多的客戶、時間和成本的約束，註冊會計師難以在結果上向信息需求者提供會計信息準確無誤的保證，而只能期望做到過程上的公正和謹慎的保證。審計委託者、利益相關者、社會大眾等對審計質量的無限期望（公眾期望）與註冊會計師及會計師事務所對審計質量的有限期望（業界期望）之間便形成了一種差異，這種差異就是審計期望差異。審計期望差異構成註冊會計師審計法律責任形成的根本原因。

從絕對意義上講，審計期望差異是客觀地、永久地存在的，在某一特定歷史時段，這一差異可能趨於接近，之後又可能開始加大；但從總體上講，隨著社會公眾對註冊會計師的職責及審計目標的逐步瞭解與理解，公眾期望會緩慢下調，同時隨著註冊會計師執業水平的不斷提高，業界期望則會逐漸上升。

從相對意義上講，公眾期望與業界期望有著不同的關注點，公眾由於要依據審計結果做出有關判斷與決策，故其關注審計結果，期望審計結果無缺陷，而業界由於注重動態質量控制，故其關注審計過程，期望審計過程無缺陷。根據國際會計師組織聯合會 1995 年對其 36 個國家 47 個成員組織（代表全球 90% 的註冊會計師）的調查，以會計信息使用者為代表的公眾與以註冊會計師為代表的業界之間的期望差異是造成訴訟泛濫的重要原因。

從動因理論來講，註冊會計師法律訴訟發生的原因主要是財務報表使用者的期望與註冊會計師職業特性之間存在明顯的差距，即使用者的期望過高，註冊會計師的滿足能力不足。對於財務報表使用者的過高期望，一方面應加強對使用者的教育，讓他們瞭解註冊會計師職業的特性，不對絕無錯誤承擔責任，對審計后的財務報表只能提供合理保證；另一方面，註冊會計師及會計師事務所應通過反擊訴訟來解脫責任，告誡財務報表使用者，即使從短期來看，反擊訴訟的成本大於私了成本，也應在所不惜，以維護長期利益。

就註冊會計師職業本身來講，在增加滿足能力的同時，更為詳細地說明已經完成的審計工作，關注重大錯報的財務報表。主要包括：①健全業務準則，以使註冊會計師能更好地瞭解揭示可能存在重大錯報的財務報表的審計責任。如更大範圍地檢查主要錯報、更好地執行審計程序、更好地與使用者溝通、改進同管理當局的溝通等。②改進註冊會計師的標準審計報告，使其能更好地表達註冊會計師完成的審計工作。③保護註冊會計師。如要求管理當局提供聲明書、增加同業復核等。

二、謹慎受託

註冊會計師審計是受託審計，有委託才能進行審計。做好受託環節的工作，預防法律訴訟的發生。

（一）審慎選擇客戶

中外註冊會計師法律訴訟的歷史告訴我們，註冊會計師意欲避免捲入法律訴訟，必須對被審計單位進行必要的瞭解，審慎選擇客戶。特別應注意陷入財務和法律困境的委託單位、頻繁變更委託的單位以及管理當局品質不正的單位。資金週轉不靈、面臨破產公司的股東和債權人總是想為他們的損失尋找替罪羊。喜好舞弊的被審計

單位管理當局總是設計好圈套讓註冊會計師往裡鑽。

(二) 加強對被審計單位的瞭解

會計是經濟活動的載體，財務報表審計並不是僅對會計資料進行審計，而且還要對被審計單位會計資料及其反應的經濟業務活動進行審計。為此，註冊會計師在接受業務委託之前，應充分瞭解被審計單位的情況以及所在行業經濟業務活動的特徵。在實際工作中，許多的訴訟就是因為註冊會計師不瞭解被審計單位所在行業的情況以及被審計單位的業務，而導致重要錯報未能發現。因此，在接受業務委託之前，應充分關注被審計單位及其所在行業的經濟環境，關注風險的高低。

(三) 強化業務約定書

業務約定書是明確註冊會計師與委託單位責任的重要法律文書，具有經濟合同的性質。會計師事務所在接受任何業務的委託之前，都應按要求與委託人簽訂業務約定書，明確規定雙方的權利和義務。業務約定書規定得越具體和明確，越有利於發生法律訴訟時，減少糾紛的領域，保護註冊會計師和會計師事務所。

三、嚴格標準執業

註冊會計師只有遵守專業規範，在執業時保持應有的職業謹慎，才可能減少或者避免過錯的發生，規避法律訴訟。為此，註冊會計師應嚴格遵守業務準則、道德準則的各項規定，理解和掌握專業技術標準和行為道德標準的要求，會計師事務所應嚴格制定和執行質量控制政策和程序，建立健全質量控制制度，並將制度推行到每一個人、每一個部門、每一項業務，使註冊會計師嚴格按照專業標準執業，保證整個會計師事務所的工作質量。特別是嚴格關鍵環節的管理，比如註冊會計師和會計師事務所的獨立性、執業時註冊會計師應有的職業謹慎、執業過程中的執業監督等。同時，加強與被審計單位審計委員會的溝通和交流。

四、訴訟準備

由於財務報表使用者對註冊會計師職業的錯誤理解以及經濟補償利益的驅動，註冊會計師及會計師事務所難免不涉及法律訴訟。為此，應做好以下工作：

(一) 提取風險基金和購買責任保險

我國《註冊會計師法》規定，會計師事務所應當按規定建立職業風險基金，併購買職業保險。建立職業風險基金和購買職業保險是會計師事務所極為必要的保護措施，儘管不能直接免除可能受到的法律訴訟，但能夠防止或減少訴訟失敗時會計師事務所所發生的災難性損失。

(二) 聘請熟悉註冊會計師法律責任的律師

會計師事務所應盡可能聘請熟悉有關法律和註冊會計師法律責任的律師。在執業過程中，如遇重大法律問題，應同本所或者外聘律師詳細討論所有潛在的危險情況，並仔細考慮律師的建議。一旦發生法律訴訟，也應聘請經驗豐富的律師參與法律訴訟。

第五章
基本審計流程

學習目標：

通過本章學習，你應該能夠：
- 理解審計基本流程包括哪些階段；
- 掌握業務約定書的內容；
- 瞭解評價被審計單位環境的要素；
- 明確審計工作底稿的特點；
- 區分控制測試與實質性程序。

[引例] A 集團系中央直屬管理的國有重要骨幹企業集團之一，主營業務為大型發電設備的製造、安裝和成套設備出口，從水電、煤電、氣電、核電、新能源產品、環保產品、艦船驅動、電力驅動與控制保護到現代製造服務業，各類重大電力項目都有涉足，兼營房地產業務，集團擁有 H 股上市公司一家。現需要對 A 集團 2013 年度財務報表及合併財務報表進行審計，出具審計報告、專項審計報告和管理建議書；對公司內部控制制度的健全性和執行的有效性進行審核，出具內部控制評價報告；對公司資產質量進行調查，出具資產質量調查報告。

思考：審計的基本流程應該是怎麼樣的？多項審計的流程相同嗎？

第一節　審計流程概述

審計流程是指審計從接受客戶委託或者授權開始，到制訂審計計劃、收集與評價審計證據和出具審計報告為止的整個過程。一般包括三個階段：審計計劃工作階段、審計實施階段和審計報告階段。審計計劃階段包括受託、簽約和計劃審計工作，審計實施階段主要是運用控制測試和實施性測試收集審計證據，審計報告階段主要包括做出審計結論和出具審計報告。

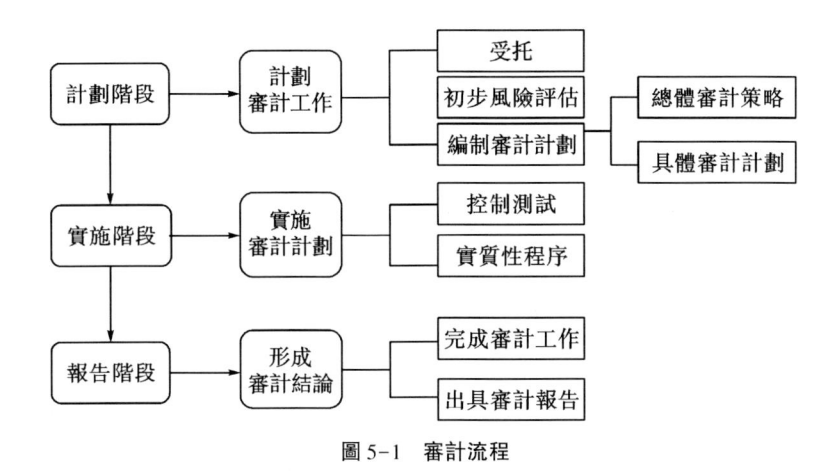

```
計劃階段 → 計劃審計工作 ┬→ 受托
                      ├→ 初步風險評估
                      └→ 編制審計計劃 ┬→ 總體審計策略
                                    └→ 具體審計計劃

實施階段 → 實施審計計劃 ┬→ 控制測試
                     └→ 實質性程序

報告階段 → 形成審計結論 ┬→ 完成審計工作
                     └→ 出具審計報告
```

圖 5-1　審計流程

一、審計計劃階段

在審計計劃階段，審計師的工作主要有：

（1）接受業務約定。接受客戶委託，並簽訂審計業務約定書。簽約的目的是明確雙方各自的責任與業務，增進會計師事務所與委託人或被審計單位之間的瞭解。

（2）初步風險評估。通過對被審計單位的經營情況與特點、組織結構向管理層進行瞭解，以掌握被審計單位的經營與管理方面的基本情況。通過瞭解被審計單位的財務狀況、管理水平和經營狀況，有助於審計師正確地評估審計風險，以便對財務報表整體發表審計意見，使審計風險保持在適當的水平。

（3）執行分析程序。執行分析程序可以幫助審計師找出可能存在的潛在錯漏報領域，以確定審計程序的性質、時間和範圍。

（4）確定重要性水平。在計劃審計工作時，審計師應當對重要性水平做出初步判斷，以確定審計範圍和所需審計證據的數量。

（5）制訂審計計劃。在對被審計單位的情況有初步瞭解的基礎上，審計師需要制訂總體審計策略和具體審計計劃，對審計工作進行總體安排和具體安排。

二、審計實施階段

審計實施階段是指審計計劃的執行階段，即審計師根據審計計劃階段所確定的工作方案，實施審計程序，收集和評價審計證據，形成審計結論。在審計實施階段，審計師的工作主要有：

（1）控制測試。控制測試是在對被審計單位內部控制瞭解的基礎上，對內部控制的設計合理性和運用有效性進行的測試。在風險導向審計技術下，財務報表審計程序主要分為三個部分：風險評估程序（包括瞭解內部控制）、控制測試和實質性程序。對被審計單位內部控制是否進行測試，關鍵取決於內部控制的瞭解和審計師是否準備信賴內部控制，並以對內部控制測試結果——控制風險的高低，來決定實質性程序的性質、時間和範圍。

（2）實質性程序。對財務報表的金額進行實質性程序，可取得證明管理層在財務報表上的確定是否公允的證據，並根據測試結果對財務報表的數據進行評價和鑒定。實質性程序在財務報表審計程序中是必經程序，包括分析程序和細節測試。

三、審計報告階段

在審計的終結階段，審計師應將實施階段收集的各種審計證據進行歸類、匯總、分析、整理，評價審計結論，並在此基礎上編製審計報告，確定審計意見類型，最后提交審計報告。主要內容包括：

（1）整理、評價審計證據。審計師必須運用專業判斷，綜合所收集到的審計證據，並對其進行整理和評價。

（2）復核審計工作底稿，審計期后事項和或有事項。審計師應復核在審計實施階段所形成的各種類型的審計工作底稿；期后事項和或有事項都是對審計報告的結論會產生較大影響的事項，因此審計師應在審計的終結階段對此應採取專門的審計程序予以審查。

（3）評價審計結果。主要是整理在實施階段收集的各種審計證據，在此基礎上確定將要發表的審計意見類型。

（4）編製並提交審計報告。審計師應按照審計準則的要求，編製審計報告，並在規定的時間內提交審計報告。

第二節　計劃審計工作

審計計劃階段的主要工作是依據審計項目委託或者授權，安排項目審計流程，其主要工作我們稱為計劃審計工作。其內容包括：

一、業務受託

審計師在接受審計業務委託之前，應通過對被審計單位情況的瞭解來評價客戶的誠信度，防範管理層因缺乏誠信或承受異常的壓力引發舞弊而轉移風險。同時，考慮會計事務所的業務經驗、能力以及職業道德關於獨立性要求的滿足情況決定是否接受委託。一旦確定接受委託，應簽訂業務約定書。

（一）審計業務約定書的作用

審計業務約定書（Audit Engagement Letter）是指會計師事務所與被審計單位簽訂的，用以記錄和確認審計業務的委託與受託關係、審計工作的目標和範圍、雙方的責任以及出具報告的格式等事項的書面協議。

審計師應當在審計業務開始前，與客戶就審計業務約定條款達成一致意見，並簽訂審計業務約定書，以避免雙方對審計業務的理解產生分歧。

審計業務約定書的含義可從以下幾個方面加以理解：

（1）簽約主體通常是會計師事務所和被審計單位。但也存在委託人與被審計單

位不是同一方的情形，在這種情形下，簽約主體通常還包括委託人。

（2）約定內容主要涉及審計業務的委託與受託關係、審計目標和範圍、雙方責任以及報告的格式。

（3）文件性質屬於書面協議，具有委託合同的性質，一經有關簽約主體簽字或蓋章，在各簽約主體之間即具有法律約束力。

簽署審計業務約定書的目的是為了明確雙方的責任與義務，保護雙方的利益。其主要作用有：①增進雙方的瞭解，減少誤會；②鑒定審計業務的完成情況和檢查審計義務的履行情況；③鑒定雙方的責任範圍。

（二）審計業務約定書的內容

審計業務約定書的內容和格式，因審計業務和被審計單位的不同而異。《中國審計師審計準則第1111號——審計業務約定書》將初次審計時與客戶簽訂的審計業務約定書內容區分為兩個層次：一是審計師應當在審計業務約定書中列明的內容；二是根據情況需要，審計師應當考慮在審計業務約定書中列明的其他內容。

1. 應當在審計業務約定書中列明的內容

（1）財務報表審計的目標，即審計師通過實施審計工作，對財務報表在所有重大方面是否按照適用的會計準則和相關會計制度公允反應發表意見。

（2）審計工作的範圍和依據，包括提及在執行財務報表審計時遵守的中國審計師的審計準則。

（3）管理層的責任和義務：

①管理層對財務報表的責任，即按照適用的會計準則和相關會計制度的規定編製和列報財務報表；

②管理層編製財務報表採用的會計準則和相關會計制度；

③管理層為審計師提供必要的工作條件和協助；

④審計師不受限制地接觸任何與審計有關的記錄、文件和所需要的其他信息；

⑤管理層對其做出的與審計有關的聲明予以書面確認。

（4）審計師的責任和義務：

①審計師的責任，即按照中國審計師審計準則的要求對財務報表發表意見；

②對執業過程中獲知的客戶信息保密。

（5）審計測試的限制：由於測試的性質和審計的其他固有限制，以及內部控制的固有局限性，不可避免地存在著某些重大錯報可能仍未被發現的風險。

（6）審計業務執行的結果的報告形式或其他溝通方式，即以書面報告或其他報告方式將審計業務的執行結果報告給客戶。

（7）收費的計算基礎和收費安排：審計業務約定書上應明確審計收費的計費依據、計費標準及付費方式與時間。

（8）審計報告格式和對審計結果的其他溝通形式，即以書面報告或其他報告方式將審計業務的執行結果報告給客戶。

（9）違約責任。

（10）解決爭議的辦法。

(11) 簽章。簽約雙方法定代表人或其授權代表的簽字或蓋章，以及簽約雙方加蓋的公章。

2. 審計業務約定書的特殊考慮

（1）考慮特定需要

如果情況需要，審計師在應當考慮在審計業務約定書中列明下列內容：

①在某些審計方面對利用其他審計師和專家工作的安排；

②與審計涉及的客戶內部審計人員和其他員工工作的協調；

③在首次接受審計委託時，對與前任審計師溝通的安排；

④預期向被審計單位提交的其他函件或報告；

⑤與治理層整體直接溝通；

⑥審計師與客戶之間需要達成進一步協議的事項。

（2）集團審計

如果負責集團財務報表審計的審計師同時負責組成部分財務報表的審計，審計師應當考慮下列因素，決定是否與各個組成部分單獨簽訂審計業務約定書。

①組成部分審計師的委託人。如果集團和組成部分審計是由不同的委託人委託的，審計師應當與不同的委託人分別簽訂審計業務約定書。例如，××會計師事務所受甲集團母公司委託，對甲集團合併財務報表及集團母公司年度財務報表進行審計，同時，甲集團所屬子公司乙公司也聘請××會計師事務所對年度財務報表進行審計。在這種情況下，××會計師事務所應當分別與甲公司和乙公司簽訂審計業務約定書。

②是否對組成部分單獨出具審計報告。如果集團母公司聘請審計師對集團合併財務報表和集團組成部分的年度財務報表進行審計，但明確不對集團組成部分單獨出具審計報告，那麼，審計師一般無須與組成部分另行簽訂審計業務約定書。

③法律法規的規定。如果法律法規有明確要求，應按相關要求辦理。

④母公司、總公司或總部占組成部分的所有權份額。如果母公司、總公司或總部占組成部分的所有權份額很大，那麼審計師可能無須與組成部分另行簽約。

⑤組成部分管理層的獨立程度。組成部分管理層是指負責編製組成部分財務信息的管理層。

在某些情況下，組成部分管理層沒有獨立決策的權力（如組成部分是某公司的銷售部門），而由集團管理層進行日常經營決策，而且很可能該組成部分在法律上也不具備獨立簽約的資格，那麼審計師與其簽約是沒有意義的。

（3）連續審計

在連續審計的情況下，審計師並不需要在每一期間與客戶簽訂新的審計業務約定書，可與被審計單位簽訂長期審計業務約定書。但如果出現下列情況，審計師應當考慮重新簽訂審計業務約定書：

①有跡象表明客戶誤解審計的目標和工作範圍；

②需要修改約定條款或增加特別條款；

③高級管理人員、董事會或所有權結構近期發生變動；

④客戶業務的性質或規模發生重大變化；

⑤法律法規的要求；
⑥管理層編製財務報表採用的會計準則和相關會計制度發生變化。
（4）變更審計

在具體的審計實務中，客戶可能由於下述原因在審計師完成審計業務前要求將審計業務變更為保證程度較低（如財務報表審閱）的鑒證業務。①情況變化對審計服務的需求產生影響；②對原來要求的審計業務的性質存在誤解；③審計工作範圍存在限制。審計師應分析和判斷業務變更是否合理，若同意客戶將審計業務變更為相關服務之前，還應當考慮變更業務對法律責任或合同條款的影響。如果認為變更業務具有合理的理由，並且已實施的審計工作遵守了審計準則，審計準則也適用於變更后的業務，審計師可以根據修改后的業務約定條款出具報告。為避免引起報告使用者的誤解，報告不應提及下列內容：

①原來的審計業務；
②在原來的審計業務中可能已執行的任何程序。

只有將審計業務變更為執行商定程序業務，審計師才可以在報告中提及已執行的程序。

如果變更業務約定條款，審計師應當與客戶就新的條款達成一致意見；如果沒有合理理由，審計師不應同意變更業務；如果無法同意變更業務，客戶又不允許繼續原來的審計業務，審計師應當解除業務約定，並考慮是否有義務向董事會或者股東等方面報告解除業務約定的理由。

審計業務約定書簽訂好后應歸入審計檔案。會計師事務所或委託人如需修改、補充審計業務約定書，應當以適當方式獲得對方的認可。

二、瞭解被審計單位及其環境

審計師應當從下列方面瞭解被審計單位及其環境：①相關行業狀況、法律環境和監管環境及其他外部因素；②被審計單位的性質；③被審計單位對會計政策的選擇和運用；④被審計單位的目標、戰略以及可能導致重大錯報風險的相關經營風險；⑤對被審計單位財務業績的衡量和評價；⑥被審計單位的內部控制。

（一）相關行業狀況、法律環境和監管環境及其他外部因素

審計師應當瞭解被審計單位的行業狀況，主要包括：①所處行業的市場與競爭，包括市場需求、生產能力和價格競爭；②生產經營的季節性和週期性；③與被審計單位產品相關的生產技術；④能源供應與成本；⑤行業的關鍵指標和統計數據。被審計單位所處的法律環境與監管環境，審計師需要瞭解的內容主要包括：①會計原則和行業特定慣例；②受管制行業的法規框架；③對被審計單位經營活動產生重大影響的法律法規，包括直接的監管活動；④稅收政策（關於企業所得稅和其他稅種的政策）；⑤目前對被審計單位開展經營活動產生影響的政府政策，如貨幣政策（包括外匯管制）、財政政策、財政刺激措施（如政府援助項目）、關稅或貿易限制政策等；⑥影響行業和被審計單位經營活動的環保要求。其他影響被審計單位經營的外部因素，主要包括總體經濟情況、利率、融資的可獲得性、通貨膨脹水平等。

比如當前的宏觀經濟狀況以及未來的發展趨勢如何，目前國內或本地區的經濟狀況（如增長率、通貨膨脹率、失業率、利率等）怎樣影響被審計單位的經營活動，被審計單位的經營活動是否受到匯率波動或全球市場力量的影響。

（二）被審計單位的性質

1. 所有權結構

對被審計單位所有權結構的瞭解有助於審計師識別關聯方關係並瞭解被審計單位的決策過程。審計師應當瞭解所有權結構以及所有者與其他人員或實體之間的關係，獲取被審計單位提供的所有關聯方信息，並考慮關聯方關係是否已經得到識別，關聯方交易是否得到恰當記錄和充分披露。例如，瞭解被審計單位是屬於國有企業、外商投資企業、民營企業，還是屬於其他類型的企業，還應當瞭解其直接控股母公司、間接控股母公司、最終控股母公司和其他股東的構成，以及所有者與其他人員或實體（如控股母公司控制的其他企業）之間的關係。

同時，審計師可能需要對其控股母公司（股東）的情況做進一步的瞭解，包括控制母公司的所有權性質、管理風格及其對被審計單位經營活動及財務報表可能產生的影響；控股母公司與被審計單位在資產、業務、人員、機構、財務等方面是否分開，是否存在占用資金等情況；控股母公司是否施加壓力，要求被審計單位達到其設定的財務業績目標。

2. 治理結構

良好的治理結構可以對被審計單位的經營和財務運作實施有效的監督，從而降低財務報表發生重大錯報的風險。審計師應當瞭解被審計單位的治理結構。例如：董事會的構成情況、董事會內部是否有獨立董事；治理結構中是否設有審計委員會或監事會及其運作情況；治理層是否能夠在獨立於管理層的情況下對被審計單位事務（包括財務報表）做出客觀判斷。

3. 組織結構

複雜的組織結構可能導致某些特定的重大錯報風險。審計師應當瞭解被審計單位的組織結構，考慮複雜組織結構可能導致的重大錯報風險，包括財務報表合併、商譽減值以及長期股權投資核算等問題。例如，對於在多個地區擁有子公司、合營企業、聯營企業或其他成員機構，或者存在多個業務分部和地區分部的被審計單位，不僅編製合併財務報表的難度增加，還存在其他可能導致重大錯報風險的複雜事項，包括對於子公司、合營企業、聯營企業和其他股權投資類別的判斷及其會計處理，商譽在不同業務分部間的減值等。

4. 經營活動

瞭解被審計單位經營活動有助於審計師識別預期在財務報表中反應的主要交易類別、重要帳戶餘額和列報。審計師應當瞭解被審計單位的經營活動。主要包括：①主營業務的性質；②與生產產品或提供勞務相關的市場信息；③業務的開展情況；④聯盟、合營與外包情況；⑤從事電子商務的情況；⑥地區分佈與行業細分；⑦生產設施、倉庫和辦公室的地理位置，存貨存放地點和數量；⑧關鍵客戶；⑨貨物和服務的重要供應商；⑩勞動用工安排；⑪研究與開發活動及其支出；⑫關聯方交

易等。

5. 投資活動

審計師應當瞭解被審計單位的投資活動，以便關注被審計單位在經營策略和方向上的重大變化。主要包括：

（1）近期擬實施或已實施的併購活動與資產處置情況，包括業務重組或某些業務的終止。審計師應當瞭解併購活動如何與被審計單位目前的經營業務相協調，並考慮它們是否會引發進一步的經營風險。例如，被審計單位併購了一個新的業務部門，審計師需要瞭解管理層如何管理這一新業務，而新業務又如何與現有業務相結合，發揮協同優勢，如何解決原有經營業務與新業務在信息系統、企業文化等各方面的不一致。

（2）證券投資、委託貸款的發生與處置。

（3）資本性投資活動，包括固定資產和無形資產投資，近期或計劃發生的變動以及重大的資本承諾等。

（4）不納入合併範圍的投資。例如，聯營、合營或其他投資，包括近期計劃的投資項目。

6. 籌資活動

瞭解被審計單位籌資活動有助於審計師評估被審計單位在融資方面的壓力，並進一步考慮被審計單位在可預見未來的持續經營能力。審計師應當瞭解被審計單位的籌資活動，主要包括：①債務結構和相關條款，包括資產負債表外融資和租賃安排；②主要子公司和聯營企業（無論是否處於合併範圍內）；③實際受益方及關聯方；④衍生金融工具的使用等。

7. 財務報表

瞭解財務報表情況，有助於審計師判斷財務報表的合法性和公允性，主要包括：①會計政策和行業特定慣例，包括特定行業的重要活動（如銀行業的貸款和投資、醫藥行業的研究與開發活動）；②收入確認慣例；③公允價值會計核算；④外幣資產、負債與交易；⑤異常或複雜交易（包括在有爭議的或新興領域的交易）的會計處理（如對以股票為基準的薪酬的會計處理）。

（三）被審計單位對會計政策的選擇和運用

1. 重大和異常交易的會計處理方法

瞭解本期執行的會計政策及發生的重大和異常交易行為。例如，本期發生的企業合併的會計處理方法。某些被審計單位可能存在與其所處行業相關的重大交易。例如，銀行向客戶發放貸款、證券公司對外投資、醫藥企業的研究與開發活動等，審計師應當考慮對重大的和不經常發生的交易的會計處理方法是否適當。

2. 在缺乏權威性標準或共識、有爭議的或新興領域採用重要會計政策產生的影響

在缺乏權威性標準或共識的領域，審計師應當關注被審計單位選用了哪些會計政策、為什麼選用這些會計政策以及選用這些會計政策產生的影響。

3. 會計政策的變更

如果被審計單位變更了重要的會計政策,審計師應當考慮變更的原因及其適當性。①會計政策變更是不是法律、行政法規或者適用的會計準則和相關會計制度要求的變更;②會計政策變更是否能夠提供更可靠、更相關的會計信息。除此之外,審計師還應當關注會計政策的變更是否得到充分披露。

除上述與會計政策的選擇和運用相關的事項外,審計師還應對被審計單位下列與會計政策運用相關的情況予以關注:①是否採用激進的會計政策、方法、估計和判斷;②財會人員是否擁有足夠的運用會計準則的知識、經驗和能力;③是否擁有足夠的資源支持會計政策的運用,如人力資源及培訓、信息技術的採用、數據和信息的採集等;④被審計單位是否按照適用的會計準則和相關會計制度的規定恰當地進行了列報,並披露了重要事項。列報和披露的主要內容包括:財務報表及其附註的格式、結構安排、內容,財務報表項目使用的術語,披露信息的明細程度,項目在財務報表中的分類以及列報信息的來源等。

(四) 被審計單位的目標、戰略以及可能導致重大錯報風險的相關經營風險

經營風險是指可能對被審計單位實現目標和實施戰略的能力產生不利影響的重要狀況、事項、情況、作為(或不作為)而導致的風險,或由於制定不恰當的目標和戰略而導致的風險。不同的企業可能面臨不同的經營風險,這取決於企業經營的性質、所處行業、外部監管環境、企業的規模和複雜程度。管理層有責任識別和應對這些風險。

審計師應當瞭解被審計單位是否存在於下列方面有關的目標和戰略,並考慮相應的經營風險。①行業發展;②開發新產品或提供新服務;③業務擴張;④新的會計要求;⑤監管要求;⑥本期及未來的融資條件;⑦信息技術的運用;⑧實施戰略的影響,特別是由此產生的需要運用新的會計要求的影響。

(五) 對被審計單位財務業績的衡量和評價

被審計單位管理層經常會衡量和評價關鍵業績指標(包括財務和非財務的)、預算及差異分析、分部信息和分支機構、部門或其他層次的業績報告以及與競爭對手的業績比較。此外,外部機構也會衡量和評價被審計單位的財務業績,如分析師的報告和信用評級機構的報告。

在瞭解被審計單位財務業績衡量和評價情況時,審計師應當關注下列信息:①關鍵業績指標(財務或非財務的)、關鍵比率、趨勢和經營統計數據;②同期財務業績比較分析;③預算、預測、差異分析,分部信息與分部、部門或其他不同層次的業績報告;④員工業績考核與激勵性報酬政策;⑤被審計單位與競爭對手的業績比較。

內部財務業績衡量可能顯示未預期的結果或趨勢。在這種情況下,管理層通常會進行調查並採取糾正措施。與內部財務業績衡量相關的信息可能顯示財務報表存在錯報風險。例如,內部財務業績衡量可能顯示被審計單位與同行業其他單位相比具有異常快的增長率或盈利水平,此類信息如果與業績資金或激勵性報酬等因素結

合起來考慮，可能顯示管理層在編製財務報表時存在某種傾向的錯報風險。因此，審計師應當關注被審計單位內部財務業績衡量所顯示的未預期到的結果或趨勢，管理層的調查結果和糾正措施，以及相關信息是否顯示財務報表可能存在重大錯報。

如果擬利用被審計單位內部信息系統生成的財務業績衡量指標，審計師應當考慮相關信息是否可靠，以及利用這些信息是否足以實現審計目標。許多財務業績衡量中使用的信息可能由被審計單位的信息系統生成。如果被審計單位管理層在沒有合理基礎的情況下，認為內部生成的衡量財務業績的信息是準確的，而實際上信息有誤，那麼根據有誤的信息得出的結論也可能是錯誤的。

（六）被審計單位的內部控制

內部控制是被審計單位為了合理保證財務報表的可靠性、經營的效率和效果以及對法律法規的遵守，由治理層、管理層和其他人員設計與執行的政策及程序。內部控制包括下列要素：①控制環境；②風險評估過程；③與財務報表相關的信息系統和溝通；④控制活動；⑤對控制的監督。

內部控制的目標旨在合理保證財務報表的可靠性、經營的效率和效果以及對法律法規的遵守。審計師審計的目標是對財務報表是否不存在重大錯報發表審計意見，要求審計師在財務報表審計中考慮與財務報表編製相關的內部控制，但目的並非直接對被審計單位內部控制的有效性發表意見。因此，審計師需要瞭解和評價的內部控制只是與財務報表審計相關的內部控制，並非被審計單位所有的內部控制。

1. 控制環境

控制環境包括治理職能和管理職能，以及治理層和管理層對內部控制及其重要性的態度、認識和措施。控制環境設定了被審計單位的內部控制基調，影響員工對內部控制的認識和態度。良好的控制環境是實施有效內部控制的基礎。

防止或發現並糾正舞弊和錯誤是被審計單位治理層和管理層的責任。在評價控制環境的設計和實施情況時，審計人員應當瞭解管理層在治理層的監督下，是否營造並保持了誠實守信和合乎道德的文化，以及是否建立了防止或發現並糾正舞弊和錯誤的恰當控制。實際上，在審計業務承接階段，審計人員就需要對控制環境做出初步瞭解和評價。

在評價控制環境的設計時，審計人員應當考慮構成控制環境的要素，以及這些要素如何被納入被審計單位業務流程：①對誠信和道德價值觀念的溝通與落實；②對勝任能力的重視；③治理層的參與程度；④管理層的理念和經營風格；⑤組織結構；⑥職權與責任的分配；⑦人力資源政策與實務。

控制環境對重大錯報風險的評估具有廣泛影響，審計人員應當考慮控制環境是否為內部控制的其他要素提供了適當的基礎，並且未被控制環境中存在的缺陷所削弱。

2. 風險評估

被審計單位的經營活動中會面臨各種各樣的風險，風險對其生存和競爭能力產生影響。很多風險並不為經濟組織所控制，但管理層應當確定可以承受的風險水平，

識別這些風險並採取一定的應對措施。

可能產生風險的事項和情形包括以下內容：

（1）監管及經營環境的變化；
（2）新員工的加入；
（3）新信息系統的使用或對原系統進行升級；
（4）業務快速發展；
（5）新技術；
（6）新生產型號、產品和業務活動；
（7）企業重組；
（8）發展海外經營；
（9）新的會計準則。

財務報表目標的風險評估過程包括識別與財務報表相關的經營風險，評估風險的重大性和發生的可能性，以及採取措施管理這些風險。與財務報表相關的風險也可能與特定事項和交易有關。審計人員應當瞭解被審計單位的風險評估過程和結果。在評價被審計單位風險評估過程的設計和執行時，審計人員應當確定管理層如何識別與財務報表相關的經營風險，如何估計該風險的重要性，如何評估風險發生的可能性，以及如何採取措施管理這些風險。如果被審計單位的風險評估過程符合其具體情況，瞭解被審計單位的風險評估過程和結果有助於審計人員識別財務報表重大錯報的風險。

3. 信息系統與溝通

信息系統與溝通是收集與交換被審計單位執行、管理和控制業務活動所需信息的過程，包括收集和提供信息（特別是履行內部控制崗位職責所需的信息）給適當人員，使之能夠履行職責。信息系統與溝通的質量直接影響到管理層對經營活動做出正確決策和編製可靠的財務報表的能力。

與財務報表相關的信息系統，包括用以生成、記錄、處理和報告交易、事項和情況，對相關資產、負債和所有者權益履行經營管理責任的程序和記錄。交易可能通過人工或自動化程序生成。記錄包括識別和收集與交易、事項有關的信息。處理包括編輯、核對、計量、估價、匯總和調節活動，可能由人工或自動化程序來執行。報告是指用電子或書面形式編製財務報表和其他信息，供被審計單位用於衡量和考核財務及其他方面的業績。

與財務報表相關的信息系統應當與業務流程相適應。業務流程是指被審計單位開發、採購、生產、銷售、發送產品和提供服務、保證遵守法律法規、記錄信息等一系列活動。

審計人員應當從下列方面瞭解與財務報表相關的信息系統：

（1）在被審計單位經營過程中，對財務報表具有重大影響的各類交易。

（2）在信息技術和人工系統中，交易生成、記錄、處理和報告的程序。在獲取瞭解時，審計人員應當同時考慮被審計單位將交易處理系統中的數據過入總分類帳

和財務報表的程序。

（3）與交易生成、記錄、處理和報告有關的會計記錄、支持性信息和財務報表中的特定項目。企業信息系統通常包括使用標準的會計分錄，以記錄銷售、購貨和現金付款等重複發生的交易，或記錄管理層定期做出的會計估計，如應收帳款可回收金額的變化。信息系統還包括使用非標準的分錄，以記錄不重複發生的、異常的交易或調整事項，如企業合併、資產減值等。

（4）信息系統如何獲取除各類交易之外的對財務報表具有重大影響的事項和情況，如對固定資產和長期資產計提折舊或攤銷、對應收帳款計提壞帳準備等。

（5）被審計單位編製財務報表的過程，包括做出的重大會計估計和披露。編製財務報表的程序應當同時確保適用的會計準則和相關會計制度要求披露的信息得以收集、記錄、處理和匯總，並在財務報表中得到充分披露。

在瞭解與財務報表相關的信息系統時，審計人員應當特別關注由於管理層凌駕於帳戶記錄控制之上，或規避控制行為而產生的重大錯報風險，並考慮被審計單位如何糾正不正確的交易處理。

與財務報表相關的溝通包括使員工瞭解各自在與財務報表有關的內部控制方面的角色和職責、員工之間的工作聯繫，以及向適當級別的管理層報告例外事項的方式。公開的溝通渠道有助於確保例外情況得到報告和處理。溝通可以採用政策手冊、會計和財務報表手冊與備忘錄等形式進行，也可以通過發送電子郵件、口頭溝通和管理層的行動來進行。

審計人員應當瞭解被審計單位內部如何對財務報表的崗位職責，以及與財務報表相關的重大事項進行溝通。審計人員還應當瞭解管理層與治理層（特別是審計委員會）之間的溝通，以及被審計單位與外部（包括與監管部門）的溝通。

4. 控制活動

控制活動是指有助於確保管理層的指令得以執行的政策和程序，包括與授權、業績評價、信息處理、實物控制和職責分離等相關的活動。

（1）授權

審計人員應當瞭解與授權有關的控制活動，包括一般授權和特別授權。授權的目的在於保證交易在管理層授權範圍內進行。一般授權是指管理層制定的要求組織內部遵守的普遍適用於某類交易或活動的政策。特別授權是指管理層針對特定類別的交易或活動逐一設置的授權，如重大資本支出和股票發行等。特別授權也可能用於超過一般授權限制的常規交易。

（2）業績評價

審計人員應當瞭解與業績評價有關的控制活動，主要包括被審計單位分析評價實際業績與預算（或預測、前期業績）的差異，綜合分析財務數據與經營數據的內在關係，將內部數據與外部信息來源相比較，評價職能部門、分支機構或項目活動的業績，以及對發現的異常差異或關係採取必要的調查與糾正措施。

通過調查非預期的結果和非正常的趨勢，管理層可以識別可能影響經營目標實

現的情形。管理層對業績信息的使用（如將這些信息是只用於經營決策，還是同時用於對財務報表系統報告的非預期結果進行追蹤），決定了業績指標的分析是只用於經營目的，還是同時用於財務報表目的。

（3）信息處理

審計人員應當瞭解與信息處理有關的控制活動。被審計單位通常執行各種措施，檢查各種類型信息處理環境下的交易的準確性、完整性和授權。信息處理控制可以是人工的、自動化的，或是基於自動流程的人工控制。信息處理控制分為兩類，即信息技術的一般控制和應用控制。

信息技術一般控制是指與多個應用系統有關的政策和程序，有助於保證信息系統持續恰當地運行（包括信息的完整性和數據的安全性），支持應用控制作用的有效發揮，通常包括數據中心和網路運行控制、系統軟件的購置、修改及維護控制、接觸或訪問權限控制、應用系統的購置、開發及維護控制。例如，程序改變的控制、限制接觸程序和數據的控制、與新版應用軟件包實施有關的控制等都屬於信息系統一般控制。

信息技術應用控制是指主要在業務流程層次運行的人工或自動化程序，與用於生成、記錄、處理、報告交易或其他財務數據的程序相關，通常包括檢查數據計算的準確性，審核帳戶和試算平衡表，設置對輸入數據和數字序號的自動檢查，以及對例外報告進行人工干預。

（4）實物控制

審計人員應當瞭解實物控制，主要包括瞭解對資產和記錄採取適當的安全保護措施，對訪問計算機程序和數據文件設置授權，以及定期盤點並將盤點記錄與會計記錄相核對。例如，現金、有價證券和存貨的定期盤點控制。實物控制的效果影響資產的安全，從而對財務報表的可靠性及審計產生影響。

（5）職責分離

審計人員應當瞭解職責分離，主要包括瞭解被審計單位如何將交易授權、交易記錄以及資產保管等職責分配給不同員工，以防範同一員工在履行多項職責時可能發生的舞弊或錯誤。當信息技術運用於信息系統時，職責分離可以通過設置安全控制來實現。某項經濟業務授權批准的職務和該項經濟業務執行的職務應分離。常見的職務分離包括：①執行某項經濟業務的職務和審查稽核該項經濟業務的職務應分離；②執行某項經濟業務的職務與該項經濟業務的記錄職務；③保管某項財產物資的職務和該項財產物資的記錄職務；④保管某項財產物資的職務和對該項財產物資進行清查的職務；⑤記錄總帳的職務和記錄明細帳、日記帳的職務等。

在瞭解控制活動時，審計人員應當重點考慮一項控制活動單獨或連同其他控制活動，是否能夠以及如何防止或發現並糾正各類交易、帳戶餘額、列報存在的重大錯報。審計人員的工作重點是識別和瞭解針對重大錯報可能發生的領域的控制活動。如果多項控制活動能夠實現同一目標，審計人員不必瞭解與該目標相關的每項控制活動。

5. 監督

管理層的重要職責之一就是建立和維護控制並保證其持續有效運行，對控制的監督可以實現這一目標。監督是由適當的人員，在適當、及時的基礎上，評估控制的設計和運行情況的過程。對控制的監督是指被審計單位評價內部控制在一段時間內運行有效性的過程，該過程包括及時評價控制的設計和運行，以及根據情況的變化採取必要的糾正措施。例如，管理層對是否定期編製銀行存款余額調節表進行復核，內部審計人員評價銷售人員是否遵守公司關於銷售合同條款的政策，法律部門定期監控公司的道德規範和商務行為準則是否得以遵循等。監督對控制的持續有效運行十分重要。例如，如果沒有對銀行存款余額調節表是否得到及時和準確的編製進行監督，該項控制可能無法得到持續的執行。

審計人員應當瞭解被審計單位對控制的持續監督活動和專門的評價活動。通常，被審計單位通過持續的監督活動、專門的評價活動或兩者相結合，來實現對控制的監督。

持續的監督活動通常貫穿被審計單位的日常經營活動與常規管理工作中。例如，管理層在履行其日常管理活動時，取得內部控制持續發揮功能的信息。當業務報告、財務報表與他們獲取的信息有較大差異時，會對有重大差異的報告提出疑問，並做必要的追蹤調查和處理。被審計單位可能使用內部審計人員或具有類似職能的人員對內部控制的設計和執行進行專門的評價，以找出內部控制的優點和不足，並提出改進建議。

被審計單位可能利用與外部有關各方溝通或交流所獲取的信息監督相關的控制活動。在某些情況下，外部信息可能顯示內部控制存在的問題和需要改進之處。例如，客戶通過付款來表示其同意發票金額，或者認為發票金額有誤而不付款。監管機構（如銀行監管機構）可能會對影響內部控制運行的問題與被審計單位溝通。管理層可能也會考慮與審計人員就內部控制問題進行溝通，通過與外部信息的溝通，可以發現內部控制存在的問題，以便採取糾正措施。

審計人員應當瞭解與被審計單位監督活動相關的信息來源，以及管理層認為信息具有可靠性的依據。如果擬利用被審計單位監督活動使用的信息（包括內部審計報告），審計人員應當考慮該信息是否具有可靠的基礎，是否足以實現審計目標。

三、初步評估重大錯報風險

審計師瞭解被審計單位及其環境，目的是為了識別和評估財務報表的重大錯報風險，從而確定可接受檢查風險、控制終極審計風險。

審計風險是指財務報表存在重大錯報或漏報，而審計人員審計后發表不恰當審計意見的可能性。審計人員的審計風險主要受制於客戶財務報表的重大錯報風險和來自於自身的檢查風險，而客戶財務報表的重大錯報風險則主要來源於整個企業的經營風險。審計風險的計算公式為：

審計風險 = 重大錯報風險×檢查風險

重大錯報風險是指財務報表在審計前存在重大錯報的可能性，含固有風險和控制風險。審計人員在風險評估時應全面瞭解被審計單位經營環境、自身情況及內部控制，從而評估重大錯報風險，並針對重大錯報風險實施具有針對性的審計測試程序。審計人員在設計審計程序以確定財務報表整體是否存在重大錯報時，審計人員應當從財務報表層次和各類交易、帳戶餘額、列報與披露認定層次考慮重大錯報風險。

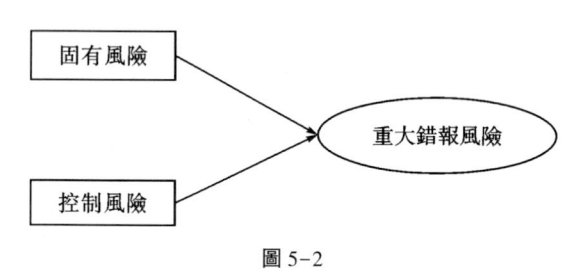

圖 5-2

檢查風險是指某一認定存在錯報，該錯報單獨或連同其他錯報是重大的，但審計人員沒有發現這種錯報的可能性。檢查風險取決於審計程序設計的合理性和執行的有效性。審計人員應當合理設計審計程序的性質、時間和範圍並有效執行，以控制檢查風險。

審計風險由重大錯報風險和檢查風險組成。其中，重大錯報風險是固有風險和控制風險的聯合，與被審計單位有關，可以通過對被審計單位的調查和分析進行評估。而檢查風險則與審計人員執行審計程序的適當性，即審計人員做出的審計方法的選擇、樣本規模和審計程序的時間安排等決策有關。也就是說，審計人員能夠控制可接受的檢查風險水平。

從定量的角度看，審計風險要素的相互關係可用下列公式表示：

可接受的審計風險＝重大錯報風險×檢查風險

因此，在既定的審計風險下，檢查風險的計算公式為：

$$可接受的檢查風險 = \frac{可接受的審計風險}{重大錯報風險}$$

在既定的審計風險水平下，可接受的檢查風險水平與認定層次重大錯報風險的評估結果成反向關係。評估的重大錯報風險越高，可接受的檢查風險越低；評估的重大錯報風險越低，可接受的檢查風險越高。例如，審計人員確定的可接受的審計風險為5%，被審計單位的重大錯報風險為40%，則可接受的檢查風險為：

$$可接受的檢查風險 = \frac{審計風險}{重大錯報風險} = \frac{5\%}{40\%} = 12.5\%$$

從定性的角度看，審計風險要素的相互關係如表 5-1 所示。

表 5-1　　　　　　　　　審計風險要素之間的關係

重大錯報風險	檢查風險
高	低
中	中
低	高

上述審計風險模型一般在制訂審計計劃時使用。由表 5-1 可知,可接受的檢查風險與重大錯報風險水平成反比關係。在可接受的審計風險一定的情況下,重大錯報風險越高,審計人員可接受的檢查風險就越低,所需的審計證據數量越多。例如,審計人員確定的檢查風險為 5% 時,就需要比檢查風險為 10% 時收集更多的審計證據,以支持低的檢查風險水平。可見,重大錯報風險與審計證據的數量成正向關係,而可接受的檢查風險與審計證據的數量成反向關係。

表 5-2　　　　　　　　風險等級與審計證據成本的關係

期望審計風險	重大錯報風險評估水平	可接受的檢查風險水平	所需證據的數量及成本
高	低	高	低
低	低	中	中
低	高	低	高
中	中	中	中
高	低	中	中

審計人員應當針對評估的財務報表層次重大錯報風險確定總體應對措施,並針對評估的認定層次重大錯報風險設計和實施進一步審計程序,以將審計風險降至可接受的低水平。

四、編製審計計劃

審計計劃是指審計師為了完成項目審計業務,達到預期的審計目標,在具體執行審計程序之前編製的工作計劃。充分細緻的審計計劃有助於審計師關注重點審計領域、及時發現和解決潛在問題、並恰當地組織和管理審計工作,以使審計工作效果更加有效。

審計計劃要按照既定的審計目標,制訂適用的操作方案,選擇必要的審計程序和審計步驟,並對審計程序的應用範圍、審計重點、人員配備、時間預算、指導和復核要求等做出周密的安排。審計計劃通常由項目負責人編製,並以書面形式記錄於審計工作底稿。審計計劃的主要作用為:

(1) 可以明確整個審計工作的總體要求以及為達到這一要求所採取的審計策略。通過制訂審計計劃,可以使審計師心中有數,對整個審計工作起一個預先規劃的作用。

(2) 為設計具體審計程序提供依據。審計計劃的制訂,有利於審計師在實施審

計之前對審計業務的範圍和重點做出較為全面的分析，以便據以制訂合理、有效的審計程序計劃。

（3）有利於提高審計工作的效率。通過制訂審計計劃，安排適當的工作進度，進行人員配置，可以保持合理的審計成本，提高審計工作的效率和質量。

（4）便於對審計業務助理人員進行指導和監督。由於審計計劃對各級審計師的工作做了事先安排，可以對審計小組工作完成情況進行有效監督、考核和評價。

計劃審計工作是一個持續的、不斷修正的過程，貫穿整個項目審計業務的始終。由於未預期事項、條件的變化或在實施審計程序中獲取的審計證據等原因，在審計過程中，審計師應當在必要時對總體審計策略和具體審計計劃做出更新與修改。

審計計劃分為總體審計策略和具體審計計劃兩個層次。圖 5-3 列示了計劃審計工作的兩個層次。審計師應當針對總體審計策略中所確定的事項，制訂具體審計計劃，並考慮通過有效利用審計資源以實現審計目標。值得注意的是，雖然制定總體審計策略的過程通常在具體審計計劃之前，但是隨著審計的深入，總體審計策略可能發生變化，兩項計劃具有內在緊密聯繫，對其中一項的決定可能會影響甚至改變對另外一項的決定。例如，審計師在瞭解被審計單位及其環境的過程中，注意到被審計單位對主要業務的處理依賴複雜的自動化信息系統，因此計算機信息系統的可靠性及有效性對其經營、管理、決策以及編製可靠的財務報表具有重大影響。對此，審計師可能會在具體審計計劃中制定相應的審計程序，並相應調整總體審計策略的內容。

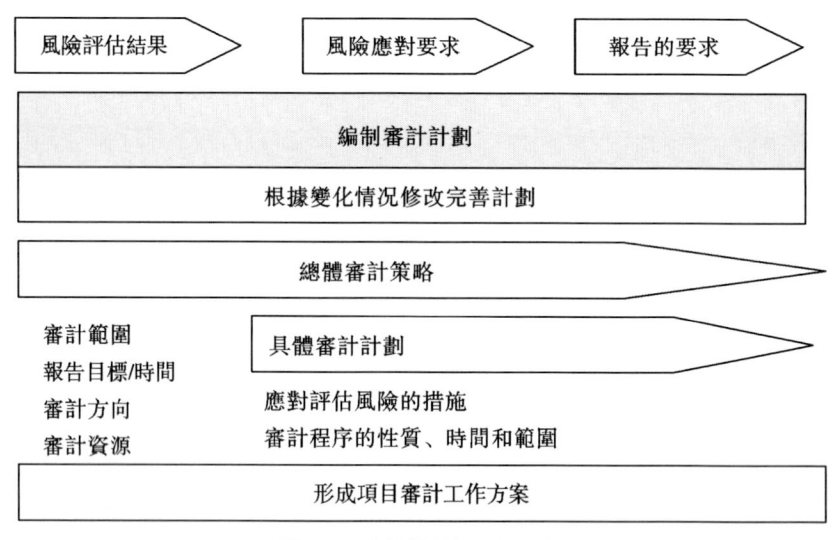

圖 5-3 審計計劃的兩個層次

總體審計策略（Overall Audit Planning）是對審計的預期範圍和實施方式所做的規劃，是審計師從接受審計任務到出具審計報告整個過程基本工作內容的綜合計劃。它確定了審計業務的範圍、審計工作的時間安排和方向，清楚地說明向特定審計領域調配的資源、數量、時間，以及如何管理、指導和監督這些資源。總體審計策略

可以說是整個審計任務的藍圖。

總體審計策略的主要內容包括：

（1）被審計單位的基本情況。即說明被審計單位的業務性質、組織結構、經營規模、財務會計機構及工作組織，以前年度接受審計情況，所屬行業及其經營特點，被審計單位面臨的經營風險等。

（2）審計目的、審計範圍和審計策略。即說明接受的審計是報表審計還是專項審計；根據審計目的和範圍初步判斷所要實施的審計方法等。

（3）主要會計問題及重點審計領域。根據對被審計單位基本情況的瞭解和分析來確定其可能存在的重要會計問題，進而決定審計工作的重點領域。重要會計問題和重點審計領域的確定主要由被審計單位業務的複雜程度和帳戶的重要性，以及對固有風險和控制風險的評價以及審計師的經驗判斷等因素綜合決定。

（4）審計工作進度及時間、費用預算。即對各種審計程序的實施時間及業務進度做出規劃，特別要明確有時間限制的審計程序（如存貨監盤、函證等）何時實施。同時，對審計全過程各級別審計師所需的工作時間應做出合理預計，並按照有關收費標準，確定應予收取的審計費用。

（5）審計小組組成及人員分工。即確定審計小組的成員構成，針對每個審計師的審計經驗、勝任能力、獨立性及各自的專長合理搭配。

（6）審計重要性的確定及審計風險的評估。即初步確定重要性總體水平和財務報表中的重大錯報風險，並對審計風險做出適當地評估。

（7）對專家、內部審計人員及其他審計師工作的利用。當審計師需要利用專家或被審計單位內部審計師的工作時，應當考慮其獨立性和專業勝任能力，並對其工作做出合理安排。

（8）需被審計單位提供的幫助及其他有關內容。

審計師應當在總體審計策略中清楚地說明下列內容：①向特定審計領域調配的資源，包括向高風險領域分派有適當經驗的項目組成員，就複雜的問題利用專家工作等；②向特定審計領域分配資源的數量，包括安排到重要存貨存放地觀察存貨盤點的項目組成員的數量，對高風險領域安排的審計時間預算等；③何時調配這些資源，包括是在期中審計階段還是在關鍵的截止日期調配資源等；④如何管理、指導、監督這些資源，包括預期何時召開項目組工作分派會和情況匯報會，預期項目合夥人和經理如何進行復核，是否完成項目質量控制復核等。

總體審計策略一經制定，審計師就能夠針對總體審計策略中所識別的不同事項，制訂更詳細的審計計劃，並考慮通過有效利用審計資源，實現審計目標。

在制定總體審計策略時，時間預算是一項重要內容。時間預算是就執行審計程序的各個步驟、各項工作所需的人員和相應的工作時間所編製的計劃。時間預算既是合理確定審計收費的依據，又是控制審計工作的進度和考核審計師的工作效率的依據。

時間預算主要包括各審計項目上年耗用時間、本年預算、本年實際耗用時間、各項目執行人員以及實際耗用與預算的差異及原因等內容，一般採用表格式，如表5-3所示。

表 5-3　　　　　　　　　　　時間預算表

耗用時間 審計項目	去年實際耗用時間	本年實際耗用時間 其中：			本年實際耗用與預算差異	差異說明
		××	××	××		
現金						
應收帳款						
存貨						
……						
……						
總計						

　　在執行審計業務過程中，時間預算並非固定不變，審計師應視具體情況的需要進行合理的調整，當調整時間預算而影響到審計費用金額的變化，應及時通知委託人並取得諒解。

　　具體審計計劃比總體審計策略更加詳細，其內容包括：為獲取充分、適當的審計證據以將審計風險降至可接受的低水平，項目組成員擬實施的審計程序的性質、時間和範圍。可以說，為獲取充分、適當的審計證據，而確定審計程序的性質、時間和範圍的決策是具體審計計劃的核心。具體審計計劃包括風險評估程序、計劃實施的進一步審計程序和其他審計程序。風險評估程序是為了足夠識別和評估財務報表重大錯報風險，審計師計劃實施的風險評估程序的性質、時間安排和範圍。進一步審計程序是指針對評估的認定層次的重大錯報風險，審計師計劃實施的進一步審計程序的性質、時間和範圍。進一步審計程序包括控制測試和實質性程序。通常，審計師計劃的進一步審計程序可以分為進一步審計程序的總體方案和擬實施的具體審計程序（包括進一步審計程序的具體性質、時間安排和範圍）兩個層次。進一步審計程序的總體方案主要是指審計師針對各類交易、帳戶餘額和披露決定採用的總體方案（包括實質性方案或綜合性方案）。具體審計程序則是對進一步審計程序的總體方案的延伸和細化，它通常包括控制測試和實質性程序的性質、時間安排和範圍。另外，完整、詳細的進一步審計程序的計劃包括對各類交易、帳戶餘額和披露實施的具體審計程序的性質、時間安排和範圍，包括抽取的樣本量等。在實務中，審計師可以統籌安排進一步審計程序的先後順序，如果對某類交易、帳戶餘額或披露已經做出計劃，則可以安排先行開展工作，與此同時再制定其他交易、帳戶餘額和披露的進一步審計程序。其他審計程序是指計劃的其他審計程序可以包括上述進一步程序的計劃中沒有涵蓋的、根據其他審計準則的要求審計師應當執行的既定程序。

　　具體審計計劃是依據總體審計策略編製的，因而具體審計計劃所採用的審計程序的性質、時間和範圍取決於總體審計策略的基本內容。具體審計計劃的編製可以通過編製審計程序表來制定。審計程序表是具體審計計劃的載體，它也應歸入審計工作底稿中。常見的審計程序表如表 5-4 所示。

表 5-4　　　　　　　　　　審計程序表

被審計單位名稱：＿＿＿＿＿

審計項目名稱：＿＿＿＿＿

會計期間或截止日：＿＿＿＿

	簽名	日期	索引號
編製人			
復核人			頁次

	執行情況		
	工作底稿索引	執行人	日期
一、審計目標 1. 2. …… 二、審計程序 1. 2. ……			

第三節　實施審計測試

審計實施階段主要是通過實施控制測試和實質性程序收集證據。

一、控制測試

(一) 控制測試的含義

控制測試是指用於評價內部控制在防止或發現並糾正認定層次重大錯報方面運行有效性的審計程序。這一概念需要「測試內部控制」。「測試內部控制」包含兩層含義：一是評價控制的設計；二是確定控制是否得到執行。測試控制運行的有效性與確定控制是否得到執行所需獲取的審計證據是不同的。比如，財務經理每月審核實際銷售收入（按產品細分）和銷售費用（按費用項目細分），並與預算數和上年同期數比較，對於差異金額超過 5% 的項目進行分析並編製分析報告；銷售經理審閱該報告並採取適當跟進措施。審計師抽查了最近 3 個月的分析報告，並看到上述管理人員在報告上簽字確認，證明該控制已經得到執行。然而，審計師在與銷售經理的討論中發現他對分析報告中明顯異常的數據並不瞭解其原因，也無法做出合理解釋，從而顯示該控制並未得到有效的運行。

在實施風險評估程序以獲取控制是否得到執行的審計證據時，審計師應當確定某項控制是否存在，被審計單位是否正在使用。

在測試控制運行的有效性時，審計師應當從下列方面獲取關於控制是否有效運行的審計證據：

（1）控制在所審計期間的相關時點是如何運行的；
（2）控制是否得到一貫執行；
（3）控制由誰或以何種方式執行。

從這三個方面來看，控制運行有效性強調的是控制能夠在各個不同時點按照既定設計得以一貫執行。因此，在瞭解控制是否得到執行時，審計師只需抽取少量的交易進行檢查或觀察某幾個時點。但在測試控制運行的有效性時，審計師需要抽取足夠數量的交易進行檢查或對多個不同時點進行觀察。

此外，控制測試並非在任何情況下都需要實施。當存在下列情形之一時，審計師應當實施控制測試。①在評估認定層次重大錯報風險時，預期控制的運行是有效的；②僅實施實質性程序並不能夠提供認定層次充分、適當的審計證據。控制測試的目的是評價控制是否有效運行；實質性程序中的細節測試的目的是發現認定層次的重大錯報。儘管兩者目的不同，但審計師可以考慮針對同一交易同時實施控制測試和細節測試，以實現雙重目的。例如，審計師通過檢查某筆交易的發票可以確定其是否經過適當的授權，也可以獲取關於該交易的金額、發生時間等細節證據。當然，如果擬實施雙重目的測試，審計師應當仔細設計和評價測試程序。

（二）控制測試的時間

控制測試的時間包含兩層含義：一是何時實施控制測試；二是測試所針對的控制適用的時點或期間。如果測試特定時點的控制，審計師僅得到該時點控制運行有效性的審計證據；如果測試某一期間的控制，審計師可以獲取控制在該期間有效運行的審計證據。因此，審計師應當根據控制測試的目的確定控制測試的時間，並確定擬信賴的相關控制的時點或期間。

如果審計師在期中實施了控制測試，並已獲取有關控制在期中運行有效性的審計證據，仍然需要考慮如何能夠將控制在期中運行有效性的審計證據合理延伸至期末，一個基本的考慮是針對期中至期末這段剩餘期間獲取充分、適當的審計證據。因此，如果已獲取有關控制在期中運行有效性的審計證據，並擬利用該證據，審計師應當實施下列審計程序：①獲取這些控制在剩餘期間發生重大變化的審計證據；②確定針對剩餘期間還需獲取的補充審計證據。

（三）控制測試的範圍

對於控制測試的範圍，其含義主要是指某項控制活動的測試次數。審計師應當設計控制測試，以獲取控制在整個擬信賴的期間有效運行的充分、適當的審計證據。

在確定控制測試的範圍時，除考慮對控制的信賴程度外，審計師還可能考慮以下因素：

（1）在擬信賴期間，被審計單位執行控制的頻率。控制執行的頻率越高，控制測試的範圍越大。

（2）在所審計期間，審計師擬信賴控制運行有效性的時間長度。擬信賴控制運行有效性的時間長度不同，在該時間長度內發生的控制活動次數也不同。審計師需要根據擬信賴控制的時間長度確定控制測試的範圍。擬信賴期間越長，控制測試的範圍越大。

(3) 控制的預期偏差。預期偏差可以用控制未得到執行的預期次數占控制應當得到執行次數的比率加以衡量（也可稱為預期偏差率）。考慮該因素，是因為在考慮測試結果是否可以得出控制運行有效性的結論時，不可能只要出現任何控制執行偏差就認定控制運行無效，所以需要確定一個合理水平的預期偏差率。控制的預期偏差率越高，需要實施控制測試的範圍越大。如果控制的預期偏差率過高，審計師應當考慮控制可能不足以將認定層次的重大錯報風險降至可接受的低水平，從而針對某一認定實施的控制測試可能是無效的。

(4) 通過測試與認定相關的其他控制獲取的審計證據的範圍。針對同一認定，可能存在不同的控制。當針對其他控制獲取審計證據的充分性和適當性較高時，測試該控制的範圍可適當縮小。

(5) 擬獲取的有關認定層次控制運行有效性的審計證據的相關性和可靠性。

對自動化控制的測試，由於信息技術處理具有內在一貫性，除非系統發生變動，一項自動化應用控制應當一貫運行。對於一項自動化應用控制，一旦確定被審計單位正在執行該控制，審計師通常無須擴大控制測試的範圍，但需要考慮執行下列測試以確定該控制持續有效運行：

(1) 測試與該應用控制有關的一般控制的運行有效性；
(2) 確定系統是否發生變動，如果發生變動，是否存在適當的系統變動控制；
(3) 確定對交易的處理是否使用授權批准的軟件版本。

例如，審計師可以檢查信息系統安全控制記錄，以確定是否存在未經授權的接觸系統硬件和軟件，以及系統是否發生變動。

二、實質性程序

(一) 實質性程序的含義

實質性程序是指用於發現認定層次重大錯報的審計程序，包括對各類交易、帳戶餘額和披露的細節測試以及實質性分析程序。細節測試是對各類交易、帳戶餘額和披露的具體細節進行測試，目的在於直接識別財務報表認定是否存在錯報。細節測試被用於獲取與某些認定相關的審計證據，如存在、準確性、計價等。實質性分析程序從技術特徵上講仍然是分析程序，主要是通過研究數據間關係評價信息，只是將該技術方法用做實質性程序，即用以識別各類交易、帳戶餘額和披露及相關認定是否存在錯報。實質性分析程序通常更適用於在一段時間內存在可預期關係的大量交易。由於細節測試和實質性分析程序的目的和技術手段存在一定差異，因此，各自有不同的適用領域。審計師應當根據各類交易、帳戶餘額和披露的性質選擇實質性程序的類型；對在一段時間內存在可預期關係的大量交易，審計師可以考慮實施實質性分析程序。

如果認為評估的認定層次重大錯報風險是特別風險，審計師應當專門針對該風險實施實質性程序。例如，如果認為管理層面臨實現盈利指標的壓力而可能提前確認收入，審計師在設計詢證函時不僅應當考慮函證應收帳款的帳戶餘額，還應當考慮詢證銷售協議的細節條款（如交貨、結算及退貨條款）；審計師還應當考慮在實

施函證的基礎上針對銷售協議及其變動情況詢問被審計單位的非財務人員。如果針對特別風險實施的程序僅為實質性程序，這些程序應當包括細節測試，或將細節測試和實質性分析程序結合使用，以獲取充分、適當的審計證據。做此規定的考慮是，為應對特別風險需要獲取具有高度相關性和可靠性的審計證據，僅實施實質性分析程序不足以獲取有關特別風險的充分、適當的審計證據。

（二）實質性程序的時間

實質性程序的時間選擇與控制測試的時間選擇既有共同點，也有很大差異。共同點在於：兩類程序都面臨著對期中審計證據和對以前審計獲取的審計證據的考慮。兩者的差異在於：①在控制測試中，期中實施控制測試並獲取期中關於控制運行有效性審計證據的做法更具有一種「常態」；而由於實質性程序的目的在於更直接地發現重大錯報，在期中實施實質性程序時更需要進行其成本效益的權衡。②在本期控制測試中擬信賴以前審計獲取的有關控制運行有效性的審計證據，已經受到了很大的限制；而對於以前審計中通過實質性程序獲取的審計證據，則採取了更加慎重的態度和更嚴格的限制。

如果在期中實施了實質性程序，審計師應當針對剩余期間實施進一步的實質性程序，或將實質性程序和控制測試結合使用，以將期中測試得出的結論合理延伸至期末。在將期中實施的實質性程序得出的結論合理延伸至期末時，審計師有兩種選擇：一是針對剩余期間實施進一步的實質性程序；二是將實質性程序和控制測試結合使用。如果擬將期中測試得出的結論延伸至期末，審計師應當考慮針對剩余期間僅實施實質性程序是否足夠。如果認為實施實質性程序本身不充分，審計師還應測試剩余期間相關控制運行的有效性或針對期末實施實質性程序。對於舞弊導致的重大錯報風險（作為一類重要的特別風險），被審計單位存在故意錯報或操縱的可能性，那麼審計師更應慎重考慮能否將期中測試得出的結論延伸至期末。因此，如果已識別出由於舞弊導致的重大錯報風險，為將期中得出的結論延伸至期末而實施的審計程序通常是無效的，審計師應當考慮在期末或者接近期末實施實質性程序。

（三）實質性程序的範圍

審計師在確定實質性程序的範圍時需要重點考慮評估的認定層次重大錯報風險和實施控制測試的結果。審計師評估的認定層次的重大錯報風險越高，需要實施實質性程序的範圍越廣。如果對控制測試結果不滿意，審計師應當考慮擴大實質性程序的範圍。

第四節　編製工作底稿

一、審計工作底稿的作用

審計工作底稿（Audit Workpapers）是指審計師對制訂的審計計劃、實施的審計程序、獲取的審計證據，以及得出的審計結論做出的記錄。審計工作底稿通常包括總體審計策略、具體審計計劃、分析表、問題備忘錄、重大事項概要、詢證函回函、

管理層聲明書、核對表、有關重大事項的往來信件（包括電子郵件），以及對被審計單位文件記錄的摘要或複印件等。此外，審計工作底稿還包括審計業務約定書、管理建議書、項目組內部或項目組與被審計單位舉行的會議記錄、與其他人士的溝通文件及錯報匯總表等。審計工作底稿通常不包括已被取代的審計工作底稿的草稿或財務報表的草稿、對不全面或初步思考的記錄、存在印刷錯誤或其他錯誤而作廢的文本，以及重複的文件記錄等。

審計工作底稿的作用主要表現在以下幾個方面：

（一）審計工作底稿為組織和協調審計工作提供支持

審計項目小組一般由多人組成，實施審計時往往由各組員分別對各審計事項進行審查。如果要把各組員的審計工作有機的連接起來，形成整體的審計意見，就必須借助於審計工作底稿。另外，多人共同從事一項審計業務，審計工作可能涉及被審計單位的人、財、物、供、產、銷等各個方面，為避免重複和遺漏重要的環節，審計師也必須借助於審計工作底稿，將已經審計的事項記錄下來。

（二）審計工作底稿是審計師形成審計結論、發表審計意見的直接依據

審計結論和審計意見是審計師根據收集的審計證據，運用專業判斷形成的，而這些過程全部在審計工作底稿中得以記錄。審計報告的具體內容由審計工作底稿提供，審計結論和審計意見由審計工作底稿來論證。由此可見，審計工作底稿是形成審計結論和審計意見的直接依據。

（三）審計工作底稿是解脫或減輕審計的審計責任，評價或考核審計師專業能力與工作業績的依據

審計師必須遵循審計準則，實施了必要的審計程序，才能解脫或減輕審計責任。審計師專業能力的強弱、工作業績的優劣，主要體現在審計程序的選擇、執行和有關的專業判斷上，而審計師是否實施了必要的審計程序，審計程序的選擇是否合理，專業判斷是否準確等都將通過審計工作底稿反應出來。因此，有關方面可以通過審計工作底稿對審計責任是否解脫或減輕、專業能力是否勝任等做出判斷。

（四）審計工作底稿為審計質量控制與質量檢查提供了可能

審計部門進行審計質量控制，主要是指導和監督審計師對審計程序的選擇和實施，以及審計工作底稿的編製，並對審計工作底稿進行復核。有關管理部門依法進行的審計工作質量的檢查，也主要是檢查審計工作底稿。因為審計工作底稿是審計過程的全程記錄，沒有審計工作底稿，審計質量的控制和檢查就無法落到實處。

（五）審計工作底稿對未來的審計業務具有參考價值

審計業務有一定的連續性，同一被審計單位前後年度的財務報表審計具有眾多聯繫或共同點。因此，當年的審計工作底稿對以後年度的財務報表審計具有很大的參考作用。同時，審計工作底稿還能為審計師的培訓、審計教學提供案例資料。

二、審計工作底稿的要素

審計工作底稿因其作用不同、性質不同、來源不同，其所包括的要素也不相同。有些審計工作底稿具有專門的內容和格式，如審計計劃；有些審計工作底稿則視情

況而定，如大多數備查類工作底稿。但無論是直接編製的，還是取得的，尤其是業務類工作底稿，一般應包括以下基本要素：

（1）被審計單位的名稱，即財務報表的編報單位。如果被審計單位有子公司，或設有車間、部門等，則應註明該子公司或車間、部門的名稱。

（2）審計項目名稱，即某一財務報表項目名稱或某一審計程序及實施對象的名稱。例如，審查應收帳款項目或是對銷售及收款循環的內部控制進行控制測試等。

（3）審計項目時點或期間。對於資產負債表項目，應寫明審計內容的時點；對於利潤表項目，應寫明審計內容的期間。

（4）審計過程記錄，即審計師對審計程序實施的全過程的詳細記錄。它體現了審計師的工作軌跡。

（5）審計標示及其說明，即審計工作底稿中所使用的標示符號以及各種標示符號所代表的含義的說明。其目的是便於他人理解。

常用的審計標示符號表如表 5-5 所示。

表 5-5　　　　　　　　　常用審計標示符號表

標示	代表的含義
B	與上年結轉數核對相符
T	與原始憑證核對一致
G	與總分類帳核對一致
S	與明細分類帳核對一致
T/B	與試算平衡表核對一致
C	已發詢證函
C-	已收回詢證函
∧	縱加核對
<	橫加核對
N/A	不適用
※	備註一
※※	備註二
………	………

（6）審計結論，即審計師通過實施審計程序后，對某一審計事項所的專業判斷。比如：通過對某一循環的控制測試，審計師判斷的內部控制的有效性及遵守情況以及可信賴程度；通過對某一審計事項的余額或發生額的實質性程序，審計師判斷的余額或發生額是否真實。

（7）索引號及頁次。索引號是審計師為整理利用審計工作底稿，將具有同一性質或反應同一具體審計事項的審計工作底稿分別歸類，形成相互聯繫、相互控制所做的特定編號；頁次是在同一索引號下不同的審計工作底稿的順序編號。

（8）編製者及日期。
（9）復核者及日期。
（10）其他應說明的事項。

表 5-6 說明了審計工作底稿的基本要素。

表 5-6　　　　　　　　應收帳款的審計工作底稿

索引號		應收帳款審定表		編製人：李×	日期：2008.3.20
被審計單位：ABC 公司				復核人：王×	日期：2008.3.26
單位名稱	未審數	審計調整	重分類	審定數	索引號　備註
T 公司	490,000S	10,000	0	500,000 < C	D-1
K 公司	750,000S	0	0	750,000 < C	D-2
L 公司	2,000S	0	0	2,000 <	
H 公司	50,000S	0	0	50,000 <	
……	……	……	……	……	
合計	3,945 000G	30,000	0	4,245,000 < T/B	
	∧	∧	∧		

審計標示說明：
S：與明細帳核對一致；G：與總帳核對一致；T/B：與審計后的試算平衡表核對一致
C：已收回詢證函，且與審定數一致；∧：縱加核對；<：橫加核對
D-1，D-2：應收帳款詢證函
審計結論：調整后的應收帳款余額可以確認。

三、審計工作底稿的編製

審計工作底稿反應審計工作的軌跡，其編製的是否完整，記錄的是否清晰，對審計結論會產生直接的影響。

（一）審計工作底稿的編製要求
（1）內容完整，即構成審計工作底稿的基本要素必須完整。
（2）格式規範，即審計工作底稿在結構設計上應當合理，並有一定的邏輯性。
（3）標示一致。審計工作底稿中可以使用標示符號，但應說明每一標示符號的含義，並保持前後一致。
（4）記錄清晰，即審計工作底稿上記錄的內容要連貫，文字要清晰，計算要正確。
（5）結論明確，即審計師按審計程序對審計項目實施審計後，應對該審計項目明確表達其最終的專業判斷意見。

審計師對形成的審計工作底稿，還應當使用簡潔易懂的索引號，相關的審計工作底稿之間應保持清晰的勾稽關係，相互引用時還應交叉註明索引編號。

（二）常用的審計工作底稿類型及其編製
一般情況下，審計師應根據審計業務的類型、被審計單位的經營性質，選用不同的審計工作底稿，對年終財務報表的年度審計。常用的審計工作底稿主要包括以下內容：
（1）與被審計單位設立有關的法律性資料，如企業的營業執照、公司合同等；

（2）與被審計單位組織機構及管理層人員結構有關的資料；
（3）重要的法律文件、合同、協議和會議記錄的摘錄或副本；
（4）被審計單位相關內部控制的研究與評價記錄；
（5）審計業務約定書；
（6）被審計單位未審計財務報表及審計差異調整表；
（7）審計計劃；
（8）實施具體審計程序的記錄和資料；
（9）與其他有關人員會談的記錄、往來函件；
（10）被審計單位管理層聲明書；
（11）審計報告、管理建議書底稿及副本；
（12）審計約定事項完成后的工作總結；
（13）其他與完成審計約定事項有關的資料。
以下列示幾種常用的審計工作底稿的格式：

表 5-7　　　　　　　　業務類審計工作底稿的基本格式

被審計單位名稱：＿＿＿＿
審計項目名稱：＿＿＿＿
會計期間或截止日：＿＿＿＿

	簽名	日期	索引號
編製人			
復核人			頁次

索引號	審計內容及說明	金額
	審計程序實施記錄	
		＊＊＊
		＊＊＊
		＊＊＊（交叉索引號）
	審計標示說明	
	資料來源說明	

審計結論：

表 5-8　　　　　　　　　　　　審計差異調整表
　　　　　　　　　　　　　　——調整分錄匯總表

被審計單位名稱：_____　　　｜　　簽名　　日期　　索引號
審計項目名稱：_____　　　編製人
會計期間或截止日：_____　　　復核人　　　　　　　　頁次

序號	索引號	調整分錄及說明	資產負債表		利潤表		被審計單位調整情況及未調整原因
			借方	貸方	借方	貸方	
	合　計						

四、審計工作底稿的復核

（一）項目組成員實施的復核

《中國審計師審計準則第1121號——對財務報表審計實施的質量控制》規定，由項目組內經驗較多的人員（包括項目合夥人）復核經驗較少人員的工作時，復核人員應當考慮：

（1）審計工作是否已按照法律法規、相關職業道德要求和審計準則的規定執行；

（2）重大事項是否已提請進一步考慮；

（3）相關事項是否已進行適當諮詢、由此形成的結論是否得到記錄和執行；

（4）是否需要修改已執行審計工作的性質、時間安排和範圍；

（5）已執行的審計工作是否支持形成的結論，並已得到適當記錄；

（6）獲取的審計證據是否充分、適當，足以支持審計結論；

（7）審計程序的目標是否已經實現。

為了監督審計業務的進程，並考慮助理人員是否具備足夠的專業技能和勝任能力，以執行分派的審計工作，瞭解審計指令及按照總體審計策略和具體審計計劃執行工作，有必要對執行業務的助理人員進行適當的督導和復核。

復核人員應當知悉並解決重大的會計和審計問題，考慮其重要程度並適當修改總體審計策略和具體審計計劃。此外，項目組成員與客戶的專業判斷分歧應當得到解決，必要時，應考慮尋求恰當的諮詢。

復核工作應當由至少具備同等專業勝任能力的人員完成，復核時應考慮是否已按照具體審計計劃執行審計工作，審計工作和結論是否予以充分記錄，所有重大事項是否已得到解決或在審計結論中予以反應，審計程序的目標是否已實現，審計結論是否與審計工作的結果一致並支持審計意見。

復核範圍因審計規模、審計複雜程度以及工作安排的不同而存在顯著差異。有時由高級助理人員復核低層次助理人員執行的工作，有時由項目經理完成，並最終由項目合夥人復核。

（二）項目質量控制復核

《中國審計師審計準則第1121號——對財務報表審計實施的質量控制》規定，審計師在出具審計報告前，會計師事務所應當指定專門的機構或人員對審計項目組執行的審計實施項目質量控制復核。

項目合夥人有責任採取以下措施：

（1）確定會計師事務所已委派項目質量控制復核人員；

（2）與項目質量控制復核人員討論在審計過程中遇到的重大影響，包括項目質量控制復核中識別的重大事項；

（3）在項目質量控制復核完成后，才能出具審計報告。

項目質量控制復核應當包括客觀評價下列事項：

（1）項目組做出的重大判斷；

（2）在準備審計報告時得出的結論。

會計師事務所採用制衡制度，以確保委派獨立的、有經驗的審計人員作為其所熟悉行業的項目質量控制復核人員。復核範圍取決於審計項目的複雜程度以及未能根據具體情況出具審計報告的風險。許多會計師事務所不僅對上市公司審計進行項目質量控制復核，也會聯繫審計客戶的組合，對那些高風險或涉及公眾利益的審計項目實施項目質量控制復核。

五、審計工作底稿的管理

（一）審計工作底稿的歸檔

審計師應當按照會計師事務所質量控制政策和程序的規定，及時將審計工作底稿歸整為最終審計檔案。項目審計工作底稿的歸檔期限為審計報告日後60天內。如果審計師完成外勤工作而未能出具審計報告，審計工作的歸檔期限為外勤工作實質完成的60天內；如果審計師未能完成審計業務，審計工作底稿的歸檔期限為審計業務中止後的60天內。

（二）審計工作底稿的管理要求
（1）對審計工作底稿安全保管和保密；
（2）保證審計工作底稿的完整性；
（3）便於對審計工作底稿的使用和檢索；
（4）按照規定的期限保存審計工作底稿。

在審計報告日後將審計工作底稿歸整為最終審計檔案是一項事務性的工作，不涉及實施新的審計程序或得出新的結論。

通常，審計工作底稿在歸檔後，沒有特殊原因不得隨意變動；如果在歸檔期間對審計工作底稿做出的變動如果屬於事務性的，審計師可以做出變動。主要包括以下幾項：
（1）刪除或廢棄被取代的審計工作底稿；
（2）對審計工作底稿進行分類、整理和交叉索引；
（3）對審計檔案歸整工作的完成核對表簽字認可；
（4）記錄在審計報告日前獲取的、與審計項目組相關成員進行討論並取得一致意見的審計證據。

在完成最終審計檔案的歸整工作後，如果發現有必要修改現有審計工作底稿或增加新的審計工作底稿，無論修改或增加的性質如何，審計師均應當記錄下列事項：
（1）修改或增加審計工作底稿的時間和人員，以及復核的時間和人員；
（2）修改或增加審計工作底稿的具體理由；
（3）修改或增加審計工作底稿對審計結論產生的影響。

在完成最終審計檔案的歸整工作後，審計師不得在規定的保存期屆滿前刪除或廢棄審計工作底稿。

會計師事務所應制定審計檔案保管制度，妥善管理審計檔案。會計師事務所應當自審計報告之日起，對審計工作底稿至少保存10年。如果審計師未能完成審計業

務，會計師事務所應當自審計業務中止日起，對審計工作底稿至少保存10年。

（三）審計檔案的保密與調閱

會計師事務所應建立相應的檔案保密制度，除下列情況外，不得對外洩露審計檔案中涉及的商業秘密和有關內容：

（1）法院、檢察院及其他部門因工作需要，在按規定辦理了手續后，可依法查閱審計檔案。

（2）審計師協會或政府監管部門對審計師執業情況進行審查時，可查閱審計檔案。

（3）不同會計師事務所的審計師，因工作需要，並經委託人同意，在下列情況下，辦理了相關手續后，可以查閱審計檔案：

①被審計單位更換會計師事務所，后任審計師可以調閱前任審計師的審計檔案；

②基於合併財務報表審計的需要，母公司的審計師可調閱子公司的審計師的審計檔案；

③聯合審計；

④會計師事務所認為合理的其他情況。

擁有審計工作底稿的會計師事務所應當對要求查閱者提供適當的協助，並決定是否允許閱覽、複印或摘錄有關內容。對查閱者因誤用而造成的后果，與擁有審計工作底稿的會計師事務所無關。

第六章
關鍵審計流程

學習目標：

通過本章學習，你應該能夠：
- ●理解管理當局認定；
- ●掌握財務報表審計目標；
- ●瞭解審計證據的特點；
- ●明確管理當局認定、審計目標與審計程序的關係；
- ●區分不同審計證據和審計程序。

[引例] 2015年11月30日，某審計小組對某市抽紗工藝品進出口公司總經理進行了離任審計，查處了該公司從2009年5月—2015年8月長達7年之久的大額「小金庫」1,970萬元、偷漏稅費98萬元的違紀行為。審計前，審計人員首先與該公司的有關人員召開了座談會，認真地聽取了財務人員匯報經理任期內的資產、負債和損益等情況。通過離任經理的述職報告，瞭解了其任期內的業績及政績。在該公司，審計人員注意到接任和離任經理都分別乘坐豪華轎車。隨後，審計人員對該公司的庫存現金、存貨、固定資產等實物進行了盤點，並對有關會計資料進行了審計。審計過程中，結合聽匯報和觀察工作環境及條件，審計人員發現「固定資產」帳戶內沒有兩個經理乘坐的高級轎車，查看歷年的「固定資產」明細帳，從未有過購建職工宿舍等業務。那麼，高級轎車和職工宿舍是怎麼來的呢？憑著多年的審計經驗，審計人員敏感地認為公司有帳外帳。為查清上述疑點，審計人員採取跟蹤追擊的方法，多次追問財務科科長是否還有另外一套帳。財務科科長說自己才任職3個月，所有的會計資料都提交給審計人員了。於是審計人員找到了前任財務科科長，爭取得到他們的配合，以便瞭解帳外資金的來源和使用情況，但他們均以各種理由迴避審計問題，審計陷入了困境。此時，審計人員一方面繼續做好本審計單位有關人員的政治思想工作，解決他們的認識問題；另一方面加大內外調查力度，採取多種方式與職工交談，經過詳查和內調、外調，審計人員終於掌握了該公司大量購買固定資產的原始資料。

思考：該案例中的審計目標是什麼？採用了哪些收集證據的程序？

項目審計工作主要圍繞審計程序展開，涉及三個方面：①如何選擇審計程序；②實施審計程序；③評價審計結果。本章介紹相關內容，即認定、目標、程序、證

據及其相互關係，見圖6-1。

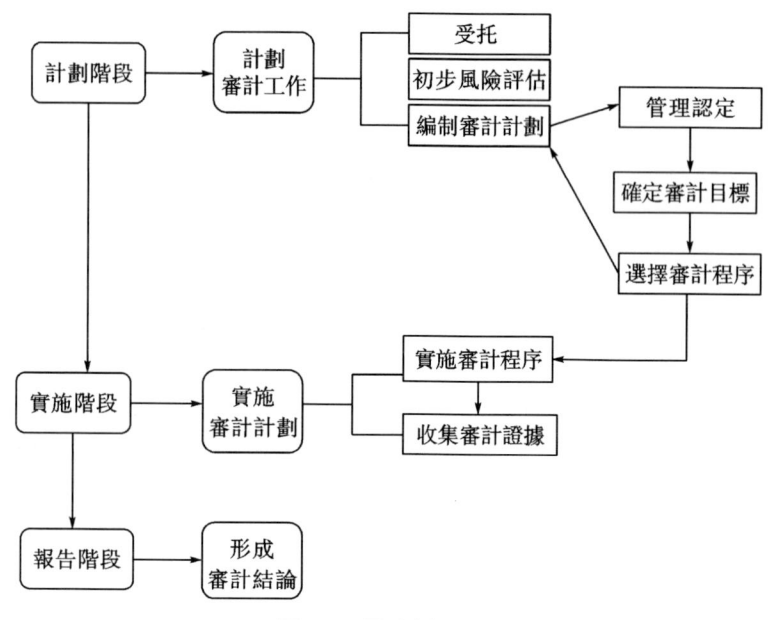

```
計劃階段 → 計劃審計工作 → 受托
                        初步風險評估
                        編製審計計劃 → 管理認定
                                      ↓
                                      確定審計目標
                                      ↓
                                      選擇審計程序
                                      ↓
實施階段 → 實施審計計劃 → 實施審計程序
                        收集審計證據

報告階段 → 形成審計結論
```

圖6-1　關鍵審計流程

第一節　審計目標

一、管理層認定

　　管理層的認定是指被審計單位管理層對財務報表各組成要素的確認、計量、列報做出的明確或隱含的表達。保證財務報表公允反應被審計單位的財務狀況和經營情況等是管理層的責任。當管理層聲明財務報表已按照適用的財務報表編製基礎進行編製，在所有重大方面做出公允反應時，就意味著管理層對財務報表各組成要素的確認、計量、列報以及相關的披露做出了認定。管理層在財務報表上的認定反應了管理層在處理各項經濟業務時，遵循會計準則及相關財務會計制度的範圍、程度和結果。管理層對財務報表的認定既有明確性，又有隱含性。例如，××股份有限公司資產負債表列：

　　流動資產：

　　存貨　　　　　　　　　　　　　　　　　　　　　　　100萬元

　　管理層在資產負債表中做如上報告，意味著管理層做了以下兩個明示性認定：①存貨項目是存在的；②存貨項目的正確金額為100萬元。同時，管理層也做了如下隱含性認定：①所有應報告的存貨，都已包括在該存貨項目內；②存貨項目的所有報告存貨都屬於該公司所有，且存貨的使用不受任何條件限制。

此外，管理層還暗示性認定已報告的存貨是資產負債表上流動資產項目中存貨項目規定的內容，且在報表附註中未做任何說明。假如這些認定中的任何一項報告有誤，那麼財務報表就有可能存在主要錯報。

實際上，被審計單位管理層對財務報表中的所有資產、負債、所有者權益、收入、費用、利潤等都做了與上述情形相同的認定。

（1）目前審計準則將認定分為以下三個層次：

所審計期間的各類交易和事項運用的認定通常分為以下種類：①發生：記錄的交易和事項已發生且被與審計單位有關。②完整性：所有應當記錄的交易和事項均已記錄。③準確性：與交易的事項有關的金額及其他數據已恰當記錄。④截止：交易和事項已記錄於正確的會計期間。⑤分類：交易和事項已記錄於恰當的帳戶。

（2）期末帳戶余額運用的認定通常分為以下種類：①存在：資產、負債和所有者權益是存在的。②權利和義務：資產和負債在期末歸屬於被審計單位。③完整性：所有應當記錄的資產、負債和所有者權益均以記錄。④計價和分攤：資產、負債和所有者權益以恰當的金額反應在財務報表中，之后的計價或分攤調整已恰當記錄。

（3）表達與披露運用的認定通常分為以下種類：①發生的權益和義務：披露的交易、事項和其他情況已發生且與被審計單位有關。②完整性：所有應當包括在財務報表中的披露均已被包括。③分類和可理解性：會計信息已被恰當地列報和描述，且披露內容表述清楚。④準確性和計價：會計信息和其他信息已公允披露，且金額恰當。

上述三個層次的認定可歸納為五類認定：

（1）存在或發生；

（2）完整性；

（3）權利和義務；

（4）估價或分攤；

（5）表達與披露。

（一）存在或發生

「存在或發生」認定是指資產負債表所列的各項資產、負債和所有者權益在資產負債表日是否確實存在，損益表（或利潤表）所列各項收入、費用在規定的會計期間內是否確實發生。例如，管理層認定資產負債表日，資產負債表所列的存貨確實存在並可供其使用，所列應付帳款確實存在並有待償還。如果審計師查出有多計存貨或者高估應收帳款的行為，則管理層違反了「存在或發生」認定。又如，管理層認定損益表所列營業收入反應了本期實際已經發生的商品和勞務的交易。如果審計師查出本期營業收入中有銷售不成立的收入，或者其他會計期間發生的營業收入擠入本期，就說明管理層違反了「存在或發生」認定。

這裡需要注意的是，「存在或發生」認定所要解決的問題是，管理層是否把那些不應包括的項目（如不存在的項目或者不曾發生的交易結果）擠入了本期財務報表，不涉及所報告的金額是否正確。如果審計師查出被審計單位有擠入不應包括的項目，應該紀錄多少正確金額，這個問題與「估價或分攤」認定相關。

可見,「存在或發生」認定,主要與財務報表組成要素的高估(也稱「誇大錯誤」)有關。

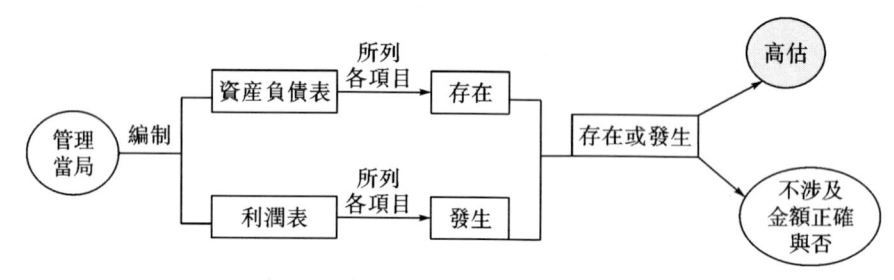

圖 6.2　存在或發生的含義示意圖

(二) 完整性

「完整性」認定是指在財務報表中應該列示的所有交易和項目是否都已列入。對報告在財務報表上的所有項目,管理層都暗示性認定:所有有關的交易和項目都已包括在內。例如,管理層認定:存貨項目 100 萬元已包括了所有存貨的交易結果,應付帳款 500 萬元包括了所有應該列入的購貨交易結果,營業收入 5,000 萬元已包括了本期所有應該成立的商品或勞務交易,如果審計師查出被審計單位有少計存貨、隱瞞應付帳款或者虛減營業收入的行為,則說明管理層違反了「完整性」認定。

同存在或發生一樣,「完整性」認定所要解決的問題是,管理層是否把應該包括的項目給遺漏或者省略了,也不涉及所報告的金額是否正確。如果審計師查出被審計單位有被遺漏或者省略的事項,所涉及的金額應該記錄多少屬於「估價或分攤」認定解決的問題。可見,「完整性」認定與「存在或發生」認定正好相反,它主要與財務報表組成要素的低估(也稱「縮小錯誤」)有關。

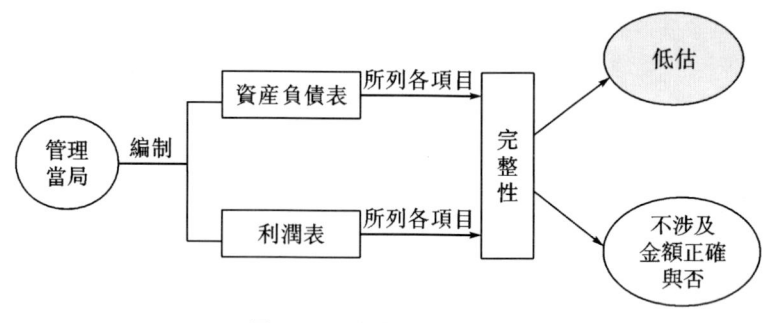

圖 6.3　完整性的含義示意圖

(三) 權利和義務

「權利和義務」認定是指在某一特定日期,財務報表報告的各項資產是否屬於公司的權利,各項負債是否屬於公司的義務。這項認定通常涉及所有權權利(Ownership Rights)和法律義務(Legal Obligations)問題。例如,管理層暗示性地認定,資產負債表上所報告的各項流動資產、固定資產、長期投資、無形資產等歸公司所有,所列各項流動負債、長期負債都是公司的法律義務。

「權利和義務」認定也涉及資產使用權和非法律義務的負債問題。例如，公司根據融資租賃合同，有權使用所有權仍歸出租人的租賃資產。又如，公司短期性的增加退休金就是一項非法律的義務的負債。這裡需要特別指出的是，前兩個認定都與資產負債表和損益表的組成要素相關，但「權利和義務」認定與資產負債表的組成要素相關。

（四）估價或分攤

「估價或分攤」認定是指財務報表所列的各項資產、負債、所有者權益、收入、費用等要素是否按適當的金額予以反應。財務報表報告的金額是否適當，不僅取決於金額的確定是否遵守了一般會計原則的規定，而且還取決於在數字上或文字處理上有無錯誤。所謂一般會計原則是指被審計單位適當地運用了成本、配比及一貫性等會計原則。

估價或分攤認定既可能涉及總值，也可能涉及淨值。例如，「應收帳款」項目通常既要列明資產負債表日應該向客戶收取的總值，還應列報備抵壞帳準備后的淨值。又如，「固定資產」項目通產既要列報固定資產原則，又要列報扣除折舊後的固定資產淨值。數字上的正確性不僅包括各種會計帳簿的登記和數字加工處理的正確，還包括有關項目計算的正確性。

總之，「估價或分攤」認定包括三個方面的內容：①總值估計（Gross Valuation）；②淨值估計（Net Valuation）；③數字上的準確性（Mathematical Accuracy）。此外，「估價或分攤」認定還涉及管理層會計估計（Accounting Estimates）的合理性。

（五）表達與披露

「表達與披露」認定是指財務報表的組成要素是否被適當地加以分類、說明和披露。在財務報表上，管理層暗示性地認定所有內容都表達適當，且披露充分。例如，房屋已經抵押，其權利受到限制，被審計單位管理層未在財務報表附註中予以充分披露，就屬於違反這一認定的行為。再如，一年內到期的長期投資未在財務報表的流動資產項目內反應，也違反了這一認定的要求。

表 6-1　　　　管理層對財務報表五項基本認定的性質、特點

認定種類	性　質	特　點
1. 存在或發生	資產負債表所列的各項資產、負債、權益在特定日期均存在，所有已進行會計記錄的交易在特定期間均已發生，沒有虛構。	與資產負債表、損益表有關；如有錯誤，主要與財務報表組成要素的高估（誇大錯誤）有關。
2. 完整性	在財務報表中所有應列示的交易和事項均已列入，沒有遺漏。	與資產負債表、損益表有關；如有錯誤，主要與財務報表組成要素的低估（縮小錯誤）有關。
3. 權利和義務	在特定日期，各項資產均屬公司的權利，各項負債均是公司的義務。	只與資產負債表有關；如有錯誤，會同時影響存在或發生認定或完整性認定。

表6-1(續)

認定種類	性　質	特　點
4. 估價或分攤	各項資產、負債、權益、收入和費用等要素均已按適當的方法進行計價，列入財務報表的金額正確。	與所有報表有關；如有錯誤，一定影響金額，包括總值估價、淨值估價和計算精確性三方面內容。
5. 表達與披露	財務報表上的特定組成要素已被適當地加以分類、說明和披露。	與所有報表有關；如有錯誤，屬分類不當、披露不充分。

二、財務報表的審計目標

審計的目的是提高財務報表預期使用者對財務報表的信賴程度。這一目的可以通過審計師對財務報表是否在所有重大方面按照適用的財務報表編製基礎編製發表審計意見得以實現。

根據《中國審計師審計準則第1101號——財務報表審計的目標和一般原則》的規定，財務報表審計的總目標是審計師通過執行審計工作，對財務報表的下列方面發表審計意見：

(1) 財務報表是否按照適用的會計準則和相關會計制度的規定編製；

(2) 財務報表是否在所有重大方面公允地反應被審計單位的財務狀況、經營成果和現金流量。

可見，財務報表審計的目標為被審計單位財務報表的合法性、公允性發表意見。合法性是指被審計單位財務報表的編製及其會計處理，遵循了國家頒布的企業會計準則和相關會計制度。合法性是判斷其他審計目標的前提。只有在合法的前提下，才能決定企業資產的安全和完整，經營成果和財務狀況的真實可靠，財務報表披露的充分適當等。公允性是指被審計單位財務報表在符合國家頒布的企業會計準則和相關會計制度的規定的前提下，在所有重大方面公允反應了被審計單位的財務狀況、經營成果和現金流量。

三、具體審計目標的確定

認定是指被審計單位管理層對其財務報表所做的斷言或聲明。由於審計師的基本職責就在於確定被審計單位管理層對其財務報表的認定是否有理由，因此審計目標與被審計單位管理層對財務報表的認定密切相關。審計師要想對被審計單位財務報表發表審計意見，就必須以充分、適當的審計證據做基礎，而審計證據是通過審計師實施審計程序取得的，至於採取何種審計程序則取決於審計的具體目標，而具體目標的確定受制於被審計單位管理層對財務報表的認定及審計總目標的雙重制約。

管理層認定與具體審計目標的邏輯關係是「財務報表認定與審計總目標→審計具體目標→審計程序→審計證據→審計工作底稿→審計意見」的專業判斷程序。

一般說來，審計具體目標必須根據審計總目標和被審計單位管理層的認定來確定。管理層的認定與具體審計目標是一一對應的。因此，具體審計目標也分為如下

三個層次：
(一) 與所審計期間各類交易和事項相關的審計目標
(1) 發生：由發生認定推導的審計目標是確認已記錄的交易是真實的。例如，如果沒有發生銷售交易，但在銷售日記帳中記錄了一筆銷售，則違反了該目標。

發生認定所要解決的問題是管理層是否把那些不曾發生的項目列入財務報表，它主要與財務報表組成要素的高估有關。

(2) 完整性：由完整性認定推導的審計目標是確認已發生的交易確實已經記錄。例如，如果發生了銷售交易，但沒有在銷售明細帳和總帳中記錄，則違反了該目標。

發生和完整性兩者強調的是相反的關注點。發生目標針對潛在的高估，而完整性目標則針對漏記交易（低估）。

(3) 準確性：由準確性認定推導出的審計目標是確認已記錄的交易是按正確金額反應的。例如，如果在銷售交易中，發出商品的數量與帳單上的數量不符，或是開帳單時使用了錯誤的銷售價格，或是帳單中的乘積或加總有誤，或是在銷售明細帳中記錄了錯誤的金額，則違反了該目標。

準確性與發生、完整性之間存在區別。例如，若已記錄的銷售交易是不應當記錄的（如發出的商品是寄銷商品），則即使發票金額是準確計算的，仍違反了發生目標。再如，若已入帳的銷售交易是對正確發出商品的記錄，但金額計算錯誤，則違反了準確性目標，但沒有違反發生目標。在完整性與準確性之間也存在同樣的關係。

(4) 截止：由截止認定推導出的審計目標是確認接近於資產負債表日的交易記錄於恰當的期間。例如，如果本期交易推到下期，或下期交易提到本期，均違反了截止目標。

(5) 分類：由分類認定推導出的審計目標是確認被審計單位記錄的交易經過適當分類。例如，如果將現銷記錄為賒銷，將出售經營性資產所得的收入記錄為營業收入，則導致交易分類的錯誤，違反了分類的目標。

(二) 與期末帳戶余額相關的審計目標
(1) 存在：由存在認定推導的審計目標是確認記錄的金額確實存在。例如，如果不存在某顧客的應收帳款，在應收帳款明細表中卻列入了對該顧客的應收帳款，則違反了存在性目標。

(2) 權利和義務：由權利和義務認定推導的審計目標是確認資產歸屬於被審計單位，負債屬於被審計單位的義務。例如，將他人委託代銷商品列入被審計單位的存貨中，違反了權利目標；將不屬於被審計單位的債務記入帳內，違反了義務目標。

(3) 完整性：由完整性認定推導的審計目標是確認已存在的金額均已記錄。例如，如果存在某顧客的應收帳款，在應收帳款明細表中卻沒有列入對該顧客的應收帳款，則違反了完整性目標。

(4) 計價和分攤：資產、負債和所有者權益以恰當的金額包括在財務報表中，與之相關的計價或分攤調整已恰當記錄。

(三) 與列報和披露相關的審計目標

(1) 發生以及權利和義務：將沒有發生的交易、事項，或與被審計單位無關的交易和事項包括在財務報表中，則違反該目標。例如，復核董事會會議記錄中是否記載了固定資產抵押等事項，詢問管理層固定資產是否被抵押，即是對列報的權利認定的運用。如果被審計單位擁有被抵押的固定資產，則需要將其在財務報表中列報，並說明與之相關的權利受到限制。

(2) 完整性：如果應當披露的事項沒有包括在財務報表中，則違反了該目標。例如，檢查關聯方和關聯交易，以驗證其在財務報表中是否得到充分披露，即是對列報的完整性認定的運用。

(3) 分類和可理解性：財務信息已被恰當地列報和描述，且披露內容表述清楚。例如，檢查存貨的主要類別是否已披露，是否將一年內到期的長期負債列為流動負債，即是對列報的分類和可理解性認定的運用。

(4) 準確性和計價：財務信息和其他信息已公允披露，且金額恰當。例如，檢查財務報表附註是否分別對原材料、在產品和產成品等存貨成本核算方法做了恰當說明，即是對列報的準確性和計價認定的運用。

第二節　審計程序

一、審計程序的類別

審計程序是指為了獲取審計證據而實施的步驟和方法。在設計審計程序時，審計師通常使用規範的措辭或術語，以使審計人員能夠準確理解和執行。例如，審計師為了驗證 Y 公司應收帳款 12 月 31 日的存在性，取得 Y 公司編製的應收帳款明細帳，對應收帳款進行函證。

在審計過程中，審計師可以根據需要單獨或綜合運用以下審計程序，以獲取充分、適當的審計證據。

(一) 檢查

檢查是指審計師對被審計單位內部或外部生成的，以紙質、電子或其他介質形式存在的記錄和文件進行審查，或對資產進行實物審查。檢查記錄或文件可以提供可靠程度不同的審計證據，審計證據的可靠性取決於記錄或文件的性質和來源，而在檢查內部記錄或文件時，其可靠性則取決於生成該記錄或文件的內部控制的有效性。在檢查的時候可以採用逆查法或者順查法。順查法也稱為正查法，是指按照會計業務處理的先後順序依次進行審查的方法。順查法的審計程序與會計處理的順序完全一致，在審查時首先審閱原始憑證和記帳憑證，然後將記帳憑證與帳簿記錄相核對，最後將財務報表與帳簿記錄相核對。在採用順查法時，通過對憑證、帳簿和報表的審閱和核對可以發現是否漏記相關交易、余額，用於檢查是否滿足完整性的審計目標。逆查法也稱為倒查法，是指按會計處理順序的相反順序依次進行的審查。即先檢查財務報表，在財務報表審查的基礎上檢查帳簿記錄，最后再檢查會計憑證

和原始憑證。在採用逆查法時，可以發現是否被記錄的交易事項都有真實的原始憑證來支持它，也就是可以檢查是否滿足存在性的審計目標。此外，檢查有形資產可為其存在提供可靠的審計證據，但不一定能夠為權利和義務或計價等認定提供可靠的審計證據。

（二）觀察

觀察是指審計師查看相關人員正在從事的活動或實施的程序。例如，審計師對被審計單位人員執行的存貨盤點或控制活動進行觀察。觀察可以提供執行有關過程或程序的審計證據，但觀察所提供的審計證據僅限於觀察發生的時點，而且被觀察人員的行為可能因被觀察而受到影響，這也會使觀察提供的審計證據受到限制。

（三）詢問

詢問是指審計師以書面或口頭方式，向被審計單位內部或外部的知情人員獲取財務信息和非財務信息，並對答覆進行評價的過程。作為其他審計程序的補充，詢問廣泛應用於整個審計過程中。詢問可能為審計師提供尚未獲悉的信息或者提供已獲取的其他信息存在重大差異的信息，一般審計人員採用詢問方式可以找到審計的突破口。儘管對通過詢問獲取的審計證據予以佐證通常特別重要，但在詢問管理層意圖時，獲取的支持管理層意圖的信息可能是有限的。在這種情況下，瞭解管理層過去所聲稱意圖的實現情況、選擇某項特別措施時聲稱的原因以及實施某項具體措施的能力，可以為佐證通過詢問獲取的證據提供相關信息。針對某些事項，審計師可能認為有必要向管理層（如適用）獲取書面聲明，以證實對口頭詢問的答覆。詢問本身並不足以測試控制運行的有效性。因此，審計師需要將詢問與其他審計程序結合使用。將詢問與檢查或重新執行結合使用，可能比僅實施詢問和觀察獲取更高水平的保證。例如，被審計單位針對處理收到的郵政匯款單設計和執行了相關的內部控制，審計師通過詢問和觀察程序往往不足以測試此類控制的運行有效性，還需要檢查能夠證明此類控制在所審計期間的其他時段有效運行的文件和憑證，以獲取充分、適當的審計證據。

（四）函證

函證是指審計師直接從第三方（被詢證者）獲取書面答覆以作為審計證據的過程，書面答覆可以採用紙質、電子或其他介質等形式。函證既可以採用肯定式函證，也可以採用否定式函證。肯定式函證是指審計師在任何情況下都可以收到第三方回覆的函證；否定式函證是指審計師只有在第三方發現函證內容與其記錄的內容不符時才會收到回覆的函證。函證一般都需要審計師對發出和收取進行控制，不能經過被審計單位的手。

（五）重新計算

重新計算是指審計師對記錄或文件中的數據計算的準確性進行核對。重新計算可以通過手工方式或電子方式進行。重新計算包括對被審計單位的原始憑證及會計記錄中的數據進行驗算或另行計算，以獲取審計證據的方法。審計師在運用計算方法時，不僅要注意計算結果的正確性，還應關注其他可能的差錯（如計算結果的過帳和轉帳有誤）。

（六）重新執行

重新執行是指審計師獨立執行原本作為被審計單位內部控制組成部分的程序或控制。

（七）分析程序

分析程序是指審計師通過分析不同財務數據之間以及財務數據與非財務數據之間的內在關係，對財務信息做出評價。分析程序還包括在必要時對識別出的、與其他相關信息不一致或與預期值差異重大的波動或關係進行調查。

二、審計程序的運用

上述審計程序單獨或組合起來，可用做風險評估、控制測試和實質性程序。由於實質性程序是針對各類交易、帳戶餘額和披露及相關認定而實施的，其審計程序涵蓋上述除重新執行以外的所有程序。下面分別介紹具體審計程序在風險評估和控制測試中的運用。

（一）風險評估的運用程序

審計準則規定，審計師必須實施風險評估程序，以此作為評估財務報表層次和認定層次重大錯報風險的基礎。風險評估程序是指審計師為瞭解被審計單位及其環境，以識別和評估財務報表層次和認定層次的重大錯報風險（無論該錯報由於舞弊或錯誤導致）而實施的審計程序。風險評估程序是必要程序，瞭解被審計單位及其環境為審計師在許多關鍵環節做出職業判斷提供了重要基礎。瞭解被審計單位及其環境實際上是一個連續和動態地收集、更新與分析信息的過程，貫穿整個審計過程的始終。一般來說，實施風險評估程序的主要工作包括：瞭解被審計單位及其環境；識別和評估財務報表層次以及各類交易、帳戶餘額和披露認定層次的重大錯報風險，包括確定需要特別考慮的重大錯報風險（即特別風險）以及僅通過實施實質性程序無法應對的重大錯報風險等。

審計師應當實施下列風險評估程序，以瞭解被審計單位及其環境：①詢問管理層和被審計單位內部其他人員；②實施分析程序；③觀察和檢查。

1. 詢問管理層和被審計單位內部其他人員

詢問管理層和被審計單位內部其他人員是審計師瞭解被審計單位及其環境的一個重要信息來源。審計師可以考慮向管理層和財務負責人詢問下列事項：

（1）管理層所關注的主要問題，如新的競爭對手、主要客戶和供應商的流失、新的稅收法規的實施以及經營目標或戰略的變化等。

（2）被審計單位最近的財務狀況、經營成果和現金流量。

（3）可能影響財務報表的交易和事項，或者目前發生的重大會計處理問題。如重大的購並事宜等。

（4）被審計單位發生的其他重要變化。如所有權結構、組織結構的變化，以及內部控制的變化等。

審計師通過詢問獲取的大部分信息來自於管理層和負責財務報表的人員。審計師也可以通過詢問被審計單位內部的其他不同層級的人員獲取信息，或為識別重大

錯報風險提供不同的視角。

2. 實施分析程序

審計師在實施風險評估程序時，應當運用分析程序，識別那些可能表明財務報表存在重大錯報風險的異常變化。因此，所使用的數據匯總性比較強，其對象主要是財務報表中帳戶餘額及其相互之間的關係，並輔之以趨勢分析和比率分析。在運用分析程序時，應重點關注關鍵的帳戶餘額、趨勢和財務比率關係等方面，對其形成一個合理的預期，並與被審計單位記錄的金額、依據記錄金額計算的比率或趨勢相比較。如果分析程序的結果顯示的比率、比例或趨勢與審計師對被審計單位及其環境的瞭解不一致，並且被審計單位管理層無法做出合理的解釋，或者無法取得相關的支持性文件證據，審計師應當考慮其是否表明被審計單位的財務報表存在重大錯報風險。

審計師對已記錄的金額或比率做出預期時，需要採用內部或外部的數據。來自被審計單位內部的數據包括：①前期數據，並根據當期的變化進行調整；②當期的財務數據；③預算或預測；④非財務數據等。來自審計單位外部的數據包括：①政府有關部門發布的信息，如通貨膨脹率、利率、稅率，有關部門確定的進出口配額等；②行業監管者、貿易協會以及行業調查單位發布的信息，如行業平均增長率；③經濟預測組織，包括某些銀行發布的預測消息，如某些行業的業績指標等；④公開出版的財務信息；⑤證券交易所發布的信息等。

3. 觀察和檢查

觀察和檢查程序可以支持對管理層和其他相關人員的詢問結果，並可以提供有關被審計單位及其環境的信息，審計師應當實施下列觀察和檢查程序。

（1）觀察被審計單位的經營活動。例如，觀察被審計單位人員正在從事的生產活動和內部控制活動，增加審計師對被審計單位人員如何進行生產經營活動及實施內部控制的瞭解。

（2）檢查文件、記錄和內部控制手冊。例如，檢查被審計單位的經營計劃、策略、章程，與其他單位簽訂的合同、協議，各業務流程操作指引和內部控制手冊等，瞭解被審計單位組織結構和內部控制制度的建立健全情況。

（3）閱讀由管理層和治理層編製的報告。例如，閱讀被審計單位年度和中期財務報表，股東大會、董事會會議、高級管理層會議的會議記錄或紀要，管理層的討論和分析資料，對重要經營環節和外部因素的評價，被審計單位內部管理報告以及其他特殊目的的報告（如新投資項目的可行性分析報告）等，瞭解自上一期審計結束至本期審計期間被審計單位發生的重大事項。

（4）實地察看被審計單位的生產經營場所和廠房設備。通過現場訪問和實地察看被審計單位的生產經營場所和廠房設備，可以幫助審計師瞭解被審計單位的性質及其經營活動。在實地察看被審計單位的廠房和辦公場所的過程中，審計師有機會與被審計單位管理層和擔任不同職責的員工進行交流，可以增強審計師對被審計單位的經營活動及其重大影響因素的瞭解。

（5）追蹤交易在財務報表信息系統中的處理過程（穿行測試）。這是審計師瞭

解被審計單位業務流程及其相關控制時經常使用的審計程序。通過追蹤某筆或某幾筆交易在業務流程中如何生成、記錄、處理和報告，以及相關控制如何執行，審計師可以確定被審計單位的交易流程和相關控制是否與之前通過其他程序所獲得的瞭解一致，並確定相關控制是否得到執行。

（二）控制測試的運用程序

控制測試採用審計程序的類型包括詢問、觀察、檢查和重新執行。

1. 詢問

審計師可以向被審計單位適當員工詢問，獲取與內部控制運行情況相關的信息。例如，詢問信息系統管理人員有無未經授權接觸計算機硬件和軟件，向負責復核銀行存款余額調節表的人員詢問如何進行復核，包括復核的要點是什麼、發現不符事項如何處理等。然而，僅僅通過詢問不能為控制運行的有效性提供充分的證據，審計師通常需要印證被詢問者的答覆，如向其他人員詢問和檢查執行控制時所使用的報告、手冊或其他文件等。

2. 觀察

觀察是測試不留下書面記錄的控制（如職責分離）的運行情況的有效方法。觀察也可運用於實物控制，如查看倉庫門是否鎖好，或空白支票是否妥善保管。審計師還要考慮其所觀察到的控制在審計師不在場時可能未被執行的情況。

3. 檢查

對運行情況留有書面證據的控制，檢查非常適用。書面說明、復核時留下的記號，或其他記錄在偏差報告中的標誌，都可以被當作控制運行情況的證據。例如，檢查銷售發票是否有復核人員簽字，檢查銷售發票是否附有客戶訂購單和出庫單等。

4. 重新執行

通常只有當詢問、觀察和檢查程序結合在一起仍無法獲得充分的證據時，審計師才考慮通過重新執行來證實控制是否有效運行。例如，為了合理保證計價認定的準確性，被審計單位的一項控制是由復核人員核對銷售發票上的價格與統一價格單上的價格是否一致。但是，要檢查復核人員有沒有認真執行核對，僅僅檢查復核人員是否在相關文件上簽字是不夠的，審計師還需要自己選取一部分銷售發票進行核對，這就是重新執行程序。如果需要進行大量的重新執行，審計師就要考慮通過實施控制測試以縮小實質性程序的範圍是否有效率。

三、認定、目標與程序

為實現財務報表的審計目標，圍繞被審計單位管理層針對財務報表的三個層次分明的認定，審計師應設計和實施適當的審計程序，以便收集充分和適當的審計證據，通過對所收集的審計證據的證明力的判斷，得出恰當的審計結論，最終實現財務報表的審計目標。因此，審計目標、管理層對財務報表的認定、審計程序與審計證據之間存在著一定的聯繫。一般來說，審計師先根據管理當局認定推出審計目標，再根據審計目標選擇具體收集證據的程序。

（1）針對各類交易和事項運用認定推導的審計目標和審計程序，如表6-2所示。

表 6-2

舉例	認定	審計目標	審計程序
未發生銷售交易，但在銷售日記帳和總帳中記錄了該筆交易。	發生	發生（確認已記錄的交易是真實的，沒有高估的錯誤）	檢查文件資料（逆查法）
發生了銷售交易，但在銷售日記帳和總帳中卻沒有記錄該筆交易。	完整性	完整性（確認已發生的交易確實已經記錄，沒有低估的錯誤）	檢查相關銷售交易的文件資料（順查法）
若在銷售交易中，發出商品的數量與帳單上的數量不符；或乘積加總有誤；或記錄了錯誤金額。	準確性	準確性（確認已記錄的交易是按正確的金額記錄）	檢查相關文件資料，重新計算
將本期的交易推到下期，或將下期的交易提前到本期。	截止	截止（確認接近於資產負債表日的交易記錄於恰當的會計期間，入帳時間是否正確）	檢查相關文件資料
將現銷記錄為賒銷；將固定資產的租金收入計入主營業務收入。	分類	分類（確認記錄的交易均經過適當分類）	檢查相關文件資料

（2）針對期末帳戶余額運用認定推導的審計目標和審計程序，如表 6-3 所示。

表 6-3

舉例	認定	審計目標	審計程序
如果不存在某顧客的應收帳款，在應收帳款明細帳中卻列入了對該顧客的應收帳款。	存在	存在（確認記錄的金額確認存在）	向顧客進行函證或者檢查相關文件資料（逆查法）
如果存在某顧客的應收帳款，在應收帳款明細帳中卻未列入對該顧客的應收帳款。	完整性	完整性（確認已存在的金額均已記錄）	檢查相關文件資料（順查法）
若將代管商品物資列入本單位的存貨中。	權利和義務	權利和義務（確認資產歸屬於被審單位，負債屬於被審計單位應當履行的償還義務）	檢查相關文件資料
如各類存貨項目金額恰當，減值損失已合理列入。	計價和分攤	計價和分攤（資產、負債和所有者權益以恰當的金額包括在財務報表中，與之相關的計價或分攤已恰當記錄）	重新計算減值損失

（3）針對列報披露運用認定推導的審計目標和審計程序，如表6-4所示。

表6-4

舉例	認定	審計目標	審計程序
將沒有發生的交易、事項，或與被審計單位無關的交易和事項包含在財務報表中。	發生及權利和義務	發生及權利和義務（確認披露的交易、事項均已發生且與被審計單位有關）	檢查相關文件資料（順查法）
將應該披露的事項沒有包括在財務報表中。	完整性	完整性（所有應當包括在財務報表中的披露均已包括）	檢查相關文件資料（逆查法）
將於一年內到期的長期負債列為流動負債。	分類和可理解性	分類和可理解性（財務信息已被恰當地列報和描述，且披露內容表述清楚）	檢查相關文件資料
財務報表附註是否對長期股權投資的核算辦法做了恰當說明，計價是否準確，金額是否恰當。	準確性和計價	準確性和計價（財務信息和其他信息已公允披露，且金額恰當）	重新計算

第三節　審計證據

　　審計證據是指審計師為了得出審計結論、形成審計意見時使用的憑據。審計證據包括構成財務報表基礎的會計記錄所含有的信息和其他憑據。審計師必須在每項審計工作中獲取充分、適當的審計證據，以滿足發表審計意見的要求。

　　一、審計證據的分類

　　一般地說，審計證據可以按外形特徵、證據的來源等標準進行分類。
　　（一）按外形特徵的分類
　　審計證據按外形特徵為標準，分為實物證據、書面證據、口頭證據和環境證據四種。
　　1. 實物證據
　　實物證據是指審計師通過實地觀察或清查盤點所取得的，以確定某些實物資產是否真實存在的證據。實物證據提供了證明資產存在性的初步證據，它通常適用於庫存現金、有價證券、存貨和固定資產等有實物形態的資產的審計，而且通過監盤這些實物資產可以驗證其真實性及其數量。
　　實物證據是證明實物資產是否存在的非常有說服力的證據，但其本身也有局限性：一是只能證明實物資產的存在性，而不能證實資產的所有權；二是可以證明實物資產的數量，難以證實其資產的質量。因此，審計師在取得實物證據的同時，還應就其所有權歸屬及其價值情況另行審計。實物證據可以通過觀察和檢查兩種審計

程序來獲取。

2. 書面證據

書面證據是指審計師獲取的各種以書面文件為形式的一類審計證據。它包括與審計有關的各種原始憑證、記帳憑證、會計帳簿、財務報表等會計資料，還包括與審計有關的各種會議記錄、文件、合同、往來函件、聲明書和報告等。書面證據是審計師收集證據的主要領域，也是形成審計意見的重要基礎。它來源廣泛，數量眾多，是審計證據的主要組成部分，也稱為基本證據。書面證據可以通過檢查、函證、分析程序等程序來獲取。

3. 口頭證據

口頭證據是指由被審計單位職員或其他人員對審計師提問做口頭答覆所形成的一類證據。如被審計單位職員對計提各種準備的解釋等。一般而論，口頭證據本身並不足以證明事情的真相，但審計師可以從中發掘需要審計的情況，提供獲取其他證據的線索，並可以作為其他證據的佐證材料。

在審計過程中，審計師應把各種重要的口頭證據盡快轉為書面證據，並註明是何人、何時、在何種情況下所做的口頭陳述，必要時還應獲得被詢問人的簽名確認。一般地，口頭證據的證明力較差，但如果審計師對不同人員針對同一問題所做的口頭陳述相同時，口頭證據則具有較高的可靠性。口頭證據通常採用查詢或詢問的方式來獲取，但證明力有限，往往需要得到其他相應證據的支持。

4. 環境證據

環境證據也稱為狀況證據，是指對被審計單位產生影響的各種環境事實。

環境證據主要包括以下幾種：

（1）有關內部控制的情況。被審計單位的內部控制的情況直接影響到審計工作的效果，其完善程度還決定審計師收集審計證據的數量的多少。內部控制愈健全、愈嚴密，所需的其他各類審計證據就越少；反之，審計師就必須獲得較大數量的其他審計證據。

（2）被審計單位管理人員的素質。被審計單位管理人員的素質越高，其提供的證據發生差錯的可能性就越小，證據的可靠程度就越高。

（3）各種管理條件和管理水平。如果被審計單位內部管理嚴格，管理水平較高，那麼其提供的審計證據的可靠性也就越高。

環境證據可以採用觀察程序來獲取，可以幫助審計師瞭解被審計單位及其經濟活動所處的環境，是審計師進行判斷所必須掌握的資料。

（二）按審計證據的來源分類

審計證據按來源為標準，可分為親歷證據、外部證據和內部證據。

1. 親歷證據

親歷證據是指審計師親自獲取的各種審計證據。如審計師自己編製的各種審計工作底稿，各種計算表、分析表等。此種審計證據有著較強的證明力。

2. 外部證據

外部證據是由被審計單位以外的組織機構或人士所編製的書面證據。它通常比

內部證據具有較強的證明力。

外部證據可以分為兩類：一是由被審計單位以外的機構或人士編製並由其直接遞交給審計師的外部證據。如應收帳款的函證回函、保險公司的證明等。二是由被審計單位以外的機構或人士編製，但由被審計單位轉交給審計師的書面證據。如購貨發票、應收票據等。一般情況下，前者的證明力強於后者。

3. 內部證據

內部證據是由被審計單位內部機構或職員編製和提供的書面證據。如被審計單位的會計記錄、管理層聲明書等。

通常情況下，在外部流轉並獲得其他單位或個人認可的內部證據具有較強的證明力，如銷售發票。只在內部流轉的書面證據，其可靠程度取決於被審計單位內部控制的健全有效與否。

內部證據主要包括以下幾種：

（1）會計記錄

會計記錄包括各種自製的原始憑證、記帳憑證、帳簿記錄、試算表和匯總表等。這類證據是審計師取自被審計單位內部的非常重要的一類證據。會計記錄的可靠程度主要取決於被審計單位在填製時的內部控制狀況。

（2）被審計單位管理層聲明書

被審計單位管理層聲明書是審計師從被審計單位管理層處獲取的書面聲明。其主要內容包括以書面形式確認被審計單位在審計過程中所做的各種重要陳述和保證。被審計單位管理層聲明書是可靠性較低的內部證據，不可替代審計師實施其他必需的審計程序。

被審計單位管理層聲明書的作用主要有：①明確被審計單位管理層的會計責任；②將被審計單位在審計期間所回答的問題予以書面化，並列入審計工作底稿中；③可以作為被審計單位管理層未來意圖的佐證。

（3）其他書面文件

其他書面文件是指被審計單位提供的其他有助於審計師形成審計意見和結論的書面文件，如被審計單位的董事會和股東大會的重要會議紀要、公司的合同、章程、計劃及預算等。

二、審計證據的特性

審計證據的特性是指審計證據的充分性和適當性。

（一）充分性

審計證據的充分性是對審計證據數量的衡量，主要與審計師確定的樣本量有關，審計師需要獲取的審計證據的數量受其對重大錯報風險評估的影響（評估的重大錯報風險越高，需要的審計證據可能越多）、並受審計證據質量的影響（審計證據質量越高，需要的審計證據可能越少）。然而，僅靠獲取更多的審計證據可能無法彌補其質量上的缺陷。

審計證據的充分性還表明，審計證據的數量並非越多越好，而應以能否支持審

計意見為限。為符合審計的成本—效益原則，審計師應把所需審計證據的範圍限制在最低程度。

審計證據的充分與否，是審計師的專業判斷。每一審計項目、每一種取得審計證據的方法和途徑，都會對審計證據的數量需求產生影響。審計師必須根據具體情況確定審計證據的數量需求。

判斷審計證據是否充分，審計師應考慮以下影響因素：

1. 重大錯報風險

審計證據的充分性主要與重大錯報風險有關。如果財務報表層和帳戶餘額或某類交易層的重大錯報風險水平越高，審計師就應收集越多的審計證據；反之，則可收集較少的審計證據。由此可見，重大錯報風險的估計水平與審計證據的數量呈同向變動關係。

2. 具體審計項目的重要程度

對重要的審計項目，審計師應獲取充分的審計證據，減少對整體判斷失誤的可能性；對於一般的審計項目，審計師可以減少審計證據的數量，因為即使出現偏差也不會引發整體判斷的失誤。

3. 審計經驗

經驗豐富的審計師能從較少的審計證據中判斷出被審計事項是否存在錯弊，由此可以減少對審計證據的數量依賴；相反，缺乏經驗的審計師難以根據少量的審計證據，做出被審計事項是否存在錯弊的正確判斷，因而需要較多的審計證據。

4. 審計過程中是否發現錯弊

如果審計師在審計過程中發現錯弊的情況，就應增加審計證據的數量，確保做出合理的審計結論，形成恰當的審計意見。

5. 審計證據的類型和獲取途徑

來自獨立於被審計單位的第三者的審計證據，因本身不易偽造，質量較高，審計師可減少審計證據的數量；反之，來自被審計單位內部的證據就需要較多的數量。

此外，審計師還應考慮以下幾個因素：①經濟因素，即在收集審計證據時應考慮時間和成本。當增加時間和成本不能帶來相應的效益，審計師就應考慮採取更有效的審計程序來收集高質量的、足夠的審計證據。②總體規模和特徵。一般而言，總體規模越大，所需的審計證據越多；總體的特徵越相同，審計證據越少，反之，則越多。

（二）適當性

審計證據的適當性是對審計證據質量的衡量，即審計證據在支持各類交易、帳戶餘額、列報與披露的相關認定，或發現其中存在錯報方面具有相關性和可靠性。具體為審計證據的相關性和可靠性。

審計證據的充分性與適當性密切相關。審計師所需獲取的審計證據的數量不僅受到錯報風險的影響，還受到審計證據質量的影響。錯報風險越大，需要的審計證據可能越多；審計證據質量越高，需要的審計證據可能越少，但僅僅獲取更多的審計證據可能難以彌補其質量上的缺陷。

1. 審計證據的相關性

審計證據的相關性是指審計證據應與審計目標相關聯。審計證據必須和審計結論有關。只有當審計證據和審計結論存在符合邏輯的內在聯繫，才能對被審計工作事項進行客觀反應，才能證明和否定被審計單位所認定的事項。例如，存貨監盤結果只能證明存貨是否存在，而不能證明其計價和所有權的情況。

審計證據的相關性表明，審計師只能在利用與審計目的相關的審計證據來證明和否定被審計事項，因此，必須使取證程序與審計目的相關。

2. 審計證據的可靠性

審計證據的可靠性是指審計證據應能如實反應客觀事實。審計結論建立在審計證據的基礎上，如果審計證據不可靠，則審計結論也難以被社會認可。審計師只有在可靠的審計證據上做出審計結論，才能使被審計單位和社會接受。

審計證據的可靠性主要受取證環境的影響，與證據的來源、及時性和客觀性三因素有關。一般地說，證據的來源越獨立，受個人、被審計單位支配的程度缺小，則被篡改和偽造的機會越小，證據的可靠程度越高。因此，審計證據的可靠性受到其來源和性質的影響，並取決於獲取審計證據的具體環境。

審計師通常按照下列原則考慮審計證據的可靠性：

（1）從外部獨立來源獲取的審計證據比從其他來源獲取的審計證據更可靠。從外部獨立來源獲取的審計證據未經被審計單位有關職員之手，從而減少了偽造、更改憑證或業務記錄的可能性，因而其證明力最強。此類證據如銀行詢證函回函、應收帳款詢證函回函、保險公司稅等機構出具的證明等。相反，從其他來源獲取的審計證據，由於證據提供者與被審計單位存在經濟或行政關係等原因，其可靠性應受到質疑。此類證據如被審計單位內部的會計記錄、會議記錄等。

（2）內部控制有效時內部生成的審計證據比內部控制薄弱時內部生成的審計證據更可靠。如果被審計單位有著健全的內部控制且在日常管理中得到一貫的執行，會計記錄的可信賴程度將會增加。如果被審計單位的內部控制薄弱，甚至不存在任何內部控制，被審計單位內部憑證記錄的可靠性就大為降低。例如，如果與銷售業務相關的內部控制有效，審計師就能從銷售發票和發貨單中取得比內部控制不健全時更加可靠的審計證據。

（3）直接獲取的審計證據比間接獲取或推論得出的審計證據更可靠。例如，審計師觀察某項內部控制的運行得到的證據比詢問被審計單位某項內部控制的運行得到的證據更可靠。間接獲取的證據有被塗改及偽造的可能性，降低了可信賴程度。推論得出的審計證據，其主觀性較強，人為因素較多，可信賴程度也受到影響。

（4）以文件、記錄形式（無論是紙質、電子還是其他介質）存在的審計證據比口頭形式的審計證據更可靠。例如，會議的同步書面記錄比對討論事項事後的口頭表述更可靠。口頭證據本身並不足以證明事實的真相，僅僅提供了一些重要線索，為進一步調查確認所用。如審計師在對應收帳款進行帳齡分析後，可以向應收帳款負責人詢問逾期應收帳款收回的可能性。如果該負責人的意見與審計師自行估計的壞帳損失基本一致，則這一口頭證據就可成為證實審計師對有關壞帳損失判斷的重

要證據。但在一般情況下，口頭證據往往需要得到其他相應證據的支持。

（5）從原件獲取的審計證據比從傳真件或複印件獲取的審計證據更可靠。審計師可審查原件是否有被塗改或偽造的跡象，排除偽證，提高證據的可信賴程度。而傳真件或複印件容易是篡改或偽造的結果，可靠性較低。

審計師在按照上述原則評價審計證據的可靠性時，還應當注意可能出現的重要例外情況。例如，審計證據雖然是從獨立的外部來源獲得，但如果該證據是由不知情者或不具備資格者提供，審計證據也可能是不可靠的。同樣，如果審計師不具備評價證據的專業能力，那麼即使是直接獲取的證據，也可能不可靠。

獲取審計證據需支付成本，審計師必須考慮成本效益原則。一般情況下，獲取高質量的審計證據，所耗費的審計成本較高。為此，審計師應本著節約的原則，在不影響審計證據質量的前提下，放棄那些需要付出很高代價才能獲取的理想證據，轉而收集其成本不太高的、質量稍遜的其他證據，通過增加這類證據的數量，來滿足審計目的的要求。

（三）充分性和適當性之間的關係

充分性和適當性是審計證據的兩個重要特徵，兩者缺一不可，只有充分且適當的審計證據才是有證明力的。一般來說，審計證據的適當性會影響審計證據的充分性，審計證據質量越高，需要的審計證據數量可能越少。需要注意的是，儘管審計證據的充分性和適當性相關，但如果審計證據的質量存在缺陷，那麼審計師僅靠獲取更多的審計證據可能無法彌補其質量上的缺陷。例如，審計師應當獲取與銷售收入完整性相關的證據，實際獲取到的卻是有關銷售收入真實性的證據，審計證據與完整性目標不相關，即使獲取的證據再多，也證明不了收入的完整性。同樣地，如果審計師獲取的證據不可靠，那麼證據數量再多也難以起到證明作用。

第七章
重要審計策略

學習目標：

通過本章學習，你應該能夠：
- 理解重要性概念；
- 掌握重要性在審計各個階段的運用；
- 瞭解審計師為什麼和如何利用內部審計和專家工作；
- 明確重大錯報風險的應對措施；
- 區分報表層次的重大錯報風險和認定層次的重大錯報風險。

[引例] 安然公司的崩潰引起了人們對許多會計和審計問題的思考，該公司1997年的一項未調整事項成為其中最令人關注的問題之一。在當年的審計中，安達信曾建議安然公司將當年的利潤從1.05億美元調減為0.51億美元。但安然公司拒絕調整，而安達信最終也將這項未調整事項判斷為「不重要」。在被問及為什麼淨利潤調減為0.51億美元（接近當年淨利潤的50%）還不算重要時，時任安達信首席執行官的約瑟夫・伯拉迪諾（Joeseph F. Berardino）試圖為安達信的行為辯護。他在美國國會的證詞中說道：「1997年安然公司發生了一大筆非經常性費用。當該公司準備忽略這項擬調整事項時，我們的審計人員必須判斷該公司的決定是否會對財務報表產生重要影響，但問題是審計人員應該使用當年1.05億美元的報告收益還是應考慮影響可比性項目前的收益——會計師稱之為『正常的』收益？鑒於安然公司1996年報告了5.84億美元的淨收益，1995年是5.20億美元，1994年為4.53億美元，因此我們認為使用正常收益是恰當的。根據我們以數量為基礎的判斷，安然公司忽略的這項調整事項不是重要的，（因為它）不足正常收益的8%。」

思考：審計如何確定和運用重要性？

隨著被審計單位規模的擴大和經濟業務的複雜，審計引入風險管理，將主要資源集中在高風險的地方，以便保證審計質量。這就要求在計劃階段採用風險管理技術，確定重大錯報風險領域。本章將介紹風險審計技術的重要審計策略，見圖7-1。

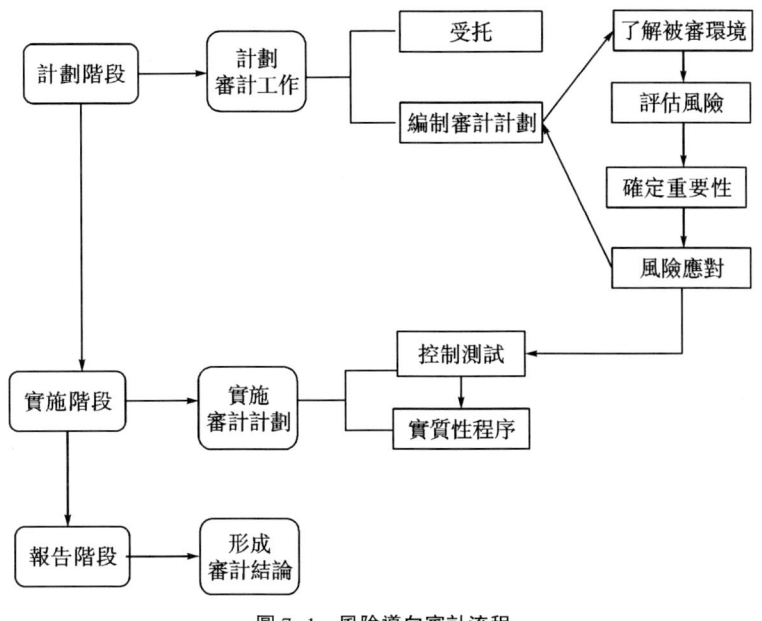

```
計劃階段 → 計劃審計工作 → 受托
                        編制審計計劃 → 了解被審環境
                                    → 評估風險
                                    → 確定重要性
                                    → 風險應對
實施階段 → 實施審計計劃 → 控制測試
                       → 實質性程序
報告階段 → 形成審計結論
```

圖 7-1　風險導向審計流程

第一節　重要性

重要性是審計學的一個基本概念。審計重要性的運用貫穿整個審計過程。在計劃審計工作時，審計師應當在瞭解被審計單位及其環境的基礎上，確定一個可接受的重要性水平，即首先為財務報表層次確定重要性水平，以發現在金額上重大的錯報。同時，審計師還應當評估各類交易、帳戶餘額和披露認定層次的重要性，以便確定進一步審計程序的性質、時間安排和範圍，將審計風險降至可接受的低水平。在確定審計意見類型時，審計師也需要考慮重要性水平。

一、重要性的含義

重要性取決於在具體環境下對錯報金額和性質的判斷。如果一項錯報單獨或連同其他錯報可能影響財務報表使用者依據財務報表做出的經濟決策，則該項錯報是重大的。

理解重要性的概念，需要從以下幾個方面進行：

（1）重要性概念中的錯報包含漏報。財務報表錯報包括財務報表金額的錯報和財務報表披露的錯報。

（2）重要性包括對數量和性質兩個方面的考慮。數量方面是指錯報的金額大小，性質方面則是指錯報的性質。一般而言，金額大的錯報比金額小的錯報更重要。在有些情況下，某些金額的錯報從數量上看並不重要，但從性質上考慮，則可能是

重要的。

（3）重要性概念是針對財務報表使用者決策的信息需求而言的。判斷一項錯報重要與否，應視其對財務報表使用者依據財務報表做出經濟決策的影響程度而定。如果財務報表中的某項錯報足以改變或影響財務報表使用者的相關決策，則該項錯報就是重要的，否則就不重要。如果審計人員對特殊目的審計業務出具審計報告，在確定重要性時需要考慮特定使用者的信息需求，以實現特殊審計目標。

（4）重要性的確定離不開具體環境。由於不同的被審計單位面臨不同的環境，不同的報表使用者有著不同的信息需求，因此審計人員確定的重要性也不相同。某一金額的錯報對某被審計單位的財務報表來說是重要的，而對另一個被審計單位的財務報表來說可能不重要。

（5）對重要性的評估需要運用職業判斷。影響重要性的因素很多，審計人員應當根據被審計單位面臨的環境，並綜合考慮其他因素，合理確定重要性水平。不同的審計人員在確定同一被審計單位財務報表層次和認定層次的重要性水平時，得出的結果可能不同。主要是因為對影響重要性的各因素的判斷存在差異。因此，審計人員需要運用職業判斷來合理評估重要性。

需要注意的是，如果僅從數量角度考慮，重要性水平只是提供了一個門檻或臨界點。在該門檻或臨界點之上的錯報就是重要的；反之，該錯報則不重要。重要性並不是財務信息的主要質量特徵。

二、重要性的運用

重要性的運用貫穿審計的始終，運用於審計計劃階段、審計實施階段和審計報告階段。

審計師在計劃階段使用重要性的目的有：①決定風險評估程序的性質、時間安排和範圍；②識別和評估重大錯報風險；③確定進一步審計程序的性質、時間安排和範圍。在計劃審計工作時，審計人員應當考慮導致報表層次發生重大錯報的原因，並應當在瞭解被審計單位及其環境的基礎上，確定一個可接受的整體財務報表重要性水平；同時，審計人員還應當評估各類交易、帳戶餘額及列報認定層次的重要性，以便確定進一步審計程序的性質、時間和範圍，將審計風險降至可接受的低水平。

在審計實施階段，隨著審計過程的推進，審計人員應當及時評價計劃階段確定的重要性水平是否仍然合理，並根據具體環境的變化或在審計執行過程中進一步獲取的信息，修正計劃的重要性水平，進而修改進一步審計程序的性質、時間和範圍。例如，隨著審計證據的累積，審計人員可能認為初始選用的重要性基準並不恰當，需要選用其他的基準來計算重要性水平。審計人員在確定審計程序的性質、時間和範圍時應當考慮重要性與審計風險之間的反向關係。重要性水平越高，審計風險越低；反之，重要性水平越低，審計風險就越高。審計人員應當選用下列方法將審計風險降至可接受的低水平。

（1）如有可能，通過擴大控制測試範圍或實施追加的控制測試，降低評估的重大錯報風險，並支持降低後的重大錯報風險水平；

(2) 通過修改計劃實施的實質性程序的性質、時間和範圍，降低檢查風險。

在審計報告階段，要使用報表層次重要性水平和為了特定交易類別、帳戶餘額和披露而制定的較低金額的重要性水平來評價已識別的錯報對財務報表的影響和對審計報告中審計意見的影響。

(一) 計劃階段

在計劃審計工作時，審計師應當確定一個可接受的重要性水平，以發現在金額上重大的錯報。審計師在確定計劃的重要性水平時，需要考慮對被審計單位及其環境的瞭解、審計的目標、財務報表各項目的性質及其相互關係、財務報表項目的金額及其波動幅度。同時，還應當從性質和數量兩個方面合理確定重要性水平。

1. 從性質方面考慮重要性

在某些情況下，金額相對較少的錯報可能會對財務報表產生重大影響。例如，一項不重大的違法支付或者沒有遵循某項法律規定，但該支付或違法行為可能導致一項重大的或有負債、重大的資產損失或者收入損失，就應認為上述事項是重大的。下列描述了可能構成重要性的因素：

(1) 對財務報表使用者需求的感知；
(2) 獲利能力趨勢；
(3) 因沒有遵守貸款契約、合同約定、法規條款和法定的或常規的報告要求而產生錯報的影響；
(4) 計算管理層報酬（資金等）的依據；
(5) 由於錯誤或舞弊而使一些帳戶項目對損失的敏感性；
(6) 重大或有負債；
(7) 通過一個帳戶處理大量的、複雜的和相同性質的個別交易；
(8) 關聯方交易；
(9) 可能的違法行為、違約和利益衝突；
(10) 財務報表項目的重要性、性質、複雜性和組成；
(11) 可能包含了高度主觀性的估計、分配或不確定性；
(12) 管理層的偏見；
(13) 管理層一直不願意糾正已報告的與財務報表相關的內部控制的缺陷；
(14) 與帳戶相關聯的核算與報告的複雜性；
(15) 自前一個會計期間以來帳戶特徵發生的改變（如新的複雜性、主觀性或交易的種類）；
(16) 個別極其重大但不同的錯報抵消產生的影響。

2. 從數量方面考慮重要性

(1) 報表層次的重要性。

由於財務報表審計的目標是審計人員通過執行審計工作對財務報表發表審計意見，因此，審計人員應當考慮財務報表層次的重要性。只有這樣，才能得出財務報表是否公允反應的結論。審計人員在制定總體審計策略時，應當確定財務報表層次的重要性水平。確定重要性需要運用職業判斷。通常先選定一基準，再乘以某一百

分比作為財務報表整體的重要性。很多審計人員根據所在會計師事務所的慣例及自己的經驗,考慮重要性水平。審計人員通常先選擇一個恰當的基準,再選用適當的百分比乘以該基準,從而得出財務報表層次的重要性水平。

在實務中,有許多匯總性財務數據可以用作確定財務報表層次重要性水平的基準,如總資產、淨資產、銷售收入、費用總額、毛利、淨利潤等。在選擇適當的基準時,審計人員應當考慮的因素包括:

①財務報表的要素(如資產、負債、所有者權益、收入和費用等)、適用的會計準則和相關會計制度所定義的財務報表指標(如財務狀況、經營成果和現金流量),以及適用的會計準則和相關會計制度提出的其他具體要求;

②對某被審計單位而言,是否存在財務報表使用者特別關注的報表項目(如特別關注與評價經營成果相關的信息);

③被審計單位的性質及所在行業;

④被審計單位的規模、所有權性質以及融資方式。

審計人員對基準的選擇有賴於被審計單位的性質和環境。例如:對以營利為目的的被審計單位,來自經常性業務的稅前利潤或稅後淨利潤可能是一個適當的基準;而對收益不穩定的被審計單位或非營利組織來說,選擇稅前利潤或稅後淨利潤作為判斷重要性水平的基準就不合適。對資產管理公司,淨資產可能是一個適當的基準。審計人員通常選擇一個相對穩定、可預測且能夠反應被審計單位正常規模的基準。由於銷售收入和總資產具有相對穩定性,審計人員經常將其用作確定計劃重要性水平的基準。

在確定恰當的基準後,審計人員通常運用職業判斷合理選擇百分比,據以確定重要性水平。以下是一些參考數值的舉例:

①對以營利為目的的企業,來自經常性業務的稅前利潤或稅後淨利潤的 5%,或總收入的 0.5%;

②對非營利組織,費用總額或總收入的 0.5%;

③對共同基金公司,淨資產的 0.5%。

對重要性的評估需要職業判斷。審計人員執行具體審計業務時,可能認為採用比上述百分比更高或更低的比例是適當的。當根據不同的基準計算出不同的重要性水平時,審計人員應當根據實際情況決定採用何種計算方法更為恰當。

此外,審計人員在確定重要性時,通常考慮以前期間的經營成果和財務狀況、本期的經營成果和財務狀況、本期的預算和預測結果、被審計單位情況的重大變化(如重大的企業購並)以及宏觀經濟環境和所處行業環境發生的相關變化。例如,審計人員在將淨利潤作為確定某被審計單位重要性水平的基準時,因情況變化使該被審計單位本年度淨利潤出現意外的增加或減少,審計人員可能認為選擇近幾年的平均淨利潤作為確定重要性水平的基準更加合適。

審計人員在確定重要性水平時,不需考慮與具體項目計量相關的固有不確定性。例如,財務報表含有高度不確定性的大額估計,審計人員並不會因此而確定一個比不含有該估計的財務報表的重要性更高或更低的重要性水平。

（2）各類交易、帳戶餘額、列報認定層次的重要性水平。

由於財務報表提供的信息由各類交易、帳戶餘額、列報認定層次的信息匯集加工而成，審計人員只有通過對各類交易、帳戶餘額、列報認定層次實施審計，才能得出財務報表是否公允反應的結論。因此，審計人員還應當考慮各類交易、帳戶餘額、列報認定層次的重要性。

各類交易、帳戶餘額、列報認定層次的重要性水平稱為「可容忍錯報」。可容忍錯報的確定以審計人員對財務報表層次重要性水平的初步評估為基礎。它是在不導致財務報表存在重大錯報的情況下，審計人員對各類交易、帳戶餘額、列報確定的可接受的最大錯報。

在確定各類交易、帳戶餘額、列報認定層次的重要性水平時，審計人員應當考慮以下主要因素：①各類交易、帳戶餘額、列報的性質及錯報的可能性；②各類交易、帳戶餘額、列報的重要性水平與財務報表層次重要性水平的關係。由於各類交易、帳戶餘額、列報確定的重要性水平即可容忍錯報，對審計證據數量有直接的影響，因此，審計人員應當合理確定可容忍錯報。

在制定總體審計策略時，審計人員應當對那些金額本身就低於所確定的財務報表層次重要性水平的特定項目做額外的考慮。審計人員應當根據被審計單位的具體情況，運用職業判斷，考慮是否能夠合理地預計這些項目的錯報將影響使用者依據財務報表做出的經濟決策（如有這種情況的話）。審計人員在做出這一判斷時，應當考慮的因素包括以下幾種情況：

（1）會計準則、法律法規是否影響財務報表使用者對特定項目計量和披露的預期（如關聯方交易、管理層及治理層的報酬）；

（2）與被審計單位所處行業及其環境相關的關鍵性披露（如制藥業的研究與開發成本）；

（3）財務報表使用者是否特別關注財務報表中單獨披露的特定業務分部（如新近購買的業務）的財務業績。

瞭解治理層和管理層對上述問題的看法和預期，可能有助於審計人員根據被審計單位的具體情況做出這一判斷。

（二）審計實施階段

在審計實施過程中，審計人員一般採用實際執行的重要性。實際執行的重要性是指審計師確定的低於財務報表整體重要性的一個或多個金額，旨在將未更正和未發現錯報的匯總數超過財務報表整體的重要性的可能性降至適當的低水平。如果適用，實際執行的重要性還指審計師確定的低於特定類別的交易、帳戶餘額或披露的重要性水平的一個或多個金額。

確定實際執行的重要性需要審計師運用職業判斷，並考慮下列因素的影響：①對被審計單位的瞭解（這些瞭解在實施風險評估程序的過程中得到更新）；②前期審計工作中識別出的錯報的性質和範圍；③根據前期識別出的錯報對本期錯報做出的預期。

通常而言，實際執行的重要性通常為財務報表整體重要性的 50%～75%。接近

財務報表整體重要性 50%的情況有以下兩種：①經常性審計；②以前年度審計調整較多項目總體風險較高（如處於高風險行業，經常面臨較大市場壓力，首次承接的審計項目或者需要出具特殊目的報告等。接近財務報表整體重要性 75%的情況有以下兩種：①經常性審計，以前年度審計調整較少；②項目總體風險較低（如處於低風險行業，市場壓力較小）

計劃的重要性與實際執行的重要性之間的關係如圖 7-2 所示。

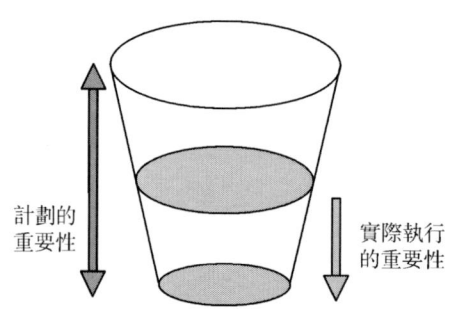

圖 7-2　實際執行的重要性

由於存在下列原因，審計師可能需要修改財務報表整體的重要性和特定類別的交易、帳戶餘額或披露的重要性水平（如適用）：①審計過程中情況發生重大變化（如決定處置被審計單位的一個重要組成部分）；②獲取新信息；③通過實施進一步審計程序，審計師對被審計單位及其經營的瞭解發生變化。例如，在審計過程中審計師發現，實際財務成果與最初確定財務報表整體的重要性時使用的預期本期財務成果相比存在很大差異，則需要修改重要性。

（三）審計報告階段

在審計報告階段，審計人員需要匯總所有審計過程中的審計錯報，並對其進行評價，是形成審計報告重要前提。

1. 匯總尚未更正錯報

尚未更正錯報的匯總數包括已經識別的具體錯報和推斷誤差。

（1）已經識別的具體錯報

已經識別的具體錯報是指審計人員在審計過程中發現的能夠準確計量的錯報，包括下列兩類：

① 對事實的錯報。這類錯報產生於被審計單位收集和處理數據的錯誤，對事實的忽略或誤解，或故意舞弊行為。例如，審計人員在實施細節測試時發現最近購入存貨的實價價值為 15,000 元，但帳面記錄的金額為 10,000 元。因此，存貨和應付帳款分別被低估了 5,000 元，這裡被低估的 5,000 元就是已識別的對事實的具體錯報。

② 涉及主觀決策的錯報。這類錯報產生於兩種情況：一是管理層和審計人員對會計估計值的判斷差異，例如，由於包含在財務報表中的管理層做出的估計值超出了審計人員確定的一個合理範圍，導致出現判斷差異；二是管理層和審計人員對選擇和運用會計政策的判斷差異，由於審計人員認為管理層選用會計政策造成錯報，

管理層卻認為選用會計政策適當，導致出現判斷差異。

（2） 推斷誤差

推斷誤差也稱為可能誤差，是審計人員對不能明確、具體地識別其他錯報的最佳估計數。推斷誤差通常包括下列兩類：

① 通過測試樣本估計出的總體的錯報減去在測試中發現的已經識別的具體錯報。例如，應收帳款年末余額為2,000萬元，審計人員抽查樣本發現金額有100萬元的高估，高估部分為帳面金額的20%，據此審計人員推斷總體的錯報金額為400萬元（2,000×20%），那麼上述100萬元就是已識別的具體錯報，其余300萬元即推斷誤差。

② 通過實質性分析程序推斷出的估計錯報。例如，審計人員根據客戶的預算資料及行業趨勢等要素，對客戶年度銷售費用獨立地做出估計，並與客戶帳面金額比較，發現兩者間有50%的差異；考慮到估計的精確性有限，審計人員根據經驗認為10%的差異通常是可接受的，而剩余40%的差異需要有合理解釋並取得佐證性證據；假定審計人員對其中20%的差異無法得到合理解釋或不能取得佐證，則該部分差異金額即為推斷誤差。

2. 評估匯總錯報的影響

審計人員需要在出具審計報告之前，評估尚未更正錯報單獨或累積的影響是否重大。在評估時，審計人員應當從特定的某類交易、帳戶余額及列報認定層次和財務報表層次考慮這些錯報的金額和性質，以及這些錯報發生的特定環境。

審計人員應當分別考慮每項錯報對相關交易、帳戶余額及列報的影響，包括錯報是否超過之前為特定交易、帳戶余額及列報所設定的較之財務報表層次重要性水平更低的可容忍錯報。此外，如果某項錯報是（或可能是）由舞弊造成的，無論其金額大小，審計人員均應當按照《中國審計人員審計準則第1141號——財務報表審計中對舞弊的考慮》的規定，考慮其對整個財務報表審計的影響。考慮到某些錯報發生的環境，即使其金額低於計劃的重要性水平，審計人員仍可能認為其單獨或連同其他錯報從性質上看是重大的。

審計人員在評估未更正錯報是重大時，不僅需要考慮每項錯報對財務報表的單獨影響，而且需要考慮所有錯報對財務報表的累積影響及其形成原因，尤其是一些金額較小的錯報，雖然單個看起來並不重大，但是其累計數可能對財務報表產生重大的影響。

第二節　重大錯報風險評估與應對

一、重大錯報風險的識別與評估

審計人員應當識別和評估財務報表層次以及各類交易、帳戶余額、列報認定層次的重大錯報風險。在識別和評估重大錯報風險時，審計人員應當實施下列審計程序：

（一）在瞭解被審計單位及其環境的過程中識別風險，並考慮各類交易、帳戶餘額、列報

審計人員應當運用各項風險評估程序，在瞭解被審計單位及其環境的整個過程中識別風險，並將識別的風險與各類交易、帳戶餘額和列報相聯繫。例如，被審計單位因相關環境法規的實施需要更新設備，可能面臨原有設備閒置或貶值的風險；宏觀經濟的低迷可能預示應收帳款的回收存在問題；競爭者開發的新產品上市，可能導致被審計單位的主要產品在短期內過時，預示將出現存貨跌價和長期資產（如固定資產等）的減值。

（二）將識別的風險與認定層次可能發生錯報的領域相聯繫

審計人員應當確定，識別的重大錯報風險是與特定的某類交易、帳戶餘額、列報的認定相關，還是與財務報表整體廣泛相關，進而影響多項認定。與財務報表整體相關的是財務報表層次的重大錯報風險，其很可能源於薄弱的控制環境。薄弱的控制環境帶來的風險可能對財務報表產生廣泛影響，難以限於某類交易、帳戶餘額、列報，審計人員應當採取總體應對措施。與特定的某類交易、帳戶餘額、列報的認定相關是認定層次的重大錯報。審計人員還應當對其予以匯總和評估，以確定進一步審計程序的性質、時間和範圍。例如，銷售困難使產品的市場價格下降，可能導致年末存貨成本高於其可變現淨值而需要計提存貨跌價準備，這顯示存貨的計價認定可能發生錯報。

（三）考慮識別的風險是否重大

風險是否重大是指風險造成後果的嚴重程度。比如產品市場價格大幅下降，導致產品銷售收入不能補償成本，毛利率為負，那麼年末存貨跌價問題嚴重，存貨計價認定發生錯報的風險重大；假如價格下降的產品在被審計單位銷售收入中所占比例很小，被審計單位其他產品銷售毛利率很高，儘管該產品的毛利率為負，但可能不會使年末存貨發生重大跌價問題。

（四）考慮識別的風險導致財務報表發生重大錯報的可能性

審計人員還需要考慮識別的風險是否會導致財務報表發生重大錯報。例如，考慮存貨的帳面餘額是否重大，是否已適當計提存貨跌價準備等。在某些情況下，儘管識別的風險重大，但仍不至於導致財務報表發生重大錯報。例如，期末財務報表中存貨的餘額較低，儘管識別的風險重大，但不至於導致存貨的計價認定發生重大錯報風險。又如，被審計單位對於存貨跌價準備的計提實施了比較有效的內部控制，管理層已根據存貨的可變現淨值，計提了相應的跌價準備。在這種情況下，財務報表發生重大錯報的可能性將相應降低。

審計人員應當利用實施風險評估程序獲取的信息，包括在評價控制設計和確定其是否得到執行時獲取的審計證據，作為支持風險評估結果的審計證據。審計人員應當根據風險評估結果，確定實施進一步審計程序的性質、時間和範圍。

審計人員還需要運用職業判斷確定哪些風險是特別風險。審計人員應當考慮：①風險是否屬於舞弊風險；②風險是否與近期經濟環境、會計處理方法和其他方面的重大變化有關；③交易的複雜程度；④風險是否涉及重大的關聯方交易；⑤財務

信息計量的主觀程度，特別是對不確定事項的計量存在較大區間；⑥風險是否涉及異常或超出正常經營過程的重大交易。

二、報表層次重大錯報風險的應對措施

（一）總體應對措施

與財務報表整體相關的是財務報表層次的重大錯報風險，審計師應當針對評估的財務報表層次重大錯報風險確定下列總體應對措施：

（1）向項目組強調保持職業懷疑的必要性。

（2）指派更有經驗或具有特殊技能的審計人員，或利用專家的工作。由於各行業在經營業務、經營風險、財務報表、法規要求等方面具有特殊性，審計人員的專業分工細化成一種趨勢。審計項目組成員中應有一定比例的人員曾經參與過被審計單位以前年度的審計，或具有被審計單位所處特定行業的相關審計經驗。必要時，要考慮利用信息技術、稅務、評估、精算等方面的專家的工作。

（3）提供更多的指導。對於財務報表層次重大錯報風險較高的審計項目，審計項目組的高級別成員，如項目合夥人、項目經理等經驗較豐富的人員，要對其他成員提供更詳細、更經常、更及時的指導和監督並加強項目質量復核。

（4）在選擇擬實施的進一步審計程序時融入更多的不可預見的因素。被審計單位人員尤其是管理層，如果熟悉審計師的審計套路，就可能採取種種規避手段，掩蓋財務報表中的舞弊行為。因此，在設計擬實施審計程序的性質、時間安排和範圍時，為了避免既定思維對審計方案的限制，避免對審計效果的人為干涉，從而使得針對重大錯報風險的進一步審計程序更加有效，審計師要考慮使某些程序不被管理層預見或事先瞭解。

在實務中，審計師可以通過以下方式提高審計程序的不可預見性：①對某些未測試過的低於設定的重要性水平或風險較小的帳戶餘額和認定實施實質性程序；②調整實施審計程序的時間，使被審計單位不可預期；③採取不同的審計抽樣方法，使當期抽取的測試樣本與以前有所不同；④選取不同的地點實施審計程序，或預先不告知被審計單位所選定的測試地點。

（5）對擬實施審計程序的性質、時間安排或範圍做出總體修改。財務報表層次的重大錯報風險很可能源於薄弱的控制環境。因此，審計師對控制環境的瞭解也影響其對財務報表層次重大錯報風險的評估。有效的控制環境可以使審計師增強對內部控制和被審計單位內部產生的證據的信賴程度。如果控制環境存在缺陷，審計師在對擬實施審計程序的性質、時間安排和範圍做出總體修改時應當考慮：

①在期末而非期中實施更多的審計程序。控制環境的缺陷通常會削弱期中獲得的審計證據的可信賴程度。

②通過實施實質性程序獲取更廣泛的審計證據。良好的控制環境是其他控制要素發揮作用的基礎。控制環境存在缺陷通常會削弱其他控制要素的作用，導致審計師可能無法信賴內部控制，而主要依賴實施實質性程序獲取審計證據。

③增加擬納入審計範圍的經營地點的數量。

（二）增加審計程序的不可預見性

1. 增加審計程序不可預見性的思路

（1）對某些以前未測試的低於設定的重要性水平或風險較小的帳戶餘額和認定實施實質性程序。審計師可以關注以前未曾關注過的審計領域，如果這些領域有可能被用於掩蓋舞弊行為，審計師就要針對這些領域實施一些具有不可預見性的測試。

（2）調整實施審計程序的時間，使其超出被審計單位的預期。比如，審計師如果一般審計工作都圍繞著12月或在年底前後進行，那麼被審計單位有可能會把一些不適當的會計調整放在年度的9月、10月或11月等，因此，審計師可以考慮調整每次實施審計程序時間，有時測試在9月，有時測試在10月等，讓被審計單位不能掌握規律。

（3）採取不同的審計抽樣方法，使當年抽取的測試樣本與以前有所不同。

（4）選取不同的地點實施審計程序，或預先不告知被審計單位所選定的測試地點。例如，在存貨監盤程序中，審計師可以到未事先通知被審計單位的盤點現場進行監盤，以便瞭解真實情況。

2. 增加審計程序不可預見性的實施要點

（1）審計師需要與被審計單位的高層管理人員事先溝通，要求實施具有不可預見性的審計程序，但不能告知其具體內容。審計師可以在簽訂審計業務約定書時明確提出這一要求。

（2）雖然對於不可預見性程度沒有量化的規定，但審計項目組可以根據對舞弊風險的評估等確定具有不可預見性的審計程序。審計項目組可以匯總那些具有不可預見性的審計程序，並記錄在審計工作底稿中。

（3）項目合夥人需要安排項目組成員有效地實施具有不可預見性的審計程序，但同時要避免使項目組成員處於困難境地。

三、認定層次重大錯報的應對措施

審計師應當針對評估的認定層次重大錯報風險設計和實施進一步審計程序，包括審計程序的性質、時間安排和範圍。

（一）進一步審計程序的含義

進一步審計程序相對於風險評估程序而言，是指審計師針對評估的各類交易、帳戶餘額和披露認定層次重大錯報風險實施的審計程序，包括控制測試和實質性程序。進一步審計程序的目的包括通過實施控制測試以確定內部控制運行的有效性，通過實施實質性程序以發現認定層次的重大錯報；進一步審計程序的類型包括檢查、觀察、詢問、函證、重新計算、重新執行和分析程序。在確定進一步審計程序的性質時，審計人員首先需要考慮的是認定層次重大錯報風險的評估結果。審計師設計和實施的進一步審計程序的性質、時間安排和範圍，應當與評估的認定層次重大錯報風險具備明確的對應關係，比如，審計師評估的重大錯報風險越高，實施進一步審計程序的範圍通常越大；但是只有首先確保進一步審計程序的性質與特定風險相關時，擴大審計程序的範圍才是有效的。

(二) 進一步審計程序時需要考慮的因素

(1) 風險的重要性。風險的重要性是指風險造成的后果的嚴重程度。風險的后果越嚴重，就越需要審計師關注和重視，越需要精心設計有針對性的進一步審計程序。

(2) 重大錯報發生的可能性。重大錯報發生的可能性越大，越需要審計師精心設計進一步審計程序。

(3) 涉及的各類交易、帳戶餘額和披露的特徵。不同的交易、帳戶餘額和披露，產生的認定層次的重大錯報風險也會存在差異，適用的審計程序也有差別，需要審計師區別對待，並設計有針對性的進一步審計程序予以應對。

(4) 被審計單位採用的特定控制的性質。不同性質的控制（尤其是人工控制還是自動化控制）對審計師設計進一步審計程序具有重要影響。

(5) 審計師是否擬獲取審計證據，以確定內部控制在防止或發現並糾正重大錯報方面的有效性。如果審計師在風險評估時預期內部控制運行有效，隨後擬實施的進一步審計程序就必須包括控制測試，且實質性程序自然會受到之前控制測試結果的影響。

綜合上述幾方面因素，審計師應當根據對認定層次重大錯報風險的評估結果，恰當選用實質性方案或綜合性方案。通常情況下，審計師出於成本效益的考慮可以採用綜合性方案設計進一步審計程序，即將測試控制運行的有效性與實質性程序結合使用。但在某些情況下（如僅通過實質性程序無法應對重大錯報風險），審計師必須通過實施控制測試，才可能有效應對評估出的某一認定的重大錯報風險；而在另一些情況下（如審計師的風險評估程序未能識別出與認定相關的任何控制，或審計師認為控制測試很可能不符合成本效益原則），審計師可能認為僅實施實質性程序就是適當的。

(三) 進一步審計程序的時間

審計人員可以在期中或期末實施進一步審計程序，如控制測試或實質性程序。當重大錯報風險較高時，審計人員應當考慮在期末或接近期末實施實質性程序；或採用不通知的方式，或在管理層不能預見的時間實施審計程序。在期中實施進一步審計程序，可能有助於審計人員在審計工作初期識別重大事項，並在管理層的協助下及時解決這些事項；或針對這些事項制訂有效的實質性方案或綜合性方案。當然，在期中實施進一步審計程序也存在很大的局限。首先，審計人員往往難以僅憑在期中實施的進一步審計程序獲取有關期中以前的充分、適當的審計證據（如某些期中以前發生的交易或事項在期中審計結束時尚未完結）；其次，即使審計人員在期中實施的進一步審計程序能夠獲取有關期中以前的充分、適當的審計證據，但從期中到期末這段剩餘期間還往往會發生重大的交易或事項（包括期中以前發生的交易、事項的延續，以及期中以後發生的新的交易、事項），從而對所審計期間的財務報表認定產生重大影響；最後，被審計單位管理層也完全有可能在審計人員於期中實施了進一步審計程序之後對期中以前的相關會計記錄做出調整甚至篡改，審計人員

在期中實施了進一步審計程序所獲取的審計證據已經發生了變化。如果在期中實施了進一步審計程序，審計人員還應當針對剩余期間獲取審計證據。

審計人員在確定何時實施審計程序時應當考慮：

（1）控制環境。良好的控制環境可以抵消在期中實施進一步審計程序的局限性，使審計人員在確定實施進一步審計程序的時間時有更大的靈活度。

（2）何時能得到相關信息。例如，某些控制活動可能僅在期中（或期中以前）發生，而之后可能難以再被觀察到；再如，某些電子化的交易和帳戶文檔如未能及時取得，可能被覆蓋。在這些情況下，審計人員如果希望獲取相關信息，則需要考慮能夠獲取相關信息的時間。

（3）錯報風險的性質。例如，被審計單位可能為了保證盈利目標的實現，而在會計期末以后偽造銷售合同以虛增收入，此時審計人員需要考慮在期末（即資產負債表日）這個特定時點獲取被審計單位截至期末所能提供的所有銷售合同及相關資料，以防範被審計單位在資產負債表日后偽造銷售合同虛增收入的做法。

（4）審計證據適用的期間或時點。審計人員應當根據需要獲取的特定審計證據確定何時實施進一步審計程序。例如，為了獲取資產負債表日的存貨余額證據，顯然不宜在與資產負債表日間隔過長的期中時點或期末以后時點實施存貨監盤等相關審計程序。

（四）進一步審計程序的範圍

進一步審計程序的範圍是指實施進一步審計程序的數量，包括抽取的樣本量，對某項控制活動的觀察次數等。在確定審計程序的範圍時，審計人員應當考慮下列因素：

（1）確定的重要性水平。確定的重要性水平越低，審計人員實施進一步審計程序的範圍越廣。

（2）評估的重大錯報風險。評估的重大錯報風險越高，對擬獲取審計證據的相關性、可靠性的要求越高，因此審計人員實施的進一步審計程序的範圍也越廣。

（3）計劃獲取的保證程度。計劃獲取的保證程度，是指審計人員計劃通過所實施的審計程序對測試結果可靠性所獲取的信心。計劃獲取的保證程度越高，對測試結果可靠性的要求越高，審計人員實施的進一步審計程序的範圍越廣。例如，審計人員對財務報表是否不存在重大錯報的信心可能來自控制測試和實質性程序。如果審計人員計劃從控制測試中獲取更高的保證程度，則控制測試的範圍就更廣。

鑒於進一步審計程序的範圍往往是通過一定的抽樣方法加以確定的，因此，審計人員需要慎重考慮抽樣過程對審計程序範圍的影響是否能夠有效實現審計目的。

第三節 利用他人工作

一、利用內部審計工作

（一）內部審計涉及的活動

內部審計是各個組織內部進行的一種獨立的確認和諮詢活動，旨在保障各個組織的各項經營管理活動的真實性、合法性、效率性和效益性，是能夠提高組織的經營管理水平的增值服務。內部審計可能包括下列一項或多項活動：

（1）對內部控制的監督。內部審計可能包括評價控制、監督控制的運行以及對內部控制提出改進建議。

（2）對財務信息和經營信息的檢查。內部審計可能包括對確認、計量、分類和報告財務信息和經營信息的方法進行評價，並對個別事項進行專門詢問，包括對交易、餘額及程序實施細節測試。

（3）對經營活動的評價。內部審計可能包括對被審計單位的經營活動（包括非財務活動）的經濟性、效率和效果進行評價。

（4）對遵守法律法規情況的評價。內部審計可能包括評價被審計單位對法律法規、其他外部要求以及管理層政策、指令和其他內部要求的遵守情況。內部審計可以對被審計單位在經營過程中遵守相關遵循性標準的情況做出相應的評價，包括評價國家相關法律法規的遵守情況、行業和部門政策的遵守情況、企業經營計劃和財務計劃的遵守情況、企業經營預算和財務預算的遵守情況、企業制定的各種程序標準的遵守情況、企業簽訂的各類合同的遵守情況等。

（5）風險管理。內部審計可能有助於被審計單位識別和評估其面臨的重大風險，並改進風險管理和控制系統。

（6）治理。內部審計可能包括評估被審計單位為實現下列目標而建立的治理過程：

①道德和價值觀；
②業績管理和經管責任；
③向被審計單位適當部門傳達風險和控制信息；
④治理層、審計師、內部審計人員和管理層之間溝通的有效性。

（二）確定是否利用以及在多大程度上利用內部審計人員的工作

雖然審計師可以利用內部審計的工作，但審計師必須對與財務報表審計有關的所有重大事項獨立做出職業判斷，而不應完全依賴內部審計工作。通常，審計過程中涉及的職業判斷，如重大錯報風險的評估、重要性水平的確定、樣本規模的確定、對會計政策和會計估計的評估等，均應當由審計師負責執行。同樣，審計師對發表的審計意見獨立承擔責任，這種責任並不因利用內部審計人員的工作而減輕。

審計師應當確定：內部審計人員的工作是否可能足以實現審計目的；如果可能足以實現審計目的，內部審計人員的工作對審計師審計程序的性質、時間安排和範

圍產生的預期影響。

（1）在確定內部審計人員的工作是否可能足以實現審計目的時，審計師應當評價：

①內部審計的客觀性。為保證內部審計機構和人員的客觀性，內部審計應當具有與其履行職責相應的組織地位。內部審計直接報告的管理、治理機構越高，內部審計機構在企業的威望越大，其獨立性越強。審計師應當關注被審計單位管理層對內部審計施加的任何限制或約束，特別是內部審計人員是否能夠與外部審計師進行充分的溝通。此外，外部審計師還應當關注被審計單位的治理層和管理層是否重視內部審計的意見和建議，是否建立有關內部審計意見的反饋機制，內部審計意見是否能夠得以落實。因此，審計師一般需要考慮以下因素：

第一，內部審計在被審計單位中的地位，以及這種地位對內部審計人員保持客觀性能力的影響；

第二，內部審計是否向治理層或具備適當權限的高級管理人員報告工作，以及內部審計人員是否直接接觸治理層；

第三，內部審計人員是否不承擔任何相互衝突的責任；

第四，治理層是否監督與內部審計相關的人事決策；

第五，管理層或治理層是否對內部審計施加任何約束或限制；

第六，管現層是否根據內部審計的建議採取行動，在多大程度上採取行動以及如何採取行動。

②內部審計人員的專業勝任能力。專業勝任能力是被審計單位內部審計正常發揮作用的根本。內部審計機構和人員必須具備足以勝任檢查被審計單位所有活動領域的能力，否則，其工作結果必然是不能信賴的。評價內部審計人員的專業勝任能力時，審計師需要考慮以下因素：

第一，內部審計人員是否屬於相關職業團體的會員；

第二，內部審計人員是否經過充分技術培訓且精通內部審計業務；

第三，被審計單位是否存在有關內部審計人員任用和培訓的既定政策。

③內部審計人員在執行工作時是否可能保持應有的職業關注，包括：

第一，內部審計的活動是否經過適當的計劃、監督、復核和記錄；

第二，是否存在適當的審計手冊或其他類似文件、工作方案和內部審計工作底稿。

④內部審計人員和外部審計師之間是否可能進行有效的溝通。

如果內部審計人員可以自由地與外部審計師坦誠溝通，並滿足下列條件，則他們之間的溝通可能是最有效的。

第一，雙方在審計期間內每隔一段適當的時間舉行會談；

第二，內部審計人員可以通過相關內部審計報告向外部審計師提供建議，並允許其接觸相關內部審計報告；內部審計人員告知外部審計師其注意到的，可能影響審計師工作的所有重大事項；

第三，外部審計師告知內部審計人員可能影響內部審計的所有重大事項。

（2）在確定內部審計人員的工作對外部審計師審計程序的性質、時間安排和範圍產生的預期影響時，外部審計師應當考慮：
①內部審計人員已執行或擬執行的特定工作的性質和範圍；
②針對特定類別的交易、帳戶餘額和披露，評估的認定層次重大錯報風險；
③在評價支持相關認定的審計證據時，內部審計人員的主觀程度。

如果內部審計人員的工作是外部審計師在確定實施審計程序的性質、時間安排和範圍時考慮的因素，外部審計師事前就下列事項與內部審計人員達成一致意見是有益的。
①內部審計工作的時間安排，包括制訂內部審計計劃、實施內部審計程序、出具內部審計報告的時間安排。
②內部審計涵蓋的範圍，包括內部審計覆蓋的主體對象及時間範圍。
③財務報表整體的重要性（如適用，還包括特定類別的交易、帳戶餘額或披露層次的重要性水平），以及實際執行的重要性。重要性水平取決於在具體環境下對錯報金額和性質的判斷。
④選取測試項目擬採用的方法，包括使用隨機數表或計算機輔助審計技術選樣、系統選樣和隨意選樣等。
⑤對所執行工作的記錄。內部審計人員應當採用適當的方法記錄已實施的工作；應當能夠提供充分、適當的記錄作為內部審計報告的基礎；應當能夠提供充足的信息證實內部審計工作是否被恰當地執行，並使其他人能夠據此檢查內部審計工作的執行情況。
⑥復核和報告程序。內部審計人員應對內部審計工作進行復核，並盡快形成書面報告，將其傳遞給審計對象及相關管理層。內部審計報告應當說明審計的目標與範圍、審計發現的問題及整改建議等。內部審計報告也應揭示在審計工作結束時達成共識的事項。

二、利用專家工作

專家是指在會計或審計以外的某一領域具有專長的個人或組織，並且其工作被審計師利用，以協助審計師獲取充分、適當的審計證據。專家既可能是會計師事務所內部專家（如會計師事務或其網路事務所的合夥人或員工，包括臨時員工），也可能是會計師事務所外部專家。專家通常可以是工程師、律師、資產評估師、精算師、環境專家、地質專家、IT專家以及稅務專家，也可以是這些個人所從屬的組織，如律師事務所、資產評估公司以及各種諮詢公司等。

（一）確定是否利用專家的工作

審計師在利用專家工作時，需要明確的目標是：確定是否利用專家的工作。如果利用專家的工作，專家的工作是否足以實現審計目的。如果審計師按照審計準則的規定利用了專家的工作，並得出結論認為專家的工作足以實現審計的，審計師可以接受專家在其專業領域的工作結果或結論，並作為適當的審計證據。但審計師對發表的審計意見獨立承擔責任，這種責任並不因利用專家的工作而減輕。一般審計

師在瞭解被審計單位及其環境、識別和評估重大錯報風險或針對重大錯報風險的應對措施等可以利用專家的工作。審計人員需要及時與專家進行溝通，一般來說，審計人員需要與專家達成一致意見，否則會影響發表的審計意見。同時，審計人員應該要求專家對審計過程的信息保密。

在確定是否利用專家的工作時，審計師可能考慮的因素包括：

（1）管理層在編製財務報表時是否利用了管理層的專家的工作。

管理層的專家是指在會計、審計以外的某一領域具有專長的個人或組織，其工作被管理層利用以協助編製財務報表。如果管理層在編製財務報表時利用了管理層的專家的工作，審計師做出是否利用專家的工作的決策可能受到下列因素的影響：

①管理層的專家的工作的性質、範圍和目標；
②管理層的專家是否受雇於被審計單位或者為被審計單位所聘請；
③管理層能夠對其專家的工作實施控制或施加影響的程度；
④管理層的專家的勝任能力和專業素質；
⑤管理層的專家是否受到技術標準、其他職業準則或行業要求的約束；
⑥被審計單位對管理層的專家的工作實施的各種控制。

（2）事項的性質和重要性，包括複雜程度。

（3）事項存在的重大錯報風險。

（4）應對識別出的風險的預期程序的性質，包括審計師對與這些事項相關的專家工作的瞭解和具有的經驗，以及是否可以獲得替代性的審計證據。

（二）可能對外部專家客觀性產生不利影響的利益和關係

很多情況可能會對外部專家客觀性產生不利影響，如自身利益、自我評價、過度推介、密切關係和外在壓力等。某些防範措施可能會消除或減少這樣的不利影響。一些外部制度的安排（如專家所屬的職業團體、法律法規的要求）或專家的工作環境（如質量控制政策和程序）可以建立這些防範措施。此外，也可能存在專門針對審計業務的防範措施。

評價對客觀性產生不利影響的嚴重程度以及是否需要採取防範措施，可能取決於專家在審計中承擔的角色和專家工作的重要程度。在某些情況下，採取防範措施不能將不利影響降至可接受的水平。例如，審計師擬聘請的專家是管理層的專家，在編製將作為審計對象的信息的過程中該專家發揮了重要作用。

在評價外部專家的客觀性時，下列方面可能是相關的：

（1）向被審計單位詢問是否存在可能影響外部專家客觀性的任何已知的利益或關係；

（2）與專家討論各種適用的防範措施（包括適用於專家的職業規範），並評價這些防範措施是否足以將不利影響降至可接受的水平。需要與專家討論的利益和關係包括：①經濟利益；②商業關係和私人關係；③專家提供的其他服務，包括外部專家是一個組織的情況下提供的服務。

在某些情況下，針對外部專家已知的、與被審計單位存在的任何利益或關係，審計師從外部專家獲取書面聲明可能是適當的。

(三) 評價專家工作的恰當性

1. 評價專家工作是否實現審計目標

審計師應當評價專家的工作是否足以實現審計目的，包括：①專家的工作結果或結論的相關性和合理性，以及與其他審計證據的一致性；②如果專家的工作涉及使用重要的假設和方法，這些假設和方法在具體情況下的相關性和合理性；③如果專家的工作涉及使用重要的原始數據，這些原始數據的相關性、完整性和準確性。

2. 評價專家工作的審計程序

評價專家工作是否足以實現審計目的所實施的特定程序可能包括：詢問專家；復核專家的工作底稿和報告；實施用於證實的程序。例如：①觀察專家的工作；②檢查已公布的數據，如來源於信譽高、權威的渠道的統計報告；③向第三方詢證相關事項；④執行詳細的分析程序；⑤重新計算，必要時（如當專家的工作結果或結論與其他審計證據不一致時）與具有相關專長的其他專家討論，與管理層討論專家的報告。

3. 評價專家的工作結果或結論的內容

(1) 評價專家工作涉及使用重要的假設和方法的相關性與合理性

審計師應當瞭解專家選擇的假設和方法，並根據專家工作的具體情況，評價專家工作涉及使用重要的假設和方法的相關性與合理性。此外，還要考慮專家選擇的假設和方法與以前期間採用的假設和方法是否一致。如果專家的工作是評價管理層做出會計估計時使用的基礎假設和方法（包括模型，如適用），審計師實施的程序可能主要是評價專家是否已經充分復核了這些假設和方法。如果專家的工作是形成審計師的點估計，或是形成審計師用來與管理層的點估計進行比較的範圍，審計師實施的程序可能主要是評價專家使用的假設和方法（包括專家使用的模型，如適用）。

當專家的工作涉及使用重要的假設和方法時，審計師評價這些假設和方法需要考慮：這些假設和方法在專家的專長領域是否得到普遍認可；這些假設和方法是否與適用的財務報表編製基礎的要求相一致；這些假設和方法是否依賴某些專用模型的應用；這些假設和方法是否與管理層的假設、方法相一致，如果不一致，差異的原因及影響。

(2) 評價專家工作涉及使用重要的原始數據的相關性、完整性和準確性

專家在工作過程中需要用到大量的原始數據，原始數據是否適合所涉及項目的具體情況直接關係到專家工作的恰當性。部分原始數據是從被審計單位內部獲得的，部分數據來源於外部。審計師應當實施相應的審計程序，評價專家工作涉及使用重要的原始數據的相關性、完整性和準確性。

如果審計師認為專家的工作不足以實現審計目的，且審計師通過實施追加的審計程序（如專家和審計師執行進一步工作），或者通過雇用、聘請其他專家仍不能解決問題，則意味著沒有獲取充分、適當的審計證據，審計師有必要發表非無保留意見。

第八章
審計的技術運用

學習目標：

通過本章學習，你應該能夠：
- 理解審計抽樣的概念和特點；
- 瞭解審計抽樣的分類；
- 掌握審計抽樣在控制測試和實質性程序中的運用；
- 明確信息技術對審計的影響；
- 區分不同信息系統審計技術的特點。

[引例] 1969年美國就成立了信息系統審計與控制協會（ISACA），在1996年推出了用於「IT審計」的知識體系COBIT，作為IT治理的核心模型，COBIT目前已成為國際通用的IT審計標準。北美電信企業在IT審計工作中一般採用COBIT框架。Verizon、Bell Canada根據企業特點完善和細化了COBIT框架，使IT審計能涵蓋主要的IT活動範圍，包括系統運行、操作管理及風險防範、軟件開發生命週期的過程管理和風險評估等，建立適應企業特點的IT審計框架和標準。2002年《薩班斯—奧克斯利法案（Sarbanes-Oxley Act）》的第302條款和第404條款中，強調通過內部控制加強公司治理，包括加強與財務報表相關的IT系統內部控制。隨著電信企業信息披露制的實施，信息系統的風險也更加集中、更加突出，任何一點管理上的疏漏或控制上的缺陷，都可能引發巨大的系統災難，給公司帶來無法估量的經濟損失和聲譽損失。因此，IT審計越來越得到北美電信企業管理層的高度重視。Verizon公司IT審計由公司信息主管直接負責，將IT風險防範和控制納入電信企業風險控制的戰略高度，IT治理也與公司治理緊密相連。

思考：IT技術與審計的關係。

第一節 審計抽樣

一、審計抽樣的定義

審計抽樣（即抽樣）是指審計師對具有審計相關性的總體中低於百分之百的項目實施審計程序，使所有抽樣單元都有被選取的機會，為審計師針對整個總體得出結論提供合理基礎。審計抽樣能夠使審計師獲取和評價有關所選項目某一特徵的審

計證據，以形成或有助於形成有關總體的結論。總體是指審計師從中選取樣本並期望據此得出結論的整個數據集合。

審計抽樣應當具備三個基本特徵：①對某類交易或帳戶餘額中低於百分之百的項目實施審計程序；②所有抽樣單元都有被選取的機會；③審計測試的目的是為了評價該帳戶餘額或交易類型的某一特徵。

審計抽樣並非在所有審計程序中都可以使用。風險評估程序通常不涉及審計抽樣。如果審計師在瞭解控制的設計和確定控制是否得到執行的同時計劃和實施控制測試，則可能涉及審計抽樣，但此時審計抽樣僅適用於控制測試。當控制的運行留下軌跡時，審計師可以考慮使用審計抽樣實施控制測試。對於未留下運行軌跡的控制，審計師通常實施詢問、觀察等審計程序，以獲取有關控制運行有效性的審計證據，此時不宜使用審計抽樣。實質性程序包括對各類交易、帳戶餘額和披露的細節測試，以及實質性分析程序。在實質性細節測試時，審計師可以使用審計抽樣獲取審計證據，以驗證有關財務報表金額的一項或多項認定（如應收帳款的存在性），或對某些金額做出獨立估計（如陳舊存貨的價值）。在實施實質性分析程序時，審計師不宜使用審計抽樣。

二、審計抽樣的種類

審計抽樣的種類很多，其常用的分類方法有：按抽樣決策的依據不同，可以將審計抽樣劃分為統計抽樣和非統計抽樣；按審計抽樣所瞭解的總體特徵的不同，可以將審計抽樣劃分為屬性抽樣和變量抽樣。

（一）統計抽樣和非統計抽樣

統計抽樣是一種用於推斷的數學方法，是按照隨機原則從被測試的審計總體中抽取一部分樣本進行審查，然后以樣本的審查結果來推斷總體的一種審計抽樣方法。具體來說，是審計師運用概率論原理和數理統計方法，涉及在與要求的可信賴程度和精確度相關的參數給定的情況下，計算樣本規模、總體金額和精確度範圍。其優點在於：①能夠科學地確定抽樣規模；②總體各項目被抽中的機會是均等的，可以防止主觀臆斷；③能計算抽樣誤差在預先給定的範圍內的概率有多大，並可以根據抽樣推斷的要求，把這種誤差控制在預先給定的範圍之內；④便於促使審計工作規範化。其缺點在於：①要求被測試的審計總體具有同質性；②使用要求高、難度大；③只適用於那些資料比較齊全的單位；④不適用於進行各種舞弊的專案審計。

非統計抽樣是一種更為主觀的推斷方法，是審計師運用專業經驗，有目的地從被測試的審計總體中抽取一部分樣本進行審查，然后以樣本的審查結果來推斷總體的一種審計抽樣方法。在這種抽樣方法下，確定樣本規模、抽取樣本以及評價抽樣結果時所使用的數學方法並不一致。相反，審計人員在進行這些行為時更多的是按照專業判斷來做出決定。其優點在於：使用簡便、靈活，可以充分利用審計師的自身素質。其缺點在於：過分依賴審計人員的經驗和專業判斷，在樣本和樣本量的確定以及抽樣風險的評估等方面缺乏科學性。

統計抽樣和非統計抽樣的共同點在於：兩種方法的基本性質相同，即都是對被

審計對象總體中的一部分項目進行測試,以樣本的特徵來推斷被審計對象總體的特徵;審計總體和作為實際測試對象的樣本之間的關係,在兩種方法下也是一致的。這兩種方法的不同點主要表現在以下幾個方面:

(1) 樣本的選取方式不同。在統計抽樣中,樣本的選取是隨機的,被審計對象總體中各項被選取的機會是均等的;而在非統計抽樣中,樣本的選取是基於審計師的主觀判斷、被審計對象總體中不同性質或特徵的項目被選取的機會是不同的。

(2) 對抽樣風險的認識程度。在統計抽樣中,由於樣本是按照概率論原則抽取的,因此其抽樣風險可以按照一定的數學方法準確地預測出來;而在非統計抽樣中,由於樣本的選取沒有遵循概率論原則,故無法用數學方法準確地預測其抽樣風險。

(3) 提供證據的客觀性不同。由於統計抽樣是以概率論為基礎的,而不是基於審計師的主觀判斷,所以它能提供比非統計抽樣證明力更強的證據。並且,由於統計抽樣允許審計師衡量樣本結果的可信度、精確度和可能的差錯,從而能夠客觀、準確地衡量樣本結果代表被審計對象總體的可能性。而在非統計抽樣方法下,則不能客觀、準確地衡量樣本結果代表被審計對象總體的可能性。

(4) 對樣本規模的要求不同。由於二者的客觀性不同,因此二者對樣本規模的要求也不同。一般情況下,非統計抽樣所需的樣本規模比統計抽樣所需的樣本規模要大。因此,使用統計抽樣比使用非統計抽樣更能制訂一個有效的審計抽樣計劃。

統計抽樣和非統計抽樣各有其優缺點,究竟選用哪一種抽樣技術,主要取決於審計師對成本效果方面的考慮(比如,如果客戶帳戶的數量相對較小,審計人員會發現檢查大額的帳戶會比執行統計抽樣方法更為經濟)。在實際審計工作中,審計師執行審計測試,既可以運用統計抽樣技術,也可以運用非統計抽樣技術,還可以結合使用這兩種抽樣技術。

無論是採用統計抽樣法還是非統計抽樣法,並不能保證查出由於漏報而造成的錯誤,或在總體不完整或未定情況下指出其錯誤。漏報錯誤是指對於已經發生的交易未予記錄,或與交易相關的資料遺失或被有意隱瞞而造成的錯誤。在這種情況下,審計師必須借助其他方法,如內部控制審查或分析性程序才能找出相應的錯誤。

在審計抽樣過程中,無論是統計抽樣還是非統計抽樣,也不論決策者是否具備設計和使用有效抽樣方案的能力,都離不開審計師的專業判斷。例如,在確定樣本規模時,審計人員必須利用專業判斷來選取一個可容忍誤差率,在實際誤差率大於這個誤差率時,就不能再減少控制風險的評估值。因此,那種認為統計抽樣能夠減少審計過程中的專業判斷或可以取代專業判斷的觀點是錯誤的。

統計抽樣和非統計抽樣的關係如圖 8-1 所示。

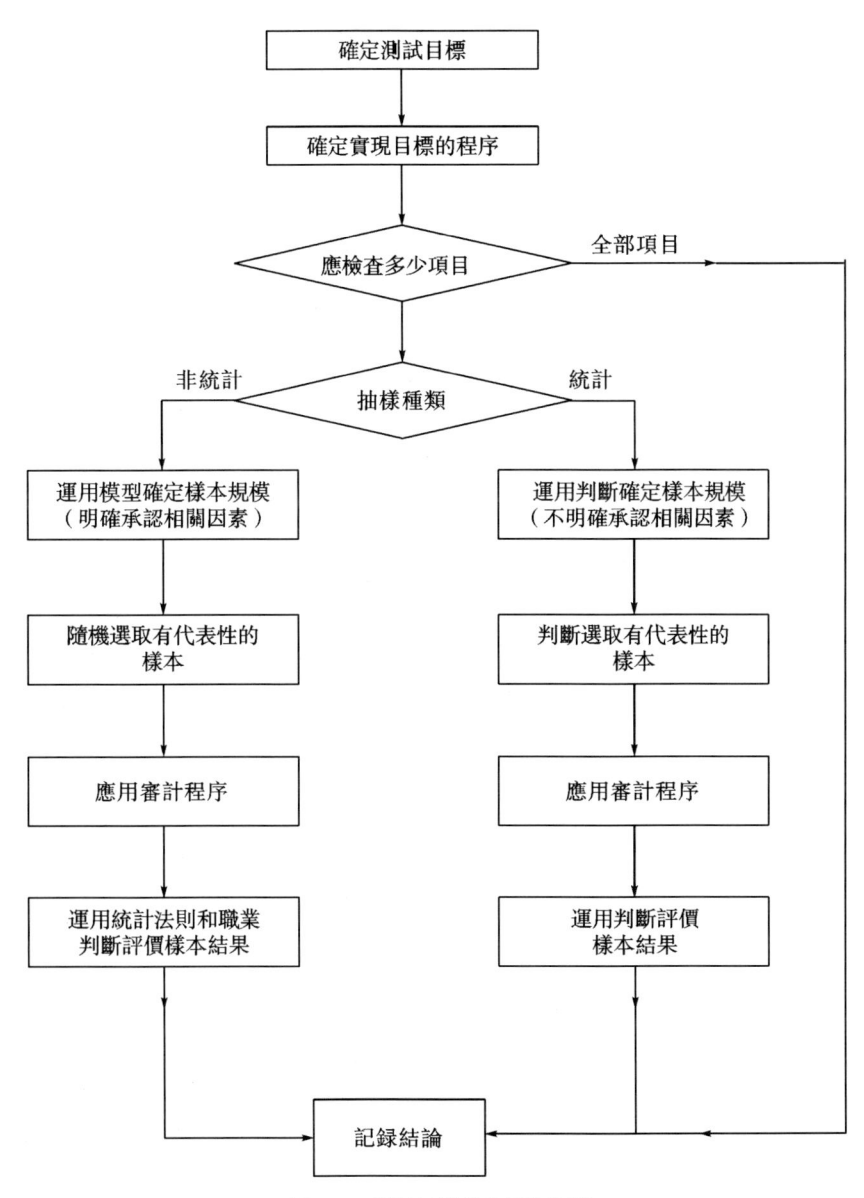

圖 8-1　統計抽樣與非統計抽樣

(二) 屬性抽樣和變量抽樣

　　屬性抽樣是一種用來對總體中某一事件發生率得出結論的統計抽樣方法。屬性抽樣在審計中最常見的用途是測試某一設定控制的偏差率，以支持審計師評估的控制有效性。在屬性抽樣中，設定控制的每一次發生或偏離都被賦予同樣的權重，而不管交易的金額大小。屬性抽樣可以在既定的精確度和可信水平下，通過對樣本證據的審核與評價，來推斷一定審計對象的總體中差錯或舞弊的發生頻率或出現次數，

並且能夠對該總體進行定性評價和描述其質量特徵,也即證明被審計單位的內部控制制度是否正在正常有效地運行。如果將本期的誤差率與以往的同類指標相比較,還可以揭示內部控制制度的變化趨勢。屬性抽樣的結論與交易事項的數目或金額相聯繫,究竟發生哪種聯繫,則取決於樣本的設計,即取決於是按實物審計單元抽樣還是按余額單元抽樣。審計師在進行控制測試時,通常可以採用固定樣本量抽樣、發現抽樣等屬性抽樣方法。

變量抽樣是一種用來對總體金額得出結論的統計抽樣方法。變量抽樣通常回答下列問題:金額是多少?或帳戶是否存在錯報?變量抽樣在審計中的主要用途是進行細節測試,以確定記錄金額是否合理。一般而言,屬性抽樣得出的結論與總體發生率有關,而變量抽樣得出的結論與總體的金額有關。但有一個例外,即統計抽樣中的概率比例規模抽樣(PPS抽樣),卻運用屬性抽樣的原理得出以金額表示的結論。變量抽樣需要通過審查財務報表各項目數據的真實性和正確性來取得所需的直接證據,以支持和做出審計結論。變量抽樣除了要滿足屬性抽樣的條件外,還要滿足大數法則所要求的大樣本要求,因此變量抽樣的樣本量一般都比較大。審計師在進行實質性程序時,通常可以採用均值估計抽樣、差異估計抽樣、比率估計抽樣等變量抽樣方法。

屬性抽樣和變量抽樣的主要區別如表 8-1 所示。

表 8-1　　　　　　　　　　屬性抽樣和變量抽樣

抽樣技術	測試種類	目標
屬性抽樣	控制測試	估計總體既定控制的偏差率(次數)
變量抽樣	實質性程序	估計總體總金額或者總體中的錯誤金額

三、樣本的設計

(一) 樣本設計的含義

樣本設計是指審計師在運用審計抽樣方法時,圍繞樣本的性質、樣本量、抽樣組織方式、抽樣工作質量要求等方面所進行的計劃工作。

樣本設計是審計抽樣過程中的一個重要環節,審計師運用審計抽樣方法需要在科學、具體的計劃指導下進行。樣本設計的內容主要包括:①確定審計對象總體和抽樣單位;②界定「誤差」;③評估抽樣風險和非抽樣風險;④確定可信賴程度、可容忍誤差、預期總體誤差;⑤確定是否分層。做好樣本設計工作,設計有效的樣本,對於提高審計抽樣質量、實現審計抽樣目標、形成正確的審計結論,具有非常重要的意義。

(二) 樣本設計應考慮的因素

審計師在設計樣本時,應當考慮以下幾個基本因素:

1. 審計目標

審計目標不同,對審計工作的要求就不同,因而抽取樣本量的多少也就不同。審計師在設計樣本時,應當首先考慮將要達到的具體審計目標,並考慮將要取得的

審計證據的性質、可能存在誤差的條件以及該項審計證據的其他特徵，以正確地界定誤差和審計對象總體，並確定採用何種審計程序。如在對企業的購貨過程進行控制測試時，審計師應當注意的是：發票是否經過有關人員的核對和是否經過授權人員的批准；而在對企業的購貨帳戶進行實質性程序時，審計師應當注意購貨相關帳戶（原材料、物資採購等帳戶）的錯報和漏報金額。

2. 審計對象總體及抽樣單位

審計對象總體是審計師為形成審計結論，擬採用抽樣方法審計的有關會計或其他資料的全部項目。例如，審計對象總體可能包括某一帳戶的所有會計分錄，與客戶有關的所有記錄，或所有的銷售發票等。審計師在確定審計對象總體時，應保證其相關性和完整性：

（1）相關性

相關性是指審計對象總體必須符合於具體的審計目標。例如，如果審計目標在於審查應收帳款餘額是否多計，審計對象總體應為應收帳款明細帳；如果審計目標是審查應付帳款餘額是否少計，則審計對象總體不僅包括應付帳款明細帳，還應包括期後付款、未付發票以及足以提供應付帳款少計證據的其他項目。

（2）完整性

完整性是指審計對象總體必須包括被審計經濟業務或資料的全部項目。另外，如果是統計抽樣，其審計總體還應具有大量性的特徵，即構成審計總體的單位數是較多的，因為統計抽樣是通過研究大量的現象來推斷總體的特徵，單位數少，則不足以揭示審計現象的規律性。

抽樣單位是構成審計對象總體的個別項目。在審計抽樣中，是為了估計審計總體特性而應計量或確定其特性的總體元素，它可以是會計分錄、帳戶餘額、憑證、未清償的項目等。抽樣單位也叫樣本。若干個抽樣單位的集合叫抽樣總體或樣本容量。審計師依據不同的要求和方法，從審計對象總體中選取若干抽樣單位，便構成了不同的樣本。例如，審計師在對被審計單位的購貨業務進行控制測試時，可以將每一張購貨發票作為抽樣單位；在確定被審計單位應收帳款的帳面價值時，可以將每個應收帳款明細帳戶的餘額作為抽樣單位。在此基礎上，審計師可再根據不同的要求，採用適當的方法，從審計對象總體中選擇若干抽樣單位以組成適量、有效的樣本。

3. 抽樣風險和非抽樣風險

審計師在設計抽樣樣本時，應當保持應有的職業謹慎，運用其實踐經驗和專業判斷恰當地估計其審計風險的程度。審計風險由重大錯報風險和檢查風險組成。其中，檢查風險包括抽樣的不確定性所引起的抽樣風險以及其他因素所引起的非抽樣風險。在控制測試中運用審計抽樣，有助於審計師獲取評價控制風險的有關信息；在實質性程序中運用審計抽樣，則有助於審計師量化審計檢查風險。因此，審計人員通過對被審計單位的基本情況和行業狀況進行分析並執行分析性復核程序來評估固有風險，通過對內部控制制度進行分析和評價來評估控制風險，並通過設計實質性程序將檢查風險降低到可以接受的水平上。

審計師在運用抽樣技術進行審計時，有兩方面的不確定性因素：

(1) 抽樣風險

抽樣風險是指審計師依據抽樣結果得出的結論，與審計對象總體特徵不相符合的可能性。抽樣風險與樣本量成反比，樣本量越大，抽樣風險越低。

審計師在進行控制性測試時，應關注以下抽樣風險：

① 信賴不足風險。抽樣結果使審計師沒有充分信賴實際上應予信賴的內部控制的可能性。

② 信賴過度風險。抽樣結果使審計師對內部控制的信賴超過了其實際上可予信賴的可能性。

審計師在進行實質性程序時，應關注以下抽樣風險：

① 誤拒風險（也稱 α 風險）。抽樣結果表明帳戶餘額存在重大錯誤而實際上並不存在重大錯誤的可能性。

② 誤受風險（也稱 β 風險）。抽樣結果表明帳戶餘額不存在重大錯誤而實際上存在重大錯誤的可能性。

信賴不足風險與誤拒風險一般會導致審計師執行額外的審計程序，降低審計效率，但不會影響審計效果；而信賴過度風險與誤受風險很可能導致審計師形成不正確的審計結論，審計師對此應予以特別關注。

(2) 非抽樣風險

非抽樣風險是指審計師因採用不恰當的審計程序或方法，誤解審計證據等而未能發現重大誤差的可能性。產生這種風險的原因主要有：①人為錯誤，如未能找出樣本文件中的錯誤等；②運用了不切合審計目標的程序；③錯誤解釋樣本結果。

非抽樣風險對審計的效率和效果都有一定的影響，非抽樣風險無法量化，審計師應當通過適當的計劃、指導和監督，有效地降低非抽樣風險。抽樣風險、非抽樣風險對審計工作的影響如表 8-2 所示。

表 8-2　　　　抽樣風險、非抽樣風險對審計工作的影響

審計測試	抽樣風險種類	對審計工作的影響
控制測試	信賴過度風險	效果
	信賴不足風險	效率
實質性程序	誤受風險	效果
	誤拒風險	效率
註：兩種測試中的非抽樣風險對審計效率、效果都有影響。		

4. 可信賴程度

可信賴程度通常用預計抽樣結果能夠代表審計對象總體特徵的百分比來表示。可信賴程度與審計風險是互補的，如可信賴程度為95%，則審計風險為5%。審計師對可信賴程度要求越高，需選取的樣本量相應越大。

5. 可容忍誤差

可容忍誤差是指審計師認為抽樣結果可以達到審計目的，所願意接受的審計對

象總體的最大誤差。

在進行控制性測試時，可容忍誤差應是審計師在不改變對內部控制的可信賴程度，所願意接受的最大誤差，通常以百分比表示。其確定標準如表8-3所示。

表8-3　　　　　　　控制性測試時可容忍誤差確定標準

可容忍誤差率	內部控制的可信賴程度
20%（或小於）	可信賴程度差，在信賴內部控制方面的實質性工作不能有大的或中等的減少。
10%（或小於）	中等可信賴程度，基於審計結論，在信賴內部控制方面實質性工作將減少。
5%（或小於）	內部控制實際可靠，基於審計結論，在信賴內部控制方面實質性工作將減少1/2~2/3。

在進行實質性程序時，可容忍誤差是審計師在能夠對某一帳戶餘額或某類經濟業務總體特徵做出合理評價的條件下所願意接受的最大金額誤差，通常以金額來表示。實際上，帳戶層次的重要性水平即為實質性程序的可容忍誤差。

審計師應當在審計計劃階段，根據審計重要性原則，合理確定可容忍誤差。如果一項屬性對於審計相關的內部控制制度而言越關鍵，那麼可容忍誤差就應當越低。可容忍誤差越小，需選取的樣本量相應越大。例如，對於財務報表的精確性而言，帳戶記錄錯誤就被認為要比購買行為的授權證據更重要。在檢查憑單的錯誤記錄時，將可容忍誤差定得越低，就越要求增加樣本規模以確認與記帳誤差相關的控制薄弱性水平。

6. 預期總體誤差

預期總體誤差就是審計人員估計差錯發生的概率。例如，控制測試中關注的一個特徵是，特定的帳戶是否按照記帳憑證進行了正確的記錄。在這個測試中，預計的誤差率就是含有錯誤記錄的記帳憑證的百分比比率。審計師應根據前期審計所發現的誤差、被審計單位經營業務和經營環境的變化、內部控制制度的評價及分析性復核的結果等，來確定審計對象總體的預期誤差。如果存在預期誤差，應當選取較大的樣本量。

7. 分層

分層是指將某一審計對象總體劃分為若干具有相似特徵的次級總體的過程。分層抽樣可以縮小被審計項目數值之間的差異，特別是當總體分佈出現較大差異時，使用分層抽樣比使用非分層抽樣要可靠得多，而且分層抽樣更具有針對性。對不同的層次可根據其重要性選擇不同的審計程序：對不重要的項目實施較小範圍的抽樣，對較重要的、金額較大的或關鍵的經濟業務給予較大的關注，實施較大範圍的抽樣；對最重要的項目層次常常實行百分之百的詳查。審計師利用分層可以避免漏審可能含有較大錯誤的項目，並減少樣本量。

審計師可以根據審計項目的具體特點對總體分層，既可以按經濟業務的重要性來分，也可以按經濟業務的類型等來分。分層時，必須注意以下幾點：

(1) 總體中的每一抽樣單位必須屬於一個層次，並且只屬於這一層次；

(2) 必須有事先能夠確定的、有形的、具體的差別來區分不同的層次；

(3) 必須能夠事先確定每一層次中抽樣單位的準確數字。

至於分層數的多少，一般來說，總體項目數值的範圍越大，要求總體分層數越多，而層次分得越多，也越能縮小樣本量，但其相應的計算工作量也隨之增加。所以，要確定一個恰當的分層數需要審計師權衡確定。

例如，審計主營業務收入時，可以將銷貨憑證按其金額的重要性分為三層：金額在 10 萬元以上的銷貨憑證為第一層次，金額為 5 萬元以上、10 萬元以下的銷貨憑證為第二層次，金額在 5 萬元以下的銷貨憑證為第三層次。對不同的層次可以根據其重要性選擇不同的審計程序。如：對金額在 10 萬元以上的銷貨憑證全部進行審計詳查；對金額在 5 萬元以上、10 萬元以下的銷貨憑證抽查 30%；對金額在 5 萬元以下的銷貨憑證抽查 10%。

四、樣本的選取

(一) 樣本選取的基本要求

在樣本量確定后，審計師即可採取一定的方法選取樣本。審計師在選取樣本時，應使審計對象總體內所有項目均有被選取的機會，以使樣本能夠代表總體。只有如此，才能保證由抽樣結果推斷出的總體特徵具有合理性、可靠性。如果審計師有意識地選擇總體中某些具有特殊特徵的項目而對其他項目不予考慮，就無法保證其所選樣本的代表性和審計結論的正確性。

審計師可以採用統計抽樣或非統計抽樣方法選取樣本，只要運用得當，均可以取得充分、適當的審計證據。

(二) 樣本的選取方法

樣本選取的方法有多種，審計師應根據審計的目的和要求、被審計單位的實際情況、審計資源條件的限制等因素來具體加以選擇，以達到預期的審計質量與效率。在審計工作中，常用的樣本選取方法有隨機選樣、系統選樣、隨意選樣等。

1. 隨機選樣

隨機選樣是指對審計對象總體或次級總體的所有項目，按隨機規則選取樣本。在實務中，審計人員常用隨機數表來選取樣本。隨機數表是由 0~9 這 10 個數字隨機生成的 5 位數數表，0~9 每個數字在表上出現的機會均等，所組成的每一個數排列順序也是隨機的。表 8-4 是抽取的一部分隨機數表。

表 8-4　　　　　　　　　隨機數表（部分列示）

隨機數 行號 \ 列號	(1)	(2)	(3)	(4)	(5)	(6)	(7)	(8)
1000	49,817	47,178	23,534	70,469	97,448	30,613	43,363	93,426
1001	18,486	21,349	05,892	85,105	34,721	09,202	72,758	18,444
1002	42,769	42,591	96,776	02,010	68,830	75,858	01,925	13,211

表8-4(續)

隨機數\列號\行號	(1)	(2)	(3)	(4)	(5)	(6)	(7)	(8)
1003	52,358	49,531	25,383	84,916	22,801	19,223	13,516	64,499
1004	03,023	35,676	07,903	23,997	16,377	14,176	39,804	33,880
1005	20,587	16,952	32,455	47,347	56,447	26,171	35,104	08,010
1006	72,839	89,931	97,127	80,174	86,162	28,470	38,539	65,174
1007	16,276	35,281	79,990	29,654	22,530	34,014	14,860	28,919
1008	74,563	20,520	63,156	19,887	44,048	17,986	39,250	24,960
1009	92,230	53,832	90,043	01,158	99,571	83,021	16,276	21,401
1010	89,132	77,222	36,480	29,146	06,910	63,237	19,591	73,239
1011	41,682	64,115	30,721	66,109	90,552	66,235	07,617	03,378
1012	07,229	90,634	29,504	88,503	66,199	41,549	53,713	91,858
1013	48,981	17,278	76,215	09,644	57,921	04,710	38,381	27,433
1014	62,576	63,007	14,025	15,291	63,120	41,192	04,593	33,980
1015	85,788	81,564	96,024	77,838	71,208	83,572	18,217	01,497
1016	23,685	01,493	22,619	82,947	36,747	53,117	25,763	10,588
1017	57,806	89,130	04,440	00,562	41,551	64,495	60,394	47,851
1018	04,253	61,714	31,329	51,891	72,182	13,936	37,125	99,788
1019	39,680	36,666	17,188	77,820	74,860	75,048	13,304	29,706
1020	19,823	80,171	30,279	65,427	83,651	82,850	73,060	97,003

　　使用隨機數表時，首先應對總體中的每一個項目進行連續編號，如果總體是已經預先編了號的，如憑證號、支票號、經濟業務的事項編號等，則無須重新編號，可以利用已有的編號。其次，應根據總體編號確定使用哪幾位隨機數與總體編號一一對應。如總體編號為1~800，則需要用到三位隨機數，這三位隨機數可以使用隨機數表中每個隨機數的前三位，也可以使用后三位，還可以使用中間三位。最后，選擇隨機起點和抽樣路線進行抽樣。隨機起點可以是隨機數表中的任意一位隨機數，抽樣路線可以選擇按行抽樣或者按列抽樣，但隨機起點和抽樣路線一經選定，就應堅持到選足預定的樣本數量為止，中途不得變更。

　　例如，審計人員決定採用隨機選樣的方法從連續編號為2,000~5,000的銷售憑單中選取20張銷售憑單作為樣本。因為抽樣總體已經有編號，可以利用已有的編號，而編號為4位數，確定隨機數表所列數字的前四位數與銷售憑單的號碼一一對應。然后，選擇第5行第1列為隨機起點，按列進行抽樣。凡前4位數在2,000以下或5,000以上的，因為與銷售憑單號碼沒有一一對應關係，均不入選。依次選出的20個數碼為：2,058、4,168、4,898、2,368、3,968、4,717、2,134、4,259、4,953、3,567、3,528、2,052、3,666、2,353、2,538、3,245、3,648、3,072、2,950、2,261。選出20個數碼后，按此數碼選取號碼與其對應的20張銷售憑單作為選定樣本

進行審查。

2. 系統選樣

系統選樣也稱為等距抽樣，是指按照相同的間隔從審計對象總體中等距離地選取樣本的一種選樣方法。採用系統選樣法，首先應計算選樣間距、確定選樣起點，然后再根據間距順序選取樣本。選樣間距的計算公式如下：

$$選樣間距 = \frac{總體容量}{樣本容量}$$

現舉例說明如何運用系統選樣法選取樣本。假設審計師希望採用系統選樣法從2,000張憑證中選出100張作為樣本。首先計算出選樣間距為20（2,000÷100），假定審計師確定的隨機起點為505，則審計師每隔20張憑證選取一張，共選取100張憑證作為樣本即可。如505為第一張，則往下的順序為485、465、445……往上的順序為525、545、565……

系統選樣方法的主要優點是：使用方便，比其他選樣方法節省時間，並可用於無限總體。一旦確定了起點和選樣間距，就可以立即開始選樣。此外，使用這種方法時，對總體中的項目不需要編號，審計師只要簡單數出每一個間距即可。但是，使用系統選樣方法要求總體必須是隨機排列的，否則容易發生較大的偏差，造成非隨機的、不具代表性的樣本。所以，在使用這種方法時，必須先確定總體是否隨機排列，若不是隨機排列，則不宜使用。

3. 隨意選樣

隨意選樣不考慮金額大小、資料取得的難易程度及個人偏好，以隨意的方式選取樣本。隨意選樣的缺點在於很難無偏見地選取樣本，一旦審計人員帶有一些判斷標準等人為的偏差來選取樣本，樣本就不再具有代表性了。因此，在運用隨意選樣方法時，審計師要避免由於項目性質、大小、外觀和位置等的不同所引起的偏差，盡量使所選取的樣本具有代表性。

五、抽樣結果的評價

審計師在對樣本實施必要的審計后，需要對抽樣結果進行評價。其具體程序和內容包括：分析樣本誤差、推斷總體誤差、重估抽樣風險、形成審計結論。

（一）分析樣本誤差

審計師在分析樣本誤差時，一般應從以下幾個方面著手：

1. 確定誤差項目

審計師應根據預先確定的構成誤差的條件，確定某一有問題的項目是否為一項誤差。例如，審計師在審查應收帳款總帳的余額時，發現被審計單位將某客戶應收帳款錯記在另一客戶應收帳款明細帳戶中，但這並不影回應收帳款總帳的余額，因此在評價抽樣結果時，不能認為這是一項誤差。

2. 獲取審計證據

審計師按照既定的審計程序無法對樣本取得審計證據時，應當實施替代審計程序，以獲取相應的審計證據。例如，對應收帳款的肯定式函證沒有收到回函時，審

計師必須審查期后收款的情況，以證實應收帳款的余額。如果審計師無法或者沒有執行替代審計程序，則應將該項目視為一項誤差。

3. 實施審計程序進行單獨評價

如果某些樣本誤差項目具有共同的特徵，如相同的經濟業務類型、場所、時間。則應將這些具有共同特徵的項目作為一個整體，實施相應的審計程序，並根據審計結果進行單獨的評價。

4. 分析樣本誤差

在分析抽樣中所發現的誤差時，審計師還應考慮誤差的質的方面，包括誤差的性質、原因及其對其他相關審計工作的影響。例如，在控制測試中，審計師對樣本誤差可做如下定性分析：①誤差是否超過審計範圍，是關鍵的還是非關鍵的。②分析每一個關鍵誤差的性質和原因，看其是故意的還是非故意的，是系統的還是偶然的，是頻繁的還是不頻繁的，及其是否影響到貨幣金額等。③確定這些誤差對其他控制測試以及實質性程序的影響。

(二) 推斷總體誤差

分析樣本誤差后，審計師應根據抽樣中發現的誤差，採用適當的方法，推斷審計對象總體誤差。當總體劃分為幾個層次時，應先對每一層次做個別的推斷，然后將推斷結果加以匯總。由於存在多種抽樣方法，審計師根據樣本誤差推斷總體誤差的方法應與所選用的抽樣方法一致。在控制測試中，總體誤差通常可以通過查「抽樣結果評價表」的方式來推斷；在實質性程序中，總體誤差則可以運用比率法、差額法和單位平均值估計法等來推斷。

(三) 重估抽樣風險

在實質性程序中，審計師運用審計抽樣推斷總體誤差后，應將總體誤差同可容忍誤差進行比較，並將抽樣結果同其他有關審計程序中所獲得的證據相比較。如果推斷的總體誤差超過可容忍誤差，經重估后的抽樣風險不能接受，應增加樣本量或執行替代審計程序；如果推斷的總體誤差接近可容忍誤差，則應考慮是否增加樣本量或執行替代審計程序。

在進行控制測試時，審計師如果認為抽樣結果無法達到其對所測試的內部控制的預期信賴程度，則應考慮增加樣本量或修改實質性程序，包括修改實質性程序的性質、時間和範圍。

(四) 形成審計結論

審計師在抽樣結果評價的基礎上，應根據所取得的證據，確定審計證據是否足以證實某一審計對象總體的特徵，從而得出審計結論。

第二節　控制測試中的抽樣技術

屬性抽樣審計方法一般運用在控制測試中。在控制測試中，審計師決定是否運用抽樣技術，必須考慮以下兩點：①只有在所執行的控制程序留有書面證據軌跡時，

才能在控制測試中運用屬性抽樣。這些控制程序通常包括授權程序、憑證和記錄以及獨立檢查等。②一般只在執行額外的控制測試，以期獲得支持進一步降低控制風險估計水平的證據時，才使用審計抽樣。

屬性抽樣是指在精確度界限和可靠程度一定的條件下，為了測定總體特徵的發生頻率而採用的一種審計抽樣方法。所謂屬性，是指審計對象總體的質量特徵，即被審計業務或被審計內部控制是否遵循了既定的標準以及存在的誤差水平。在屬性抽樣中，抽樣結果只有兩種：「對」與「錯」，或「是」與「不是」。總體的特徵通常為反應遵循制度規定或要求的相應水平。

一、屬性抽樣的基本概念

（一）誤差

在屬性抽樣中，誤差一般是指審計師認為使控制程序失去效能的所有控制無效事件。審計師應根據實際情況，恰當地定義誤差。例如，可將「誤差」定義為會計記錄中的虛假帳戶、經濟業務的記錄未進行復核、審批手續不全等各類差錯。

（二）審計對象總體

進行屬性抽樣時，審計師應使總體所有的項目被選取的概率是相同的，即總體所有項目的特徵應是相同的。例如，某公司有國內和國外兩個分公司，其國內、國外的銷售業務是以兩種不同的方式進行的。審計師在評價這兩個公司的會計控制時，則必須把它們分為兩個不同的總體，即國內、國外兩個總體。

（三）風險與可信賴程度

可信賴程度是指樣本性質能夠代表總體性質的可靠性程度。風險與可信賴程度是互補的。換言之，用1減去可信賴程度就是風險。例如，審計師選擇一個95%的可信賴程度，他就有5%的風險去接受抽樣結果表示的內部控制是有效的結論，而實際上內部控制是無效的。屬性抽樣中的風險矩陣圖如表8-5所示。

表8-5　　　　　　　　　屬性抽樣風險矩陣圖

抽樣結果＼內部控制實際狀況	實際運行狀況達到預期信賴程度	實際運行狀況未達到預期信賴程度
肯定	正確的決定	信賴過度風險
否定	信賴不足風險	正確的決定

在控制測試中，一般將最小可信賴程度置為90%，如果其屬性對於其他項目是重要的，則用95%的可信賴程度。

（四）可容忍誤差

在進行控制測試時，可容忍誤差的確定應能夠確保總體誤差超過可容忍誤差時，使審計師降低對內部控制的可信賴程度。可容忍誤差的確定如表8-6所示。

表 8-6　　　　　　　　　　可容忍誤差的確定標準

可容忍誤差（率）	內部控制的可信賴程度
20%（或小於）	可信賴程度差，在信賴內部控制方面的實質性工作不能有大的或中等的減少
10%（或小於）	中等可信賴程度，基於審計結論，在信賴內部控制方面實質性工作將減少
5%（或小於）	內部控制實際可靠，基於審計結論，在信賴內部控制方面實質性工作將減少 1/2～2/3

二、屬性抽樣的具體方法

屬性抽樣主要有固定樣本量抽樣、停—走抽樣、發現抽樣三種具體的抽樣方法。

（一）固定樣本量抽樣

固定樣本量抽樣是對按照預期總體誤差率和可容忍誤差率所確定的樣本量一次性進行抽取，通過所確定樣本的審查結果來推斷總體特徵的一種統計抽樣方法。它是屬性抽樣的基本形式，常用於估計審計對象總體中某種誤差發生的比例，用「多大比例」來回答問題。例如，審計目標是對銷貨與收款循環的內部控制制度進行測試，審計師通過抽樣並對樣本審查，可以得出這樣的結論：「有96%的可信賴程度說明銷貨與收款循環的內部控制制度未被執行的占總體的2%～4%」。

固定樣本量抽樣通常採用下列八個步驟進行控制測試：①確定審計目的；②規定屬性，定義「誤差」；③確定審計對象總體；④確定樣本選取的方法；⑤確定樣本量；⑥選取樣本並進行審計；⑦評價抽樣結果；⑧書面說明抽樣程序。

根據上述程序，舉例說明固定樣本量抽樣方法：

1. 確定審計目的

控制測試的總目標是為了測試內部控制設計和執行的有效性，它一般是按照業務循環來進行測試的。但對於循環內的某種交易來說，可能需要設計一個或多個屬性抽樣計劃來評價內部控制的有效性。審計師通過執行控制測試來支持其計劃的控制風險水平。屬性抽樣就是通過對內部控制執行情況的審查來支持審計師計劃的控制風險估計水平，從而確定被審計單價內部控制的可依賴程度。

舉例：假定審計師擬對某企業有關購貨、付款業務的內部控制進行測試，測試的目的是審查該企業是否只有在將驗收報告與進貨發票相核對之后，才核准支付採購貨款。根據這一審計目標，審計師只會對該內部控制程序操作的準確性，以及進貨發票與驗收報告相核對的控制程序是否正常運行感興趣，並按照該目標確定審計抽樣總體，制定抽樣程序。

2. 規定屬性，定義誤差

在審計抽樣之前，如果不規定屬性，就沒有標準認定誤差。相關屬性以及誤差應根據所確定的審計目的來界定。根據上述審計目的，本例中規定的屬性和定義的相應誤差如表8-7所示。

表 8-7　　　　　　　　　　相關屬性和定義的誤差

屬性	定義的誤差
進貨發票附有驗收單據	未附
進貨發票所附的驗收單據屬於該發票	不屬於
進貨發票與所附的驗收單據記載的數量相符	不相符

對於每張發票及有關的驗收單據，若發現上述「定義的誤差」情形之一者，即可定義為「誤差」。

3. 定義審計對象總體和抽樣單位

在控制測試中，審計對象總體是指被測試的某一類交易。審計師必須確定審計對象總體是否同計劃目標相符，即審計師應當根據審計目標來確定審計對象總體。例如，如果審計目標是為了測試有關購貨交易「完整性」認定的有效性，就需要收集所有已批准的憑單是否均被記錄的證據，審計師應當以實際代表總體的所有已批准的憑單作為審計對象總體，而不是以憑單登記簿的所有分錄作為審計對象總體，因為憑單登記簿中可能沒有包括那些尚未記錄的憑單。

抽樣單位是指總體中的個別元素。抽樣單位既可以是一張憑證或憑證中的一個項目（如單價、數量、復核欄、簽章等），也可以是帳簿或登記簿中的一筆分錄。如果只是為了審查購貨交易的「完整性」認定，抽樣單位就應為憑單；如果是為了確定憑單登記簿內是否「存在或發生」虛構的交易，則抽樣單位就應為憑單登記簿中的每一筆分錄。抽樣單位是測試的基本單位，對審計的效率有重大影響。

本例中，假如上述某企業對每筆採購業務均採用連續編號的憑單，每張憑單後面要附有驗收報告及發票，因此抽樣單位是個別的憑單。如果此項測試是期中執行的，則假設審計對象總體包括審計年度前 10 個月內購買原材料的×張憑單。

4. 確定樣本選取方法

運用屬性抽樣時，審計師必須合理確定樣本的選取方法。

本例中，因為憑單是連續編號的，所以審計師決定採用隨機選樣法來選取樣本。

5. 確定樣本量

抽樣所需的樣本量主要受多種因素的影響，如總體容量、預期總體誤差率、可信賴程度、可容忍誤差率、審計項目的重要性、審計師對風險的偏好等，其中起關鍵作用的是預期總體誤差率、可信賴程度和可容忍誤差率。在預期總體誤差率、可信賴程度和可容忍誤差率的值已確定的情況下，抽樣所需的樣本量可以根據控制測試統計樣本量表來確定。

本例中，假設從前 3 年的審計中，審計師得知上述所描述的內部控制制度發生的誤差率為 0.5%、0.9% 及 0.7%，誤差不呈逐年減少的趨勢，因此基於穩健原則的考慮，審計師可將預期總體誤差率確定為 1%。

驗收報告與訂購單之間的脫節導致的多支付給供應商購貨款，即誤記進貨與應付帳款，均會對財務報表產生影響，審計師應加以關注。但審計師仍準備信賴內部控制，以減少實質性程序的範圍。基於這些考慮，審計師依賴其專業判斷，確定可

容忍誤差率為4%，信賴過度風險為5%。

為了簡化工作，樣本量通常是通過查樣本量表來確定的。控制測試樣本量表，如表8-8所示。

表 8-8　　　　　　　　95%的可信賴程度下控制測試樣本量表

預期總體誤差率	可容忍誤差率									
	2%	3%	4%	5%	6%	7%	8%	9%	10%	15%	20%
0.00	149(0)	99(0)	74(0)	59(0)	49(0)	42(0)	36(0)	32(0)	29(0)	19(0)	14(0)
0.25	236(0)	157(1)	117(1)	93(1)	78(1)	66(1)	58(1)	51(1)	46(1)	30(1)	22(1)
0.50	*	157(1)	117(1)	93(1)	78(1)	66(1)	58(1)	51(1)	46(1)	30(1)	22(1)
0.75	*	208(1)	117(1)	93(1)	78(1)	66(1)	58(1)	51(1)	46(1)	30(1)	22(1)
1.00	*	*	156(1)	93(1)	78(1)	66(1)	58(1)	51(1)	46(1)	30(1)	22(1)
1.25	*	*	156(1)	124(2)	78(1)	66(1)	58(1)	51(1)	46(1)	30(1)	22(1)
1.50	*	*	192(3)	124(2)	103(2)	88(2)	77(2)	51(1)	46(1)	30(1)	22(1)
1.75	*	*	227(4)	153(3)	103(2)	88(2)	77(2)	51(1)	46(1)	30(1)	22(1)
2.00	*	*	*	181(4)	127(3)	88(2)	77(2)	68(2)	46(1)	30(1)	22(1)
2.25	*	*	*	208(5)	127(3)	88(2)	77(2)	68(2)	61(2)	30(1)	22(1)
2.50	*	*	*	*	150(4)	109(3)	77(2)	68(2)	61(2)	30(1)	22(1)
2.75	*	*	*	*	173(5)	109(3)	95(3)	68(2)	61(2)	30(1)	22(1)
3.00	*	*	*	*	195(6)	129(4)	95(3)	84(3)	61(2)	30(1)	22(1)
3.25	*	*	*	*	*	148(5)	112(4)	84(3)	61(2)	30(1)	22(1)
3.50	*	*	*	*	*	167(6)	112(4)	84(3)	76(3)	30(1)	22(1)
3.75	*	*	*	*	*	185(7)	129(5)	100(4)	76(3)	40(1)	22(1)
4.00	*	*	*	*	*	*	146(6)	100(4)	89(4)	40(1)	22(1)
5.00	*	*	*	*	*	*	*	158(8)	116(6)	40(2)	30(2)
6.00	*	*	*	*	*	*	*	*	179(11)	50(3)	30(2)
7.00	*	*	*	*	*	*	*	*	*	68(5)	37(3)

註：＊對於大多數審計程序而言，樣本規模太大，以至於不符合成本效益原則。

樣本量是根據一定的可信賴程度、可容忍誤差率和預期總體誤差計算確定的關於最少必要的樣本數目表。樣本量表的表頭橫排數字是審計師確定的可容忍誤差率，表體部分數字就是各種樣本量，每個樣本量旁邊括號裡的數字是預計誤差數，這些誤差是樣本中允許出現的最大誤差，用於支持審計師的計劃控制風險估計水平。在使用樣本量表時，審計師必須預先確定可容忍誤差率和預期總體誤差，然后從表中查出所要求的樣本量。

本例中，審計師根據已制定出的控制測試樣本量表，查出可容忍誤差率為4%、預期總體誤差率為1%時，應選取的樣本量為156項，樣本中的預期誤差數為1。若在樣本中發現兩個或兩個以上的誤差，就說明抽樣結果不能支持審計師對內部控制的預期信賴程度。表8-8是根據可信賴程度為95%來制定的。如果在審計測試中要求的可信賴程度不是95%，則審計師可選用其他的對應表。

6. 選取樣本並進行審計

在按照概率基礎抽取樣本後，審計人員必須就所選樣本的屬性審查每一個樣本項目。本例中，審計師按隨機選樣法選取156張憑單，並按所定義的「誤差」審查每張憑單及其附件，即審查進貨發票是否附有驗收單據、進貨發票所附的驗收單據是否屬於該發票以及進貨發票與所附的驗收單據記載的數量是否相符。

7. 評價抽樣結果

審計師對選取的樣本進行審查之後，應將查出的誤差加以匯總，並評價抽樣結果。審計師在評價抽樣結果時，不僅需要考慮誤差的數量，而且需要考慮誤差的性質。

（1）從誤差的性質的角度進行評價

根據樣本審查結果來分析出現各種誤差的性質、產生的原因，以進一步確定內部控制制度的薄弱環節是如何造成的；某個誤差的發生對整個受審期間交易事項有效程度的影響；全部誤差對最終財務會計報告所列項目的影響程度；實質性程序應採用的方法及類型等。在具體的分析中，應注意以下兩點：

① 應確認屬性抽樣測試所發生的誤差是關鍵性的還是一般性的。要確認這一點，必須首先清楚符合性誤差與金額性誤差的關係，即符合性誤差增大了金額性誤差的可能性，但不一定必然導致金額性誤差。它只是意味著：如果某財務會計報告項目發生了金額性誤差，未被控制機制所發現。典型的情況是，即使缺乏必要的內部控制制度，大多數交易事項仍然是正確的。如某項開支未被批准，但也許仍是正常的交易，並不會影響財務會計報告的正確性。符合性誤差與金額性誤差並非等比例地變動，不過能夠產生金額性誤差的符合性誤差是比較重要的。除此之外，確認誤差的重要程度還應與一定的審計目標和審計對象相聯繫，因為某些誤差在一定審計範圍內是關鍵性的，在另一些審計範圍內就是一般的。本例中如果出現發票與驗收單據所記載的數量不符的情況，如果該誤差導致了金額性誤差（即會計記錄出現差錯），那麼該誤差的性質是關鍵性。

② 應分析每一關鍵的符合性誤差的性質和產生的原因。看其是有意造成的，還是偶然疏忽所致，是系統性誤差還是隨機性誤差；誤差的發生涉及多少金額等。以此來推斷每一關鍵性誤差所產生的嚴重影響，尤其是對實質性程序的影響。此外，還應確認關鍵的符合性誤差與內控制度初步評價是否一致，以決定是否需要修改審計測試時所應用的可信水平參數值。本例中，若審計師在審查樣本時發現有詐欺舞弊或逃避內部控制的情形發生，不論其誤差率是高還是低，均應採用其他審計程序。因為這種誤差的性質比較嚴重，審計師應評價所發現的這類事件對財務報表的影響，採用有利於徹底揭露這類誤差的審計程序。同時，應及時通知企業負責人，以使企業能夠及時制止這類誤差的再次發生。

（2）從誤差的數量的角度進行評價

本例中，若審計師通過抽樣查出的誤差數為1，且沒有發現有詐欺舞弊或逃避內部控制的情況，由於發現的誤差數不超過預期誤差數，所以審計師可以得出結論：總體誤差率不超過4%的可信賴程度為95%。

本例中，若審計師通過抽樣查出的誤差數為3，且沒有發現有詐欺舞弊或逃避內部控制的情況，由於發現的誤差數超過預期誤差數1，並且從表8-8可以看出，這種情況下符合審計師要求的樣本量增至192個，預期總體誤差率為1.5%。因此，審計師不能以95%的可信賴程度保證總體的誤差率不超過4%。這時，審計師應減少對這一內部控制的可信賴程度，實施其他審計程序，如擴大實質性程序範圍，增加樣本量或不再進行抽樣審計，代之以詳細審計，等等。

8. 書面說明抽樣程序

審計師應在其審計工作底稿上，以書面形式說明前述七個步驟，作為審計抽樣的整體結論的基礎。

(二) 停—走抽樣

停—走抽樣又稱為連續抽樣，是指從預期總體誤差為零開始，通過邊抽樣邊評價的方式來完成抽樣審計工作的一種屬性抽樣方法。採用停—走抽樣，一旦能夠得出審計結論即可終止抽樣。其基本思路是：首先根據零誤差率確定一個初始樣本量進行審查，如果未發現誤差，則可終止抽樣並得出在一定的可信賴程度下總體誤差率不超過某一可容忍誤差率；如果發現誤差，則需要擴大樣本量繼續進行審查，直到原預計的誤差率得到肯定或否定為止。停—走抽樣是固定樣本量抽樣的一種特殊形式。採用固定樣本量抽樣時，若預期總體誤差大大高於實際誤差，其結果將是選取過多的樣本，降低了審計工作效率。與固定樣本量抽樣相比，停—走抽樣不一定要把樣本全部抽出。因此，停—走抽樣方法能夠有效地提高審計工作效率，降低審計成本。停—走抽樣主要適用於誤差率比較低的審計總體測試。

採用停—走抽樣，一般要進行以下三個步驟：

(1) 確定可容忍誤差和風險水平，如5%的可容忍誤差、5%的風險水平；

(2) 確定初始樣本量，如根據以上步驟要求查表8-9得出最小的樣本量為60；

表8-9　　　　　　　　停—走抽樣初始樣本量表

樣本量　風險水平　可容忍誤差	10%	5%	2.5%
10%	24	30	37
9%	27	34	42
8%	30	38	47
7%	35	43	53
6%	40	50	62
5%	49	60	74
4%	60	75	93
3%	80	100	124
2%	120	150	185
1%	240	300	270

（3）進行停—走抽樣決策，決策過程如下：

如果審計師在 60 個項目中找出了一個誤差，則可以通過查「停—走抽樣樣本量擴展及總體誤差評估表」（見表 8-10）得到相應的風險系數為 4.8（即表中風險水平 5% 所在的第 3 列與誤差數 1 所在的第 3 行的交叉處），再將該風險系數與樣本量相比較，可以推斷出在風險水平為 5% 的情況下的總體誤差為 8%（風險系數除以樣本量，即 4.8÷60）。顯然，推斷的總體誤差 8% 比可容忍誤差 5% 大。因此，審計師需要增加樣本量。那麼，樣本量究竟增加至多少為適量？為了使總體誤差不超過可容忍誤差，在風險系數既定的情況下，審計師將風險系數與可容忍誤差相比較，即可求得所需的適當樣本量為 96 個（風險系數除以可容忍誤差，即 48÷5%）。也就是說，審計師需要增加 36 個樣本。如果對增加的 36 個樣本審計后沒有發現誤差，則審計師可有 95% 的把握確信總體誤差不超過 5%。

表 8-10　　　　　停—走抽樣樣本量表擴展及總體誤差評估表

風險系數＼風險水平＼發現的錯誤數	10%	5%	2.5%
0	2.4	3.0	3.7
1	3.9	4.8	5.6
2	5.4	6.3	7.3
3	6.7	7.8	8.8
4	8.0	9.2	10.3
5	9.3	10.6	11.7
6	10.6	11.9	13.1
7	11.8	13.2	14.5
8	13.0	14.5	15.8
9	14.3	16.0	17.1
10	15.5	17.0	18.4
11	16.7	18.3	19.7
12	18.0	19.5	21.0
13	19.0	21.0	22.3
14	20.2	22.0	23.5
15	21.4	23.4	24.7
16	22.6	24.3	26.0
17	23.8	26.0	27.3
18	25.0	27.0	28.5
19	26.0	28.0	29.6
20	27.1	29.0	31.0

如果審計師首次對 60 個樣本進行審計后，發現了兩個誤差，則可以按上述方法推斷出總體誤差率為 10.5%（6.3÷60），顯然這大大高於可容忍誤差 5%，因此審計

師應決定增加樣本量至126個，即增加66個樣本（6.3÷0.05-60）。如果對增加的66個樣本審計后未發現誤差，審計師同樣可以有95%的把握確信總體誤差不超過5%；如果又發現了一個誤差，則總體誤差為6.2%（風險系數除以擴展后的樣本量，即7.8÷126），仍然高於可容忍誤差5%。此時，審計師應該決定是再擴大樣本量至156（7.8÷0.05）個，還是將上述過程得出的結果作為選用固定樣本量抽樣的預期總體誤差而改變抽樣方法。一般來講，樣本量不宜擴大到初始樣本量的3倍。

採用停—走抽樣，審計師可以構制一個如表8-11所示的決策表。

表8-11　　　　　　　　停—走抽樣決策表

步驟	累計樣本量	如果累計誤差等於以下數字就停止	如果累計誤差等於以下數字就增加樣本量	如果累計誤差等於以下數字就轉到第5步
1	60	0	1~4	4
2	96	1	2~4	4
3	126	2	3~4	4
4	156	3	4	4
5	以樣本誤差作為預期總體誤差採用固定樣本量抽樣。			

（三）發現抽樣

發現抽樣是指在既定的可信賴程度下，在假定誤差以既定的誤差率存在於總體之中的情況下，至少查出一個誤差的一種屬性抽樣方法。發現抽樣是屬性抽樣的一種特殊形式，它主要用於查找重大非法事件，它能夠以極高的可信賴程度（如99.5%以上）確保查出誤差率僅在0.5%和1%之間的誤差。在預期的誤差率很低，並且審計師又想得到某個樣本來證明有誤差存在時，這種方法最為適宜。

使用發現抽樣時，如果發現重大的誤差，如詐欺的憑據時，無論發生次數多少，審計師都應該放棄一切抽樣程序，而對總體進行全面徹底的審查。如果發現抽樣未發現任何例外事項，則審計師可以得到以下結論：在既定購誤差率範圍內沒有發現重大誤差。

使用發現抽樣時，審計師需首先確定可信賴程度及可容忍誤差；然后，在預期總體誤差為0的假設下，參閱適當的屬性抽樣表，即可得出所需的樣本量。例如，審計師懷疑企業的職員偽造請購單、驗收報告及進貨發票，以虛構進貨交易而達到套取現金的目的。為查明企業內部是否確實存在這種舞弊行為，審計師必須在企業的已付款憑單中找出一組不實的單據。假設審計師設定：如果總體中包含2%或2%以上的詐欺性項目，那麼在95%的可信賴程度下，樣本將顯示出不實的憑單。

三、控制測試結果對實質性程序的影響

控制測試的評價結果可以對控制風險進行評估，而檢查風險與用於某一給定業務交易循環的實質性程序的範圍成反比。從上述公式不難看出，根據控制測試的評價結果，就可以對下一步實質性程序的性質、範圍及步驟做出決策。

（1）如果評估的控制風險較低，說明內部控制制度的控制能力強，可信程度高，因此，可以接受的檢查風險則可以定得較高，則可以縮小實質性程序的範圍和程序，但對所有誤差仍應進行分析以決定其性質、程度及影響。

（2）如果內部控制制度的控制能力弱，可信程度低，則必須擴大實質性程序的範圍和程序；如果控制測試的結果例外事件是貪污和其他舞弊，則即使誤差率低，也必須擴大審計範圍。

第三節　實質性程序中的抽樣技術

一、變量抽樣

變量抽樣是指對審計對象總體的貨幣金額進行實質性程序時所採用的一種抽樣方法。變量抽樣與屬性抽樣不同，屬性抽樣的目的主要是對可能存在的對現有內部控制程序偏離進行預測，而變量抽樣的目的則主要是對審計對象總體某一變量特徵的具體金額進行預測。即變量抽樣主要是對審計對象總體進行定量推斷，並描述其數量特徵。在變量抽樣方法下，審計師可以根據抽樣結果，對相關的抽樣誤差進行預測。變量抽樣法可用於確定帳戶金額是多是少，是否存在重大誤差等。變量抽樣法通常用於：①檢查應收帳款的金額；②檢查存貨的數量和金額；③檢查工資費用；④檢查交易活動，以確定未經適當批准的交易金額。一般情況下，變量抽樣的基本步驟如下：①確定審計目標；②定義審計對象總體；③選定抽樣方法；④確定樣本量；⑤確定樣本選取方法；⑥選取樣本並進行審計；⑦評價抽樣結果；⑧書面說明抽樣程序。

審計師進行實質性程序時，一般可以採用均值估計抽樣、比率估計抽樣和差額估計抽樣等變量抽樣方法，這些方法均可以通過分層來實現。

（一）均值估計抽樣

均值估計抽樣是指首先通過抽樣審查確定樣本的平均值，再根據樣本平均值推斷總體的平均值和總值的一種變量抽樣方法。使用這種方法時，審計師首先計算樣本中所有項目審定金額的平均值，然后用這個樣本平均值乘以總體規模，得出總體金額的估計值。總體估計金額和總體帳面金額之間的差額就是推斷的總體錯報。

使用這種方法時，樣本量可以通過下列公式計算得出：

$$n' = \left(\frac{U_r \cdot S \cdot N}{P_a}\right)^2, \quad n = \frac{n'}{1 + \frac{n'}{N}}$$

式中：U_r——可信賴程度系數；
　　　S——估計的總體標準離差；
　　　N——總體項目個數；
　　　P_a——計劃的抽樣誤差；
　　　n'——放回抽樣的樣本量；

n——不放回抽樣的樣本量（一般地講，審計抽樣為放回抽樣）。

抽樣時，審計師通常需要首先選取一個較小的初試樣本量（約 30 個），經檢查分析后用初始樣本的標準離差等於 $\sqrt{\dfrac{\sum(X_i - \bar{X})^2}{n_0}}$ 來估計總體的標準離差 S。式中的 X_i 為各初始樣本項目數值，$\bar{X}$ 為初始樣本平均值，n_0 為初始樣本值。計劃的抽樣誤差可根據可容忍誤差與預期總體誤差之間的差額進行確定。

運用這種方法進行抽樣結果評價時，應該計算實際抽樣誤差。其計算公式如下：

$$P_1 = U_r \cdot \dfrac{S_1}{\sqrt{n_1}} \cdot N \sqrt{1 - \dfrac{n_1}{N}}$$

式中：P_1——實際抽樣誤差；

S_1——實際樣本的標準離差；

n_1——實際樣本量。

樣本評價時，若實際抽樣誤差大於計劃抽樣誤差，審計師應考慮增加樣本量，以降低實際抽樣誤差、提高抽樣結論的合理性和可靠件。

現舉例說明單位平均估計抽樣的具體步驟如下：

假定某公司 2015 年 12 月 31 日期末應收帳款有 2,000 個客戶，帳面價值為 8,020,000 元，審計師欲通過抽樣函證來審查應收帳款的帳面價值。

（1）確定審計目標。

審計目標為確定期末應收帳款的帳面價值。

（2）定義審計對象總體。

根據被審計單位的實際情況，審計對象總體為 2,000 個應收帳款帳戶。

（3）選定抽樣方法。

審計師選定單位平均估計抽樣方法。

（4）確定樣本量。

① 考慮到貨幣余額的重要性，確定計劃抽樣誤差為±60,000 元；考慮到內部控制及抽樣風險的可接受水平，審計師確定可信賴程度為 95%，則可信賴程度系數為 1.96。

② 根據被審計單位的應收帳款明細帳，審計師估計總體的標準離差為 150 元。

③ 確定樣本量，計算如下：

$$n' = \left(\dfrac{1.96 \times 150 \times 2,000}{60,000}\right)^2 \approx 96 \text{（取整數）}$$

$$n = \dfrac{96}{1 + \dfrac{96}{2,000}} \approx 92 \text{（取整數）}$$

（5）確定樣本選取方法。

審計師採用隨機選樣法，從應收帳款明細帳中選取 92 個客戶作為樣本。

(6) 選取樣本並進行審計。

審計師對選取的 92 個客戶發出函證，函證結果表明，樣本平均值為 4,032.36 元，樣本標準離差為 136 元。實際抽樣誤差為：

$$P_1 = 1.96 \times \frac{136}{\sqrt{92}} \times 2,000 \times \sqrt{1 - \frac{92}{2,000}} = 54,292$$

實際抽樣誤差小於計劃抽樣誤差，則審計師估計的總體金額為 8,064,720（4,032.36×2,000）元。於是，審計師可以做出這樣的結論：有 95% 的把握保證 2,000 個應收帳款帳戶的真實總體金額落在 8,064,720±54,292 元之間，即在 8,010,428 和 8,119,012 元之間。

(7) 評價抽樣結果。

根據以上抽樣結果，由於被審計單位應收帳款的帳面價值為 8,020,000 元，處於 8,010,428 和 8,119,012 元之間，則其應收帳款金額並無重大誤差。這時，審計師應將估計的總體金額 8,064,720 和 802,000 元之間的差額視為審計差異，並在對財務報表發表意見時予以考慮。

如果抽樣結果表明被審計單位應收帳款的帳面價值沒有落入 8,010,428 和 8,119,012 元之間，則審計師應要求被審計單位詳細檢查其應收帳款，並加以調整。

(二) 比率估計抽樣

比率估計抽樣是指以樣本的實際價值與帳面價值之間的比率關係來估計總體實際價值與帳面價值之間的比率關係，然後再以這個比率去乘總體的帳面價值，從而求出總體實際價值的估計金額的一種抽樣方法。比率估計抽樣法的計算公式如下：

$$比率 = \frac{樣本實際價值之和}{樣本帳面價值之和}$$

一般而言，當誤差與帳面價值成比例關係時，通常運用比率估計抽樣。

現舉例說明比率估計抽樣的具體運用如下：

假設某被審計單位的應付帳款帳面總值為 5,000,000 元，共計 4,000 個帳戶，審計師希望對應付帳款總額進行估計，現選出 200 個帳戶，帳面價值為 240,000 元，審計后認定的價值為 247,500 元。則：

$$比率 = \frac{24,750}{24,000} = 1.031,25$$

估計的總體實際價值 = 5,000,000×1.031,25 = 5,156,250（元）

即使用比率估計抽樣時，審計師確定的應付帳款實際價值與帳面價值的比率為 1.031,25，估計的總體實際價值為 5,156,250 元。

(三) 差額估計抽樣

差額估計抽樣是指以樣本實際價值與帳面價值的平均差額來估計總體實際價值與帳面價值的平均差額，然後再以這個平均差額乘以總體項目個數，從而求出總體的實際價值與帳面價值之間差額的一種抽樣方法。差額估計抽樣的計算公式如下：

$$平均差額 = \frac{樣本實際價值與帳面價值的差額}{樣本量}$$

估計的總體差額 ＝ 平均差額×總體項目個數

估計的總體實際價值 ＝ 總體的帳面價值 ＋ 估計的總體差額

一般而言，差額估計抽樣適用於能夠獲得書面記錄值，且被審計對象總體中存在較大誤差，而誤差與帳面價值又不成比例的情形。

現舉例說明差額估計抽樣的具體運用如下：

仍用上例資料，使用差額估計抽樣，則：

估計的總體差額 ＝ 37.50 ×4,000 ＝ 150,000（元）

估計的總體實際價值＝5,000,000 ＋ 150,000 ＝ 5,150,000（元）

即使用差額估計抽樣時，審計師確定的平均差額為 37.50 元（$\frac{247,500-240,000}{200}$），估計的總體差額為 150,000 元，估計的應付帳款總體實際價值為 5,150,000 元。

審計師在使用比率估計抽樣和差額估計抽樣兩種方法時，其計算確定樣本量的方法與單位平均估計抽樣法基本相同，這裡不再贅述。

在上述變量抽樣的三種具體方法中，比率估計抽樣和差額估計抽樣所需的樣本量比較小，但它們均需要知道抽樣單位的帳面價值，而且樣本的審計價值與帳面價值之間必須存在一定數量的差額。另外，當審計師採用分層技術時，這兩種方法對樣本量的影響較小，而單位平均估計抽樣方法則可以大大減少樣本量。

二、概率比例規模抽樣法（PPS）

PPS 抽樣是一種運用屬性抽樣原理對貨幣金額而不是對發生率得出結論的統計抽樣方法。PPS 抽樣是以貨幣單位作為抽樣單元進行選樣的一種方法，有時也被稱為金額加權抽樣、貨幣單位抽樣、累計貨幣金額抽樣以及綜合屬性變量抽樣等。在該方法下總體中的每個貨幣單位被選中的機會相同，所以總體中某一項目被選中的概率等於該項目的金額與總體金額的比率。項目金額越大，被選中的概率就越大。但實際上審計師並不是對總體中的貨幣單位實施檢查，而是對包含被選取貨幣單位的余額或交易實施檢查。審計師檢查的余額或交易被稱為邏輯單元。PPS 抽樣有助於審計師將審計重點放在較大的余額或交易。此抽樣方法之所以得名，是因為總體中每一余額或交易被選取的概率與其帳面金額成比例。

（一）PPS 抽樣的優缺點

1. PPS 抽樣的優點

（1）PPS 抽樣一般比傳統變量抽樣更易於使用。由於 PPS 抽樣以屬性抽樣原理為基礎，審計師可以很方便地計算樣本規模，並使用量表評價樣本結果。樣本的選取可以在計算機程序或計算機的協助下進行。

（2）PPS 抽樣的樣本規模不需考慮被審計金額的預計變異性。

（3）PPS 抽樣中項目被選取的概率與其貨幣金額大小成比例，因而生成的樣本自動分層。

（4）PPS 抽樣中如果項目金額超過選樣間距，PPS 系統選樣自動識別所有單個重大項目。

（5）如果審計師預計沒有錯報，PPS抽樣的樣本規模通常比傳統變量抽樣方法更小。

（6）PPS抽樣的樣本更容易設計，且可在能夠獲得完整的總體之前開始選取樣本。

2. PPS抽樣的缺點

（1）使用PPS抽樣時，通常假設抽樣單元的審定金額不應小於零或大於帳面金額。如果審計師預計存在低估或審定、金額小於零的情況，在設計PPS抽樣方法時需要特別考慮。

（2）如果審計師在PPS抽樣的樣本中發現低估，在評價樣本時，需要特別考慮。

（3）對零余額或負余額的選取需要在設計時特別考慮。

（4）當發現錯報時，如果風險水平一定，PPS抽樣在評價樣本時可能高估抽樣風險的影響，從而導致審計師更可能拒絕一個可接受的總體帳面金額。

（5）在PPS抽樣中審計師通常需要逐個累計總體金額。但如果相關的會計數據會以電子形式儲存，這不會額外增加大量的審計成本。

（6）當預計總體錯報金額增加時，PPS抽樣所需的樣本規模也會增加。在這些情況下，PPS抽樣樣本規模可能大於傳統變量抽樣的相應規模。

（二）PPS抽樣中樣本的選取

PPS抽樣以貨幣單位作為抽樣單元，但審計師不是對具體貨幣單位進行審計，而必須確定實物單位來執行審計測試。例如，審計師要對應收帳款進行審計，表8-12為應收帳款總體表。審計師要在1和7,376（具體金額）之間的總體項目中隨機選取樣本。但是，為了執行審計程序，審計師必須找出1和12（邏輯單元）之間的總體項目。如果審計師選取的隨機數是3,014，則與該數相聯繫的邏輯單元就是6，因為3,014位於2,963和3015之間。PPS樣本可以通過運用計算機軟件、隨機數表或統計抽樣技術來獲取。表8-12列示了一個應收帳款總體，包括累計合計數，現以該表來說明如何使用計算機軟件來選取樣本。

表8-12　　　　　　　　　　應收帳款總體表

總體項目（實物單元）	帳面金額（元）	累計合計數	相關的貨幣單元
1	357	357	1~357
2	1,281	1,638	358~1,638
3	60	1,698	1,639~1,698
4	573	2,271	1,699~2,271
5	691	2,962	2,272~2,962
6	143	3,105	2,963~3,105
7	1,425	4,530	3,106~4,530
8	278	4,808	4,531~4,808
9	942	5,750	4,809~5,750
10	826	6,576	5,751~6,576
11	404	6,980	6,577~6,980
12	396	7,376	6,981~7,376

假設審計師想從表的總體中選取一個含有 4 個帳戶的 PPS 樣本。由於規定以單位金額為抽樣單位，則總體容量就是 7,376，因此需要計算機程序隨機生成 4 個數字。假設計算機程序隨機生成的 4 個數字是 6,586、1,756、850、6,499，則包含這些隨機金額的總體實物單位項目需由累計合計數欄來確定。它們分別是項目 11（包含 6,577~6,980 元的貨幣金額）、項目 4（1,699~2,271 元）、項目 2（358~1,638 元）和項目 10（5,751~6,576 元）。審計師將對這些實物單位項目進行審計，並將各實物單位項目的審計結果應用到它們各自包含的隨機貨幣金額上。

PPS 抽樣允許某一實物單位在樣本中出現多次。也就是說，在前例中，如果隨機數是 6,586、1,756、856 和 6,599，則樣本項目就是說 1、4、2 和 11。項目 11 儘管只審計一次，但在統計上仍視為 2 個樣本項目，樣本中的項目總數仍然是 4 個，因為樣本涉及 4 個貨幣金額數。

PPS 抽樣會出現兩個問題。一個問題是：在選樣時，帳面余額為零的總體項目存在沒有被選中的機會，儘管這些可能含有錯報。另外，一些嚴重低估的小余額被選入樣本的機會也很小。對此，如果審計師關注這些余額為零或較小的項目，那麼解決這一問題的方法是對它們進行一些專門的審計測試。另一個問題是：PPS 抽樣選取的樣本中無法包括負余額，如應收帳款的貸方余額等。在進行選樣時，可以不先考慮這些負余額，而后用其他方法去測試它們。另一種替代方法就是將它們視同為正余額，加入到所測試的貨幣金額總數中，但這樣做會使分析過程變得複雜化。

第四節　信息技術的運用

手工會計核算發展到會計信息系統乃至企業資源計劃（Enieprsrie Reosucre Planning, ERP）系統，數據處理的過程集中到計算機，按人們設計好的程序自動完成，大大減少了人工干預，使會計信息的準確性與可靠性大大提高。在信息系統環境下，傳統的審計方法和手段已不能滿足信息系統環境下的審計要求。審計人員必須掌握信息系統知識，利用信息技術進行審計。同時，數據處理對計算機軟、硬件的過分依賴，對新環境下的信息系統的審計顯得更為必要和重要。

一、信息技術對審計的影響

信息系統的發展大致經歷了以下四個階段：電子數據處理（Electronic Data Procession, EDP）、管理信息系統（Management Information System, MIS）、決策支持系統（Decision Support Sysetm, DSS）、智能型管理系統（Intelligent Management System, IMS）。每一階段的發展都帶來會計工作在信息存儲介質和存取方式、信息處理流程、組織結構、內部控制等方面的變化，一方面大大提高了會計信息處理的速度和效率，另一方面給審計工作的審計對象、審計內容、審計線索、審計工作重點等帶來很大的影響。

初期的 EDP 系統相對簡單，但是隨著 MIS 的應用，隨著跨國跨地區的企業集團

信息系統的發展，隨著計算機舞弊與犯罪的不斷增加，繞過計算機審計的方法很難及時地對被審計單位的會計信息做出客觀、公允的評價，也不能滿足審計信息的需求者的相關決策需要，因此必須實施計算機審計。通過開展計算機審計，對會計資料的審查與分析工作由計算機完成，而且可以利用計算機運算速度快的優點，採用一些手工審計條件下無法或很難完成的方法和技術，如大樣本隨機抽樣、全面審計。為了有效利用計算機，還可以編製專門處理審計信息的程序，即審計軟件，包括通用審計軟件、專用審計軟件、工具軟件等。利用審計軟件可以把審計人員的部分審計任務轉變為計算機程序，完成各種數據處理，如抽樣、查找、比較，並為審計人員提供需要的匯總報告，大大促進了審計效率的提高，將審計的內容與範圍由以往的財務審計和事後審計拓展到事前審計、事中審計和效益審計。

信息系統形成的信息質量影響企業編製財務報表、管理企業活動和做出適當的管理決策。因此，審計師在進行財務報表審計時，如果依賴相關信息系統所形成的財務信息和報告作為審計工作的依據，則必須考慮相關信息和報告的質量，而財務報表相關的信息質量是通過交易的錄入到輸出整個過程中適當的控制來實現的。所以，審計師需要在整個過程中考慮信息的準確性、完整性、授權體系及訪問權限制四個方面。

被審計單位的流程和信息系統可能擁有各自不同的特點，因此審計師應按各自特點制訂審計計劃中包含的信息技術審計內容。另外，如果審計師計劃依賴自動控制或自動信息系統生成的信息，那麼他們就需要適當擴大信息技術審計的範圍。

審計師在確定審計策略時，需要結合被審計單位業務流程複雜度、信息系統複雜度、系統生成的交易數量、信息和複雜計算的數量、信息技術環境規模和複雜度五個方面，對信息技術審計範圍進行適當考慮。信息技術審計的範圍與被審計單位在業務流程及信息系統相關方面的複雜度成正比，在具體評估複雜度時，可以從以下幾個方面予以考慮：

（一）評估業務流程的複雜度（比如銷售流程、薪酬流程、採購流程等）

對業務流程複雜度的評估並不是一個純粹客觀的過程，而是需要審計師的職業判斷。審計師可以通過考慮以下因素，對業務流程複雜度做出適當判斷。

（1）某流程涉及過多人員及部門，並且相關人員及部門之間的關係複雜且界限不清；

（2）某流程涉及大量操作及決策活動；

（3）某流程的數據處理過程涉及複雜的公式和大量的數據錄入操作；

（4）某流程需要對信息進行手工處理；

（5）對系統生成的報告的依賴程度。

（二）評估信息系統的複雜度

與評估業務流程的複雜度相類似，對企業信息系統複雜度的評估也不是一個純粹客觀的過程，評估過程包含大量的職業判斷，也受到所使用系統類型（如商業軟件或自行研發系統）的影響。

具體來說，評估商業軟件的複雜程度應當考慮系統複雜程度、市場份額、系統實施和運行所需的參數設置範圍，以及企業化程度（對出廠標準配置的變更、變更類型，如是僅為報告形式的變更還是對數據處理方式的變更）。

對於自行研發系統複雜度的評估，應當考慮系統複雜程度、距離上一次系統架構重大變更的時間、系統變更對財務系統的影響結果，以及系統變更之後的系統運行情況及運行期間。

同時，還需要考慮系統生成的交易數量、信息和複雜計算的數量，包括：①被審計單位是否存在大量交易數據，以至於用戶無法識別並更正數據處理錯誤；②數據是否通過網路傳輸，如 EDI；③是否使用特殊系統，如電子商務系統。

（三）信息技術環境的規模和複雜度

評估信息技術環境的規模和複雜度，主要應當考慮產生財務數據的信息系統數量、信息部門的結構與規模、網路規模、用戶數量、外包及訪問方式（如本地登錄或遠程登錄）。信息技術環境複雜並不一定意味著信息系統是複雜的，反之亦然。

在具體審計過程中，審計師除了考慮以上所提及的複雜度外，還需要充分考慮系統在實際應用中存在的問題，評價這些問題對審計範圍的影響。

（1）管理層如何獲取與信息技術相關的問題？

（2）系統功能中是否發現嚴重問題或不準確成分？如果是，是否存在可以繞過的程序（如自行修復程序等）？

（3）是否發生過信息系統運行出錯、安全事件或對固定數據的修改等嚴重問題？如果是，管理層如何應對這些問題，以及管理層如何確保這些問題得到可靠解決？

（4）內部審計或其他報告中是否提出過與信息系統、數據環境或應用系統相關的問題？

（5）報告中提及的最普遍的系統問題是什麼？

在對被審計單位的業務流程、信息系統和相關風險進行充分瞭解之後，審計師應判斷被審計單位中是否包含信息技術關鍵風險，並且實質性程序是否無法完全控制該風險。如果符合上述情況的描述，那麼審計師應將信息技術審計內容納入財務審計計劃之中。此外，如果審計師計劃依賴自動系統控制，或依賴以自動系統生成信息為基礎的手工控制或業務流程審閱結果，那麼審計師也同樣需要對信息技術相關控制進行評估。

綜上所述，在信息技術環境下，審計工作與對系統的依賴程度是直接關聯的，審計師需要考慮其關聯關係，從而可以準確定義相關的信息系統審計範圍。具體內容見表 8-13。

表 8-13　　　　　　　　　信息系統審計關聯範圍表

對信息系統的依賴程度	對系統環境的瞭解與評估（是/否）	驗證手工控制(是/否)	驗證系統應用控制（是/否）	瞭解、驗證系統一般性控制（是/否）
不依賴	是	否	否	否
僅依賴手工控制，此類手工控制不依賴系統所生成的信息或報告	是	是	否	否
僅依賴手工控制，此類手工控制不依賴系統所生成的信息或報告，審計需要通過實質性程序來驗證控制有效性	是	是	否	否
同時依賴手工及自動控制	是	是	是	是

二、信息技術內部控制審計

對自動控制的依賴也可能給企業帶來下列由於種種原因造成重大錯報風險：①信息系統或相關係統程序可能會對數據進行錯誤處理，也可能會去處理那些本身就錯誤的數據。②自動信息系統、數據庫及操作系統的相關安全控制如果無效，會增加對數據信息非授權訪問的風險。這種風險可能導致系統內數據和系統對非授權交易及不存在交易的記錄遭到破壞，系統程序、數據遭到不適當的改變，系統對交易進行不適當的記錄，以及信息技術人員獲得超過其職責範圍的過大系統權限等。③數據丟失風險或數據無法訪問，如系統癱瘓。④不適當的人工干預或人為繞過自動控制。

因此，與財務報表相關的控制活動一般由一系列手工控制和自動控制所組成。被審計單位採用信息系統處理業務，並不意味著手工控制被完全取代，信息系統對控制的影響，取決於被審計單位對信息系統的依賴程度。例如，在基於信息技術的自動的信息系統中，系統進行自動操作來實現對交易信息的創建、記錄、處理和報告，並將相關信息保存為電子形式（如電子的採購訂單、採購發票、發運憑證和相關會計記錄）。但相關控制活動也可能同時包括手工的部分，比如訂單的審批和事後審閱以及會計記錄調整之類的手工控制。

在信息技術環境下，手工控制的基本原理與方式在信息環境下並不會發生實質性的改變，審計師仍需要按照標準執行相關的審計程序，而對於自動控制，就需要從信息技術一般性控制審計與信息技術應用控制審計兩方面進行考慮。

（一）信息技術一般性控制審計

信息系統一般性控制是指為了保證信息系統的安全，對整個信息系統以及外部各種環境要素實施的、對所有的應用或控制模塊具有普遍影響的控制措施。信息技術一般控制通常會對實現部分或全部財務報表認定做出間接貢獻。在有些情況下，信息技術一般控制也可能對實現信息處理目標和財務報表認定做出直接貢獻。這是因為有效的信息技術一般控制確保了應用系統控制和依賴計算機處理的自動會計程

序得以持續有效地運行。當手工控制依賴系統生成的信息時，信息技術一般控制同樣重要。如果審計師計劃依賴自動應用控制、自動會計程序或依賴系統生成信息的控制，他們就需要對相關的信息技術一般控制進行驗證。

審計師應清楚記錄信息技術一般控制與關鍵的自動應用控制及接口、關鍵的自動會計程序、關鍵手工控制使用的系統生成數據和報告，或生成手工日記帳時使用系統生成的數據和報告的關係。

由於程序變更控制、計算機操作控制及程序數據訪問控制影響到系統驅動組件的持續有效運行，審計師需要對上述三個領域實施控制測試。

信息技術一般控制包括程序開發、程序變更、程序和數據訪問以及計算機運行四個方面。

（1）程序開發。程序開發領域的目標是確保系統的開發、配置和實施能夠實現管理層的應用控制目標。程序開發控制的一般要素包括：①對開發和實施活動的管理；②項目啓動、分析和設計；③對程序開發實施過程的控制軟件包的選擇；④測試和質量確保；⑤數據遷移；⑥程序實施；⑦記錄和培訓；⑧職責分離。

（2）程序變更。程序變更領域的目標是確保對程序和相關基礎組件的變更是經過請求、授權、執行、測試和實施的，以達到管理層的應用控制目標。程序變更一般包括以下要素：①對維護活動的管理；②對變更請求的規範、授權與跟蹤；③測試和質量確保；④程序實施；⑤記錄和培訓；⑥職責分離。

（3）程序和數據訪問。程序和數據訪問這一領域的目標是確保分配的訪問程序和數據的權限是經過用戶身分認證並經過授權的。程序和數據訪問的子組件一般包括安全活動管理、安全管理、數據安全、操作系統安全、網路安全和物理安全。

（4）計算機運行。計算機運行這一領域的目標是確保生產系統根據管理層的控制目標完整、準確地運行，確保運行問題被完整、準確地識別並解決，以維護財務數據的完整性。計算機運行的子組件一般包括計算機運行活動的總體管理、批調度和批處理、即時處理、備份和問題管理以及災難恢復。

（二）信息技術應用控制審計

信息技術應用控制一般要經過輸入、處理及輸出等環節，和手工控制一樣，自動系統控制同樣關注信息處理目標的四個要素：完整性、準確性、經過授權和訪問限制。然而，自動系統控制造成的影響程度比信息技術一般控制要顯著得多，並且需要進一步的手工調查。另外，所有的自動應用控制都會有一個手工控制與之相對應。例如，通過批次匯總的方式驗證數據傳輸的準確性和完整性時，如果出現例外，就需要有相應的手工控制進行跟蹤調查。理論上，在測試的時候，每個自動系統控制都要與其對應的手工控制一起進行測試，才能得到控制是否可依賴的結論。例如，一筆交易被否定或者被做標記，將會進行一個手工調查流程，並且被記錄下來。下面將針對不同的信息處理目標來闡述應用控制的應用。

1. 完整性

（1）順序標號，可以保證系統中每筆日記帳都是唯一的，並且系統不會接受相

同編號，或者在編號範圍外的憑證。此時，需要系統提供一個沒有編號憑證的報告。如果存在例外，需要相關人員進行調查跟進。

（2）編輯檢查，以確保無重複交易錄入，比如發票付款的時候、檢查發票編號。

2. 準確性

（1）編輯檢查，包括限制檢查、合理性檢查、存在性檢查和格式檢查等。

（2）將客戶、供應商、發票和採購訂單等信息與現有數據進行比較。

3. 授權

（1）交易流程中必須包含恰當的授權；

（2）將客戶、供應商、發票和採購訂單等信息與現有數據進行比較。

4. 訪問限制

（1）對於某些特殊的會計記錄的訪問，必須經過數據所有者的正式授權。管理層必須定期檢查系統的訪問權限來確保只有經過授權的用戶才能夠擁有訪問權限，並且符合職責分離原則。如果存在例外，必須進行調查。

（2）訪問控制必須滿足適當的職責分離（比如交易的審批和處理必須由不同的人員來完成）。

（3）對每個系統的訪問控制都要單獨考慮。密碼必須要定期更換，並且在規定次數內不能重複；定期生成多次登錄失敗導致用戶帳號鎖定的報告，管理層必須跟蹤這些登錄失敗的具體原因。

（三）信息技術應用控制與信息技術一般控制之間的關係

應用控制是設計在計算機應用系統中的、有助於達到信息處理目標的控制。例如，許多應用系統中包含很多編輯檢查來幫助確保錄入數據的準確性。編輯檢查可能包括格式檢查（如日期格式或數字格式）、存在性檢查（如客戶編碼存在於客戶主數據文檔之中）或合理性檢查（如最大支付金額）。如果錄入數據的某一要素未通過編輯檢查，那麼系統可能拒絕錄入該數據或系統可能將該錄入數據拖入系統生成的例外報告之中，留待后續跟進和處理。如果帶有關鍵的編輯檢查功能的應用系統所依賴的計算機環境發現了信息技術一般控制的缺陷，審計師可能就不能依賴上述編輯檢查功能按設計發揮作用。例如，程序變更控制缺陷可能導致未授權人員對檢查錄入數據字段格式的編程邏輯進行修改，以至於系統接受不準確的錄入數據。此外，與安全和訪問權限相關的控制缺陷可能導致數據錄入不恰當地繞過合理性檢查，而該合理性檢查在其他方面將使系統無法處理金額超過最大容差範圍的支付操作。

三、信息系統常用審計技術

審計人員可以利用計算機收集審計證據，以判斷被審計信息系統的輸入和處理的正確性。信息系統審計主要分為以下三類：①數據測試和集成測試技術——審計人員設計交易事項輸入信息系統以檢查應用程序的正確性和完整性；②即時處理技

術——在被審計單位的信息系統正常運行的同時，審計人員對選定的重要應用交易進行審查並監控數據處理過程；③嵌入審計模塊——在被審計單位的信息系統中嵌入審計模塊，監控該系統的控制完整性，並收集審計證據。

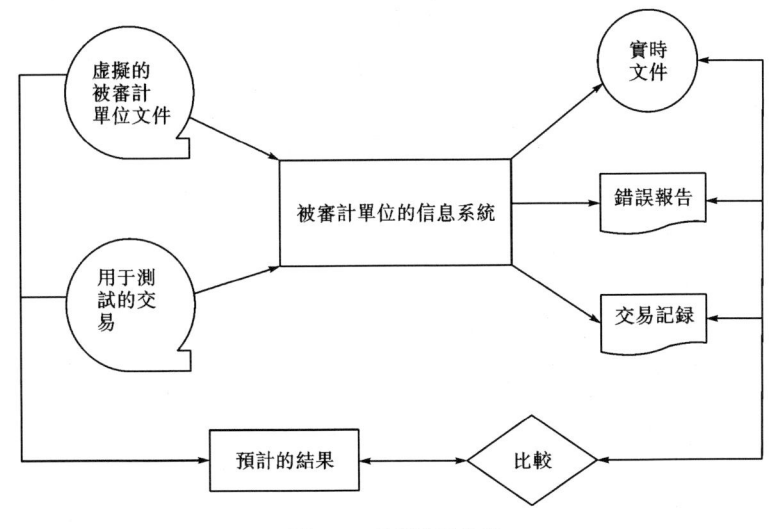

(一) 數據檢測技術

數據檢測技術 (Test Data Approach) 是由審計人員將預先設計好的測試數據輸入被測試應用程序加以處理，並將處理結果與事先計算的結果進行比較分析，從而驗證應用程序可靠性的方法。隨著計算機應用程度的加深，數據檢測技術逐步發展和完善。數據檢測的目的在於檢測：

(1) 內部控制被完整、正確地寫入了計算機程序並嚴格的執行；
(2) 各經濟事項對應的計算機應用程序是正確的；
(3) 所有的經濟事項都通過了準確的記錄並即時更新。

設計用於檢測的數據是最關鍵的環節。被檢測數據一般包括兩個方面的內容：①正常、有效的業務數據，用來測試系統對正常的業務處理是否正確；②不正常或無效的業務數據，用來測試系統能否檢測出不正常或無效的業務，是否拒絕處理這樣的業務並提示出錯信息，如編製了分錄時輸入了不可能有借貸關係的科目。

數據檢測技術是有局限性的，它所能涵蓋的內容僅是被寫入計算機應用程序的控制事項。它不能檢測出企業是否實施了足夠的控制程序，如是否允許未被授權的非法數據進入系統。然而，審計人員不用測試所有的控制和程序，只需測試重要的控制和應用程序的重要方面。數據檢測技術的要點如圖 8-3 所示。

圖 8-3　數據檢測技術

(二) 集成測試技術

數據檢測技術最大的局限性在於檢測結果僅限於某一時點，不是動態的結果，而集成測試技術恰好彌補了這種不足。使用集成測試技術時，審計人員假設一個與

被審計單位業務和處理程序一致的虛擬實體，讓正常運行的應用系統處理該實體的審計測試數據，並核實處理結果的真實性、正確性和完整性，由此確定應用系統的處理和控制功能是否正確、可靠。如果應用系統是工資支付系統，審計人員可以在數據庫中建立一個虛擬的職工；如果是一個盤存系統，審計人員可以虛構一個庫存項目。測試數據包含了虛擬數據和實際業務數據。測試過程如圖8-4所示。集成測試技術的特點是：在正常業務處理時即可完成測試，不影響被審計單位的業務；可以保證被審計程序是正在應用中的版本；如果測試數據消除不及時或不完全，可能影響到被審計單位數據文件甚至財務數據的正確性。

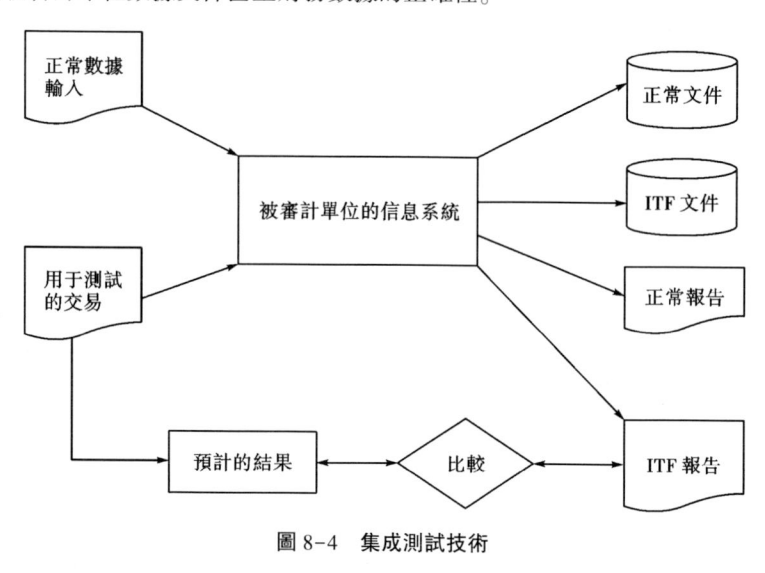

圖 8-4 集成測試技術

（三）即時處理技術

即時處理技術（Concurrent Processing Methodologies）由審計模塊或其他程序代碼組成，對審計人員選擇的重要應用交易進行審查並監控數據處理過程。該技術適用於複雜和互連的信息系統。即時處理技術中常用的有標記追蹤技術（Tagging and Tracing Approach）和系統控制審計復核文件技術（System Control Audit Review File, SCARF）。

1. 標記追蹤技術

標記追蹤技術有時又被稱為快照技術（Snapshot Approach），通過系統中的交易進行電子跟蹤。輸入階段，審計人員隨機或依照特殊標準選擇一個交易。這個標準可以事先編入被審計信息系統，並由審計人員監控和修改。程序自動在被選中交易的特定字段加上字符，以此「標記」該交易。比如，被選中交易的每個記錄前面可以加上「al」標記，而未被選中的交易則標上「Oa」。審計人員根據檢查被選交易的數據處理而實施審計。一旦被選交易被識別，程序將會捕捉該交易的重要信息，然后由審計人員確認該交易的正確性和完整性，同時主文件（Master File）被更新。例如，處理前后的以下數據會被捕捉進行審核：交易額、日期、交易編號。如果有

完整詳細的計劃，標記追蹤技術使用在跨地區的信息系統是非常有效的。例如，起始於北京的交易可能會被追蹤到遠在武漢的主文件。標記追蹤技術的原理如圖8-5所示。

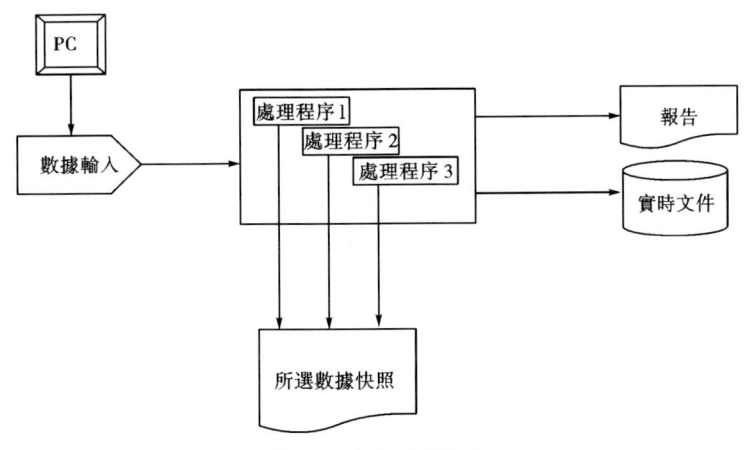

圖8-5 標記追蹤技術

標記追蹤技術最大的優點是與被審計系統的正常處理同步。交易有可能是隨機選擇的，也可以由預先寫入系統的特殊標準（如以貨幣型交易為條件）來選擇。該技術使審計人員能在複雜的計算機系統中高效地追蹤交易，以確認信息系統處理的正確性和完整性。

2. 系統控制審計復核文件技術

與標記追蹤技術不同的是，SCARF要求在被審計信息系統中預先寫入程序，確定選擇交易的特殊標準。審計人員預設標準以後，所有被選中交易被記錄在SCARF上。審計人員從SCARF盯上檢查交易處理的完整性和正確性，以及被選控制程序的操作有效性。SCARF的用途在於檢查文件中的信息，判斷信息系統中哪些交易需要復核。我們假設選擇標準是所有超過10萬元的銀行轉帳，不管其是否獲得管理層的批准。實際上，這些交易往往是正確的，但是審計人員希望知道授權系統是否有效，於是設置了這個選擇標準。審計人員可以通過SCARF來挑選出異常交易，進行重點分析。

（四）嵌入審計模塊

嵌入審計模塊（Embedded Audit Module）是指在被審計信息系統中嵌入審計模塊，監控該系統的控制完整性，並收集審計證據。審計模塊置於事先確定的點，用以採集審計人員認為重要的交易或事件信息，存放到系統控制審核復核文件中。審計人員通過審核該文件的信息，提取有關的審計證據。如圖8-6所示。

图 8-6　嵌入审计模块法

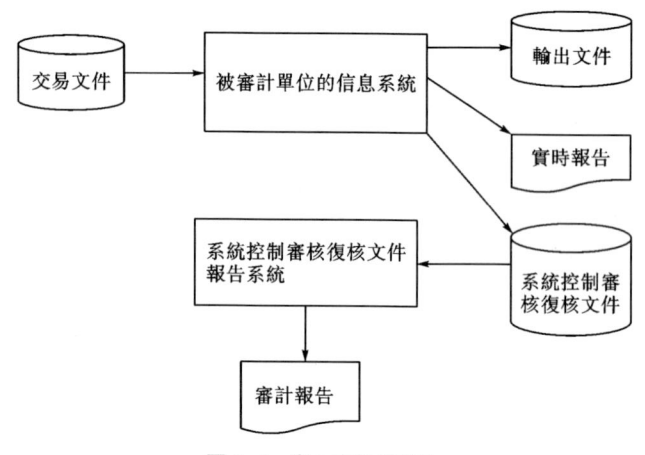

（五）信息系统审计技术的比较

每一种审计技术都有它的优点和缺点。集成测试技术、即时处理技术、嵌入审计模块三种技术都需要审计人员的精心设计，因为它们都对被审计信息系统的运行有一定影响。审计人员必须要监控程序的改变，以保证植入被审计系统的审计程序未被修改。这三种技术都具有即时监控和审计交易的能力，而没有局限在一个时点。各审计技术的特点如表 8-14 所示。

表 8-14　　　　　　　　　即时审计技术的比较

名　称	原　理	局　限	审计目标
集成测试技术	审计人员虚拟实体来测试信息系统的控制和处理。	虚拟的实体类型有限。	系统的控制和处理的正确性。
标记追踪技术	审计人员用预先设计的编码追踪被选择和标记的交易。	必须事先确定定义和标记交易的标准；必须确保审计程序未被修改。	处理的完整性。
系统控制审计复核文件技术	审计人员预设标准筛选出异常交易，数据保存在指定文件中备查。	关注异常交易而不提供正常交易的信息。	系统控制的异常情况。
嵌入审计模块	采集重要的交易或事件信息。	模块需事先嵌入信息系统并确认未被修改。	控制的有效性，处理的完整性和正确性。

第九章
收入與銷售循環審計

學習目標：

通過本章學習，你應該能夠：
- 瞭解收入與銷售循環的特性以及與之相關的各項具體測試目標的確定；
- 明確設計收入與銷售循環的審計方案，並根據重大錯報風險評價所識別的預警信號對測試方案進行完善和修改；
- 掌握主營業務收入的確認、截止、應收帳款的函證等主要實質性審計程序。

[引例] 雲南綠大地生物科技股份有限公司（002200.SZ，下稱「綠大地」）於2007年12月21日在深圳證券交易所掛牌上市，以綠化工程和苗木銷售為主營業務，是雲南省最大的特色苗木生產企業。它是國內綠化行業第一家上市公司，號稱「園林行業上市第一股」。2010年3月因涉嫌信息披露違規被立案稽查。證監會發現該公司存在涉嫌「虛增資產、虛增收入、虛增利潤」等多項違法違規行為。2011年3月17日，綠大地創始人兼董事長何學葵因涉嫌詐欺發行股票罪被捕。自此其股價一路下跌，半年多跌幅超過75%，由此逐步揭開了綠大地的財務「造假術」。

思考：分析綠大地造假的目的和動機？審計師應如何審計綠化工程和苗木銷售收入？

從本章開始，我們將以上市公司的財務報表審計為例，介紹交易及餘額審計的具體內容。對交易循環的審計測試，應根據與該業務循環流程制定相關的審計目標，並以此確定適用的審計程序，收集實現目標所需要的審計證據。

審計測試包括控制測試和對交易、帳戶餘額實施實質性程序。

控制測試是在瞭解被審計單位內部控制、實施風險評估程序的基礎上進行的，而瞭解內部控制，評價控制制度的設計以及執行，與被審計單位的業務流程關係密切。所以，控制測試通常採用循環法實施。一般而言，在財務報表審計中可將被審計單位的所有交易和帳戶餘額劃分為多個業務循環，各被審計單位的業務性質和規模不同，其業務循環的劃分也應有所不同。本教材中，我們將交易和帳戶餘額劃分為收入與銷售、支出與採購、生產、籌資與投資等常規四大循環，並對現金、考慮持續經營假設、或有事項和期後事項等特殊事項分章闡述各業務循環交易及餘額的審計。

控制測試程序主要包括詢問、觀察、檢查、重新執行和穿行測試。進行控制測試是為了評價內部控制運行的有效性，並以此設計后續的審計方案，將控制風險降

到最低水平。如果審計人員不打算實施控制測試，控制風險應被評估為高水平，並且主要應當進行實質性程序，這一方案為實質性工作方案；相反，如果通過實施風險評估程序，某一認定的內部控制被認為是有效的，則應實施控制測試，以適當減少實質性程序的取證工作量，這一方案為綜合性審計工作方案。

實質性程序是為了對交易和帳戶余額進行證實而採取的一套獲取相關證據的程序，包括對各類交易、帳戶余額、列報（包括披露，下同）的細節測試以及實質性分析程序。對交易和帳戶余額的實質性程序既可按財務報表項目組織實施，也可按業務循環組織實施。按財務報表項目組織實施的稱為分項審計方法，按業務循環組織實施的稱為循環審計方法。分項審計方法與多數被審計單位帳戶設置體系及財務報表格式相吻合，所以具有操作方便的優點，但它也有與按業務循環進行的控制測試嚴重脫節的弊端；循環審計方法按業務循環組織實質性程序不僅能加深審計人員對被測試單位經濟業務的理解，而且便於審計人員的合理分工，減少測試過程中的重複復核，對提高測試工作的效率和效果都大有裨益。

審計人員對審計風險和重要性水平的判斷來確定需實施實質性程序的性質、時間安排和範圍。審計人員在對重大錯報風險的評估的基礎上，選用適當的實質性程序，做出審計方案。

在實施交易循環實質性程序之前，首先要分析各循環的審計風險，其次要重點關注資產、所有者權益的高估和負債的低估，以確定實質性程序的重點與方向。

按照各財務報表項目與業務循環的相關程度，可以建立起各業務循環與其所涉及的主要財務報表項目（特殊行業的財務報表項目不涉及）之間的對應關係，如表9-1所示。

表 9-1　　　　　業務循環與主要財務報表項目對照表

業務循環	資產負債表項目	利潤表項目
收入與銷售與循環	應收票據、應收帳款、長期應收款、預收款項、應交稅費	營業收入、營業稅金及附加、銷售費用
支出與採購循環	預付款項、固定資產、在建工程、工程物資、固定資產清理、無形資產、開發支出、商譽、長期待攤費用、應付票據、應付帳款、長期應付款	管理費用
生產與存貨循環	存貨（包括材料採購或在途物資、原材料、材料成本差異、庫存商品、發出商品、商品進銷差價、委託加工物資、委託供銷商品、受託代銷商品、週轉材料、生產成本、製造費用、勞務成本、存貨跌價準備、受託代銷商品款等）	營業成本
籌資與投資循環	交易性金融資產、應收利息、其他應收款、其他流動資產、可供出售金融資產、持有至到期投資、長期股權投資、投資性房地產、遞延所得稅資產、其他非流動資產、短期借款、交易性金融負債、應付利息、應付股利、其他應付款、其他流動負債、長期借款、應付債券、專項應付款、預計負債、遞延所得稅負債、其他非流動負債、實收資本（或股本）、資本公積、盈余公積、未分配利潤	財務費用、資產減值損失、公允價值變動損益、投資收益、營業外收入、營業外支出、所得稅費用

第一節　銷售循環與審計策略

一、典型銷售交易與關鍵控制

收入與銷售循環是業務循環過程中的一個重要內容。該循環的起點是客戶請購，終點是將庫存商品或服務轉換為應收帳款，並最終轉化為貨幣資金。我們可以通過表 9-2 瞭解該循環的主要業務活動、常見憑證及相關帳戶。

表 9-2　　　　　　該循環主要業務活動、常見憑證及相關帳戶

業務類型	業務活動	相關帳戶	相關憑證和會計記錄
銷售	接受訂單 批准賒銷 發運商品 開具發票 記錄銷售	主營業務收入 應收帳款	客戶訂單 銷售單 發貨憑證 銷售發票 應收帳款總帳和明細帳
收款	收取貨款	銀行存款 應收帳款	匯款通知書 現金、銀行存款日記帳
銷售退回與折讓	辦理和記錄銷售退回、折扣與折讓	折扣與折讓 應收帳款	貸項通知單 銷售退回、折扣與折讓日記帳
核銷壞帳	註銷壞帳	應收帳款 壞帳準備	壞帳審批表 應收帳款總帳和明細帳
壞帳費用	計提壞帳準備	資產減值損失 壞帳準備	應收帳款總帳和明細帳

收入與銷售循環的內部控制包括銷售交易的內部控制和收款交易的內部控制。

（一）銷售交易的內部控制

（1）職責分離。《企業內部控制應用指引第 9 號——銷售業務》中規定：單位應當將辦理銷售、發貨、收款三項業務的部門（或崗位）分別設立；單位在銷售合同訂立前，應當指定專門人員就銷售價格、信用政策、發貨及收款方式等具體事項與客戶進行談判。談判人員至少應有兩人以上，並與訂立合同的人員相分離；編製銷售發票通知單的人員與開具銷售發票的人員應相互分離；銷售人員應當避免接觸銷貨現款；單位應收票據的取得和貼現必須經由保管票據以外的主管人員的書面批准。

（2）授權審批。賒銷業務必須經過審批；非經正當審批，不得發出貨物；銷售價格、銷售條件、運費等必須經過授權審批。

（3）會計記錄。會計記錄的內部控制主要是指健全各種憑證和帳簿；建立健全各環節的憑證，如銷售通知單、發票和出庫單等，並應預先編號，按順序填列簽發；建立並及時登記應收帳款總帳、明細帳、主營業務收入總帳、明細帳。

（4）定期核對帳簿及記錄。應收帳款總帳、明細帳、主營業務收入總帳、明細帳等應定期進行核對。

（5）內部核查程序。由內部審計人員或其他獨立人員核查銷售交易的處理和記錄，是實現內部控制目標所不可缺少的一項控制措施。審計師可以通過檢查內部審計人員的報告，或其他獨立人員在他們核查的憑證上的簽字等方法實施控制測試。

（二）收款交易的相關內部控制

與收款交易相關的內部控制內容如下：

（1）單位應當按照《現金管理暫行條例》《支付結算辦法》和《企業內部控制應用指引第6號——資金活動》等規定，及時辦理銷售收款業務。

（2）單位應將銷售收入及時入帳，不得帳外設帳，不得擅自坐支現金。銷售人員應當避免接觸銷售現款。

（3）單位應當建立應收帳款帳齡分析制度和逾期應收帳款催收制度。銷售部門應當負責應收帳款的催收，財會部門應當督促銷售部門加緊催收。對催收無效的逾期應收帳款可以通過法律程序予以解決。

（4）單位應當按客戶設置應收帳款臺帳，及時登記每一客戶應收帳款餘額增減變動情況和信用額度使用情況。對長期往來客戶應當建立起完善的客戶資料，並對客戶資料實行動態管理，及時更新。

（5）單位對於可能成為壞帳的應收帳款應當報告有關決策機構，由其進行審查，確定是否確認為壞帳。單位發生的各項壞帳，應查明原因，明確責任，並在履行規定的審批程序后做出會計處理。

（6）單位註銷的壞帳應當進行備查登記，做到帳銷案存。已註銷的壞帳又收回時應當及時入帳，防止形成帳外款。

（7）單位應收票據的取得和貼現必須經由保管票據以外的主管人員的書面批准。應有專人保管應收票據，對於即將到期的應收票據，應及時向付款人提示付款；已貼現票據應在備查簿中登記，以便日后追蹤管理；並應制定逾期票據的沖銷管理程序和逾期票據追蹤監控制度。

（8）單位應當定期與往來客戶通過函證等方式核對應收帳款、應收票據、預收款項等往來款項。如有不符，應查明原因，及時處理。

審計師應針對每個具體的內部控制目標確定關鍵的內部控制，並對其實施相應的控制測試和交易的實質性程序。

二、審計目標的確定

審計目標是審計師根據被審計單位管理層對財務報表的認定推斷得出的。收入與銷售循環測試涉及營業收入、應收帳款等主要帳戶。根據該循環的業務特性，其審計目標主要有以下幾個方面：

（1）確認收入的存在或發生。即確定已記錄的交易種類在被測試期間內是否實際發生；確認資產負債表日貨幣資金以及應收帳款是否存在。

（2）確認收入的完整性。即確定所有應當記錄的交易和事項是否都已記錄；確

定應收帳款增減變動的記錄是否完整。

（3）確認收入的截止。即確定取得收入的交易業務是否在正確的期間入帳。

（4）確認應收帳款的所有權。即確定應收帳款是否歸被審計單位所有。

（5）確認收入的準確性。即確定與交易和事項有關的金額和其他數據是否均已恰當記錄；確定應收帳款是否可收回，壞帳準備的計提是否恰當；確定年末應收帳款是否以恰當的金額包括在財務報表中。

（6）確認收入的分類。即確定所有的交易和事項是否記錄於恰當的帳戶，是否在財務報表上恰當分類和列報。

三、關鍵控制測試

收入循環關鍵的控制點是銷售發生的真實性，其高估或低估均對資產、所有者權益產生重大影響。圍繞這一關鍵控制點，常見的控制目標、方法和測試手段見表9-3。

表 9-3

內部控制目標	關鍵內部控制	常用的控制測試
登記入帳的銷售交易確實已經發貨給真實的顧客（發生）	銷售交易是以經過審核的發運憑證和經過批准的顧客訂貨單為依據登記入帳的	檢查銷售發票副聯是否附有發運憑證（或提貨單）以及顧客訂貨單
	在發貨前，顧客的賒購已經被授權批准	檢查顧客的賒購是否經授權批准
	銷售發票均經過事先連續編號並已恰當地登記入帳	檢查銷售發票編號的完整性
	每月向顧客寄送對帳單，對顧客提出的意見做專門追查	觀察是否寄發對帳單並檢查顧客回函檔案
所有銷售交易均已登記入帳（完整性）	發運憑證（或提貨單）均經過事先連續編號並已經登記入帳	檢查發運憑證編號的完整性
	銷售發票均經過事先連續編號並已登記入帳	檢查銷售發票編號的完整性
登記入帳的銷售數量確係已發貨的數量，並已正確開具帳單並登記入帳（計價和分攤）	銷售價格、付款條件、運費和銷售折扣的確定已經適當的授權批准	檢查銷售發票是否經適當的授權批准
	由獨立人員對銷售發票的編製做內部核查	檢查有關憑證上的內部核查標記
銷售交易的分類恰當（分類）	採用適當的會計科目表	檢查會計科目表是否適當
	內部復核和核查	檢查有關憑證上內部復核和核查的標記

表9-3(續)

內部控制目標	關鍵內部控制	常用的控制測試
銷售交易的記錄及時（截止）	採用盡量能在銷售發生時開具收款帳單和登記入帳的控制方法	檢查尚未開具收款帳單的發貨和尚未登記入帳的銷售交易
	內部核查	檢查有關憑證上內部核查的標記
銷售交易已經正確地記入明細帳並經正確匯總（準確性、計價和分攤）	每月定期給顧客寄送對帳單	觀察對帳單是否已經寄出
	由獨立人員對應收帳款明細帳做內部核查	檢查內部核查標記
	將應收款明細帳余額合計數與其總帳余額進行比較	檢查將應收帳款明細帳余額合計數與其總帳余額進行比較的標記

　　第一欄「內部控制目標」，列示了企業設立銷售交易內部控制的目標，即審計師實施相應控制測試和實質性程序所要達到的審計目標。

　　第二欄「關鍵內部控制」，列示了與上述各項內部控制目標相對應的一項或數項主要內部控制。設計銷售交易內部控制，應達到前述的控制目標。無論其他目標的控制如何有效，只要為實現某一項目標所必需的控制不健全，則與該目標有關的錯誤出現的可能性就隨之增大，並且很可能影響企業整個內部控制的有效性。

　　第三欄「常用的控制測試」，列示了審計師針對上述關鍵內部控制所實施的測試程序。控制測試與內部控制之間有直接聯繫，審計師對每項關鍵控制至少要執行一項控制測試以核實其效果。

　　表9-3的目的在於幫助審計師根據具體情況設計能夠實現審計目標的審計方案。但它既未包含銷售交易所有的內部控制、控制測試和實質性程序，也並不意味著審計實務中必須按此順序與方法一成不變。一方面，被審計單位所處行業不同、規模不一、內部控制制度的健全程度和執行結果不同，以前期間接受審計的情況也各不相同；另一方面，受審計時間、審計費用的限制審計師除了確保審計質量、審計效果外，還必須提高審計效率，盡可能地消除重複的測試程序，保證檢查某一憑證對能夠一次完成對該憑證的全部審計測試程序，並按最有效的順序實施審計測試。

四、重大錯報風險評估與實質性程序方案

　　與收入交易和余額相關的重大錯報風險主要存在於銷售交易、現金收款交易的發生、完整性、準確性、截止和分類認定，以及會計期末應收帳款、貨幣資金和應交稅費等帳戶的存在、權利和義務、完整性、計價和分攤認定。審計人員應當考慮影響收入交易的複雜性，對被審計單位經營活動中可能發生的重大錯報風險保持警覺。收入交易和余額可能存在的重大錯報風險可能包括：

　　(1) 管理層可能為了完成預算，滿足業績考核要求，保證從銀行獲得額外的資金，吸引潛在投資者，或影響公司股價，而在財務報表中虛增收入；

　　(2) 由於收入的複雜性，針對一些特定的產品或者服務提供一些特殊的交易安

排（如特殊的退貨約定、特殊的服務期限安排等），收入確認上容易發生錯誤；

（3）管理層凌駕於控制之上，蓄意在年末編造虛假銷售，導致當年收入以及當年年末應收帳款餘額、貨幣資金餘額和應交稅費餘額的高估；

（4）採用不正確的收入截止，導致本期收入以及本期期末應收帳款餘額、貨幣資金餘額和應交稅費餘額的高估或低估；

（5）低估應收帳款壞帳準備的壓力，可能導致資產負債表中應收帳款餘額的高估；

（6）舞弊和盜竊的風險；

（7）發生錯誤的風險。

在這個循環中重點要關注高估錯報的可能性：①記錄在銷售日記帳的銷售業務沒有實際發貨；②銷售業務的重複記錄；③向不存在的顧客發貨並記錄為銷售。前兩種類型的錯報可能是故意的，也可能是無意的；後一種類型的錯報一定是故意的。這些錯報都會導致資產和收入的高估。

在評估重大錯報風險時，審計師還應當將所瞭解的控制與特定認定相聯繫，並且匯總和評估已識別的收入循環中的交易、帳戶餘額和披露認定層次的重大錯報風險，以確定進一步審計程序的性質、時間安排和範圍。

根據該循環的審計目標和可能的錯報領域，在制訂審計工作方案時，有兩種不同的思路：①以主營業務收入帳簿記錄為準對照檢查相關發運憑證，防高估行為；②以銷售發票為準對照檢查帳簿記錄，防低估行為。在不同的情況下，實質性程序的重點和方向是不相同的。

審計師在制訂初步測試方案時，應先運用分析性程序，對整體合理性進行判斷，避免在測試時對某一個方向過於強調而忽略了其他可能存在的錯報。但如果有證據表明可能存在某方面的特定風險時，審計人員應及時調整測試方案，選擇針對發現虛增盈利或隱匿收入的測試程序。

業務循環的審計測試一般可以分為以下步驟進行：首先依據各業務循環審計的具體目標和可能存在的重大錯報，通過分析程序確定實質性程序的重點與方向；然後根據被審計單位所處行業、規模、內部控制制度的健全程度和執行的有效性以及提高審計效率的要求，做出是否準備依賴被審計單位內部控制判斷，進而做出交易和餘額的細節測試的安排。

如果準備依賴被審計單位內部控制，則應該進行控制測試。控制測試在實施實質性程序之前進行，它包括審計人員對交易事項進行檢查、檢測任務的執行情況以及對客戶的員工進行詢問。進行控制測試是為了將控制風險降到最低水平。如果審計人員不打算進行控制測試，控制風險應被評估為高水平，並且主要應當進行實質性程序，也就是實施實質性工作方案。

由於收入循環業務的大量性和複雜性，一般在對被審計單位的內部控制進行控制測試的基礎上實施實質性程序。實質性程序和控制測試都包括觀察、詢問和檢查程序，但是控制測試不包括分析性復核或帳戶餘額的檢查。

表9-4列示了執行收入循環中收入和應收帳款實質性程序的審計方案，以此來對前面講述的問題進行概括。

表9-4　　　　　　　收入循環中銷售業務的審計方案

分析程序
1. 按月對本年度和上年度的銷售收入、銷售成本和銷售毛利進行比較，並記錄重大的變動情況； 2. 以同行業的平均水平來比較銷售模式和毛利率； 3. 計算應收帳款週轉率，並與上年度和同行業平均水平進行比較； 4. 將本年度和上年度的銷售返還與折扣和零星收入進行比較，並記錄重大的變動情況； 5. 對銷售收入、銷售成本和銷售毛利的實際值和預算值進行比較，並記錄重大的差異情況。
其他實質性程序
1. 通過檢查資產負債日之前和之後的幾天中的單據憑證進行銷售收入截止測試。 2. 通過檢查所附的憑證單據，在測試基礎上對零星收入帳戶貸方記錄進行核實。 3. 在測試基礎上對應收帳戶餘額進行函證； （1）核對明細帳與總帳； （2）考慮對總體進行分層，並對大額帳戶和貸方帳戶進行肯定式函證； （3）對於沒有對第二封和第三封肯定式詢證函做出回覆的顧客，檢查其帳戶的運貨單和回款單證據。 4. 編製應收帳款帳齡分析表，並評價壞帳準備計提的充分性。 5. 與管理層進行交談，檢查董事會會議記錄、信件、合同以及銀行函證，為以下事項尋找證據： （1）用於銀行貸款抵押的應收帳款擔保； （2）關聯方和關聯方的存在性。

第二節　典型實質性程序

　　收入與銷售循環的實質性程序包括銷售交易的實質性程序和相關帳戶餘額的實質性程序。其中，銷售交易的實質性程序包括交易的實質性分析程序和細節測試兩方面；該循環相關帳戶餘額的實質性程序主要包括主營業務收入、應收帳款、預收帳款、壞帳準備等帳戶。

一、銷售與收款交易的實質性程序

（一）實質性分析程序

　　通常，審計師在對交易和餘額實施細節測試前實施實質性分析程序，符合成本效益原則。具體到銷售與收款交易和相關餘額，其應用包括：

1. 識別需要運用實質性分析程序的帳戶餘額或交易

　　就銷售與收款交易和相關餘額而言，通常需要運用實質性分析程序的是銷售交易、收款交易、營業收入項目和應收帳款項目。

2. 確定期望值

基於審計師對被審計單位的相關預算情況、行業發展狀況、市場份額、可比的行業信息、經濟形勢和發展歷程的瞭解，與營業額、毛利率和應收帳款等的預期相關。

3. 確定可接受的差異額

在確定可接受的差異額時，審計師首先應關注所涉及的重要性和計劃的保證水平的影響。此外，根據擬進行實質性分析的具體指標的不同，可接受的差異額的確定有時與管理層使用的關鍵業績指標相關，並需考慮這些指標的適當性和監督過程。

4. 識別需要進一步調查的差異並調查異常數據關係

審計師應當計算實際和期望值之間的差異，這涉及一些比率和比較，包括：

（1）觀察月度（或每週）的銷售記錄趨勢，與往年或預算或者同行業公司的銷售情況相比較。任何異常波動都必須與管理層討論，如果有必要還應做進一步的調查。

（2）將銷售毛利率與以前年度和預算或者同行業公司的銷售毛利率相比較。如果被審計單位各種產品的銷售價格是不同的，那麼就應當對每個產品或者相近毛利率的產品組進行分類比較。任何重大的差異都需要與管理層溝通。

（3）計算應收帳款週轉率和存貨週轉率，並與以前年度或者預算或者同行業公司的相關指標相比較。未預期的差異可能由很多因素引起，包括未記錄銷售、虛構銷售記錄或截止問題。

（4）檢查異常項目的銷售，如對大額銷售以及未從銷售記錄過入銷售總帳的銷售應予以調查。對臨近年末的異常銷售記錄更應加以特別關注。

5. 調查重大差異並做出判斷

審計師在分析上述與預期相聯繫的指標后，如果認為存在未預期的重大差異，就可能需要對營業收入發生額和應收帳款余額實施更加詳細的細節測試。

6. 評價分析程序的結果

審計師應當就收集的審計證據是否能支持其試圖證實的審計目標和認定形成結論。

（二）銷售與收款交易的細節測試

有些交易細節測試程序與環境條件關係不大，適用於各審計項目，有些則不然，要取決於被審計單位內部控制的健全程度和審計師實施控制測試的結果。接下來，我們按照表9-5中所列的順序詳細介紹銷售交易常用的細節測試程序，有些程序在審計中常常被疏忽，而事實上它們恰恰需要審計師給予重視並根據它們做出審計決策。首先需要指出兩點：一是這些細節測試程序並未包含銷售交易全部的細節測試程序；二是其中有些程序可以實現多項控制目標，而非僅能實現一項控制目標。

表 9-5　　　　　　　　　　　常用的交易實質性程序

內部控制目標	常用的交易實質性程序
登記入帳的銷售交易確係已經發貨給真實的客戶（發生）	復核主營業務收入總帳、明細帳以及應收帳款明細帳中的大額或異常項目。 追查主營業務收入明細帳中的分錄至銷售單、銷售發票副聯及發運憑證。 將發運憑證與存貨永續記錄中的發貨分錄進行核對。
所有銷售交易均已登記入帳（完整性）	將發運憑證與相關的銷售發票和主營業務收入明細帳及應收帳款明細帳中的分錄進行核對。
登記入帳的銷售數量確係已發貨的數量，已正確開具帳單並登記入帳（計價和分攤）	復算銷售發票上的數據。 追查主營業務收入明細帳中的分錄至銷售發票。 追查銷售發票上的詳細信息至發運憑證、經批准的商品價目表和客戶訂購單。
銷售交易的分類恰當（分類）	檢查證明銷售交易分類正確的原始證據。
銷售交易的記錄及時（截止）	將銷售交易登記入帳的日期與發運憑證的日期比較核對。
銷售交易已經正確地記入明細帳，並經正確匯總（準確性、計價和分攤）	將主營業務收入明細帳加總，追查其至總帳的過帳。

1. 登記入帳的銷售交易是真實的

將不真實的銷售登記入帳會導致高估資產和收入。對這一目標，審計師一般關心三類錯誤的可能性：一是未曾發貨卻已將銷售交易登記入帳；二是銷售交易的重複入帳；三是向虛構的客戶發貨，並作為銷售交易登記入帳。前兩類錯誤可能是有意的，也可能是無意的，而第三類錯誤肯定是有意的。

（1）針對未曾發貨卻已將銷售交易登記入帳這類錯誤的可能性，審計師可以從主營業務收入明細帳中抽取若干筆分錄，追查有無發運憑證及其他佐證，借以查明有無事實上沒有發貨卻已登記入帳的銷售交易。

（2）針對銷售交易重複入帳這類錯誤的可能性，審計師可以通過檢查企業的銷售交易記錄清單以確定是否存在重號、缺號。

（3）針對向虛構的客戶發貨並作為銷售交易登記入帳這類錯誤發生的可能性，審計師應當檢查主營業務收入明細帳中與銷售分錄相應的銷貨單，以確定銷售是否履行賒銷審批手續和發貨審批手續。

檢查上述三類高估銷售錯誤的可能性的另一個有效的辦法是追查應收帳款明細帳中貸方發生額的記錄。如果應收帳款最終得以收回貨款或者由於合理的原因收到退貨，則記錄入帳的銷售交易一開始通常是真實的；如果貸方發生額是註銷壞帳，或者直到審計時所欠貨款仍未收回而又沒有合理的原因，就需要考慮詳細追查相應的發運憑證和客戶訂購單等，因為這些跡象都說明可能存在虛構的銷售交易。

2. 已發生的銷售交易均已登記入帳

銷售交易的審計一般更多側重檢查高估資產與收入的問題。但是，如果內部控制不健全，比如被審計單位沒有由發運憑證追查至主營業務收入明細帳這一獨立內

部核查程序，就有必要對完整性目標實施交易的細節測試。

從發貨部門的檔案中選取部分發運憑證，並追查至有關的銷售發票副本和主營業務收入明細帳，是測試未入帳的發貨的一種有效程序。為使這一程序成為一項有意義的測試，審計師必須能夠確信全部發運憑證均已歸檔，這一點一般可以通過檢查發運憑證的順序編號來查明。

由原始憑證追查至明細帳與從明細帳追查至原始憑證是有區別的：前者用來測試遺漏的交易（「完整性」目標），后者用來測試不真實的交易（「發生」目標）。

測試發生目標時，起點是明細帳，即從主營業務收入明細帳中抽取一個銷售交易明細記錄，追查至銷售發票存根、發運憑證以及客戶訂購單；測試完整性目標時，起點應是發運憑證，即從發運憑證中選取樣本，追查至銷售發票存根和主營業務收入明細帳，以確定是否存在遺漏事項。

設計發生目標和完整性目標的細節測試程序時，確定追查憑證的起點即測試的方向很重要。例如，審計師如果關心的是發生目標，但弄錯了追查的方向（即由發運憑證追查至明細帳），就屬於嚴重的審計缺陷。這一點在后面營業收入的實質性程序中還將進一步介紹。

在測試其他目標時，方向一般無關緊要。例如，測試交易業務計價的準確性時，可以由銷售發票追查至發運憑證，也可以反向追查。

3. 登記入帳的銷售交易均經正確計價

銷售交易計價的準確性包括：按訂貨數量發貨，按發貨數量準確地開具帳單，以及將帳單上的數額準確地記入會計帳簿。對這三個方面，每次審計中一般都要實施細節測試，以確保其準確無誤。

典型的細節測試程序包括復算會計記錄中的數據。通常的做法是，以主營業務收入明細帳中的會計分錄為起點，將所選擇的交易業務的合計數與應收帳款明細帳和銷售發票存根進行比較核對。銷售發票存根上所列的單價，通常還要與經過批准的商品價目表進行比較核對，對其金額小計和合計數也要進行復算。發票中列出的商品的規格、數量和客戶代碼等，則應與發運憑證進行比較核對。另外，往往還要審核客戶訂購單和銷售單中的同類數據。

將計價準確性目標中的控制測試和細節測試程序做一比較，便可作為例證來說明有效的內部控制如何節約了審計時間。很明顯，評價目標的控制測試幾乎不花太多時間，因為有時可能只需審核一下簽字或者其他內部核查的證據即可。內部控制如果有效，細節測試的樣本量便可以減少，審計成本也因控制測試的成本較低而將大為降低。

4. 登記入帳的銷售交易分類恰當

如果銷售分為現銷和賒銷兩種，應注意不要在現銷時借記應收帳款，也不要在收回應收帳款時貸記主營業務收入，同樣不要將營業資產的轉讓（如固定資產轉讓）混為正常銷售。對那些採用不止一種銷售分類的企業，如對需要編製分部報表的企業來說，正確的分類是極為重要的。

銷售分類恰當的測試一般可與計價準確性測試一併進行。審計師可以通過審核

原始憑證確定具體交易業務的類別是否恰當,並以此與帳簿的實際記錄做比較。

5. 銷售交易的記錄及時

發貨后應盡快開具帳單並登記入帳,以防止無意中漏記銷售交易,確保它們記入正確的會計期間。在實施計價準確性細節測試的同時,一般要將所選取的提貨單或其他發運憑證的日期與相應的銷售發票存根、主營業務收入明細帳和應收帳款明細帳上的日期做比較。如有重大差異,被審計單位就可能存在銷售截止期限上的錯誤。

6. 銷售交易已正確地記入明細帳並正確地匯總

應收帳款明細帳的記錄若不正確,將影響被審計單位收回應收帳款,因此,將全部賒銷業務正確地記入應收帳款明細帳極為重要。同理,為保證財務報表準確,主營業務收入明細帳必須正確地加總並過入總帳。在多數審計中,通常都要加總主營業務收入明細帳,並將加總數和一些具體內容分別追查至主營業務收入總帳和應收帳款明細帳或庫存現金、銀行存款日記帳,以檢查在銷售過程中是否存在有意或無意的錯報問題。不過,這一測試的樣本量要受內部控制的影響。從主營業務收入明細帳追查至應收帳款明細帳,一般與為實現其他審計目標所實施的測試一併進行;而將主營業務收入明細帳加總、並追查、核對加總數至其總帳,則應作為一項單獨的測試程序來執行。

二、主要帳戶的實質性程序

銷售與收款交易所涉及的會計帳戶非常多,這裡僅講授主營業務收入、應收帳款和壞帳準備等主要帳戶的實質性程序。

(一) 主營業務收入實質性程序

「主營業務收入」帳戶核算企業在銷售商品、提供勞務等主營業務活動中所產生的收入。其審計目標一般包括:①確定記錄的主營業務收入是否已發生;②確定所有應當記錄的主營業務收入是否均已記錄;③確定與主營業務收入有關的金額和數據是否正確、完整;④確定對銷售退回、銷售折扣與折讓的處理是否適當;⑤確定主營業務收入是否已記錄於正確的會計期間;⑥確定主營業務收入在財務報表中做出的列報是否恰當。

主營業務收入的實質性程序一般包括以下內容:

1. 獲取或編製主營業務收入明細表

將主營業務收入明細表的數字與報表數、總帳數和明細帳的合計數進行核對,並復核其加計是否正確,查明有無不符的情況。

2. 實施分析程序

對主營業務收入實施分析程序,旨在查明銷售業務是否存在異常現象。審計人員應該從以下幾方面實施分析程序:

(1) 將本期的主營業務收入與上期的主營業務收入進行比較,分析產品銷售的結構和價格變動是否異常,並分析異常變動的原因;

(2) 計算本期重要產品的毛利率,與上期比較,檢查是否存在異常,各期之間

是否存在重大波動，查明原因；

（3）比較本期各月各類主營業務收入的波動情況，分析其變動趨勢是否正常，是否符合被審計單位季節性、週期性的經營規律，查明異常現象和重大波動的原因；

（4）將本期重要產品的毛利率與同行業企業進行對比分析，檢查是否存在異常；

（5）根據增值稅發票申報表或普通發票，估算全年收入，與實際收入金額比較。

3. 驗證主營業務收入確認和計量的正確性

查明主營業務收入的確認條件、方法，注意是否符合企業會計準則，前後期是否一致；是否符合既定的收入確認原則、方法。根據《企業會計準則第14號——收入》的要求，只有同時符合下列條件才能確認商品銷售收入：

（1）企業已將商品所有權上的主要風險和報酬轉移給購貨方；

（2）企業既沒有保留通常與所有權相聯繫的繼續管理權，也沒有對已售出的商品實施有效控制；

（3）收入的金額能夠可靠地計量；

（4）相關的經濟利益可能流入企業；

（5）相關的已發生或將發生的成本能夠可靠地計量。

對於上述商品銷售收入確認和計量的審查，主要採用抽查、核對和驗算方式進行。其審計程序主要有：

（1）抽查部分收入業務的原始憑證或其他資料，如一定數量的銷售發票、出庫單、顧客的支票或匯票等，與商品銷售收入明細帳相核對，核實已實現的收入是否均已如數入帳。

（2）查閱各種收入明細帳，抽取部分分錄，核對相關的原始憑證、銷售合同，以確定所記錄的金額是否均屬本期內實現的收入。

（3）檢查企業的銷售發票是否順序編號，發票本上的存根是否完整，核實有無塗改或「大頭小尾」現象，抽取部分發票與產成品明細帳、分期收款發出商品明細帳以及產品銷售收入明細帳相核對，檢查其發出數量與銷售數量是否一致；

（4）查閱已入帳的銷售收入，並與現金日記帳、應收帳款明細帳、預收帳款明細帳及有關存貨明細帳相核對，以確定銷售數量、金額和時間是否相符。

表9-6列示了不同銷售方式或結算方式下銷售收入的實現標誌。

表9-6

銷售或結算方式	收入實現標誌
交款提貨（現銷）	開出發票、提貨單。
預收貨款	在發出商品時確認收入，預收的貨款應確認為負債。
托收承付	商品發出，辦妥收款手續。
支付手續費方式委託代銷	商品已銷售並收到代銷清單。
買斷方式的委託代銷	收到代銷清單按協議價確認收入。 在符合收入確認的條件下，確認收入。

表9-6(續)

銷售或結算方式	收入實現標誌
分期收款	如分期收款銷售商品，實質上具有融資性質的，應當按照應收的合同或協議價款的現值確定其公允價值。應收的合同或協議價款（長期應收款）與其公允價值之間的差額，應當在合同或協議期間內，按照應收款項的攤余成本和實際利率計算確定的攤銷金額，衝減財務費用。
長期工程	完工百分比。
轉讓土地、商品房	辦理移交、提交發票結算帳單。
需要安裝和檢驗的商品	待安裝和檢驗完畢時確認收入。如果安裝程序比較簡單，可在發出商品時確認收入。
售后租回	收到的款項應確認為負債；售價與資產帳面價值之間的差額，應當採用合理的方法進行分攤，作為折舊費用或租金費用的調整。有確鑿證據表明認定為經營租賃的售后租回交易是按照公允價值達成的，銷售的商品按售價確認收入，並按帳面價值結轉成本。

4. 審查主營業務收入會計處理的正確性

審計人員應選擇部分銷售發票或其他原始憑證，追查記帳憑證的分錄是否恰當，主營業務收入明細帳與總帳的有關記錄、過帳、加總是否正確，核對銷售、應收帳款、預收帳款、現金和存貨等有關帳戶中對應分錄的記帳金額是否正確。另外，還應特別注意審查產成品明細帳的發出記錄，確定有無異常情況。

5. 實施截止測試

對主營業務收入實施截止測試，其目的在於確定被審計單位主營業務收入的會計記錄歸屬期是否正確，應計入本期或下期的主營業務收入是否被延至下期或提前至本期，有無人為操縱利潤的現象。測試時，通常應結合貨幣資金、應收帳款、存貨、主營業務收入等項目一併進行。應實施的程序包括：

（1）選取資產負債表日前後若干天一定金額以上的發運憑證。將應收帳款和收入明細帳進行核對；同時，從應收帳款和收入明細帳選取在資產負債表日前後若干天一定金額以上的憑證，與發貨單據核對，以確定銷售是否存在跨期現象。

（2）復核資產負債表日前後銷售和發貨水平，確定業務活動水平是否異常，並考慮是否有必要追加截止程序。

（3）取得資產負債表日后所有的銷售退回記錄，檢查是否存在提前確認收入的情況。

（4）結合對資產負債表日應收帳款的函證程序，檢查有無未取得對方認可的大額銷售。

（5）調整重大跨期銷售。

審計師在審計中應該注意把握三個與主營業務收入確認有著密切關係的日期：一是發票開具日期或者收款日期；二是記帳日期；三是發貨日期。這裡的發票開具日期是指開具增值稅專用發票的日期；記帳日期是指被審計單位確認主營業務收入

實現並將該筆經濟業務記入主營業務收入帳戶的日期；發貨日期是指倉庫開具出庫單並發出庫存商品的日期。檢查三者是否歸屬於同一適當會計期間是主營業務收入截止測試的關鍵所在。

圍繞上述三個重要日期，審計師可以考慮選擇兩條測試路線實施營業收入的截止期測試，如表 9-7 所示。

表 9-7　　　　　　　　　　　營業收入的截止測試

起點	路線	目的
帳簿記錄	從報表日前后若干天的帳簿記錄查至記帳憑證，檢查發票存根與發運憑證。（以帳查證）	為了證實已入帳收入是否在同一期間已開具發票並發貨，以防止高估營業收入。（存在目標）
發運憑證	從報表日前后若干天的發運憑證查至發票開具情況與帳簿記錄。（以證查帳）	確定營業收入是否已記入恰當的會計期間，以防止低估營業收入。（完整性目標）

【主營業務收入截止測試案例】審計師 A 審計×公司（一般納稅企業）的主營業務收入時，通過實施分析性程序發現該公司 2014 年 12 月主營業務收入波動異常。於是，審計人員實施銷售截止測試，以期發現主營業務收入是否存在高估或低估的問題。

通過銷售截止測試，A 發現×公司存在少計或多計銷售收入事項，提請×公司進行調整。

表 9-8　　　　　　　　　　主營業務收入的截止測試

客戶：×公司　　　　編製人：A　　　　日期：2015/3/1　　　　索引號：SO6-3
截止日：2014 年 12 月　　復核人：B　　　　日期：2015/3/1　　　　頁次：1/1

| 發票內容 ||||出庫日期| 記帳憑證 || 是否跨期 | 備註 |
編號	日期	客戶名稱	銷售額		日期	編號	√（×）	
……								
18731	14/12/14	E 公司	18,649	14/12/3	14/12/15	134	×	T, J
18732	14/12/19	F 公司	54,376	—	14/12/31	165	×	J, 沒有發運記錄
18733	14/12/26	G 公司	120,000	14/12/26	15/1/15	0021	√	T, 需調整
18734	14/12/26	H 公司	28,000	14/12/25	15/1/15	0022	√	T, 需調整
18735	14/12/31	I 公司	68,000	14/12/26	15/1/15	0023	√	T, 需調整
截止日：2014 年 12 月 31 日								
18736	15/1/3	U 公司	54,376	15/1/3	15/1/15	0024	×	T, J
18737	15/1/7	E 公司	28,000	15/1/3	15/1/15	0025	×	T, J
18738	15/1/13	V 公司	68,000	15/1/5	15/1/15	0026	×	T, J
18739	15/1/19	W 公司	16,000	15/1/9	15/1/31	0027	×	T, J
……								

表9-8(續)

審計說明及審計結論：對12月份三筆已開發票但未計入當月帳的主營業務收入進行調整。		
借：應收帳款——G公司 120,000		T：與發貨核對相符；
——H公司 28,000		
銀行存款 68,000		J：正確過入明細帳，總帳
貸：主營業務收入 184,615.38		
應交稅費——增值稅（銷項稅額） 311,384.62		
對於12月份多記主營業務收入進行調整。		
借：主營業務收入 46,475.21		
應交稅費——增值稅（銷項稅額） 7,900.79		
貸：應收帳款——F公司 54,376		

【分析】實施截止測試的時間一般安排在相鄰的兩個會計年度的當年最後一月以及下一年的第一個月。對主營業務收入進行截止測試需要關注發貨日期、出庫日期和記帳日期，以2014年12月所選擇的測試樣本E、F、G、H、I五個公司來看，只有E公司的業務收入實施了恰當的截止，其餘四個樣本均未進行有效的截止，存在高估和低估主營業務收入兩種錯報，對於銷售給F公司的產品未開具出庫單，會計上卻登記在2014年的主營業務收入帳上，屬於高估收入的錯報；對於銷售給G、H、I三個公司的產品，出庫單和發貨票的時間均為2014年，但記帳在2015年1月，屬於低估收入的錯漏報。若需調整，編製的調整分錄見表中審計說明與結論部分。2015年1月所選樣本的四個公司主營業務收入經測試已實施了有效的截止。

6. 審查銷售退回、折扣與折讓

企業銷售商品以後，由於品種、規格、質量等不符合合同的有關規定，有時會發生銷售退回、折扣與折讓業務。對銷售退回，審查時應先查明退回的原因；再查明是否有實物退回，退回的商品是否辦理了驗收入庫手續，有無形成帳外物資的情況，最後應審核是否及時做了帳務處理，有無退貨不入帳、虛增主營業務收入的現象。

對於銷售折扣與折讓，應檢查其原因和條件是否真實、合理，審批手續是否完備和規範，折扣折讓的數額計算是否正確，會計處理是否恰當等。

7. 檢查外幣結算的銷售收入

對於外幣結算的商品銷售收入，審計師應審查其折算方法是否正確，是否按規定的匯率將外幣銷售收入折算為人民幣入帳，折算方法是否前後各期一致。

8. 確定主營業務收入在資產負債表上的披露是否恰當

審計人員應審查利潤表上的主營業務收入項目的數字是否與審定數相符，銷售收入確認所採用的會計政策是否已在財務報表附註中披露。

(二) 應收帳款實質性程序

應收帳款是指企業因銷售商品、提供勞務而形成的債權，即由於企業銷售商品、提供勞務等原因，應向購貨客戶或接受勞務的客戶收取的款項或代墊的運雜費，是企業在信用活動中所形成的各種債權性資產。

企業的應收帳款是在銷售交易或提供勞務過程中產生的。企業的銷售如果屬於賒銷，即銷售實現時沒有立即收取現款，而是獲得了要求客戶在一定條件下和一定時間內支付貨款的權利，就產生了應收帳款。因此，應收帳款的審計應結合銷售交易來進行。

壞帳是指企業無法收回或收回的可能性極小的應收款項（包括應收票據、應收帳款、預付款項、其他應收款和長期應收款等）。由於發生壞帳而產生的損失稱為壞帳損失。企業通常應採用備抵法按期估計壞帳損失，形成壞帳準備。

應收帳款及壞帳準備的審計目標一般包括：①確定記錄的應收帳款是否已存在；②確定所有應當記錄的應收帳款是否均已記錄；③確定記錄的應收帳款是否由被審計單位擁有或控制；④確定應收帳款是否可回收，壞帳準備的計提方法和比例是否恰當，計提方法和比例是否恰當，計提是否充分；⑤確定應收帳款及其壞帳準備期末余額是否正確；⑥確定應收帳款及其壞帳準備的列報是否恰當。

1. 獲取或編製應收帳款明細分析表

取得或編製應收帳款明細表，復核加計是否正確，並與總帳數和明細帳合計數核對是否相符；結合壞帳準備科目與報表數核對相符。分析有貸方余額的項目。查明原因，必要時，建議做重分類調整。

2. 檢查應收帳款帳齡

審計師可以通過取得或編製應收帳款帳齡分析表來分析應收帳款的帳齡，以便瞭解應收帳款的可收回性。應收帳款帳齡分析表參考格式如表9-9所示。

表9-9　　　　　　　　　　應收帳款帳齡分析表

年　月　日　　　　　　　　　　　　　　貨幣單位：

客戶名稱	期末余額	帳齡			
		1年以內	1~2年	2~3年	3年以上
合　計					

編製應收帳款帳齡分析表時，可以考慮選擇重要的客戶及其余額列示，而將不重要的或余額較小的匯總列示。應收帳款帳齡分析表的合計數減去已計提的相應壞帳準備後的淨額，應該等於資產負債表中的應收帳款項目余額。

3. 執行分析程序

審計人員執行分析程序，一方面可以評價被審計單位對應收帳款的管理狀況，另一方面可以為審計人員判斷應收帳款余額整體合理性提供依據。通常使用的財務比率有：

（1）應收帳款週轉率。其計算公式為：

$$應收帳款週轉率 = \frac{銷售淨額}{平均應收帳款餘額}$$

（2）應收帳款占流動資產的比率。其計算公式為：

$$應收帳款占流動資產的比率 = \frac{應收帳款}{流動資產總額}$$

（3）實際壞帳損失占應收帳款發生額總額的比率。

在具體執行中，審計人員會對這些指標進行計算，然后將其同以前年度、預期結果、行業數據比較，檢查是否合理，從而確定審核的重點。

4. 函證應收帳款

函證是指審計人員為了獲取影響財務報表或相關披露認定項目的信息，通過直接來自第三方對有關信息和現存狀況的聲明獲取與評價審計證據的過程。函證應收帳款的目的在於證實應收帳款帳戶餘額的真實性、正確性，防止或發現被審計單位及其有關人員在銷售交易中發生的錯誤或舞弊行為。通過函證應收帳款，可以比較有效地證明被詢證者（即債務人）的存在和被審計單位記錄的可靠性。

（1）函證的範圍和對象

除非有充分證據表明應收帳款對被審計單位財務報表而言是不重要的，或者函證很可能是無效的，否則，審計人員應當對應收帳款進行函證。函證數量的多少、範圍是由諸多因素決定的，主要有應收帳款在全部資產中的重要性、銷售交易內部控制的強弱以及函證方式的選擇等。若應收帳款在全部資產中所占的比重較大，則函證的範圍應相應大一些；若內部控制制度較健全，則可以相應減少函證範圍；若採用積極的函證方式，則可以相應減少函證量；若採用消極的函證方式，則要相應增加函證量。

一般情況下，審計人員應選擇以下項目作為函證對象：①大額或帳齡較長的項目；②與債務人發生糾紛的項目；③關聯方項目；④主要客戶（包括關係密切的客戶）項目；⑤交易頻繁但期末餘額較小甚至餘額為零的項目；⑥可能產生重大錯報或舞弊的非正常的項目。

（2）函證時間的選擇

為了充分發揮函證的作用，應恰當選擇函證的實施時間。審計人員通常以資產負債表日為截止日，在資產負債表日后適當時間內實施函證。如果重大錯報風險評估為低水平，審計人員可以選擇資產負債表日前適當日期為截止日實施函證，並對所函證項目自該截止日起至資產負債表日止發生的變動實施實質性程序。

（3）函證的方式

函證的方式。函證方式分為積極的函證方式和消極的函證方式。

如果採用積極的函證方式，審計人員應當要求被詢證者在所有情況下必須回函，確認詢證函所列示信息是否正確，或填列詢證函要求的信息。其格式如下：

積極式詢證函

致＿＿＿＿＿＿＿＿＿＿＿＿　　　　　　　　　　　　　　　　編號：＿＿＿

　　本公司聘請的××會計師事務所正在對本公司＿＿年＿月＿日的財務報表進行審計，按照《中國審計師審計準則》的要求，應當詢證本公司與貴公司的往來款項。下列數額出自本公司帳簿記錄，如與貴公司記錄相符，請在本函下端「數額證明無誤」處簽章證明。如有不符，請在「數額不符需說明金額」處詳為指正。回函請直接寄至××會計師事務所。

　　地址：＿＿＿＿＿＿＿＿＿＿＿＿＿＿　郵編：＿＿＿＿　電話：＿＿＿＿＿　傳真：＿＿＿
＿＿＿＿＿＿＿

截止日期	貴公司欠	欠貴公司	備註

　　若款項在上述日期之后已經付清，仍請及時函復為盼。

　　　　　　　　　　　　　　　　　　　　　　　　　　（公司印章）

數據證明無誤　　　　　　　　　　　　　　　數據不符說明

簽章＿＿＿＿＿＿　日期＿＿＿＿＿＿　　　簽章＿＿＿＿＿＿　日期＿＿＿＿＿＿

　　在採用積極的函證方式時，只有審計人員收到回函，才能為財務報表認定提供審計證據。審計人員沒有收到回函，可能是由於被詢證者根本不存在，或是由於被詢證者沒有收到詢證函，也可能是由於詢證者沒有理會詢證函，因此，無法證明函證信息是否正確。

　　如果採用消極的函證方式，審計人員只要求被詢證者僅在不同意詢證函列示信息的情況下才予以回函。

消極式詢證函

致＿＿＿＿＿＿＿＿＿＿＿＿　　　　　　　　　　　　　　　　編號：＿＿＿

　　請貴公司認真核對下列帳單金額，如果與貴公司會計記錄不符，請將不符事項直接郵寄給××會計師事務所。如無貴公司回函，則表明我公司對貴公司的應收款記錄是正確的。

　　本函附有貼足郵票並寫有××會計師事務所郵寄地址的信封，以供貴公司發現不符時回覆之用。

截止日期	貴公司欠	欠貴公司	備註

審計人員應根據特定審計目標涉及詢證函。一般說來，如果被審計單位個別帳戶的欠款金額較大或審計人員有理由相信欠款可能會存在爭議、差錯或問題時，選用積極的函證方式比較適宜。當同時存在下列情況時，審計人員可以考慮採用消極的函證方式。①重大錯報風險評估為低水平；②涉及大量余額較小的帳戶；③預期不存在大量的錯誤；④沒有理由相信被詢證者不認真對待函證。

在審計實務中，審計人員也可以將這兩種方式結合使用。當應收帳款的余額是由少量的大額應收帳款和大量的小額應收帳款構成時，審計人員可以對所有的或抽取的大額應收帳款樣本採用積極的函證方式，而對抽取的小額應收帳款樣本採用消極的函證方式。

（4）函證控制

當實施函證時，審計人員應當對選擇被詢證對象、設計詢證函以及發出和收回詢證函保持控制。採取的措施有：①將被詢證對象的名稱、地址與被審計單位有關記錄核對；②將詢證函中列示的帳戶余額或其他信息與被審計單位有關資料核對；③在詢證函中指明直接向接受審計業務委託的會計師事務所回函；④詢證函經被審計單位蓋章後，由審計師直接發出；⑤將發出詢證函的情況形成審計工作記錄；⑥將收到的回函形成審計工作記錄，並匯總統計函證結果。

在審計實務中，審計人員經常會遇到被詢證者以傳真件、電子郵件等方式回函的情況。這些方式確實能使審計師及時得到回函信息，但由於這些方式易被截留、篡改或難以確定回函者的真實身分，因此，審計人員應當直接接收，並要求被詢證者及時寄回詢證函原件。

在審計實務中，審計人員還經常會遇到採用積極的函證方式實施函證而未能收到回函的情況。對此，審計人員應當考慮與被詢證者的聯繫，要求對方做出回應或再次寄發詢證函。如果未能得到被詢證者的回應，審計人員應當實施替代審計程序。

（5）對函證結果的分析

審計人員發函詢證後，應對以下兩種結果進行分析：一是積極式函證一直無回函，二是函證結果產生差異的情況。

如果使用積極式函證尚未收到回函，審計人員應當考慮與被詢證者的聯繫。如果未能得到被詢證者的回應，審計人員應當實施替代審計程序。替代審計程序應當能夠提供實施函證所能夠提供的同樣效果的審計證據。如果實施函證和替代程序都不能提供財務報表有關認定的充分、適當的審計證據，審計師應當實施追加的審計程序。追查有關業務憑證，如銷售合同、銷售發票、發貨憑證、運輸單據等以驗證應收帳款業務的真實性。

如果函證結果產生差異，其原因可能是雙方登記入帳產生的時間差，也可能是由於一方或雙方記帳錯誤或有弄虛作假等舞弊行為。對此，審計人員應進一步查明原因，並將結果形成審計工作記錄。

對於雙方登記入帳產生時間差，主要表現為：①詢證函發出時，債務人已經付款，而被審計單位尚未收到貨款，即出現貨款在途；②詢證函發出時，被審計單位的貨物已經發出並已做銷售記錄，但貨物仍在途中，債務人尚未收到貨物，即出現

貨物在途；③債務人由於某種原因將貨物退回，而被審計單位尚未收到，即存在銷售退回；④債務人對收到的貨物的數量、質量及價格等方面有異議而全部或部分拒付貨款等。審計師應根據每一種差異原因針對性地採取后續審計程序；對於記帳差錯，應提請及時調整；對於舞弊行為審計人員應重新考慮所實施審計程序的性質、時間和範圍。

審計師可以通過函證結果匯總表的方式對詢證函的收回情況加以控制。函證結果匯總表如表9-10所示。

表9-10　　　　　　　　　應收帳款函證結果匯總表

被審計單位名稱：　　　　　　　製表：　　　　　　日期：
結帳日：　　年　月　日　　　　復核：　　　　　　日期：

詢證函編號	債務人名稱	債務人地址及聯繫方式	帳面金額	函證方式	函證日期 第一次	函證日期 第二次	回函日期	替代程序	確認餘額	差異金額及說明	備註
合　計											

（6）對函證結果的總結和評價

審計人員應將函證的過程和情況記錄在工作底稿中，並據以評價函證的可靠性。在評價函證的可靠性時，審計人員應當考慮：①對詢證函的設計、發出及收回的控制情況；②被詢證者的勝任能力、獨立性、授權回函情況、對函證項目的瞭解及其客觀性；③被審計單位施加的限制或回函中的限制。

【應收帳款函證案例】A審計師負責對×公司2014年度財務報表實施審計。根據對重大錯報風險的評估結果，×公司應收帳款項目的存在認定具有較高的重大錯報風險，計價和分攤認定存在特別風險。為應對評估的重大錯報風險，A審計師在確定銷售與收款循環進一步審計程序的總體方案時，選擇了實質性方案。相關情況如下：

（1）為應對應收帳款存在認定的重大錯報風險與計價和分攤認定的特別風險，A審計師擬擴大函證程序的實施範圍，以便將檢查風險降低到可接受水平。

（2）審計師決定提高消極式函證的比例。因為在這種方式下，即使未收到客戶回函，也能形成結論；在收到回函時，所獲證據的可靠性甚至可能高於積極式函證。

（3）在填寫詢證函時，審計師將截止時間定為2014年12月15日，以提高函證程序的不可預見性，並擬對自截止日起至資產負債表日止發生的變動實施實質性程序。

（4）為加強對函證的控制，審計師謝絕了X公司財務主管提出的代為寄送詢證函的協助，直接將詢證函交給X公司收發室的王師傅，要求王師傅親自寄發。

（5）客戶Y公司回函不同意X公司的帳面記錄。原因是X公司委託的運輸公

司直到 2015 年 1 月 2 日才將商品運達約定交貨地點，故此前雙方並不存在債權、債務的關係。

（6）客戶 Z 公司同意詢證函中「貴公司欠」項目記載的 50 萬元，但不同意「欠貴公司」項目記載的 20 萬元。隨信寄來的 Z 公司匯款單表明該項目的金額應為 70 萬元。

要求：

①針對事項（1）~（4），指出 A 審計師的決策或做法是否正確，簡要說明理由；

②針對事項（5）和（6），假定 Y 公司、Z 公司的回函經證實是正確的，指出 A 審計師是否需要向 X 公司提出調整建議？如需要，請指出在不考慮利潤分配的條件下調整分錄涉及的財務報表項目。

【分析】

①針對事項（1），不正確。審計人員僅實施函證程序不足以將應收帳款計價和分攤認定的特別風險和檢查風險降到自己可以接受的低水平，審計人員還需實施檢查、分析性等實質性程序。

針對事項（2），不正確。實施消極式函證的條件之一是重大錯報風險評估為低水平，而 X 公司應收帳款項目的存在認定具有較高的重大錯報風險且存在特別奉獻，不宜採用消極式函證方式。

針對事項（3），不正確。通常情況下應選擇資產負債表日為函證截止日，如果重大錯報風險評估為低水平，審計人員才可以資產負債表日前的日期為函證截止日。

針對事項（4），不正確。審計人員應親自辦理詢證函的寄發手續，並對詢證函實施有效的過程控制。

②針對事項（5），審計人員應檢查銷售交易是否成立，是否需要提請 X 公司調整 2014 年財務報表，調整分錄涉及應收帳款、營業收入、應交稅費、營業成本、存貨、資產減值損失等項目。

針對事項（6），審計人員應提請 X 公司進行重分類調整，調整分錄涉及應收帳款、預收帳款、資產減值損失等項目。

5. 對未函證的應收帳款實施替代審計程序

通常，審計人員不可能對所有應收帳款進行函證，因此，對未函證應收帳款，審計人員應抽查有關原始憑據，如銷售合同、銷售訂單、銷售發票副本、發運憑證及回款單據等，以驗證與其相關的應收帳款的真實性。

6. 審查壞帳的確認和處理

首先，審計人員應檢查有無債務人破產或者死亡的，以及破產或以遺產清償後仍無法收回的或者債務人長期未履行清償義務的應收帳款；其次，應檢查被審計單位壞帳的處理是否經授權批准，有關會計處理是否正確。

7. 檢查貼現、質押或出售

檢查銀行存款和銀行貸款等詢證函的回函、會議紀要、借款協議和其他文件，確定應收帳款是否已被質押或出售，應收帳款貼現業務屬質押還是出售，其會計處理是否正確。

8. 確定應收帳款的披露是否恰當

如果被審計單位設立「預收帳款」帳戶，應注意「應收帳款」項目的數額是否根據「應收帳款」和「預收帳款」帳戶所屬的明細帳戶的期末借方余額的合計數填列；如果被審計單位未設「預收帳款」帳戶，則應注意「應收帳款」項目的數額是否根據「應收帳款」帳戶所屬的明細帳戶的期末余額的合計數填列。

(三) 壞帳準備實質性程序

壞帳準備的計提是否適當，直接影響到資產負債表和利潤表的正確性。通過驗證壞帳準備，可驗證年末清償應收帳款的可變現淨值。

壞帳準備審計程序一般包括：

1. 取得或編製壞帳準備明細表

取得或編製壞帳準備明細表，復核加計正確，與壞帳準備總帳數、明細帳合計數核對是否相符。如不相符，應查明原因，並做出記錄和進行相應調整。

2. 實施分析性程序

通過計算壞帳準備余額占應收帳款余額的比例並和以前期間的相關比例比較，評價應收帳款壞帳準備計提的合理性，檢查分析其中重大差異，以發現有重要問題的領域。

3. 審查應收帳款余額計算和復查壞帳準備的提取數，以審查壞帳準備的計提

（1）將應收帳款壞帳準備本期計提數與資產減值損失相應明細項目的發生額核對相符；

（2）檢查應收帳款壞帳準備計提和核銷的批准程序，評價壞帳準備所依據的資料、假設及計提方法。

在確定壞帳準備的計提比例時，企業應當根據以往的經驗、債務單位的實際財務狀況和現金流量的情況，以及其他相關信息合理地估計。除有確鑿證據表明該項應收帳款不能收回或收回的可能性不大時（如債務單位撤銷、破產、資不抵債、現金流量嚴重不足、發生嚴重的自然災害等導致停產而在短時間內無法償付債務等，以及應收款項逾期 3 年以上），下列情況一般不能全額計提壞帳準備：①當年發生的應收帳款以及未到期的應收帳款；②計劃對應收帳款進行重組；③與關聯方發生的應收帳款；④其他已逾期，但無確鑿證據證明不能收回的應收帳款。

4. 審核壞帳損失

審計人員應著重審查應收款項作為壞帳註銷原因是否充分，檢查轉銷依據是否符合有關規定，會計處理是否正確。

5. 檢查長期掛帳應收帳款

審計師應檢查應收帳款明細帳及相關原始憑證，查找有無資產負債表日後仍未收回的長期掛帳應收帳款。如有，應提請被審計單位做適當處理。

6. 檢查函證結果

對債務人回函中反應的例外事項及存在爭議的余額，審計師應查明原因並做記錄。必要時，應建議被審計單位做相應的調整。

7. 確定應收帳款壞帳準備的披露是否恰當

企業應當在財務報表附註中清晰地說明壞帳的確認標準、壞帳準備的計提方法和計提比例。

第十章
支出與付款循環審計

學習目標：

通過本章學習，你應該能夠：
- 瞭解支出與付款循環的特性以及相關內部控制；
- 明確設計支出與付款循環的審計方案，並根據重大錯報風險評價所識別的預警信號對測試方案進行完善和修改；
- 掌握低估負債的實質性程序；
- 掌握固定資產觀察、在建工程檢查的實質性程序。

[引例] 號稱「稻米精深加工第一股」的萬福生科以每股25元的發行價於2011年9月27日成功登陸創業板，共募集4.25億元資金。其經營的主要產品有大米澱粉糖、大米蛋白粉（飼料級、食用級）、米糠油和食用米等系列產品。根據中國證監會的調查，萬福生科在首發上市過程中，存在虛增原材料、虛增銷售收入、虛增利潤等行為，通過虛增在建工程和預付帳款來虛增資產，涉嫌詐欺發行股票；同時，萬福生科在2011年年報和2012年年報涉嫌虛假記載；造假手法隱蔽，資金鏈條長，調查對象涉及數十個縣鄉鎮。2013年5月10日，中國證監會對萬福生科造假案做出史上最嚴處罰，對發行人萬福生科、保薦機構平安證券、中磊會計師事務所和湖南博鰲律師事務所各自給予處罰，相應的責任人也受到了處分。

思考：分析萬福生科利用在建工程和固定資產造假的目的和動機？審計師應如何識別上述造假？

第一節　支出循環與審計策略

一、典型支出交易與關鍵控制

支出循環由固定資產、商品或勞務的取得和支付活動組成。該循環典型的業務流程包括請購、訂購、驗收、記錄與付款等方面，我們可以通過表10-1瞭解該循環的主要業務活動及涉及部門、相關認定、常見憑證及相關帳戶等內容。

表 10-1　　　　　　　　　　　支出循環的內容

業務循環活動及涉及部門	相關認定	相關憑證與會計記錄	相關帳戶
請購商品和勞務——請購部門	發生	請購單	存貨、固定資產、在建工程、預付帳款、應付帳款、製造費用、管理費用等
編製訂購單——採購部門	完整性、發生	訂購單	
驗收商品——驗收部門	存在或發生、完整性	驗收單、賣方發票（即購貨發票）	
儲存已驗收的商品——倉庫	存在	驗收單等	
編製付款憑單——應付憑單部門	存在或發生、完整性、權利與義務、計價和分攤	付款憑單	
確認記錄負債——財務部門	—	轉帳憑證、應付帳款明細帳	
付款——財務部門	—	付款憑證	
記錄貨幣資金支出——財務部門	—	庫存現金日記帳 銀行存款日記帳	

　　支出循環所涉及的資產負債表項目，按其在財務報表中的列示順序通常應為預付款項、固定資產、在建工程、工程物資、固定資產清理、無形資產、研發支出、商譽、長期待攤費用、應付票據、應付帳款和長期應付款等；所涉及的利潤表項目通常為管理費用等。

　　支出循環的內部控制包括採購交易的內部控制和付款交易的內部控制。

　　(一) 採購交易的相關內部控制

　　適當的職責分離。《企業內部控制應用指引第 7 號——採購業務》中規定，單位應當建立採購與付款業務的崗位責任制，明確相關部門和崗位的職責、權限，確保辦理採購與付款業務的不相容崗位相互分離、制約和監督。採購與付款業務不相容崗位至少包括：①請購與審批；②詢價與確定供應商；③採購合同的訂立與審批；④採購與驗收；⑤採購、驗收與相關會計記錄；⑥付款審批與付款執行。這些都是對單位提出的、有關採購與付款業務相關職責適當分離的基本要求，以確保辦理採購與付款業務的不相容崗位相互分離、制約和監督。

　　(二) 付款交易的相關內部控制

　　付款交易中的控制測試的性質取決於內部控制的性質。《企業內部控制應用指引第 7 號——採購業務》中規定了與付款相關的內部控制內容：

　　(1) 單位應當按照《現金管理暫行條例》《支付結算辦法》和《企業內部控制應用指引第 1 號——組織架構》《企業內部控制應用指引第 6 號——資金活動》等規定辦理採購付款業務。

　　(2) 單位財會部門在辦理付款業務時，應當對採購發票、結算憑證、驗收證明等相關憑證的真實性、完整性、合法性及合規性進行嚴格審核。

　　(3) 單位應當建立預付帳款和定金的授權批准制度，加強預付帳款和定金的

管理。

（4）單位應當加強應付帳款和應付票據的管理，由專人按照約定的付款日期、折扣條件等管理應付款項。已到期的應付款項需經有關授權人員審批后方可辦理結算與支付。

（5）單位應當建立退貨管理制度。對退貨條件、退貨手續、貨物出庫、退貨貨款回收等做出明確規定，及時收回退貨款。

（6）單位應當定期與供應商核對應付帳款、應付票據、預付款項等往來款項。如有不符，應查明原因，及時處理。

二、審計目標的確定

支出循環測試既涉及固定資產、存貨等資產類帳戶，又涉及應付帳款、應付票據等負債類帳戶。根據支出循環的業務特性，重點關注負債的低估。以應付帳款為例，其測試目標主要有以下幾個方面：

（1）確定已經記錄的採購和現金支出交易在被測試期間是否發生，確定記錄的應付帳款是否存在；

（2）確定應付帳款增減變動的記錄是否完整；

（3）確認應付帳款是否為被測試單位在資產負債表日的法律義務；

（4）確定應付帳款的期末餘額是否正確；

（5）確定應付帳款的分類是否正確，在財務報表上的披露是否恰當。

三、關鍵控制測試

支出循環關鍵的控制點是採購付款發生的真實性和負債的完整性，其高估或低估均對資產、負債、所有者權益產生重大影響。

圍繞這一關鍵控制點，常見的控制目標、方法和測試手段見表 10-2。

表 10-2　　採購交易的控制目標、控制測試一覽表

內部控制目標	關鍵的內部控制	關鍵控制測試
所記錄的採購都已收到物品或已接受勞務，並符合購貨方的最大利益（存在）	請購單、訂貨單、驗收單和賣方發票一應俱全，並附在付款憑單后；購貨按正確的級別批准；註銷憑證以防止重複使用；對賣方發票、驗收單、訂貨單和請購單作內部核查。	檢查驗付款憑單后是否附有單據；檢查核准購貨標誌；檢查註銷憑證的標誌；檢查內部核查的標誌。
已發生的採購業務均已記錄（完整性）	訂貨單均經事先連續編號並已登記入帳；驗收單均經事先連續編號並已登記入帳；賣方發票真實並已登記入帳。	檢查訂貨單編號的完整性；檢查驗收單編號的完整性；賣方發票編號的真實性。

表10-2(續)

內部控制目標	關鍵的內部控制	關鍵控制測試
所記錄的採購業務估價正確（準確性、計價和分攤）	計算和金額的內部查核；控制採購價格和折扣的批准。	檢查內部檢查的標誌；審核批准採購價格和折扣的標誌。
採購業務的分類正確（分類）	採用適當的會計科目表；分類的內部核查。	審查工作手冊和會計科目表；檢查有關憑證上內部核查的標記。
採購業務按正確的日期記錄（截止）	要求一經收到商品或接受勞務就記錄購貨業務；內部核查	檢查工作手冊並觀察有無未記錄的賣方發票存在；檢查內部核查標誌。
採購業務已被正確記入應付帳款和存貨等明細帳中，並且已被準確匯總（準確性、計價和分攤）	應付帳款明細帳內容的內部查核。	檢查內部查核的標誌。

表10-2列示的目的只在於為審計師根據具體審計情況和審計條件審計能夠實現審計目標的審計方案提供參考。在審計實務工作中，審計師應充分考慮被審計單位的具體情況和審計質量、審計成本效益原則將其轉換為更實用、高效的審計方案。

四、重大錯報風險評估與實質性程序方案

支出循環涉及資產負債表上的負債項目和利潤表的費用項目。從大多數管理層舞弊的案例來看，管理當局有時可能為了粉飾經營情況而有意漏記負債和在利潤表中漏記相關費用。所以，在該循環中，當被審計單位管理層具有高估利潤的動機時，審計人員往往更多的關注管理層利用支出交易的大量性和複雜性，蓄意地高估資產，低估費用和負債的行為。

該循環的重大錯報風險是低估負債項目和費用項目，從而高估利潤、粉飾財務狀況。

由於支出循環交易金額大，交易頻繁，而且涉及存貨、固定資產、貨幣資金等多種資產以及相關費用帳戶，所以是每次測試的關注重點。該循環涉及的重大錯報風險集中體現在遺漏交易，採用不正確的費用支出截止期，以及錯誤劃分資本性支出和費用性支出。這些將對完整性、截止、發生、存在、準確性和分類認定產生影響。影響支出循環交易和餘額的重大錯報風險可能有：

（1）被審計單位管理層為高估資產或平滑利潤，錯列或虛列支出。常見的方法有：①把應當計入損益的費用資本化；②通過多計準備或少計負債和準備；③利用特別目的實體把負債從資產負債表中剝離，或利用關聯方的定價優勢製造虛假的收益增長趨勢；④通過複雜的稅務安排推延或隱瞞所得稅和增值稅；⑤被審計單位管理層把私人費用計入企業費用。

（2）由於費用支出的複雜性導致費用支出分配或計提的錯誤。

（3）有意無意地重複付款。

（4）採用不正確的費用支出截止。將本期採購並收到的商品計入下一會計期間；或者將下一會計期間採購的商品提前計入本期；未及時計提尚未付款的已經購買的服務支出等。

（5）存在未記錄的權利和義務。

以上第一種情況是蓄意的，其他幾種情況可能是有意的也有可能是無意的。這些錯報在管理層有高估動機的前提下，都會導致資產的高估、負債和費用的低估。

在評估重大錯報風險時，審計師還應當將所瞭解的該循環的控制與特定認定相聯繫，並且匯總和評估已識別的交易、帳戶餘額和披露認定層次的重大錯報風險，以確定進一步審計程序的性質、時間安排和範圍。

需要重點關注：

（1）遺失連續編號的驗收單；

（2）出現重複的驗收單或發票；

（3）供應商發票與訂購單或驗收單不符；

（4）供應商名稱及代碼與供應商主文檔信息中的名稱及代碼不符；

（5）在處理供應商發票時出現計算錯誤；

（6）採購或驗收的商品的存貨代碼無效；

（7）處理採購或付款的會計期間出現差錯；

（8）通過電子貨幣轉帳系統把貨款轉入供應商的銀行帳戶，但該帳戶並非供應商支付文檔指定的銀行帳戶。

根據支出循環的審計目標和可能的錯報，在制訂審計方案時有兩種思路：①以相應採購帳戶為準對照檢查驗收單據等憑證，防高估行為；②以購貨發票等憑證為準對照檢查帳簿，防低估行為。在不同的情況下，實質性程序的重點和方向是不相同的。

審計人員在制訂初步測試方案時，應先運用分析性程序，對財務報表整體合理性進行判斷，避免在測試時對某一個方向過於強調而忽略了其他可能存在的錯報。但如果有證據表明可能存在某方面的特定風險時，審計人員應及時調整測試方案，選擇針對發現低估負債或藏匿費用的測試程序。

表 10-3 給出了一個支出循環中審計目標與審計證據、審計程序聯繫在一起的模型，以作為形成實質性程序的全面方案的參考。

表 10-3　　　　　　　　　　　支出循環實質性程序

一、應付帳款	
認定和審計目標	審計證據和程序
存在性和完整性 所有重大的負債都已經在資產負債表上反應了嗎？	函證證據 * 取得律師的函證，以確認需要調整或者附註披露的或有事項。 * 審查銀行關於貸款的確認函。
	書面證據 * 尋找未記錄的負債： 1. 檢查資產負債表日後對短時期的已付款和未付款的發票，確認負債已經記錄在正確的期間； 2. 追查被審計單位期末關於未記錄的負債的調整； 3. 審查貸款合同以發現應付利息的存在性。
	分析性證據 * 將年末的應計事項與以前年度的進行對比，並且解釋其重大變化或遺漏。
	口頭證據 * 詢問或有事項。 * 取得被審計單位聲明書。
計價 管理層的估計合理嗎？	計算證據 * 如果存在以下事項，則應重新在測試的基礎上予以計算： 1. 應計利息； 2. 應計稅金； 3. 對於產品質量擔保的負債； 4. 養老金的成本和負債； 5. 應付利潤和獎金。
表達與披露 重大的或有事項已經被反應了嗎？	書面證據 * 確定或有事項已經被正確地披露。
	分析性證據 * 審查以前年度的財務報表，以發現可能的當期財務報表所要求的附註披露。
二、固定資產	
認定和審計目標	審計證據和程序
存在性和完整性 所記錄的固定資產增加存在嗎？ 增加的固定資產記錄了嗎？ 處置的固定資產記錄了嗎？	函證證據 * 檢查主要的固定資產增加事項，尤其是在對於固定資產的內部控制較弱的時候。
	分析性證據 * 將折舊費用和維修保養費用與以前年度的和預算的金額進行對比，並解釋其主要變化： 折舊費用的增加意味著固定資產的增加（減少意味著固定資產

表10-3(續)

	的處置)。 維修保養費用的增加可能是把固定資產的增加錯誤地予以費用化了（減少可能是正常的維修保養費用被錯誤地資本化了）。 維修保養費用預算有利的變化也可能是將正常的維修保養費用資本化了。
存在性和完整性 所記錄的固定資產增加存在嗎？ 增加的固定資產記錄了嗎？ 處置的固定資產記錄了嗎？	口頭證據 * 檢查已將折舊全部計提完畢的固定資產： 1. 諮詢其狀態。 2. 如果不再使用或者已經處置，需要做會計分錄並將其從固定資產中去掉。
	書面證據 * 與固定資產一同核實維修保養費用帳戶： 1. 審計目標是找出可能的錯誤分類（如固定資產借記成了維修保養費用或者正常的維修保養費用借記成了固定資產）。 2. 對主要支出進行核實，對其余的支出進行測試。
計價和所有權 所有的固定資產是以歷史成本減去累計折舊計價嗎？ 減值的資產是否以公允價值予以反應？ 支出是否已經被正確地分類為資產和費用？	計算證據 * 按大類編製一個固定資產和累計折舊的分類表： 該分類表應該反應固定資產的期初余額、本期增加、處置和期末余額。 該分類表應該根據固定資產的類別予以分類。 * 調整二級總帳與控制帳戶之間的差額，並且與列示在固定資產索引表中的期末余額保持一致。 * 評估折舊方法的合理性和一致性。 * 重新計算折舊費用和固定資產處置的損益。 * 計算與臨時性差異（帳面折舊費用與應稅折舊費用的差額）相關的遞延稅款的變化。 * 對於自建的固定資產，重新計算： 製造費用的分配。 如果使用了貸款，在自建過程中發生的利息。 * 確定減值資產的存在性，並且確定其持有價值不超過公允價值。
	書面證據 * 在測試的基礎上，結合保養費用的審計，證實固定資產的增加和處置： 對於購買的固定資產，檢查供貨商的發票和運費發票。 對於自建資產，檢查任務單。 從處置的收款追查到銀行對帳單。 根據公司政策，對比在購買和處置時記錄折舊費用的方法，確定其一致性。 * 檢查董事會的會議記錄和採購銷售合同，確認都經過了正確的授權，並且對主要的購買和處置做出解釋。

表10-3(續)

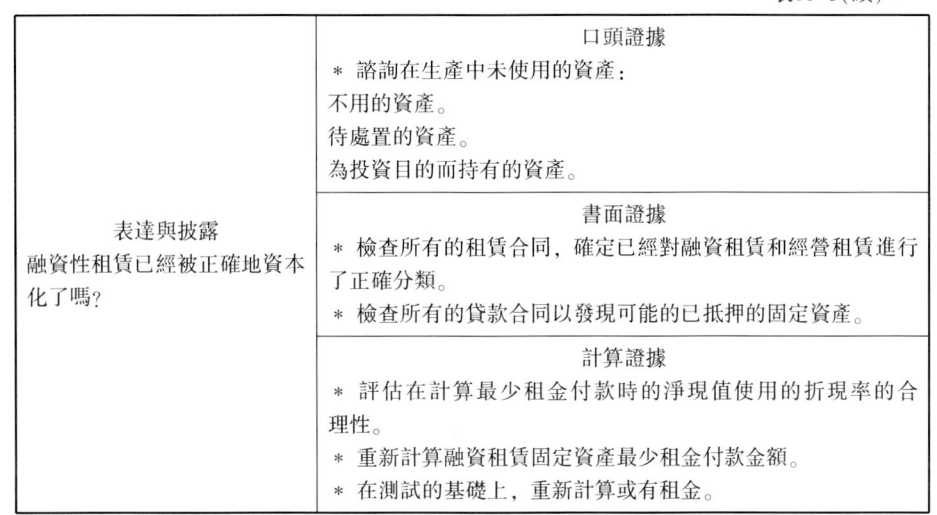

表達與披露 融資性租賃已經被正確地資本化了嗎？	口頭證據 * 諮詢在生產中未使用的資產： 不用的資產。 待處置的資產。 為投資目的而持有的資產。
	書面證據 * 檢查所有的租賃合同，確定已經對融資租賃和經營租賃進行了正確分類。 * 檢查所有的貸款合同以發現可能的已抵押的固定資產。
	計算證據 * 評估在計算最少租金付款時的淨現值使用的折現率的合理性。 * 重新計算融資租賃固定資產最少租金付款金額。 * 在測試的基礎上，重新計算或有租金。

第二節 典型實質性程序

支出與採購循環的實質性程序包括支出交易的實質性程序和相關帳戶餘額的實質性程序。其中：支出交易的實質性程序包括交易的實質性分析程序和細節測試兩方面；相關帳戶餘額的實質性程序主要包括應付帳款、固定資產、在建工程等帳戶。

一、應付帳款實質性程序

應付帳款是企業在正常經營過程中，因購買材料、商品和接受勞務供應等經營活動而應付給供應商的款項。審計師應結合賒購交易進行應付帳款的審計。應付帳款的審計目標一般包括：①確定記錄的應付帳款是否存在；②確定所有應當記錄的應付帳款是否均已記錄；③確定記錄的應付帳款是被審計單位應當履行的現實義務；④確定應付帳款期末餘額是否正確，與之相關的計價調整已恰當記錄；⑤確定應付帳款的披露是否恰當。在測試應付帳款時，應重點關注「完整性」認定的測試，如核實有無未入帳的應付帳款、長期掛帳的應付帳款等。

(一) 獲取或編製應付帳款明細表

審計人員實施應付帳款交易和餘額的實質性程序時，通常以索取或編製應付帳款明細表為起點，復核加計正確，並與報表數、總帳數和明細帳合計數核對是否相符。如果不符，應查明原因，並做相應的調整。例如，分析出現借方餘額的項目，查明原因，必要時，建議做重分類調整；結合預付帳款、其他應付款等往來項目的明細餘額，調查有無異常項目、異常餘額或與購貨無關的其他款項（如關聯方帳戶或雇員帳戶）。如有，應做出記錄，必要時建議做調整。

（二）實施實質性分析程序

審計人員通常可以通過實施分析程序，發現需要加以關注的地方：

（1）將期末應付帳款餘額與期初余額進行比較，分析波動原因。

（2）分析存貨和營業成本等項目的增減變動判斷應付帳款增減變動的合理性。

（3）計算應付帳款與存貨的比率，應付帳款與流動負債的比率，並與以前年度相關比率對比分析，評價應付帳款整體的合理性。

（4）分析長期掛帳的應付帳款，要求被審計單位做出解釋，判斷被審計單位是否缺乏償債能力或利用應付帳款隱瞞利潤；並注意其是否可能無須支付，對確實無須支付的應付款的會計處理是否正確，依據是否充分；關注帳齡超過 3 年的大額應付帳款在資產負債表日後是否償還，檢查償還記錄，單據及披露情況。

如果這些比率變動較大，審計人員應查明變動的原因。比如應付帳款週轉率的增加不正常，則說明可能有未入帳的應付帳款，應作進一步審查。

（三）函證應付帳款

一般情況下，應付帳款不需要函證，這是因為函證不能保證查出未記錄的應付帳款，況且審計師能夠取得採購發票等外部憑證來證實應付帳款的余額。但如果控制風險較高，某應付帳款明細帳戶金額較大或被審計單位處於財務困難階段，則應進行應付帳款的函證。

在選擇函證帳戶時，應注意以下事項：

（1）除了金額較大的帳戶，還應包括那些在資產負債表日金額不大，甚至為零的重要供應商的帳戶，因為他們更有可能被低估。

（2）對於上一年度供過貨而本年度又沒有供貨的，以及沒有按月寄送對帳單的供貨商，應進行函證。

（3）對存在關聯方交易的母子公司和資產擔保負債的債權人，應發函詢證。

函證最好採用積極函證方式，並具體說明應付金額。同應收帳款的函證一樣，審計師必須對函證的過程進行控制，要求債權人直接回函，並根據回函情況編製與分析函證結果匯總表，對未回函的，應考慮是否再次函證。

如果存在未回函的重大項目，審計師應採用替代審計程序。比如，可以檢查決算日後應付帳款明細帳及庫存現金和銀行存款日記帳，核實其是否已支付，同時檢查該筆債務的相關憑證資料，如合同、發票、驗收單，核實應付帳款的真實性。

【案例分析】審計師在審計甲公司 2014 年年末的應付帳款時，發現下列事項：

（1）審計師在審查甲公司應付帳款明細帳時，發現 2014 年應付帳款明細帳中有 E 化工廠的貸方余額 320 萬元與年初余額相比沒有變化，經查證有關憑證，發現是甲公司 2011 年向 E 化工廠購買化工原料的貨款，至今未付。

（2）審計師在對甲公司的應付帳款項目進行審計時，根據需要決定對該公司下列四個明細帳戶的兩個進行函證，見表 10-4。

表 10-4　　　　　　　　　　　　　　　　　　　　　　　　　　　單位：元

供貨單位	年末余額	本年度供貨總額
A	420,630	660,500
B	0	2,980,000
C	810,000	960,000
D	298,000	3,135,000

要求：

(1) 針對上述資料 (1)，分析可能存在的問題，確定需要實施的進一步審計程序？

(2) 針對上述資料 (2)，請幫助該審計師選擇兩個供貨人函證，並說明選擇的理由。

【案例解析】

(1) 應付帳款——E 化工廠可能存在的問題，要查明事實真相，方法是採用面詢或函詢的方法向 E 化工廠調查，並關注帳齡超過 3 年。然後，針對不同情況，審計師應做相應的處理。

(2) 應選擇 B 公司和 D 公司進行應付帳款餘額的函證。因為函證應付帳款，目的主要在於查實有無未入帳的負債。本年度公司從 B 公司和 D 公司採購了大量商品，存在漏記業務的可能性更大。

(四) 查找未入帳的應付帳款

對應付帳款的審計，最重要的是發現那些實際存在、金額較大並對財務報表有著重大影響的未入帳應付帳款，以防止被審計單位低估應付帳款。可以採取的實質性程序有：

(1) 檢查債務形成的相關原始憑證，如供應商發票、驗收報告或入庫單等，查找有無未及時入帳的應付帳款，確定應付帳款期末餘額的完整性；

(2) 檢查資產負債表日后應付帳款明細帳貸方發生額的相應憑證，確認其入帳時間是否合理；

(3) 針對資產負債表日后付款項目，檢查銀行對帳單及有關付款憑證，查找有無未及時入帳的應付帳款；

(4) 結合存貨監盤程序，檢查被審計單位在資產負債日前后的存貨入庫資料，檢查是否有大額料到單未到的情況，確認相關負債是否計入了正確的會計期間；

(5) 獲取被審計單位與其供應商之間的對帳單，查找有無未入帳的應付帳款，確定應付帳款金額的準確性。

(五) 審查應付帳款的會計處理

由於應付帳款業務大多與購貨業務相關，在審計應付帳款時審計人員可結合購貨業務的審計一併進行。對於增加的應付帳款，審計人員主要核實購貨發票、訂貨單、驗收單等原始單據是否真實。如果存在商業折扣，應付帳款金額是否以發票價

格扣除商業折扣后的金額入帳；如果存在現金折扣，對於享有現金折扣的交易，是否以供應商發票金額扣去折扣后金額后的淨額來登記應付帳款。對於減少應付帳款，審計人員要注意查明原因，是對購貨交易欠款的正常償還，還是註銷長期掛帳的應付帳款；對於無法償還的應付帳款，被審計單位是否按規定轉入「營業外收入」，有無不入帳或少入帳的情況。

（六）針對異常或大額交易及重大調整事項（如大額的購貨折扣或退回，會計處理異常的交易，未經授權的交易，或缺乏支持性憑證的交易等），檢查相關原始憑證和會計記錄，以分析交易的真實性、合理性

（七）關注應付關聯方［包括持5%以上（含5%）表決權股份的股東］的款項

（八）被審計單位與債權人進行債務重組的，檢查不同債務重組方式下的會計處理是否正確

（九）檢查應付帳款的披露是否恰當

按照會計準則的規定，「應付帳款」科目應根據「應付帳款」和「預付帳款」科目所屬明細科目的期末貸方余額的合計數填列。審計中，如果發現被審計單位因重複付款、付款后退貨、預付貨款等導致某些明細帳戶借方出現較大余額，審計師應在審計工作底稿中編製建議調整的重分類分錄，以便將這些借方余額在資產負債表中列示為資產。

如果被審計單位存在未決訴訟、未決索賠等糾紛時，審計人員應向其律師進行詢證，依靠被審計單位的法律顧問來評估未決訴訟、未決索賠的可能的結果。在收到管理層的律師回函后，審計人員就可以很好地評估該或有事項是否值得在財務報表中予以反應，以及如何反應。

表10-5 列示了執行支出循環中應付帳款實質性方案，以此來對前面講述的問題進行概括。

表10-5　　　　　　　支出循環中應付帳款實質性方案

分析程序
1. 將年末的應計事項與以前年度進行對比，並且解釋其重大變化或遺漏；
2. 將經營費用的絕對數和占銷售的比例與以前年度進行對比，並解釋其主要變化。
實質性程序
1. 對或有負債進行詢問訪談；
2. 取得律師函以識別要求調整或在附註中進行披露的事項；
3. 查找未記錄的負債；
4. 在審查的基礎上對應付帳款進行函證，要求供貨商將詢函證直接寄回給審計人員；
5. 在審查的基礎上重新計算或有損失和應計項目；
6. 取得被審計單位聲明書。

二、固定資產實質性程序

固定資產是指同時具有下列兩個特徵的有形資產：①為生產商品、提供勞務、出租或經營管理而持有的；②使用壽命超過一個會計年度。這裡的使用壽命是指企

業使用固定資產的預計期間，或者該固定資產所能生產產品或提供勞務的數量。

固定資產只有同時滿足下列兩個條件才能予以確認：①與該固定資產有關的經濟利益很可能流入企業；②該固定資產的成本能夠可靠地計量。

由於固定資產在企業資產總額中一般都佔有較大的比例，固定資產的安全、完整對企業的生產經營影響極大，審計師應對固定資產的審計予以高度重視。

固定資產的審計目標一般包括：①確定記錄的固定資產是否存在；②確定所有應記錄的固定資產是否均已記錄；③確定記錄的固定資產是否由被審計單位所有或控制；④確定固定資產的計價方法是否恰當；⑤確定固定資產的披露是否恰當。

（一）固定資產帳面余額的實質性程序

1. 獲取或編製固定資產及累計折舊分類匯總表

固定資產和累計折舊分類匯總表又稱一覽表或綜合分析表，是審計固定資產和累計折舊的重要工作底稿。其參考格式如表 10-6 所示。

表 10-6　　　　　　　　固定資產和累計折舊分類匯總表
年　　月　　日

編製人：　　　　　　日期：
被審計單位：　　　　　　　　　　復核人：　　　　　　日期：

固定資產類別	固定資產				累計折舊					
	期初余額	本期增加	本期減少	期末余額	折舊方法	折舊率	期初余額	本期增加	本期減少	期末余額
合計										

利用固定資產和累計折舊分類匯總表，檢查固定資產的分類是否正確並與總帳數和明細帳合計數核對是否相符，結合累計折舊、減值準備科目與報表數核對是否相符。

2. 對固定資產實施實質性分析程序

（1）基於對被審計單位及其環境的瞭解，通過進行以下比較，並考慮有關數據間的關係的影響，建立有關數據的期望值：①分類計算本期計提折舊額與固定資產原值的比率，並與上期比較，以發現本年折舊額計算中存在的錯誤；②計算固定資產修理及維護費用占固定資產原值的比例，並進行本期各月、本期與以前各期的比較，以發現資本性支出與收益性支出區分上可能存在的錯誤；③比較本期與以前各期的固定資產增加和減少，分析差異，以此判斷被審計單位固定資產增減差異原因的合理性，確定可接受的差異額。

（2）將實際情況與期望值相比較，識別需要進一步調查的差異。

（3）如果其差額超過可接受的差異額，調查並獲取充分的解釋和恰當的佐證審計證據，如檢查相關的憑證。

（4）評估實質性分析程序的測試結果。

3. 實地觀察固定資產

審計人員應對被測試單位會計年度內增添的主要資產項目實施實地觀察。該程序的實施，不僅有助於審計人員深入瞭解、熟悉被審計單位的生產經營情況，而且有助於理解增加、減少固定資產的會計處理。

實施實地觀察程序時，審計人員可以以固定資產明細分類帳為起點，進行實地追查，以證明會計記錄中所列固定資產確實存在，並瞭解其目前的使用狀況；也可以以實地為起點，追查至固定資產明細分類帳，以獲取實際存在的固定資產均已入帳的證據。

4. 驗證固定資產的所有權

確定一項固定資產是否確實為被審計單位所有，審計人員應審閱產權證書、財產保險單、財產稅單等書面文件，必要時，還可以向保險公司、稅收機構等進行函詢，以確定固定資產所有權的歸屬。

資產不同，審計人員需要獲取的證據也不相同。對外購的機器設備等固定資產，通常經審核採購發票、購貨合同等予以確定；對於房地產類固定資產，需查閱有關的合同、產權證明、財產稅單、抵押借款的還款憑據、保險單等書面文件；對融資租入的固定資產，應驗證有關融資租賃合同，證實其並非經營租賃；對汽車等運輸設備，應驗證有關營運證件等；對受留置權限制的固定資產，通常還應審核被測試單位的有關負債項目等予以證實。

5. 審查固定資產的增減變動

固定資產的增加有購置、自製自建、投資者投入、更新改造增加、債務人抵債增加等多種途徑。對於后幾種情況的審計，一般只需核對有關的會計記錄、合同文件、驗收報告等，並注意固定資產的計價是否符合規定。而購入和自製自建固定資產涉及的環節較多，容易發生錯誤與舞弊，因此審計人員的重點往往放在購入和自製自建增加的固定資產上。需要關注：①購入的固定資產是否列入預算並經授權批准；②審核採購發票等憑據，抽查審計其計價是否正確，會計處理是否正確。對於已經交付使用的固定資產要關注其資本性支出與收益性支出的劃分是否恰當。

固定資產減少的原因主要包括出售、報廢、毀損、向其他單位投資轉出、盤虧等。審計固定資產減少的目的就在於查明已經減少的固定資產是否已做適當的會計處理。這部分的審計要點有：①審查減少固定資產授權批准文件；②審查減少規定資產的會計記錄是否符合規定，驗證其數額計算的準確性，防止已經處置的固定資產帳面未予註銷的情形；③審閱營業外收支帳戶，確定固定資產出售、處置的損益是否恰當並及時入帳，有無不入帳的情形；④關注有無高價購買、低價出售或處置固定資產交易，查清是否為關聯企業的非正當交易。

如果被審計單位固定資產顯著增加，審計人員應審查相關文件來支持「固定資產」帳戶借方的增加，關注固定資產的比例和價值，關注資本性支出與收益性支出的正確分類。

【案例分析】

渝鈦白公司年報審計

重慶會計師事務所於1998年3月8日對渝鈦白公司簽發了否定意見審計報告，其報告指出：「1997年度應計入財務費用的借款即應付債券利息8,064萬元，貴公司將其資本化計入了鈦白粉工程成本；欠付中國銀行重慶市分行的美元借款利息89.8萬元（折合人民幣743萬元），貴公司未計提入帳，兩項共影響利潤8,807萬元。」

對應付債券利息一事，渝鈦白公司的總會計師認為：一般的基建項目，建設完工即進入投資回收期，當年就開始產生效益。但鈦白粉工程項目不同於一般的基建項目。這是基於兩個方面的因素：一方面，鈦白粉這種基礎化工產品不同於普通商品，對各項技術指標的要求非常嚴格，需要通過反覆試生產，逐步調整質量、消耗等指標，直到生產出合格的產品才能投放市場；而試生產期間的試產品性能不穩定，是不能投放市場的。另一方面，原料的腐蝕性很重，如生產鈦白粉的主要原料硫酸，一旦停工，則原料淤積於管道、容器中，再次開車前就必須進行徹底的清洗、維護，並調試設備。年報中披露的900萬元虧損中很大一筆就是設備整改費用。因此，總會計師總結說，鈦白粉項目交付使用進入投資回報期、產生效益前，還有一個過渡期，即整改和試生產期間，這仍屬於工程在建期。也就是說，公司在1997年度年報中，將8,064萬元的項目建設期借款的應付債券利息計入工程成本是有依據的。渝鈦白公司為了證實總會計師的說法，還以重慶市有關部門的批覆文件為依據，堅持認為該工程為在建性質，而並非完工項目。

對美元借款利息一事，公司管理當局的解釋為：這是1987年12月原重慶化工廠為上PVC彩色地板生產線，向中國銀行重慶分行借入的美元貸款60萬元造成的。該項目建成后，一直未正常批量生產；1992年公司改制時，已部分作為未使用資產。但改制前，重慶化工廠已部分償還了利息和本金。數年之后（1997年），該行通知公司欠付利息89.8萬美元。本年決算期間，公司未能和銀行認真核對所欠本息數額，故未予轉帳。公司打算在1998年度核對清楚后再據實轉帳。

雙方各執一詞，最后重慶會計師事務所出具了否定意見報告：「我們認為，由於本報告第二段所述事項的重大影響，貴公司1997年12月31日資產負債表、1997年度利潤及利潤分配表、財務狀況變動表未能公允地反應貴公司1997年12月31日財務狀況和1997年年度經營成果及資金變動情況。」

6. 檢查固定資產的后續支出

確定固定資產有關的后續支出是否滿足資產確認條件；如不滿足，該支出是否在該后續支出發生時計入當期損益。

7. 檢查固定資產的租賃

租賃一般分為經營租賃和融資租賃兩種。檢查經營性租賃時，應查明：

(1) 固定資產的租賃是否簽訂了合同、租約，手續是否完備，合同內容是否符合國家規定，是否經相關管理部門審批。

(2) 租入的固定資產是否確屬企業必須，或出租的固定資產是否確屬企業多

余、閒置不用的,雙方是否認真履行合同,其中是否存在不正當交易。

(3) 租金收取是否簽有合同,有無多收、少收現象。

(4) 租入固定資產有無久占不用、浪費損壞的現象;租出的固定資產有無長期不收租金、無人過問,是否有變相饋送、轉讓等情況。

(5) 租入固定資產是否已登入備查簿。

(6) 必要時,向出租人函證租賃合同及執行情況。

(7) 租入固定資產改良支出的核算是否符合規定。

對融資租入的固定資產應按企業自有固定資產一樣管理,並計提折舊、進行維修。

8. 檢查固定資產的抵押、擔保情況

結合對銀行借款等的檢查,瞭解固定資產是否存在重大的抵押、擔保情況。如存在,應取證,並做相應的記錄,同時提請被審計單位做恰當披露。

9. 獲取已提足折舊仍繼續使用固定資產的相關證明文件並做相應記錄

10. 檢查固定資產的披露

財務報表附註通常應說明固定資產的標準、分類、計價方法和折舊方法,融資租入固定資產的計價方法,固定資產的預計使用年限和預計淨殘值。

(二) 固定資產折舊的實質性程序

固定資產可以長期參加生產經營而仍保持其原有實物形態,但其價值將隨著固定資產的使用而逐漸轉移到生產的產品中,或構成經營成本或費用。在固定資產使用壽命內,按照確定的方法對應計折舊額進行的系統分攤就是固定資產的折舊。

在不考慮固定資產減值準備的前提下,影響折舊的因素有折舊的基數(一般指固定資產的帳面原價)、固定資產的殘餘價值和使用壽命三個方面。在考慮固定資產減值準備的前提下,影響折舊的因素則包括折舊的基數、累計折舊、固定資產減值準備、固定資產預計淨殘值和固定資產尚可使用年限五個方面。在計算折舊時,對固定資產的殘餘價值和清理費用只能人為估計;對固定資產的使用壽命,由於固定資產的有形損耗和無形損耗難以準確計算,因而也只能估計;同樣,對固定資產減值準備的計提也帶有估計的成分。因此,固定資產折舊主要取決於企業根據其固定資產的特點制定的折舊政策,在一定程度上具有主觀性。

累計折舊的審計目標一般包括:①確定折舊政策是否恰當;②確定折舊費用的分攤是否合理、一貫;③確定固定資產、累計折舊和的期末余額是否正確;④確定累計折舊的披露是否恰當。

累計折舊的實質性程序通常包括:

(1) 獲取或編製累計折舊分類匯總表。復核加計是否正確,並與總帳數和明細帳合計數核對是否相符。

(2) 檢查被審計單位制定的折舊政策和方法是否符合相關會計準則的規定。確定其所採用的折舊方法能否在固定資產預計使用壽命內合理分攤其成本。前后期是否一致,預計使用壽命和預計淨殘值是否合理。

(3) 復核本期折舊費用的計提和分配。①瞭解被審計單位的折舊政策是否符合

規定，計提折舊範圍是否正確，確定的使用壽命、預計淨殘值和折舊方法是否合理；如採用加速折舊法，是否取得批准文件。②檢查被審計單位折舊政策前後期是否一致，如果折舊政策或者相關會計估計（如使用壽命、預計淨殘值）有變更，變更理由是否合理。③復核本期折舊費用的計提是否正確。④檢查折舊費用的分配是否合理，是否與上期一致；分配計入各項目的金額占本期全部折舊計提額的比例與上期比較是否有重大差異。⑤注意固定資產增減變動時，有關折舊的會計處理是否符合規定。

（4）將「累計折舊」帳戶貸方的本期計提折舊額與相應的成本費用中的折舊費用明細帳戶的借方相比較，檢查本期所計提折舊金額是否已全部攤入本期產品成本或費用。若存在差異，應追查原因，並考慮是否應建議做適當調整。

（5）檢查累計折舊的減少是否合理、會計處理是否正確。

（6）檢查累計折舊的披露是否恰當。

（三）固定資產減值準備的實質性程序

固定資產的可收回金額低於其帳面價值稱為固定資產減值。這裡的可收回金額應當根據固定資產的公允價值減去處置費用后的淨額與資產預計未來現金流量的現值兩者之間的較高者確定。這裡的處置費用包括與固定資產處置有關的法律費用、相關稅費、搬運費以及為使固定資產達到可銷售狀態所發生的直接費用等。

企業應當在資產負債表日判斷固定資產是否存在可能發生減值的跡象。根據《企業會計準則第 8 號——資產減值》的規定，如存在下列跡象的，表明固定資產可能發生了減值。

（1）固定資產的市價當期大幅度下跌，其跌幅明顯高於因時間的推移或正常使用而預計的下跌；

（2）企業經營所處的經濟、技術或者法律等環境以及固定資產所處的市場在當期或者將在近期發生重大變化，從而對企業產生不利影響；

（3）市場利率或者其他市場投資回報率在當期已經提高，從而影響企業計算固定資產預計未來現金流量現值的折現率，導致固定資產可收回金額大幅度降低；

（4）有證據表明固定資產陳舊過時或者其實體已經損壞；

（5）固定資產已經或者將被閒置、終止使用或者計劃提前處置；

（6）企業內部報告的證據表明固定資產的經濟績效已經低於或者將低於預期，如固定資產所創造的淨現金流量或者實現的營業利潤（或者損失）遠遠低於（或者高於）預計金額等；

（7）其他表明固定資產可能已經發生減值的跡象。

如果由於該固定資產存在上述跡象，導致其可收回金額低於帳面價值的，應當將固定資產的帳面金額減記至可收回金額，將減記的金額確認為固定資產減值損失，計入當期損益，同時計提相應的固定資產減值準備。

固定資產減值準備的審計目標一般包括：①確定計提減值準備的方法是否恰當；②確定減值準備增減變動的記錄是否完整；③確定減值準備的期末餘額是否正確；④確定減值準備的披露是否恰當。

固定資產減值準備的實質性程序通常包括：

（1）獲取或編製固定資產減值準備明細表，復核加計正確，並與總帳數和明細帳合計數核對相符。

（2）檢查固定資產減值準備計提和核銷的批准程序，取得書面報告等證明文件。

（3）檢查被審計單位計提固定資產減值準備的依據是否充分，會計處理是否正確。

（4）檢查資產組的認定是否恰當，計提固定資產減值準備的依據是否充分，會計處理是否正確。

（5）實施實質性分析程序，計算本期末固定資產減值準備占期末固定資產原值的比率，並與期初該比率比較，分析固定資產的質量狀況。

（6）檢查被審計單位處置固定資產時原計提的減值準備是否同時結轉，會計處理是否正確。

（7）檢查是否存在轉回固定資產減值準備的情況。按照企業會計準則規定，固定資產減值損失一經確認，在以後會計期間不得轉回。

（8）確定固定資產減值準備的披露是否恰當。

如果企業計提了固定資產減值準備，根據《企業會計準則第 8 號——資產減值》的規定，企業應當在財務報表附註中披露：①當期確認的固定資產減值損失金額；②企業提取的固定資產減值準備累計金額。如果發生重大固定資產減值損失的，還應當說明導致重大固定資產減值損失的原因，固定資產可收回金額的確定方法，以及當期確認的重大固定資產減值損失的金額。

如果被審計單位是上市公司，其財務報表附註中通常還應分項列示計提的固定資產減值準備金額、增減變動情況以及計提的原因。

表 10-7 列示了執行支出循環中固定資產實質性程序的審計方案，以此來對前面講述的問題進行概括。

表 10-7　　　　　　　　　　固定資產實質性程序

分析程序
1. 將折舊費用與以前年度進行對比並且解釋主要變化。
2. 將維修保養費用的總額以及占銷售的比例與以前年度進行對比並且解釋主要變化。
3. 將維修保養費用與預算金額進行對比，並且調查引起主要變動的原因。
其他的實質性程序
1. 考慮檢查固定資產的主要增加，以確認其存在性。
2. 將固定資產按類別分類，編製固定資產和累計折舊的分類計算表。
3. 調整固定資產的二級總帳和控制帳戶之間的差額，並且使之與列示在固定資產索引表上的期末餘額一致。
4. 檢查董事會的會議記錄和採購銷售合同，以確認都經過了正確的授權，並且解釋一些重大的固定資產的取得和處置。
5. 在測試的基礎上，核實固定資產的增加和處置，特別要警惕可能存在的將通常的維修費用資本化。

表10-7(續)

> 6. 在測試的基礎上，核實維修保養費用的支出，特別要警惕可能存在的將固定資產的增加費用化。
> 7. 評估折舊方法的合理性和一致性。
> 8. 在測試的基礎上，重新計算折舊和固定資產處置的損益。
> 9. 對於自建的固定資產，重新計算製造費用的分配和建造過程中的利息。
> 10. 審查已提完折舊的固定資產項目，調查其狀態。如果固定資產已經被處置或者不再使用，要將此類固定資產從帳戶中去掉。
> 11. 檢查所有的租賃合同，確定已經將融資租賃進行了正確的分類。
> 12. 對於融資租賃：
> （1）評估在計算最小租金付款的淨現值中所使用折現率的合理性；
> （2）重新計算最小的租金付款額；
> （3）必要時在測試的基礎上重新計算或有租金。
> 13. 檢查貸款合同以確定可能存在的已經作為抵押的固定資產。

三、在建工程實質性程序

（一）在建工程的審計目標

在建工程的審計目標一般包括：①確定在建工程是否存在；②確定在建工程是否歸被審計單位所有；③確定在建工程增減變動的記錄是否完整；④確定在建工程的計價方法是否正確；⑤確定在建工程減值準備的計提是否充分、完整，方法是否恰當；⑥確定在建工程減值準備的會計處理是否正確；⑦確定在建工程及其減值準備的期末餘額是否正確；⑧確定在建工程及其減值準備的披露是否恰當。

（二）在建工程帳戶的實質性程序

（1）獲取或編製在建工程明細表，復核加計正確。並與總帳數和明細帳合計數核對相符，結合減值準備科目與報表數核對相符。

（2）檢查在建工程項目期末餘額的構成內容，並實地觀察工程現場。

（3）檢查本期在建工程的增加數。

①對於重大建設項目，取得有關工程項目的立項批文、預算總額和建設批准文件，以及施工承包合同、現場監理施工進度報告等業務資料。

②對於支付的工程款，應抽查其是否按照合同、協議、工程進度或監理進度報告分期支付，付款授權批准手續是否齊備，會計處理是否正確；取得監理報告等資料檢查估計的發包進度是否合理。

③對於領用的工程物資，抽查工程物資的領用是否有審批手續，會計處理是否正確。

④對於應負擔的職工薪酬，結合應付職工薪酬的審計，檢查應計入在建工程的職工薪酬範圍、計量和會計處理是否正確。

⑤對於借款費用資本化。應結合長短期借款、應付債券或長期應付款的審計，檢查借款費用（借款利息、折溢價攤銷、匯兌差額、輔助費用）資本化的起訖日的

界定是否合規，計算方法是否正確，資本化金額是否合理，會計處理是否正確。

⑥檢查工程管理費、徵地費、可行性研究費、臨時設施費、公證費、監理費及應負擔的稅費等資本化的金額是否合理、真實和完整，會計處理是否正確。

（4）檢查本期在建工程的減少數

①瞭解在建工程結轉固定資產的政策，並結合固定資產審計。檢查在建工程結轉是否正確，是否存在將已經達到預計可使用狀態的固定資產仍然掛在在建工程，少計折舊的情況。

②檢查已完工程項目的竣工決算報告、驗收交接單等相關憑證以及其他轉出數的原始憑證，檢查會計處理是否正確。

③取得因自然災害等原因造成的單項工程或單位工程報廢或毀損的相關資料，檢查其會計處理是否正確。

（5）檢查在建工程進行負荷聯合試車生產時發生的費用及試車生產形成的產品或副產品，在對外銷售或轉為庫存時的會計處理是否正確。

（6）查詢在建工程項目保險情況，復核保險範圍和金額是否足夠。

（7）如果被審計單位為上市公司，應將與募集資金相關在建工程的增減變動情況與披露的募集資金使用情況進行核對。

（8）檢查是否有長期掛帳的在建工程。如有，瞭解原因，並關注是否可能發生損失，檢查減值準備計提是否正確。

（9）檢查有無與關聯方的工程建造或代開發業務是否經適當授權，交易價格是否公允。

（10）結合長、短期借款等項目，瞭解在建工程是否存在抵押、擔保情況。如有，應取證記錄，並提請被審計單位做必要披露。

（11）檢查在建工程合同，確定是否存在與資本性支出有關的財務承諾。

（12）確定在建工程的披露是否恰當。

（三）在建工程減值準備的實質性程序

（1）獲取或編製在建工程減值準備明細表，復核加計正確，與總帳數和明細帳合計數核對相符。

（2）檢查在建工程減值準備計提和轉銷的批准程序，取得書面報告等證明文件。

（3）檢查被審計單位計提在建工程減值準備的依據是否充分及會計處理是否正確。

（4）檢查已計提減值準備的在建工程，關注其項目的進展及可行性，考慮是否需要提出審計調整建議。

（5）檢查被審計單位處置在建工程時，原計提的減值準備是否同時結轉，會計處理是否正確。

（6）檢查是否存在轉回在建工程減值準備的情況。按照《企業會計準則》的規定，在建工程減值損失一經確認，在以后會計期間不得轉回。

（7）確定在建工程減值準備的披露是否恰當。根據《企業會計準則第 8 號——資產減值》的規定，企業應當在財務報表附註中披露：①當期確認的在建工程減值損失金額。②企業提取的在建工程減值準備累計金額。如果發生重大在建工程減值損失的，還應當說明導致重大在建工程減值損失的原因以及當期確認的重大在建工程減值損失的金額。

第十一章
生產循環審計

學習目標：

通過本章學習，你應該能夠：
- 瞭解生產循環的特性以及與之相關的各項具體測試目標的確定；
- 理解生產循環的審計方案，並根據重大錯報風險評價所識別的預警信號對測試方案進行完善和修改；
- 掌握存貨的確認、截止、監盤、計價等主要實質性審計程序；
- 掌握生產成本、主營業務成本的分析性程序等主要實質性審計程序。

[引例] 銀廣夏公司全稱為廣夏（銀川）實業股份有限公司（000557），曾因其驕人的業績和誘人的前景而被稱為「中國第一藍籌股」。2001年8月，銀廣夏公司虛構財務報表事件被曝光。財務造假從購入原材料開始：虛構了幾家單位作為天津廣夏的原材料提供方，虛假購入萃取產品原材料蛋黃粉、姜、桂皮、產品包裝桶等物，並到黑市上購買了發票、匯款單、銀行進帳單等票據，偽造了這幾家單位的銷售發票和天津廣夏發往這幾家單位的銀行匯款單；偽造了萃取產品虛假原料入庫單、班組生產記錄、偽造萃取產品生產記錄、產品出庫單等；原材料購買批量很大，都是整數噸位，一次購買上千噸桂皮、生姜，整個廠區恐怕都盛不下，而庫房、工藝不許外人察看；產品萃取技術高溫高壓高耗電，但水電費1999年僅為20萬元，2000年僅為70萬元；以天津廣夏萃取設備的產能，即使通宵達旦運作，也生產不出所宣稱的數量；況且出售合同中的某些產品，根本不能用二氧化碳超臨界萃取設備提取；天津廣夏萃取產品出口價格高到近乎荒謬，利潤率高達46%（2000年），而深滬兩市農業類、中草藥類和葡萄釀酒類上市公司的利潤率鮮有超過20%的。專家意見認為，天津廣夏出售的是「不可能的產量、不可能的價格、不可能的產品」。

思考：專家判斷的依據是什麼？

第一節 生產循環與審計策略

一、典型生產交易與關鍵控制

生產循環交易從計劃生產開始到產成品發運出庫為止，所涉及的主要業務活動包括：①計劃和安排生產；②發出原材料；③生產產品；④核算生產成本；⑤核算

在產品；⑥儲存產成品；⑦發出產成品等。主要業務活動涉及的部門有生產計劃部門、倉庫、生產部門、人事部門、銷售部門、會計部門。

生產與存貨流程圖如圖 11-1 所示。

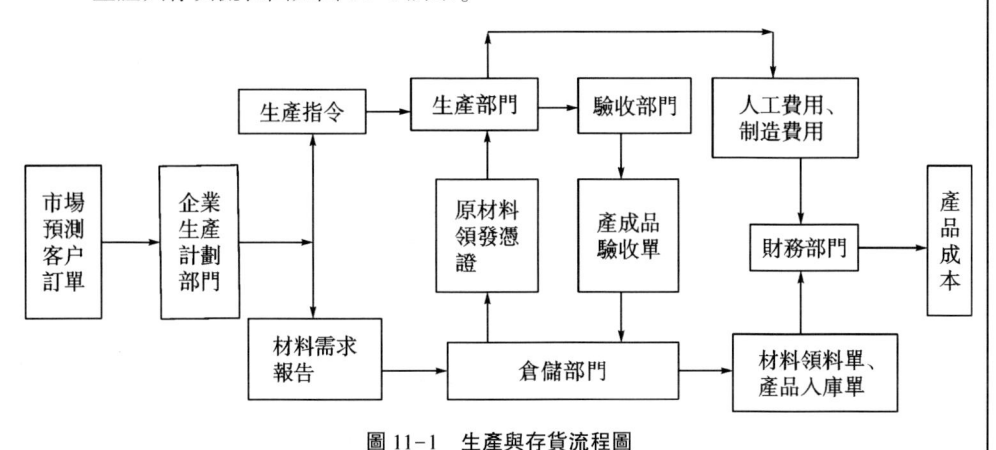

圖 11-1　生產與存貨流程圖

以製造業為例，生產循環所涉及的主要業務活動包括：①計劃和安排生產；②發出原材料；③生產產品；④核算產品成本；⑤儲存產成品；⑥發出產成品等。上述業務活動通常涉及生產計劃部門、倉庫部門、生產部門、人事部門、銷售部門、會計部門等。

(一) 計劃和安排生產

生產計劃部門的職責是根據客戶訂購單或者對銷售預測和產品需求的分析來決定生產授權。如決定授權生產，即簽發預先順序編號的生產通知單。該部門通常應將發出的所有生產通知單順序編號並加以記錄控制。此外，通常該部門還需要編製一份材料需求報告，列示所需要的材料和零件及其庫存。

(二) 發出原材料

倉庫部門的責任是根據從生產部門收到的領料單發出原材料。領料單上必須列示所需的材料數量和種類，以及領料部門的名稱。領料單可以一料一單，也可以多料一單，通常需一式三聯。倉庫發料后，一聯連同材料交給領料部門，一聯留在倉庫登記材料明細帳，一聯交會計部門進行材料收發核算和成本核算。

(三) 生產產品

生產部門在收到生產通知單及領取原材料后，便將生產任務分解到每一個生產工人，並將所領取的原材料交給生產工人，據以執行生產任務。生產工人在完成生產任務後，將完成的產品交生產部門查點，然后轉交檢驗員驗收並辦理入庫手續；或是將所完成的產品移交下一個部門，做進一步加工。

(四) 核算產品成本

為了正確核算並有效控制產品成本，必須建立健全成本會計制度，將生產控制和成本核算有機結合在一起。一方面，生產過程中的各種記錄、生產通知單、領料單、計工單、入庫單等文件資料都要匯集到會計部門，由會計部門對其進行檢查和

核對，瞭解和控制生產過程中存貨的實物流轉；另一方面，會計部門要設置相應的會計帳戶，會同有關部門對生產過程中的成本進行核算和控制。

（五）儲存產成品

產成品入庫，須由倉庫部門先行點驗和檢查，然后簽收。簽收后，將實際入庫數量通知會計部門。據此，倉庫部門確立了本身應承擔的責任，並對驗收部門的工作進行驗證。除此之外，倉庫部門還應根據產成品的品質特徵分類存放，並填製標籤。

（六）發出產成品

產成品的發出須由獨立的發運部門進行。裝運產成品時必須持有經有關部門核准的發運通知單，並據此編製出庫單。出庫單一般為一式四聯：一聯交倉庫部門，一聯由發運部門留存，一聯送交顧客，一聯作為給顧客開發票的依據。

該循環涉及的憑證和記錄主要包括：

（1）生產指令：是企業下達製造產品等生產任務的書面文件，用以通知生產車間組織製造、供應部門組織材料發放、會計部門組織成本核算。

（2）領、發料憑證：是企業為控制材料發放所採用的各種憑證。

（3）產量和工時記錄：是登記工人或班組在出勤內完成產品數量、質量和生產這些產品所耗費工時數量的原始記錄。常見的有工作通知單、工序進程單、工作班產量報告、產量通知單、產量明細表、廢品通知單等。

（4）工薪匯總表和工薪費用分配表：工薪匯總表反應了企業全部工薪的結算情況，它是進行工薪核算和分配工薪費用的依據；工薪費用分配表反應了各生產車間各產品應負擔的生產工人工薪及福利費。

（5）材料費用分配表：使用一匯總反應各車間、各產品所耗費材料費用的原始憑證。

（6）製造費用分配表：使用一匯總反應各車間、各產品所應負擔的製造費用的原始憑證。

（7）成本計算單：是用於歸集某一成本計算對象所應承擔的生產費用，計算該成本計算對象的總成本和單位成本的記錄。

（8）存貨明細帳：是用於反應各種存貨增減變動情況和期末庫存數量及相關成本信息的會計記錄。

二、審計目標的確定

存貨的實質性程序和已銷產品成本的實質性程序是生產循環的主要內容。其測試目標主要包括以下幾個方面：

（1）確定資產負債表日記錄的全部存貨是否存在、現有存貨是否均盤點並計入存貨總額；

（2）確定對所有存貨是否均有所有權，且存貨未做抵押；

（3）確定存貨的計價是否無重大錯誤、金額正確；

(4) 確定存貨年末的採購截止與年末的銷售截止是否恰當；
(5) 確定存貨的分類是否正確，在財務報表上的披露是否恰當。

三、關鍵控制測試

(一) 生產循環的內部控制及關鍵控制點

生產循環交易從領料、生產加工到銷售產成品時結束，組成生產循環的交易實際上都是在企業內部發生的。該循環最顯著的特點是實物流與價值流的分離。所以，該循環的控制分為對實物流收、發、存的控制和對成本費用的控制兩大控制系統。

1. 實物流控制

實物流控制主要指存貨的收、發、存的控制措施和程序。在生產循環中，產品的品種和數量一般由生產控制部門根據顧客訂單、銷貨合同、市場預測等來確定，並下達生產計劃和通知單。依據實物流轉程序控制的要求，各個生產環節的相關部門必須制定嚴格的責任制度，由監督人員從生產領料開始到產品完工入庫為止的全過程進行有效的控制，以避免生產脫節、在產品積壓、交接班崗位責任不清、違章操作造成的殘次品、材料物資的丟失毀損等。此外，生產部門還應及時編製生產報告，通知倉庫保管部門、會計部門及時進行會計記錄，保證財產物資的安全。

2. 價值流控制

價值流控制主要指成本會計制度控制，包括成本費用管理和成本費用會計兩個方面。

成本費用管理即對成本費用支出業務進行計劃、控制進行考核。其具體內容包括：①確定成本控制目標和成本計劃；②制定各項消耗定額，包括直接材料、直接人工和製造費用定額；③編製成本、費用預算；④對各項成本費用指標進行分解，建立成本費用歸口、分級管理責任制；⑤定期進行成本費用考核與評價。

成本費用會計即對成本費用支出業務進行反應和監督的內部控制。其具體內容包括：①制定成本費用控制制度，明確成本開支範圍、開支標準；②建立各項支出的手續批准、審核制度；③設置相應的會計帳戶，選擇適當的成本計算方法；④合理歸集與分配各項費用，確定產品生產成本；⑤對各項費用的歸集與分配結果進行復核；⑥定期進行成本分析，查明企業成本變動的趨勢和原因。

3. 生產循環的關鍵控制點

(1) 書面文件（如生產通知單、領發料憑證、產量和工時記錄、人工費用分配表、材料費用分配表、製造費用分配表等）都必須預先編號並定期登記入帳；

(2) 文件單據上應註明審批、帳戶的記錄（借方和貸方）以及帳戶記錄的復核，以確保正確的授權、記錄和責任；

(3) 對於聯機的電子數據處理系統，應有正確的輸入編輯控制，從而為所有的交易都經過了授權並且進行了正確記錄提供合理的保證；

(4) 生產指令、領料單以及工資的支付都必須經過合理的授權審批；

(5) 成本的核算應以經過審核的生產通知單、領發料憑證、產量和工時記錄、

人工費用分配表、材料費用分配表、製造費用分配表為依據；

（6）採用適當的成本核算方法，並且前后期一致；

（7）所有存貨的移動（如原材料從驗收到入庫、原材料從倉庫到生產、產品從生產到完工，產成品從完工到發貨等）都應該通過憑證進行記錄，從而分清責任；

（8）存貨的驗收和保管必須由不同的人員進行，並與其他職責相分離；

（9）必須保證存貨的安全，並制定固定的接觸限制規定保證其安全；

（10）必須經常將存貨的永續盤存記錄與存貨實有數進行核對；

（11）每年必須在審計人員的監督下進行存貨盤點。

表 11-1 列示的是生產成本控制目標、關鍵控制測試。

表 11-1

內部控制目標	關鍵的控制測試
根據管理層一般或特定的授權進行生產業務（發生）	以下三個關鍵點應履行恰當手續，經過特別審批或一般審批：①生產指令的授權批准；②領料單的授權批准；③工薪的授權批准。
按實際發生而非虛構的業務記錄成本（發生）	檢查有關成本的記帳憑證是否附有生產通知單、領發料憑證、產量和工時記錄、工薪費用分配表、材料費用分配表、製造費用分配表等原始憑證的順序，編號是否完整。
所有耗費和物化勞動均已反應在成本中（完整性）	檢查生產通知單、領發料憑證、產量和工時記錄、工薪費用分配表、材料費用分配表、製造費用分配表的順序，編號是否完整。
成本以正確的金額，在恰當的會計期間及時記錄於適當的帳戶（發生，完整性、準確性、計價和分攤）	選取樣本。測試各種費用的歸集和分配以及成本的計算；測試是否按照規定的成本核算流程和帳務處理流程進行核算和帳務處理。
對存貨實施保護措施，保管人員與記錄、批准人員相互獨立(完整性)	存貨保管與記錄人員職務相分離；詢問和觀察存貨與記錄的接觸以及相應的批准程序。
帳面存貨與實際存貨定期核對相符（存在、完整性、計價和分攤）	詢問和觀察存貨定期盤點程序。

表 11-2 列示的是工薪控制目標以及關鍵的控制測試。

表 11-2

內部控制目標	關鍵控制測試
工薪均經正確批准（發生）	審查人事檔案；檢查工時卡的有關核准說明；檢查工薪記錄中有關內部檢查的標記；檢查人事檔案中的授權；檢查工薪記錄中有關核准的標記。
記錄的工薪為真是而非虛構（發生）	檢查工時卡的核准說明；檢查工時卡；復核人事政策、組織結構圖。

表11-2(續)

內部控制目標	關鍵控制測試
所有已發生的工薪支出已作記錄（完整性）	審查工資分配表、工資匯總表、工資結算表，並核對員工工資手冊、員工手冊等。
工薪以正確的金額，在恰當的會計期間及時記錄於適當的帳戶（發生、完整性、準確性、計價和分攤）	選取樣本測試工資費用的歸集和分配；測試是否按照規定的帳務處理流程進行帳務處理。
人事、考勤、工薪發放、記錄之間相互分離（準確性）	詢問和觀察各項職責執行情況。

四、重大錯報風險評估與實質性程序方案

生產循環涉及的資產負債表項目主要是存貨（包括材料採購或在途物資、原材料、材料成本差異、庫存商品、發出商品、商品進銷差價、委託加工物資、委託代銷商品、受託代銷商品、週轉材料、生產成本、製造費用、勞務成本、存貨跌價準備等）、應付職工薪酬等；所涉及的利潤表項目主要是營業成本等項目。同前兩章的介紹相同，從大多數管理層舞弊的案例來看，管理層有時可能為了粉飾經營情況而有意在資產負債表中多記資產和在利潤表中漏記相關費用。所以，在該循環中，當被審計單位管理層具有高估利潤的動機時，審計人員往往更多的關注管理層利用生產循環實物流與價值流分離的特點，以及生產循環交易的大量性和複雜性，蓄意地高估資產、低估費用行為。

高估存貨項目和低估已銷產品成本是該循環審計的重大風險。審計人員必須廣泛而深入地關注存貨的存在性和計價問題；而在費用測試時，除非有理由懷疑其存在高估，否則審計人員必須重點關注完整性，即關注低估的可能性。

該循環涉及的重大錯報風險集中體現存貨收入與發出採用了不正確截止期；錯誤劃分資本性支出和費用性支出的界限，例如：生產能力閒置損失的資本化、固定資產修理費的資本化；存貨成本核算違反成本核算規程，為達到平滑利潤的目的人為地調節成本；不正確的計提資產減值。這些將對完整性、截止、發生、存在、準確性和分類認定產生影響。

有關支出循環交易的重大錯報風險的討論內容，對生產與存貨交易基本上是適用的，但生產與存貨交易也有其自身的特點。以製造類企業為例，影響生產循環交易和余額的重大錯報風險可能還有：

（1）生產循環交易的數量龐大、存貨種類的多元化增加了錯誤和舞弊的風險；

（2）成本計算基礎的複雜性增減了成本核算風險；

（3）某些存貨項目的可變現淨值難以確定產生的計價風險；

（4）由於存貨存放地點的分散而增加商品途中毀損或遺失的風險，或者導致存貨在兩個地點被重複列示，產生轉移定價的錯誤或舞弊等的風險；

（5）企業間存貨的相互寄存而產生的所有權的認定風險。

根據生產循環的審計目標和可能的錯報，在制訂審計方案時有兩種思路：①以

銷售成本帳戶為準對照檢查生產通知、料、工、費單據等憑證，防高估行為；②以生產通知、料、工、費單據憑證為準對照銷售成本帳簿，防低估行為。測試方式主要表現為抽查驗證。

審計人員在制訂初步測試方案時，應先運用分析性復核程序，對整體合理性進行判斷，避免在測試時對某一個方向過於強調而忽略了其他可能存在的錯報。但如果有證據表明可能存在某方面的特定風險時，審計人員應及時調整測試方案，選擇針對發現低估負債或藏匿費用的測試程序。

生產循環實質性程序應實施一般測試程序的前提假定是：在分析性程序、企業經營狀況和行業研究以及內部控制測試與評價中沒有引起審計人員懷疑的事項時，不需要對初始測試程序進行重大修改。當生產循環中可能存在的重大錯誤或舞弊的風險因素時，審計人員就有必要執行相應的擴展測試程序。

表 11-3 給出了一個生產循環中審計目標與審計證據、審計程序聯繫在一起的模型，以作為形成實質性程序的全面方案的參考。

表 11-3　　　　　　　　　　支出循環的實質性程序

一、採購、生產和存貨	
管理當局認定與測試目標	測試證據與測試程序
存在性和完整性： ＊存貨是真實存在的嗎？	文件證據： ＊審閱客戶的存貨盤點計劃，包括： (1) 盤點的時間與地點； (2) 盤點數量的計算程序； (3) 盤點數量的記錄方法（標籤、清單或卡片）； (4) 過期存貨與寄銷商品的處理； (5) 處於生產過程中的存貨的盤點方法。
	實物證據： ＊觀察存貨的盤點過程，執行以下程序： (1) 測試存貨數量的計算準確性，將其與存貨標籤或清單相比較； (2) 記錄測試的數據並與最終的存貨清單相比較； (3) 將被測試存貨的移動範圍限制在一定的區域之內； (4) 填寫標籤或清單的連續編號，並保管好其複印件； (5) 記錄可能的過期存貨或過量儲存的存貨； (6) 關注環境狀況，如盤點安排的合理性、存貨的安全性； (7) 記錄處於生產過程中的存貨的完工程度； (8) 驗證代銷商品沒有作為存貨記錄； (9) 確定在途存貨是否應包括在盤點範圍之內。
	詢證證據： ＊函證存放於公共倉庫的存貨和寄銷存貨。

表11-3(續)

權利、義務與估價： ＊客戶擁有存貨的所有權嗎？ ＊存貨是以成本與市價孰低法恰當地計價嗎？ ＊存貨的有關交易被記錄在恰當的會計期間嗎？	文件證據： ＊執行截止測試： (1) 獲取存貨監盤前的最後一張收單、銷售發票、發貨單、裝運單，並記錄其數量； (2) 在監盤過程中追查在途存貨的原始憑證； (3) 在存貨終結測試時，追查最後一筆存貨採購和銷售記錄； (4) 檢查資產負債表日前後一段時期的有關存貨的文件資料，尤其是銷售發票、銷售單、發貨單、裝運單、驗收單等； (5) 從原始資料追查到會計記錄以確定是否存在存貨的漏報，從會計記錄核實到原始資料以確定所記錄的存貨的真實性。 ＊檢查存貨的調整記錄，以確定已將存貨的帳面記錄調整至與實物盤點數一致。 ＊執行期末存貨的計價測試： (1) 成本會計系統應作為期中測試階段執行控制測試的組成部分。 (2) 追查期末的存貨計價至已審核的價格清單。已審核的原材料價格應該包括運輸費而不應包括折讓費，完工產品的價格應以經審核的標準成本記錄，在產品的價格應以完工百分比記錄。 (3) 進行成本與市價孰低法的測試。 (4) 確定在盤點標籤或盤點清單上標記為「過期」或「低週轉率」的存貨的計價的恰當性。 ＊追查審計人員對盤點標籤或盤點清單的複印件至客戶的期末存貨清單： (1) 對已計算和未計算的存貨均執行這種測試； (2) 確定客戶沒有私自增加標籤點數或清單數。 ＊細察存貨清單上所列的大額存貨，追查至審計人員存貨標籤或清單複印件上的相關數據，以發現重大的存貨記錄差錯。 計算證據： ＊測試存貨清單的擴展性列表（明細表）和解釋性說明： (1) 包括大額項目和剩餘項目中抽取的樣本； (2) 考慮使用計算機輔助測試。 分析性證據： ＊使用毛利率法估計期末存貨： (1) 將之與已審額相比； (2) 若有重大差異，調查其原因。
表達與披露：	口頭證據： ＊詢問以下事項： (1) 有無過期存貨； (2) 有無存貨抵押； (3) 有無寄銷存貨； (4) 是否進行了存貨截止； (5) 存貨的用途，是生產、消費還是用來轉售。

表11-3(續)

二、無形資產和研發費用	
管理當局認定與測試目標	測試證據與測試程序
存在性和完整性： ＊已記錄的無形資產真實存在嗎？	文件證據： ＊審閱支持無形資產存在的相關文件資料： (1) 專利、版權和商標； (2) 特許權和兼併協議。 ＊核查無形資產取得和處置的原始資料： (1) 包括研發費用； (2) 特別關注將購得的無形資產借記為研發費用或將研發費用借記為無形資產。 ＊檢查重要的會議記錄，以確定無形資產的取得或處置是經過恰當的授權的。 分析性證據： ＊將無形資產的攤銷額和研發費用與以前年度和預算額相比，調查其重大的變動或差異。
計價和所有權： ＊外購的無形資產是否以購置成本減去累計攤銷額列報？ ＊是否將研發費用按企業會計準則的要求費用化？	文件證據： ＊抽取部分無形資產，追查其取得和處置： (1) 檢查相關協議； (2) 檢查已封存的支票； (3) 特別關注研發費用的資本化和關聯交易； (4) 從處置無形資產的收款收據追查至銀行對帳單。 計算證據： ＊重新計算無形資產的處置利得或損失。 ＊抽取部分項目無形資產，評估其攤銷期限的合理性並重新計算其攤銷額
披露： ＊所報告的無形資產能帶來未來的經濟利益嗎？	分析性證據： ＊將無形資產與其所帶來的收入相聯繫，以評估其未來經濟利益的大小。 ＊確定是否要按照企業會計準則的要求進行減值測試： (1) 審閱管理當局有關減值測試的文件； (2) 檢查減值測試的批准報告和現金流量預測報告； (3) 確定已減值的無形資產的帳面值不超過其公允價值。 ＊將研發費用與以前年度相比，調查其重大變動（可能是由於對支出的錯誤分類所致）。 口頭證據： ＊詢問管理當局及其法律顧問有關無形資產的或有事項（如違反專利的法律訴訟）。 ＊若有關事項表明無形資產存在可能的減值，就這一情況詢問管理當局。

表11-3(續)

三、流動負債和經營性費用	
管理當局認定與測試目標	測試證據與測試程序
存在性和完整性： ＊所有的負債均已在資產負債表中做了反應嗎？	詢證證據： ＊獲得律師的回函，以確定需要調整或附註披露的事項。 ＊對貸款進行銀行函證。 文件證據： ＊尋找未入帳的負債： (1) 檢查資產負債表日前後一段時間的已付款和未付款的發票，確定其已計入了恰當的會計期間； (2) 核查客戶對未入帳負債的年末調整； (3) 審查貸款協議以確定應計利息的存在。 分析性證據： ＊將年末流動負債的應計額與以前年度相比，以確定重大的變動或漏報。 口頭證據： ＊詢問有關或有事項的存在。 ＊獲得管理當局聲明書。
計價： ＊管理當局對一些應計負債的估計合理嗎？	計算證據： ＊在測試的基礎上，重新計算以下項目： (1) 應計利息； (2) 應計納稅額； (3) 產品質量擔保負債； (4) 養老金成本與負債； (5) 假期支付； (6) 紅利分享與獎金。
表達和披露； 重大的或有事項已在報表中恰當反應了嗎？	文件證據： 檢查相關的文件資料，以確定或有負債是否已恰當地披露。 分析性證據： 查看以前年度的財務報表，以確定是否需要在當期報表以附註的形式披露有關事項。

第二節　典型實質性程序

一、銷售成本的實質性程序

銷售成本是指企業從事對外銷售商品、提供勞務等主營業務活動所發生的實際成本。以製造業的產成品銷售為例，它由期初庫存產品成本加上本期入庫產品成本，再減去期末庫存產品成本求得的。

销售成本的審計目標一般包括：①確定記錄的銷售成本是否已發生，並與被審計單位有關；②確定所有應當記錄的銷售成本均已記錄；③確定與銷售成本有關的金額及其他數據已恰當記錄；④確定銷售成本已記錄於正確的會計期間；⑤確定銷售成本已記錄到恰當的帳戶；⑥確定銷售成本已做出恰當的列報。

銷貨成本的實質性程序包括直接材料成本的實質性程序、直接人工成本的實質性程序、製造費用的實質性程序和主營業務成本的實質性程序等內容。

（一）分析性程序

分析性程序在生產循環測試中佔有重要地位。審計人員在生產循環測試中往往需大量運用分析性程序來獲取測試證據，並協助形成恰當的測試結論。常用的主要是簡單比較分析法和比率分析法兩種。

1. 簡單比較法

在生產環節的分析性復核中，通常進行簡單比較的包括：

（1）比較前後各期及本年度各個月份存貨餘額及其構成，已確定期末存貨餘額及其構成的整體合理性；

（2）比較前後各期製造費用、待攤費用、預提費用的，評價其構成及總體合理性；

（3）對比每月存貨成本差異率，以確定是否存在調節成本的現象；

（4）比較前後各期及本年度各月份的生產成本總額及單位生產成本，以確定本期生產成本的總體合理性；

（5）比較前後各期及本年度各月份的工資費用發生額，以確定本期工資費用的總體合理性；

（6）比較前後各期及本年度各月份的主營業務成本總額及單位銷售成本，以確定主營業務成本的總體合理性；

（7）比較前後各期及本年度各月份的直接材料成本，以評價本期直接材料成本的總體合理性；

（8）將存貨餘額與現有的訂單、資產負債日後各期的銷售額和下一年度的預期銷售額進行比較，以評價存貨滯銷和跌價的可能性；

（9）將存貨跌價損失準備與本年度存貨處理損失的金額相比較，判斷被測試單位是否計提足額的跌價損失準備；

（10）將與關聯企業發生的存貨交易的頻率、規模、價格和帳款結算條件與非關聯企業相比較，判斷被測試單位是否利用與關聯企業的存貨交易虛構業務交易，調節利潤等。

例如，某企業本年度與上年度製造費用各構成項目的對比分析表（見表11-4）。

表11-4　　　　　　　　製造費用項目分析表

項　目	本年數（元）	比　重（%）	上年數（元）	增減比例（%）
工　資	50,000.00	43.98	50,000.00	—
房租費	8,400.00	7.39	7,000.00	20

表11-4(續)

項　　目	本年數（元）	比　重（%）	上年數（元）	增減比例（%）
折舊費	36,996.69	32.54	15,574.00	37.55
修理費	4,813.00	4.23	12,904.00	-62.7
水電費	13,479.71	11.86	13,749.60	-1.96
合　　計	113,689.40	100	99,227.60	14.57

從表11-4中可以看出，除工資與上年保持一致以外，房租費和折舊費呈一定幅度的增長，修理費大幅減少，水電費小幅減少。經分析，其主要原因是：本年業務增長，各項費用相應提高，特別是新增一條流水線，使固定資產折舊大幅增加；上年對固定資產進行大修，而本年未進行固定資產大修理，致使修理費大幅下降。

2. 比率分析法

通常，採取的比率分析法主要是存貨週轉率和毛利率。

(1) 存貨週轉率。存貨週轉率是用以衡量銷售能力和存貨是否積壓的指標。其計算公式為：

$$存貨週轉率 = \frac{主營業務成本}{平均存貨} \times 100\%$$

利用存貨週轉率進行橫向分析或縱向分析時，要求存貨計價保持一致。存貨週轉率波動，可能存在以下情況：①有意或無意的減少存貨儲備；②存貨管理或控制程序發生變動；③存貨成本發生變動；④存貨核算方法發生變動；⑤存貨跌價準備計提基礎或衝銷政策發生變動；⑥銷售額發生大幅度變動。

(2) 毛利率。毛利率是反應盈利能力的主要指標，用以衡量成本控制和銷售價格的變化。其計算公式為：

$$毛利率 = \frac{主營業務收入 - 主營業務成本}{主營業務收入} \times 100\%$$

毛利率的變動可能存在以下情況：①銷售價格發生變動；②銷售產品總體結構發生變動；③單位產品成本發生變動；④固定製造費用比重較大時銷售數量發生變動。

(二) 直接材料成本的實質性程序

直接材料成本的實質性程序一般應從審閱材料和生產成本明細帳入手，抽查有關的費用憑證，驗證企業產品直接耗用材料的數量、計價和材料費用分配是否真實、合理。其主要內容包括：

(1) 抽查產品成本計算單，檢查直接材料成本的計算是否正確，材料費用的分配標準與計算方法是否合理恰當，是否與材料費用分配總表中該產品分配的直接材料費用相符；

(2) 檢查直接材料耗用數量的真實性，有無將非生產用材料計入直接材料費用；

(3) 分析比較同一產品前後各年度的直接材料成本，如有重大波動應查明

原因；

（4）抽查材料發出及領用的原始憑證，檢查領料單的簽發是否經過授權，材料發出匯總表是否經過適當的人員復核，材料單位成本計價方法是否適當，是否正確及時入帳；

（5）對採用定額成本或標準成本的企業，應檢查直接材料成本差異的計算、分配與會計處理是否正確，並查明直接材料的定額成本、標準成本在本年度內有無重大變更。

（三）直接人工成本的實質性程序

直接人工成本的實質性程序的主要內容包括：

（1）抽查產品成本計算單，檢查直接人工成本的計算是否正確，人工費用的分配標準與計算方法是否合理和恰當，是否與人工費用分配總表中該產品分配的直接人工費用相符；

（2）將本年度的直接人工成本與前期比較，查明其異常波動的原因；

（3）分析比較本年度各個月份的人工費用發生額，如有異常波動，應查明原因；

（4）結合應付工資的檢查，抽查人工費用會計記錄和會計處理是否正確；

（5）對採用標準成本法的企業，應檢查直接人工成本差異的計算、分配與會計處理是否正確，並查明直接人工的標準成本在本年度內有無重大變更。

（四）製造費用的實質性程序

製造費用是企業為生產產品或提供勞務而發生的間接費用。製造費用的實質性程序的主要內容包括：

（1）匯總或編製製造費用匯總表，並與明細帳、總帳核對相符，抽查製造費用中的重大數額項目及例外項目是否合理。

（2）審閱製造費用明細帳，檢查其核算內容及範圍是否合理，並應注意是否存在異常會計事項，重點查明有無將不應列入成本費用的支出計入製造費用。

（3）必要時對製造費用進行截止測試，確定有無跨期入帳的情況。

（4）檢查製造費用的分配是否合理。重點查明製造費用的分配方法是否符合企業自身的生產技術條件，是否體現受益原則。分配方法一經確定，是否在相當時期內保持穩定，有無隨意變更的情況；分配率和分配額的計算是否正確，有無人為估計的情況。

（5）對採用標準成本法的企業，應抽查標準製造費用的確定是否合理，計入成本計算單的數額是否正確，製造費用的計算、分配與會計處理是否正確，並查明標準製造費用在本年度內有無重大變動。

（五）主營業務成本的實質性程序

主營業務成本實質是企業對外銷售商品、產品，對外提供勞務等發生的實際成本。它是由期初庫存產品成本加上本期入庫產品成本，減去期末庫存產品成本求得的。對主營業務成本的測試，應通過審閱主營業務成本明細產成品明細帳等記錄並核對有關的原始憑證和記帳憑證進行。其主要內容包括：

（1）獲取或編製主營業務成本明細表，與明細帳和總帳核對相符。

（2）編製生產成本及銷售成本倒軋表（見表11-5），與總帳核對相符。

表11-5　　　　　　　　　生產成本及銷售成本倒軋表　　　　　　　　單位：元

項　目	未　審　數	調整或中分類金額借(貸)	審　定　數
原材料年初餘額	14,890,431.71 √		14,890,431.71
加：本期購進	79,093,031.76	-2,000,000.00	79,093,031.76
減：原材料年末餘額	16,225,103.68 √		14,225,103.68
其他發出額	14,461,503.53		14,461,503.53
直接材料成本	63,296,856.26		61,296,856.26
加：直接人工成本	3,064,212.00		3,064,212.00
製造費用	931,653.08		931,653.08
生產成本	75,677,721.34		73,677,721.34
加：在產品年初餘額	1,652,837.95 √		1,652,837.95
減：在產品年末餘額	1,798,810.95 √		1,798,810.95
產品生產成本	75,531,748.34		73,531,748.34
加：產成品年初餘額	8,468,933.15 √		8,468,933.15
減：產成品年末餘額	9,218,411.62 √		9,218,411.62
銷售成本	74,782,269.87 √		72,782,269.87
測試說明：√同有關存貨帳戶年初或年末餘額核對一致，費用歸集、成本計算結果正確。			
測試結論：通過勾稽關係進一步核對，材料成本、生產成本和銷售成本可以確認。			

（3）分析比較本年度與上年度主營業務成本總額，以及本年度各月份的主營業務成本金額，如有重大波動和異常情況，應查明原因。

（4）結合生產成本的測試，抽查銷售成本數額結轉的正確性，並檢查其是否與銷售收入配比。

（5）檢查主營業務成本帳戶中重大調整事項（如銷售退回）是否有其充分理由。

（6）確定主營業務成本在財務報表中已恰當披露。

二、存貨的實質性程序

存貨是指企業在日常活動中持有以備出售的產成品或商品、處在生產過程中的在產品、在生產過程或提供勞務過程中耗用的材料和物料等。

通常情況下，存貨對企業經營特點的反應能力強於其他資產項目，存貨的重大錯報對於流動資產、營運資本、總資產、銷售成本、毛利以及淨利潤會產生直接的影響，對於利潤分配和所得稅等項目，也具有間接影響，審計中許多複雜和重大的問題都與存貨有關。存貨審計通常是審計中最複雜也最費時的部分，對存貨存在性和存貨價值的評估常常十分困難。導致存貨審計複雜的主要原因包括：

（1）存貨通常是資產負債表中的一個主要項目，而且通常是構成營運資本的最大項目。

（2）存貨存放於不同的地點，這使得對它的實物控制和盤點都很困難。

（3）存貨項目的多樣性也給審計帶來了困難。如化學製品、寶石、電子元件以及其他的高科技產品。

（4）存貨本身的陳舊以及存貨成本的分配也使得存貨的估價出現困難。

（5）允許採用的存貨計價方法的多樣性。

（一）監盤

監盤是指審計師現場觀察被審計單位存貨的盤點，並對已盤點的存貨進行適當檢查。由此可見，存貨監盤有兩層含義：一是審計師應親臨現場觀察被審計單位存貨的盤點；二是在此基礎上，審計師應根據需要抽查已盤點的存貨。

定期盤點存貨、合理確定存貨的數量和狀況是被審計單位管理層的責任。實施存貨監盤，獲取有關期末存貨數量和狀況的充分、適當的審計證據是審計師的責任。

監盤針對的主要是存貨的存在認定，審計師監盤存貨的目的在於獲取有關存貨數量和狀況的審計證據，以確證被審計單位記錄的所有存貨確實存在，已經反應了被審計單位擁有的全部存貨，並屬於被審計單位的合法財產。存貨監盤作為存貨審計的一項核心審計程序，通常可以同時實現上述多項審計目標。

1. 監盤計劃

審計師應當根據被審計單位存貨的特點、盤存制度和存貨內部控制的有效性等情況，在評價被審計單位存貨盤點計劃的基礎上，編製存貨監盤計劃，對存貨監盤做出合理安排。

在編製存貨監盤計劃時，審計師應當實施下列審計程序：

（1）瞭解存貨的內容、性質、各存貨項目的重要程度及存放場所。針對存貨項目的重要程度需要考慮：①存貨與淨資產、其他資產的相對金額及內在聯繫；②各類存貨的相對金額；存放於各不同地點存貨的相對金額。

（2）瞭解與存貨相關的內部控制，見表 11-6。

表 11-6　　　　　　　　　　存貨相關的內部控制

環節	控制總目標	基本控制措施	更有效的控制措施
採購	所有交易都已獲得了適當的授權與批准	使用購貨訂單	使用連續編號，採購價格已確定，並獲得批准的購貨訂單，並存在定期清點核算的程序。
驗收	所有收到的貨物都已得到記錄	使用驗收報告單	由一個獨立設置的部門負責驗收貨物，該獨立設置的部門具有存貨實物驗收，確定所記錄的存貨數量，編製驗收報告，將驗收報告傳送至會計核算部門以及運送貨物至倉庫等一系列職能。

表11-6(續)

環節	控制總目標	基本控制措施	更有效的控制措施
存儲	確保與存貨的接觸必須得到管理當局批准	使用圍障	使用複雜的保安措施以保護存貨免受意外損毀或盜竊，並設置適當的存儲設施以保護存貨免受意外損毀或破壞。
領用	所有存貨的領用均應得到批准	使用部門存貨領用單	對存貨領用申請單進行清點核算。
加工(生產)	對所有的生產過程做出適當的記錄	使用生產報告	使用產品質量缺陷報告和零廢物件報告。
裝運	所有的裝運都已得到了記錄	使用裝運文件	由銷售部門做出裝運指令，使用預先編號的裝運單以便定期清點核算，並由此形成日後開具收款帳單的依據。

（3）評估與存貨相關的重大錯報風險和重要性。

存貨的固有風險和控制的有效性是導致重大錯報風險產生的主要因素。

影響固有風險的因素主要有：①存貨的數量和種類；②成本歸集的難易程度；③運輸的便捷程度；④廢舊過時的速度或易損壞的程度；⑤遭受失竊的難易程度。可能增加審計複雜性與固有風險的情況有：①長期的製造過程；②固定價格合約；③商品存貨；④服裝與其他時裝相關行業；⑤鮮活、易腐商品存貨；⑥具有高科技含量的存貨；⑦單位價值高昂的存貨。

（4）查閱以前年度的存貨監盤工作底稿。

（5）考慮實地察看存貨的存放場所特別是金額較大或性質特殊的存貨。

（6）考慮是否需要利用專家的工作或其他審計師的工作。

（7）復核或與管理層討論其存貨盤點計劃。

2. 在復核或與管理層討論其存貨盤點計劃時，審計師應當考慮的主要因素

（1）盤點的時間安排；

（2）存貨盤點範圍和場所的確定；

（3）盤點人員的分工及勝任能力；

（4）盤點前的會議及任務布置；

（5）存貨的整理和排列，對毀損、陳舊、過時、殘次及所有權不屬於被審計單位的存貨的區分；

（6）存貨的計量工具和計量方法；

（7）在產品完工程度的確定方法；

（8）存放在外單位的存貨的盤點安排；

（9）存貨收發截止的控制；

（10）盤點期間存貨移動的控制；

（11）盤點表率的設計、使用與控制；

（12）盤點結果匯總以及盤盈或盤虧的分析、調查與處理。

3. 編製存貨監盤計劃的主要內容

（1）存貨監盤的目標、範圍及時間安排；
（2）存貨監盤的要點及關注事項，包括審計師實施存貨監盤程序的方法、步驟，各個環節應注意的問題、所要解決的問題以及盤點期間的存貨移動、存貨的狀況、存貨的截止確認、存貨的各個存放地點及金額等；
（3）參加存貨監盤人員的分工；
（4）確定存貨的檢查範圍。

4. 存貨監盤程序

存貨監盤程序是綜合控制測試和實質性程序兩種方式的集合程序，包括觀察程序和檢查程序。監盤的目的：確證盤點計劃得到適當的執行（控制測試），證實存貨實物總額（實質性程序）。監盤的範圍：所有盤點工作小組的盤點內容以及難以盤點或隱蔽習慣較強的存貨。

（1）觀察

在被審計單位盤點存貨前，審計人員應當觀察盤點現場，確定應納入盤點範圍的存貨是否已經適當整理和排列，並附有盤點標示，防止遺漏或重複盤點。對未納入盤點範圍的存貨，審計師應當查明原因。

對所有權不屬於被審計單位的存貨，審計師應當取得其規格、數量等有關資料。確定是否已分別存放、標明，且未被納入盤點範圍。

審計人員在實施存貨監盤過程中，應當跟隨被審計單位安排的存貨盤點人員，注意觀察被審計單位事先制訂的存貨盤點計劃是否得到了貫徹執行，盤點人員是否準確無誤地記錄了被盤點存貨的數量和狀況。

（2）檢查

審計人員應當對已盤點的存貨進行適當檢查，將檢查結果與被審計單位盤點記錄相核對，並形成相應記錄。

檢查的範圍通常包括每個盤點小組盤點的存貨以及難以盤點或隱蔽性較強的存貨。需要說明的是，審計人員應盡可能避免讓被審計單位事先瞭解將抽取檢查的存貨項目。

在檢查已盤點的存貨時，審計人員應當從存貨盤點記錄中選取項目追查至存貨實物，以測試盤點記錄的準確性；審計師還應當從存貨實物中選取項目追查至存貨盤點記錄，以測試存貨盤點記錄的完整性。

（3）需要特別關注的情況

①應當特別關注存貨的移動情況，防止遺漏或重複盤點。

②應當特別關注存貨的狀況，觀察被審計單位是否已經恰當區分所有毀損、陳舊、過時及殘次的存貨。

③應當特別關注存貨的截止，應當獲取盤點日前后存貨收發及移動的憑證，檢查庫存記錄與會計記錄期末截止是否正確。具體而言，對期末存貨進行截止測試時，通常應當關注：一是所有在截止日以前入庫的存貨項目是否均已包括在盤點範圍內，並已反應在截止日以前的會計記錄中；任何在截止日期以后入庫的存貨項目是否均未包括在盤點範圍內，也未反應在截止日以前的會計記錄中。二是所有在截止日以

前裝運出庫的存貨項目是否均未包括在盤點範圍內，且未包括在截止日的存貨帳面餘額中；任何在截止日期以後裝運出庫的存貨項目是否均已包括在盤點範圍內，並已包括在截止日的存貨帳面餘額中。三是所有已確認為銷售但尚未裝運出庫的商品是否均未包括在盤點範圍內，且未包括在截止日的存貨帳面餘額中。四是所有已記錄為購貨但尚未入庫的存貨是否均已包括在盤點範圍內，並已反應在會計記錄中。

（4）對特殊類型存貨的監盤

在審計實務中，審計師應當根據被審計單位所處行業的特點、存貨的類別和特點以及內部控制等具體情況，並在通用的存貨監盤程序基礎上，設計關於特殊類型存貨監盤的具體審計程序。

①如果由於被審計單位存貨的性質或位置等原因導致無法實施存貨監盤，審計師應當考慮能否實施替代審計程序，獲取有關期末存貨數量和狀況的充分、適當的審計證據。審計師實施的替代審計程序主要包括：一是檢查進貨交易憑證或生產記錄以及其他相關資料；二是檢查資產負債表日後發生的銷貨交易憑證；三是向顧客或供應商函證。

②如果因不可預見的因素導致無法在預定日期實施存貨監盤或接受委託時被審計單位的期末存貨盤點已經完成，審計師應當評估與存貨相關的內部控制的有效性，對存貨進行適當檢查或提請被審計單位另擇日期重新盤點；同時測試在該期間發生的存貨交易，以獲取有關期末存貨數量和狀況的充分、適當的審計證據。

③委託其他單位保管或已做質押的存貨。對被審計單位委託其他單位保管的或已做質押的存貨，審計師應當向保管人或債權人函證。如果此類存貨的金額占流動資產或總資產的比例較大，審計師還應當考慮實施存貨監盤或利用其他審計師的工作。

④首次接受委託的情況。當首次接受委託未能對上期期末存貨實施監盤，且該存貨對本期財務報表存在重大影響時，如果已獲取有關本期期末存貨餘額的充分、適當的審計證據，審計師應當實施下列一項或多項審計程序，以獲取有關本期期初存貨餘額的充分、適當的審計證據。一是查閱前任審計師工作底稿；二是復核上期存貨盤點記錄及文件；三是檢查上期存貨交易記錄；四是運用毛利百分比法等進行分析。

5. 存貨監盤結束時的工作

在被審計單位存貨盤點結束前，審計師應當再次觀察盤點現場，以確定所有應納入盤點範圍的存貨是否均已盤點；並檢查已填用、作廢及未使用盤點表單的號碼記錄，確定其是否連續編號，查明已發放的表單是否均已收回，並與存貨盤點的匯總記錄進行核對。審計師應當根據自己在存貨監盤過程中獲取的信息對被審計單位最終的存貨盤點結果匯總記錄進行復核，並評估其是否正確地反應了實際盤點結果。

如果存貨盤點日不是資產負債表日，審計師應當實施適當的審計程序，確定盤點日與資產負債表日之間存貨的變動是否已做正確的記錄。

（二）存貨的截止測試

存貨截止測試的目的是確定有關存貨的交易記入了合理的會計期間。這裡存貨

截止測試包括對於存貨的採購截止（Purchases Cut Off）和銷售截止測試（Sales Cut Off）。存貨採購截止測試的關鍵是確定實物存貨納入盤點範圍的時間和存貨引起的借貸雙方會計科目的入帳時間都處於同一會計期間；由於被審計單位提前或推遲確認收入和相應的資產，都會虛增或虛減當期的收入和資產，所以年終存貨的銷售截止測試的關鍵是必須確定所有的銷售記入正確的會計期間。

在檢查採購和銷售的正確的截止測試時，審計人員必須確認以下事項：

（1）所有在截止日期以前入庫的存貨項目均已包括在盤點範圍內並已反應在帳簿之中，且任何在截止日期以後入庫的存貨項目均未包括在盤點範圍內，也未反應在帳簿記錄之中；

（2）所有在截止日期以前裝運出庫的存貨項目均未包括在盤點範圍內且未反應在帳簿之中，任何在截止日期以後裝運出庫的存貨項目均已包括在盤點範圍內，並已反應在帳簿記錄之中；

（3）所有已確認為銷售，但尚未裝運出庫的商品均未包括在盤點範圍內且未反應在帳簿之中；

（4）所有已記錄為購貨，但尚未入庫的存貨均已包括在盤點範圍內並已反應在帳簿之中；

（5）在途存貨和被審計單位直接向其顧客發運的存貨均已得到了適當的會計處理。

存貨截止測試的方法：

（1）抽查盤點日前后的購貨發票與驗收報告；

（2）查閱驗收部門的業務紀錄。

在確定一個採購或銷售事項是否發生在期末以前，審計人員必須檢查表明所有權轉移的相關證明文件。收貨日期、發貨日期以及運輸條款往往是判斷所有權轉移的基本因素。如果運輸協議是 FOB 條款，那麼一旦貨物由運輸公司發出，所有權就轉移給了購買者；如果運輸協議是 CIF 條款，那麼只有在收到貨物以后，所有權才轉移給購買者。與採購和銷售相關的驗收報告、供貨商的發票、運單、運費發票以及銷售發票等原始憑證都為我們提供了必要的證據。

作為採購和銷售截止測試的一部分，審計人員在存貨監盤的過程中必須關注發運和收貨文件，並向企業獲取存貨盤點前的最后一張驗收單（或入庫單）、最后一張貨運文件（或出庫單），並且把它們與發出或收到的商品聯繫在一起。在年終測試中，應根據這些單據追溯到銷售或採購記錄，以確定它們是否記入了本年的採購和銷售之中。

除了將年終的商品與相應的文件核對外，審計人員還必須測試期末前后幾天的採購和銷售交易，以確定所有權轉移的時點，同時區分交易應該記錄的會計期間。為達到這個目的，審計人員需要檢查 12 月 31 日前后一段時期的銷售發票、出庫單、裝運發票、驗收報告、供應商發票和運輸發票等原始憑證，然后確定交易應記入哪個會計期間。發貨日、收貨日和運輸條款將幫助審計人員識別商品所有權的轉移。例如，年終在途存貨是銷售在途，如果運輸協議是 CIF 條款，這些存貨就應該包含

在被測試單位的期末存貨中，銷售也不應該被記錄；如果採購在途，並且供貨商是以 FOB 價格條件發出的，那麼這些存貨的所有權在商品發運時就已經轉移給了被測試單位，應當被包括在被測試單位的期末存貨中，並且應該記錄到採購中。

在選擇截止測試樣本時，審計人員應該以截止日為界限，分別向前倒推或向後順推若干日，按順序選取較大金額購貨業務的發票或驗收報告做測試樣本。測試樣本時，審計人員應該同時進行「從憑證到帳戶記錄」和「從帳戶記錄到憑證」這兩個方向的測試，這樣就能夠保證在更大程度上發現有意的錯誤和無意的疏漏。

由於採購、銷售和存貨截止日期的不一致而引起的一些重要性的錯誤，列示在表 11-7 中。截止測試完成后，對於發現的錯誤，審計人員應提請被審計單位做必要的帳務調整。

表 11-7　　　　　　　　　　　存貨截止錯誤的影響

截止日期：2015 年 12 月 31 日

錯誤類型	期末存貨	採購	銷售	對當年損益的影響
2015 年 30,000 元採購未入帳。 A：包括在期末存貨中 B：不包括在期末存貨中	無影響 低估	低估 低估	無影響 無影響	高估 30,000 元 無影響
2016 年 30,000 元採購記入 2015 年。 A：包括在期末存貨中 B：不包括在期末存貨中	高估 無影響	高估 高估	無影響 無影響	無影響 低估 30,000 元
2016 年 66,000 元的銷售被記入 2015 年，其中成本是 40,000 元。 A：包括在期末存貨中 B：不包括在期末存貨中	無影響 低估	無影響 無影響	高估 高估	高估 66,000 元 高估 26,000 元
2015 年 66,000 元銷售被記入 2016 年，其中成本是 40,000 元。 A：包括在期末存貨中 B：不包括在期末存貨中	無影響 高估	無影響 無影響	低估 低估	低估 66,000 元 低估 26,000 元

（三）存貨的計價測試

為驗證財務報表上存貨余額的真實性，還必須對存貨的計價進行測試，即確定存貨實物數量和永續盤存記錄中的數量是否經過正確地計價和匯總。存貨計價測試主要是針對被審計單位所使用的存貨單位成本是否正確所做的測試。

1. 樣本的選擇

在實施存貨的計價測試時，審計人員應該從單價和總金額已經記入存貨匯總表的已盤點的結存存貨中選擇要進行測試的樣本。選擇樣本時應著重選擇結存余額較大且價格變化比較頻繁的項目，同時考慮樣本的代表性。審計人員可以將存貨按照單價和數量多少進行分層抽樣。

2. 計價方法的確認

存貨的計價方法多種多樣，被審計單位應結合企業會計準則的基本要求選擇符

合自身特點的計價方法。審計師除應瞭解掌握被審計單位的存貨計價方法外，還應對這種計價方法的合理性與一貫性予以關注，沒有足夠理由，計價方法在同一會計年度內不得變動。

3. 計價測試

進行計價測試時，審計人員應關注計價的準確性：首先應對存貨價格的組成內容予以審核，然后按照所瞭解的計價方法對所選擇的存貨樣本進行計價測試。測試時，應盡量排除被審計單位已有計算程序和結果的影響，進行獨立測試。測試結果應與被審計單位帳面記錄對比，編製對比分析表，分析形成差異的原因。如果差異過大，應擴大測試範圍，並根據審計結果考慮是否應提出審計調整建議。

例如，審計師張某測試 Y 公司「存貨——產成品」項目，通過「計價性測試」測試程序，發現 Y 公司 V 產品的計價情況如表 11-8 所示。

表 11-8
單位：元

項目	本月購進			本月發出			本月結存		
	數量	單價	金額	數量	單價	金額	數量	單價	金額
11 月							3,500	258	903,000
12 月	26,000	246	6,396,000	275,000	246	6,765,000	2,000	267	534,000

根據審計人員對 Y 公司 V 產品地計價測試分析，不論該公司發出商品採用何種計價方式，上述計價過程均屬錯報。期末單價既高於本月入庫單價 246 元，又高於期初單價 258 元，可以判斷 Y 公司在計價過程中存有錯誤或舞弊的可能。

存貨成本的審計也可以被視為存貨計價測試的一項內容，為確保用於期末存貨計價的成本的合理性，審計人員必須確定被審計單位的成本系統能否產生可靠的存貨成本數據。審計人員如果對被審計單位的存貨計價方法和成本計算方法滿意，就能夠信賴被審計單位在計算期末存貨價格時所使用的單位價格。

在對測試存貨的估價測試時，審計人員必須關注以下幾點：

（1）原材料是以成本與市價孰低法進行計價的，比較典型的原材料成本等於當前供貨商的價格減去適用的現金折扣，再加上運輸費用。

（2）成本會計系統已經足額地把原材料、勞動力以及正常開支的適當金額分配給了完工產品。如果一個成本系統把過多的製造費用分配給期末存貨，而將很少的一部分分配給已銷售商品，或者該成本系統以全額成本反應週轉率慢的商品和廢品，那麼使用這樣的成本系統通常會高估資產和淨收益，審計人員需要仔細審查，以確認是否存在此類問題。

（3）成本會計系統能夠對不同完工程度產品的成本進行識別確認，從而可以採用約當產量計價法。

（4）在原材料取得、產品生產以及產品處置時，被測試單位採用了一種可接受的方法將成本分配到產品中去。先進先出法、加權平均法、后進先出法以及都是可接受的計價方法。

（5）對於那些週轉較慢的商品、廢品以及其他一些商品，應以不超過其可變現淨值的價值在資產負債表上列示。

在存貨計價審計中，由於被審計單位對期末存貨採用成本與可變現淨值孰低的方法計價，所以審計師應充分關注其對存貨可變現淨值的確定及存貨跌價準備的計提。

可變現淨值是指企業在日常活動中，存貨的估計售價減去至完工時估計將要發生的成本、估計的銷售費用以及相關稅費后的金額。企業確定存貨的可變現淨值，應當以取得的確鑿證據為基礎，並且考慮持有存貨的目的以及資產負債表日後事項的影響等因素。

表11-9對以上所述的存貨審查的實質性測試進行了概括，但它並沒有包括所有的測試程序。在審計人員形成對存貨的測試結論的過程中，有關存貨監盤（存在性）和存貨計價（估價和所有權）的程序是最重要的程序。

表11-9　　　　　　　　採購、生產與存貨的實質性測試

分析性程序 　1. 將採購額、期末存貨銷售毛利與以前年度和行業平均值相比，並記錄重大差異； 　2. 計算主要類別的存貨週轉率，將之與以前年度和行業平均值相比，記錄其波動。
其他實質性測試程序 　1. 復核客戶的存貨盤點計劃，以評估其完整性和充分性； 　2. 觀察客戶的存貨盤點，必要時對存放在客戶經營場所以外的存貨進行函證或檢查； 　3. 進行採購和銷售的截止測試； 　4. 檢查客戶的存貨帳戶上所列的存貨數量是否與盤點記錄相符； 　5. 以經審核的價格和成本記錄測試存貨的計價； 　6. 從盤點標籤追查至存貨清單，以核實存貨的數量； 　7. 仔細審查金額超過10,000萬元的存貨清單，從審計人員對存貨盤點標籤的複印件追查其相關的數據； 　8. 對期末存貨清單的擴展性附註說明進行測試； 　9. 詢問管理當局是否有過期作廢的存貨或是否將存貨作為到期貸款的抵押品。

第十二章
籌資與投資循環審計

學習目標：

通過本章學習，你應該能夠：
- 瞭解籌資與投資循環的特性以及與之相關的各項具體測試目標的確定；
- 理解設計籌資與投資循環的審計方案，並根據重大錯報風險評價所識別的預警信號對測試方案進行完善和修改；
- 掌握該循環的主要實質性程序。

第一節　循環交易與審計策略

一、典型交易與關鍵控制

籌資是企業通過籌集資本或舉債，以改變其資本及債務的構成和規模的一種企業活動；投資是指企業為享有被投資單位分配的利潤或為謀求其他利益，將資產讓渡給其他單位而獲得另一項資產的活動。籌資與投資循環由籌資活動和投資活動的交易事項構成。籌資活動主要由借款交易和股東權益交易組成；投資活動主要由權益性投資交易和債權性投資交易組成。

籌資的主要業務活動包括：

(1) 審批授權。企業通過借款籌集資金或債券的發行每次均要由管理層和董事會授權；企業發行股票必須依據國家有關法規或企業章程的規定，報經企業最高權力機構（如董事會）及國家有關管理部門批准。

(2) 簽訂合同或協議。向銀行或其他金融機構融資須簽訂借款合同，發行債券須簽訂債券契約和債券承銷或包銷合同。

(3) 取得資金。企業實際取得銀行或金融機構劃入的款項或債券、股票的融入資金。

(4) 計算利息或股利。企業應按有關合同或協議的規定，及時計算利息或股利。

(5) 償還本息或發放股利。銀行借款或發行債券應按有關合同或協議的規定償還本息，融入的股本根據股東大會的決定發放股利。

籌資活動涉及的主要憑證和會計記錄有：債券、股票、債券契約、股東名冊、

公司債券存根簿、承銷或包銷協議、借款合同或協議、有關記帳憑證、有關會計科目的明細帳和總帳。

投資的主要業務活動包括：

（1）審批授權。投資業務應由企業的高層管理機構進行審批。

（2）取得證券或其他投資。企業可以通過購買股票或債券進行投資，也可以通過與其他單位聯合形成投資。

（3）取得投資收益。企業可以取得股權投資的股利收入、債券投資的利息收入和其他投資收益。

（4）轉讓證券或收回到期的其他投資。

投資活動涉及的主要憑證和會計記錄有：股票或債券、經紀人通知書、債券契約、企業的章程及有關協議、投資協議、有關記帳憑證、有關會計科目的明細帳和總帳。

二、審計目標的確定

該循環測試的主要目標是揭示誇大投資和掩飾負債的行為，著重強調對投資高估和負債低估的測試。

（1）確認已記錄的籌資與投資交易在被測試期間內是否實際發生，確認資產負債表日各項投資、負債以及所有者權益是否存在；

（2）確認所有應當記錄的交易和事項是否都已記錄，確定籌資與投資交易均已記錄（完整性）、所有者權益增減變動的記錄是否完整；

（3）確認所有籌資與投資交易均已以恰當的金額記入恰當的期間和恰當的帳戶；

（4）確認記錄的借款是否為被審計單位應當履行的現時義務，確認記錄的投資是否為被審計單位完全的所有權；

（5）確認籌資與投資交易是否以恰當的金額包括在財務報表中，與之相關的計價調整是否已恰當記錄；

（6）確認各項籌資與投資交易的披露是否已按照企業會計準則的規定在財務報表中做出恰當列報。

三、關鍵控制測試

（一）籌資活動的相關內部控制

企業的借款交易涉及短期借款、長期借款和應付債券，這些內部控制基本類似。籌資活動的內部控制一般包括以下內容：

（1）籌資的授權審批控制；

（2）籌資循環的職務分離控制；

（3）籌資收入款項的控制；

（4）還本付息、支付股利等付款項的控制；

（5）實物保管的控制，如債券和股票都應設立相應的登記簿，詳細登記已核准

發行的債券和股票有關事項；

（6）會計記錄的控制。籌資業務的會計處理較為複雜，企業應及時地按正確的金額、合理的方法、在適當的帳戶和合理的會計期間予以正確記錄。

（二）投資活動的相關內部控制

投資活動的內部控制應該包括以下幾個方面：

（1）投資計劃的審批授權控制。投資必須編製投資計劃，詳細說明投資的對象、投資目的、影響投資收益的風險，所有投資計劃及其審批應當用書面文件予以記錄。

（2）投資業務的職責分工控制。

（3）投資資產的安全保護控制。企業對投資資產（股票和債券）一般有兩種保管方式：一種由獨立的專門機構保管，另一種由企業自行保管。

（4）投資業務會計記錄控制。對於股票或債券類投資，無論是企業擁有的還是由他人保管的，都要進行完整的會計記錄，並對其增減變動及投資收益的實現情況進行相關會計核算。

（三）籌資與投資循環的關鍵控制點

籌資與投資循環的關鍵控制是審批授權制度。

表 12-1 和表 12-2 中所列示的內容，目的在於幫助審計師掌握設計實現審計目標的審計方案的方法。在實際操作中，審計師應運用上述方法，根據被審計單位的具體情況，設計富有效率和效果的審計方案。

表 12-1　　　　　　籌資活動的控制目標與控制測試

內部控制目標	關鍵控制測試
借款和所有者權益帳面餘額在資產負債表日確實存在，借款利息費用和已支付的股利是由被審計期間真實事項引起的。（存在或發生）	索取借款或發行股票的授權批准文件，檢查權限恰當否，手續齊全否；索取借款合同或協議、債券契約、承銷或包銷協議。
借款和所有者權益的增減變動及其利息和股利已登記入帳。（完整性）	觀察並描述其職責分工；瞭解債券持有人明細資料的保管制度，檢查被審計單位是否將其與總帳或外部機構核對。
借款均為被審計單位承擔的債務，所有者權益代表所有者的法定求償權。（權利與義務）	
借款和所有者權益的期末餘額正確。（計價和分攤）	抽查籌資業務的會計記錄，從明細帳抽取部分會計記錄，按原始憑證到明細帳、總帳順序核對有關數據和情況，判斷其會計處理過程是否合規完整。
借款和所有者權益在資產負債表上披露正確。（列報）	觀察職務是否分離。

表 12-2　　　　　　　　投資活動的控制目標與控制測試

內部控制目標	常用控制測試
投資帳面余額為資產負債表日確實存在，投資收益（或損失）是由被審期間實際事項引起。（存在與發生）	索取投資的授權批文，檢查權限恰當否，手續齊全否； 索取投資合同或協議，檢查是否合理有效； 索取被投資單位的投資證明，檢查其是否合理有效。
投資增減變動及其收益損失均已登記入帳。（完整性）	瞭解證券資產的保管制度，檢查被審計單位自行保管時，存取證券是否進行詳細的記錄並由所有經手人員簽字。
投資均為被審計單位所有。（權利與義務）	瞭解企業是否定期進行證券投資資產的盤點/審閱盤核報告； 審閱盤核報告，檢查盤點方法是否恰當、盤點結果與會計記錄核對情況以及出現差異的處理是否合規。
投資的計價方法正確，期末余額正確。（計價和分攤）	抽查投資業務的會計記錄，從明細帳抽取部分會計記錄，按順序核對有關數據和情況，判斷其會計處理過程是否合規完整。
投資在資產負債上的披露正確。（列報）	觀察職務是否分離。

四、重大錯報風險評估與實質性程序方案

與銷售與收款循環、採購與付款循環相比，籌資與投資循環業務每筆交易的金額通常較大，漏記或不恰當地對一筆業務進行會計處理，將會導致重大錯報，從而對企業財務報表的公允反應產生較大的影響；該循環的業務如果企業不能從投資中獲得預期回報甚至投資失敗，或不能負擔籌資的成本，或長期借款到期時不能如期償還本息，將導致企業產生持續經營風險。

審計人員瞭解被審計單位的籌資與投資活動，可能對評估財務報表舞弊的風險、從性質角度考慮審計重要性、評估持續經營假設的適用性等有重要影響。

該循環審計的重大風險是誇大投資和掩飾負債的行為。

(一) 查找關聯交易

由於在籌資和投資循環中，關聯方交易發生的頻率非常高，對企業的財務狀況和經營成果的公允表達具有重大影響，對關聯方交易應認真地確認和審查。

關聯方交易帶來的主要測試風險是法律形式與經濟實質之間的潛在背離以及被審計單位將關聯交易作為在各主體間轉移資產的通道。

例如，美國聯邦 Knox Ville 銀行為了防止問題貸款（不良貸款）被審計人員發現，將不良貸款在同一個家族控制的其他銀行間轉移。后來的報告顯示，銀行有 37,700 萬美元（相當於銀行資產的一半）全部或部分無法收回，而其中幾乎一半的問題貸款是貸給聯合銀行的前董事長 Jake F. Butcher 及其親屬的。案例給審計人員的教訓是：當法律形式和經濟實質兩者發生衝突時，根據實質重於形式的原則，審

計人員必須確定財務報表清楚地反應了重大關聯方交易的經濟實質；否則，審計人員將違反職業道德準則中關於「審計人員應該堅持客觀、公正，不受利益衝突的影響，不應該傳遞虛假消息或屈從於其他人的判斷」的規定。

一般來說，顯示關聯交易可能存在的信號有：①複雜的資本結構；②存在重點公司間交易的公司的測試由多個會計師事務所進行，或者其中的部分公司沒有經過測試；③高度複雜的商業實務增加了管理當局掩蓋經濟實質的能力；④臨近期末的、特殊的、高度複雜的重大交易帶來難度較大的實質重於形式的問題。

但是，由於關聯方及其交易的複雜性及內部控制、審計測試的固有限制，審計人員對關聯方及其交易的測試並不能保證發現關聯方及其交易的所有錯報或漏報。

（二）拖欠貸款引起的對持續經營的關注

如果被測試單位擁有大量的未償還負債，審計人員就必須特別關注是否有違反限制性條款或無法支付本金或利息的行為。拖欠借款是無法實現借款協議的一種常見形式，常常導致借款單位要求在特定的期限內償還所有的借款和應計利息，從而引起對被審計單位持續經營的能力的懷疑。

（三）審查衍生金融工具

衍生金融工具公允價值的確定和交易記錄的完整性等可能存在重大錯報風險，對於從事投機性衍生金融工具交易的企業而言，尤其如此。

衍生工具是一種複雜的金融工具，其價值取決於一個或多個基本金融資產或金融指數。投資於衍生金融工具的目的有二：①或是為了增強獲利能力、流動性、變現能力或這些目標的組合；②或是為了規避由於利率、匯率或商品價格變動而帶來的金融風險。被測試單位以獲利為目的的衍生金融工具買賣的測試風險比只是單純地規避損失的測試風險要高。

例如，1994 年，德國 MG 公司利用能源衍生工具彌補了其石油分支機構的 1 億多美元的損失；同樣是 1994 年，Procter & Gamble 公司由於拋售兩個利率互換合約，一次性確認稅前損失 1.57 億美元。

《中國審計師審計準則第 1632 號——衍生金融工具的審計》規定，在財務報表審計中，審計師對審計衍生金融工具的責任是，考慮管理層做出的與衍生金融工具相關的認定是否使得已編製的財務報表符合適用的會計準則和相關會計制度的規定。

由於衍生金融工具的使用日益頻繁，審計人員應該向被測試單位管理當局詢問是否存在衍生金融工具，並仔細檢查合同中是否存在可能的風險敞口和需要確認的損失，確保所有的衍生金融工具都在資產負債表上以公允價值計量反應。審計人員還應該審查報表附註中與衍生金融工具相關的投資政策的披露情況。

在下列情形下，審計師應當考慮利用專家的工作：①衍生金融工具本身非常複雜；②簡單的衍生金融工具應用於複雜的情形；③衍生金融工具交易活躍；④衍生金融工具的估值基於複雜的定價模型。

在籌資與投資循環的實質性程序中，測試的主要目標是揭示誇大投資和掩飾負債的行為，審計人員相應地要關注下列程序：檢查並確認有價證券，閱讀貸款協議

和董事會會議記錄,重新計算應計科目,同時還要重點關注與借款協議和股東權益有關的細節披露情況。

表 12-3 給出了一個籌資與投資循環中審計目標與證據、程序聯繫在一起的模型。

表 12-3　　籌資與投資循環的實質性程序

一、投資交易	
管理當局認定與測試目標	審計證據與測試程序
存在性和完整性: 證券投資是真實存在的嗎?	實物證據: 控制可流通證券、零用現金、庫存現金的缺失替換行為。 檢查證券及其記錄系列號,以備其后與投資明細帳核對。 檢查應收票據。 獲得現金和證券的收據。
	詢證證據: 函證外部代管證券。
權利與義務: 客戶擁有證券的所有權嗎?	實物證據: 檢查證券,以確定客戶是證券的已登記註冊的所有者。 檢查證券,以確定是否存在以證券作為貸款抵押的情況。
	詢證證據: 向客戶以外的證券持有者函證證券的所有權是否歸客戶所有。 向應收票據的發行人函證應收票據的所有權是否歸客戶所有。
計價: 證券是否按恰當標準進行計量: (1) 是否以市價計量用於交易目的的證券; (2) 對持有至到期日的證券是否攤銷其成本; (3) 對重大投資是否採用權益法; (4) 是否以淨現值計量應收票據。	文件證據: 執行截止測試: (1) 參考信用評級機構的股利預測報告以驗證所收到的股利的合理性; (2) 分析公司間的交易並確定是否做了一致的記錄,以發現相關的關聯方交易的存在。 追查或核實已檢查或函證的證券: (1) 從證券清單或證券函證回函順查至投資明細帳,按證券序列號追查以發現缺失證券的替換行為; (2) 從證券投資明細帳逆查至證券清單或函證回函,以發現證券的缺失。 追查證券取得與處置的下列原始資料: (1) 經紀人通知單; (2) 匯款單、收款記錄和銀行對帳單; (3) 已封存支票。 檢查董事會的相關會議記錄,以確定重大的證券投資或處置是否經過恰當的授權,並確定客戶對證券的持有目的和持有時間。 檢查以權益法核算的未合併子公司的損益表。

表12-3(續)

計價： 證券是否按恰當標準進行計量： (1) 是否以市價計量用於交易目的的證券； (2) 對持有至到期日的證券是否攤銷其成本； (3) 對重大投資是否採用權益法； (4) 是否以淨現值計量應收票據。	數學證據： 重新計算長期債券投資的溢價或折價攤銷額。 重新計算證券處置的利得或損失。 重新計算應計利息。 計算內含利息率。 確定可流通證券的年末市場價值： (1) 分別進行長期債券投資和短期證券投資的分析； (2) 確定將其帳面值調整至恰當的市值。
	分析性證據： 將股利和利息收入與以前年度相比，調查其重大變動。
表達與披露： 是否將擁有的證券和應收票據恰當地劃分為流動資產和非流動資產？ 是否對有關的擔保、抵押、利得與損失做了必要的披露？	口頭證據： 詢問管理當局持有證券的原因和所持有的證券的性質。 詢問管理當局有關以證券作為貸款抵押的事項。 詢問相關的關聯方交易。
	文件證據： 檢查董事會的會議記錄，以確定是否存在證券抵押或關聯方交易的情況。 審查是否將權益法核算下的已宣告發放的現金股利作為投資帳面價值的減少。 檢查會議記錄或其他相關的文件，以證實管理當局所聲稱的對各種長短期證券的持有目的和打算持有的時間。

二、借款交易

管理當局認定與測試目標	測試證據與測試程序
存在性與完整性： 有未記錄的負債嗎？ 所有的負債都經過恰當的授權嗎？	文件證據： 檢查以下文件資料，以發現可能的對長期負債的漏記： (1) 租賃協議； (2) 養老金計劃與利潤分享計劃； (3) 銀行函證； (4) 債券條款與抵押合同； (5) 董事會會議記錄。 檢查董事會的會議記錄，以確定對貸款的恰當授權。
	口頭證據： 獲得客戶管理當局聲明書。

表12-3(續)

計價： 長期負債是以淨現值反應的嗎？	詢證證據： 在特定的情況下，對負債進行函證。
	文件證據： 檢查租賃協議，以確定或有租金的存在。 檢查養老金合同，以確定相關的利益歸屬條款。 檢查貸款合同，以確定應計利息。 抽取部分項目予以追查： (1) 所支付的利息； (2) 所支付的租金； (2) 養老金準備。
	數學證據： 抽取部分項目，重新計算： (1) 溢價或折價的攤銷額； (2) 租賃款攤銷額；, (3) 或有租金； (4) 應計利息； (5) 贖回債券的利得或損失； (6) 遞延所得稅的變動； (7) 養老金負債。 在特定的情形下，計算內含利息。
	分析性證據： 將負債及其相關的費用與以前年度相比，調查其重大差異。
	口頭證據： 獲取管理當局聲明書。
表達與披露： 是否將長期負債的流動性部分重分類為流動負債？	文件證據： 審查負債合同，以確定下列事項： (1) 限制性條款及對違反限制性條款的披露的充分性； (2) 抵押條款及對抵押條款披露的充分性； (3) 其他披露要求，如租賃合同下的未來現金流量、債券協議的詳細條款、養老金條款等。

三、所有者權益交易

管理當局認定與測試目標	測試證據與測試程序
計價： 與所有者權益交易有關的利得或損失已恰當地確認了嗎？ 股本交易經恰當授權了嗎？	實物證據： 檢查庫存股票的有關憑證。
	詢證證據： 向股票的登記註冊機構和經紀商函證與股票發行有關的事項。

表12-3(續)

計價： 與所有者權益交易有關的利得或損失已恰當地確認了嗎？ 股本交易經恰當授權了嗎？	文件證據： 檢查董事會會議記錄，以確定已宣布發放的股利和下列事項： (1) 股票的發行； (2) 股票的回購； (3) 股票的註銷； (4) 股票期權。 追查宣布股利發放和股利支付的相關憑證。 追查庫藏股票的相關交易憑證。 核實庫藏股票的發行收入至銀行對帳單。 當股票的發行收入為非現金資產時，檢查該非現金資產的計價。
	數學證據： 重新計算每股盈餘。 重新計算股票期權貸項。 重新計算發放股票股利時對留存收益的減計額。

第二節　籌資活動實質性程序

一、借款的實質性程序

（一）借款實質性程序的目標

1. 確定應當記錄的借款是否存在並是否均已記錄

審計人員必須確定被測試單位帳面上的借款在資產負債表日確實存在。由於一般情況下被測試單位不會高估負債，所以在借款交易測試中，確認借款的完整性，防止借款的低估是關注的重點。

2. 確定借款的估價與分攤是否恰當，與之相關的計價調整是否已恰當記錄

審計人員必須確定借款的期末余額的正確性，包括被測試單位是否使用了合理的方法來攤銷長期負債的溢價或折價，而且是否按期計提了所應支付的利息。如果被測試單位存在債務重組的事項，審計人員必須確定新的債務是否合理入帳，是否將或有支出包括在將來應付債務中，並同時確認由此導致的債務重組收益（或損失）是否正確入帳。

3. 確定借款的列報和披露是否恰當

將負債正確地劃分為流動或非流動是負債測試的一個重要目標。一年內到期的長期負債應反應為流動負債；相反，如果短期負債已打算續借，在符合一定的條件下則要按長期負債披露。除了正確披露負債以及借款利息外，被測試單位還應在報表附註中披露與借款費用有關的信息，包括當期資本化的借款費用金額和當期用於確定資本化金額的資本化率、有關債券逾期或背離借款合同時的限制性條款，租賃的細節、養老金的情況、所得稅和時間性差異的性質、與應付債券和應付抵押款相

關的詳細信息如合同條款、利息率等。

(二) 借款實質性程序

(1) 獲取或編製長期借款明細表，復核其加計數是否正確，並與明細帳和總帳核對相符。

(2) 審查合同協議資料及相關會計記錄。

大多數長期債務都有雙方簽署的合同或協議，對債務合同進行仔細檢查並與會計記錄進行核對，將幫助審計人員確定必要的應計項目和披露信息。

①對年度內增加的長期借款，應檢查借款合同和授權批准，瞭解借款數額、借款條件、借款日期、還款期限、借款利率，並與相關會計記錄相核對；

②對年度內減少的長期借款，審計師應檢查相關記錄和原始憑證，核實還款數額；

③檢查年末有無到期未償還的借款，逾期借款是否辦理了延期手續；

④檢查長期借款的使用是否符合借款合同的規定，重點檢查長期借款使用的合理性；

⑤檢查借款費用的會計處理是否正確。

(3) 向銀行或其他債權人函證重大的長期借款。

(4) 執行重新計算。審計人員應該重新計算下列內容，如果發現與被測試單位的金額不符，則應建議被審計單位進行調整。

①檢查利息收入和支出、金融機構手續費和匯兌損益等明細項目計算的正確性；計算短期借款、長期借款在各個月份的平均余額，選取適用的利率匡算利息支出總額，並與財務費用的相關記錄核對，判斷被審計單位是否高估或低估利息支出，必要時進行適當調整。

②分析計算逾期借款的金額、比率和期限，判斷被審計單位的資信程度和償債能力。

(5) 執行分析程序。審計人員必須將租賃款的分期償還額、利息費用和養老金負債與以前年度的對應數進行比較，並對重大變動進行調查。這個程序有助於發現由於忽視導致的漏記負債。

①將本期財務費用與上期財務費用各明細項目進行比較分析，必要時可以比較本期各月份的財務費用，如果存在重大波動和異常情況應追查原因，擴大測試範圍或增加測試量。

②評價利息率的合理性，如果出現利率較低或無利率的情況，則要考慮可能存在關聯方交易。

(6) 檢查借款的列報與披露是否完整、恰當。

表 12-4、表 12-5 及表 12-6 列示了租賃和長期負債測試的工作底稿。

表 12-4　　　　　　　　　　融資租賃測試工作底稿

X 公司資本租賃　　　　　　　　　　　　底稿號：P-2

編製人：　　　編製日期：　　　復核人：　　　復核日期：

被審計年度：20×2 年

出租方	租賃起始日	租賃中止日	內含利息率	年初應付租賃款	本年支付額
Y 公司 &	01/01/×2	2/31/×6	8%√	1 230,000 *	371,400 ∧
z 公司 &	01/01/×2	12/31/×7	10%√&	2,800,000&	643,000 ∧
L 公司 &	01/01/×1	12/31/×5	10%√	870,000 *	349,840 ∧
合計：				4,900,000	1 364,240

利息	初始租金	年末應付租賃款	流動部分	非流動部分	或有租金
98,400√	273,000	957,000	294,840√	662,160	0
280,000√	363,000	2,437,000	399,300√	2,037,700	0
87,000√	262,840	607,160	289,124√	318,036	80,000√
465,400 @	898,840	4,001,160	983,264@	3,037,700 @	80,000

註：& 表示已將包銷收入追查至收款憑證和銀行對帳單　　√表示已與總帳核對
　　* 表示每期攤銷額，見永久性底稿 PF H1　　　　　　∧表示已查看支票存根

表 12-5　　　　　　　　　長期負債測試工作底稿（一）

X 公司應付抵押債券（票面利率為 12%）　　　　底稿號：P-1

編製人：　　　編製日期：　　　復核人：　　　復核日期：

被審計年度：20×2 年

日期	票面值	利息支付	利息費用	折價攤銷	未攤銷折價	發行價格
01/01/×2	2,000,000				213,551	1 786,449&
03/31/×2		60,000 ∧	62,526 *	2,526 *	2ll 025	
06/30/×2		60,000 ∧	62,614 *	2,614 *	208,411	
		60,000 ∧	62,706 *	2,706 *	205,705	
		60,000 ∧	62,800	2,800 *	202,905√	
合計：	2 000,000 √	240,000	250,646√			

註：& 表示已將包銷收入追查至收款憑證和銀行對帳單　　√表示已與總帳核對
　　* 表示每期攤銷額，見永久性底稿 PF H1　　　　　　∧表示已查看支票存根

表 12-6　　　　　　　　長期負債測試工作底稿（二）

	X 公司應付抵押債券溢折價攤銷表（票面利率為12%）			底稿號：PF P-1
編製人：	編製日期：	復核人：	復核日期：	被審計年度：
期間（季度）	利息支付	利息費用	未攤銷額	帳面余額
0				1,786,449.28
1	60,000.00	62,525.72	(2,525.72)	1 788,975.00
2	60,000.00	62,614.13	(2,614.13)	1,791,589.13
3	60,000.00	62,705.62	(2,705.62)	1,794,294.75
4	60,000.00	62,800.31	(2,800.31)	1 797,095.06
5	60,000.00	62,898.33	(2,898.33)	1 799,993.39
6	60,000.00	62,999.77	(2,999.77)	1 802,993.16
7	60,000.00	63,104.76	(3,104.76)	1 806,097.92
8	60,000.00	63,213.43	(3,213.43)	1,809,311.35
9	60,000.00	63,325.90	(3,325.90)	1,812,637.25
10	60,000.00	63,442.30	(3,442.30)	1,816,079.55
11	60,000.00	63,562.78	(3,562.78)	1 819,642.33
12	60,000.00	63,687.48	(3,687.48)	1,823,329.81
13	60,000.00	63,816.54	(3,816.54)	1,827,146.35
14	60,000.00	63,950.12	(3,950.12)	1,831,096.47
15	60,000.00	64,088.38	(4,088.38)	1,835,184.85
16	60,000.00	64,231.47	(4,231.47)	1,839,416.32
17	60,000.00	64,379.57	(4,379.57)	1,843,795.89
18	60,000.00	64,532.86	(4,532.86)	1,848,328.75
19	60,000.00	64,691.51	(4,691.51)	1,853,020.26
20	60,000.00	64,855.71	(4,855.71)	1 857,875.97
21	60,000.00	65,025.66	(5,025.66)	1,862,901.63
22	60,000.00	65,201.55	(5,201.55)	1 868,103.18
23	60,000.00	65,383.61	(5,383.61)	1,873,486.79
24	60,000.00	65,572.04	(5,572.Q4)	1,879,058.83
25	60,000.00	65,767.06	(5,767.06)	1,884,825.89

債券條款：
面值——2,000,000E　　　　期限（年）——10E　　　　每年付息次數——4E
名義年利率——12%E　　　實際年利率——14%C　　　每期利率——3.50%C
每期付息額——60,000C　　抵押物——土地和房屋 E　　發行日——01/01/20×2
到期日——12/31/20×1　　付息日 03/31E　06/30E　09/30E　12/31E
淨現值 = 發行價 = 1,786,449.28 C
註：E 表示已檢查債務契約；C 表示已計算。

【案例 12-1】 審計師在審查飛達股份有限公司 2015 年度財務報表時，發現該公司在年度內向工商銀行舉借長期借款一筆，長期借款合同規定：①長期借款以公司的商品為擔保；②該公司債務與所有者權益之比應經常保持低於 5：3；③分發股利須經銀行同意；④自 2017 年 1 月 1 日起分期歸還借款。

要求：如果不考慮相關的內部控制系統，審計師審查長期借款項目時，應審查哪些內容？

【案例解析】 審計師針對該公司長期借款，應審查下列內容：

（1）審查該公司長期借款是否經公司董事會批准，有無會議記錄；

（2）查明長期借款合同中的所有限制條件；

（3）驗證長期借款利息費用和應計利息的計算是否正確，復核相關的會計記錄是否健全、完整；

（4）計算債務和所有者權益之比，核實是否低於 5：3 的比例；

（5）查明有無一年內到期的長期借款，並檢查在資產負債表中的列示是否恰當；

（6）抽查商品明細記錄中有無「充作擔保」的記錄。

【案例 12-2】 審計師在審查永大股份有限公司 2015 年 12 月 31 日資產負債表中的「應付債券」項目時，收集到下列資料：①本年度該公司發行為期 5 年的公司債券，債券合同中規定，凡違反合同內任何條款，所有公司債券立即自動到期；②公司應保持不低於 1：1 的速動比率，如果低於該比率，該年度中公司高級管理人員的工資應低於 60 萬；③該公司應將為公司債券擔保的財產，按其實際價值向保險公司投保；④該公司提供擔保的財產，應按規定及時納稅。

要求：針對上述情況，審計師除評審應付債券的內部控制系統外，應審查哪些內容？

【案例解析】 針對永大公司應付債券的具體情況，審計師應審查以下內容：

（1）審查債券合同中的各種條款，查明該公司有無違反債券合同條款；

（2）核實自發行年度起各年末資產負債表中的速動比率，一旦低於 1：1 時，應立即審查高級管理人員的工資是否低於 60 萬元；

（3）查明該公司為債券擔保財產的種類、數量、價值和投保金額，並向保險公司和有關單位進行函證；

（4）向稅務機關函證，查明對債券合同規定的資產納稅情況，審查實際納稅額與帳簿記錄是否一致。

表 12-7 總結了以上列舉的借款交易的基本測試程序，其中將長期負債及其相關費用的本年數與上年數進行比較的分析性程序是最重要的查找負債低估的程序。

表 12-7　　　　　　　　　　借款交易的實質性方案

分析性程序
將長期負債和相關的費用與以前年度相比，調查其重大變動。
其他實質性程序 　　1. 向證券持有人和養老金受益者函證應付債券和養老金。 　　2. 審查銀行函證，以發現未記錄的負債和有關的保證。 　　3. 審查租賃協議，以證實或有租金的存在。 　　4. 檢查養老金合同，以證實相關的利益歸屬條款。 　　5. 檢查貸款合同，以確定應計利息。 　　6. 為以下目的查看貸款合同、債券協議和養老金協議：限制性條款、抵押要求、披露要求。 　　7. 抽取部分項目以核實利息的支付、租金的支付和養老金的準備。 　　8. 抽取部分項目以重新計算：溢折價攤銷額、租金攤銷額、或有租金、應計利息、債券贖回的利得或損失。 　　9. 如必要的話，計算內含利率。

二、所有者權益的實質性程序

企業資產負債表上的所有者權益，是企業投資者對企業淨資產的所有權，包括投資者對企業的投入資本以及企業存續過程中形成的資本公積、盈余公積和未分配利潤。

（一）所有者權益實質性程序的目標

（1）確定記錄的所有者權益是否存在，確定所有應當記錄的所有者權益是否均已記錄。

審計人員在審查所有者權益時，必須首先確定被審計單位與所有者權益有關的投資協議、合同和企業章程、利潤分配的決議、分配方案等方面的內部控制是否存在、有效且一貫遵守，從而為所有者權益各科目的存在和完整提供整體的評價。

（2）資本公積、盈余公積、未分配利潤的增減變動是否符合法律法規和合同、章程的規定，確定所有者權益是否以恰當的金額包括在財務報表中。

在所有者權益交易中，估價認定雖然沒有表達和披露認定重要，但是，審計人員仍然必須確定被測試單位是年利潤轉入的金額是否正確，是否按照規定的比率計提了公積金和公益金，資本公積的核算是否正確等。在測試過程中，審計人員可能要對某些交易的估價方法予以關注。例如，如果被測試單位收到了用於估價作股的非現金資產，審計人員就必須對相關資產的估價進行審查。

庫存股票交易和股票股利也涉及估價問題。對於股票股利，審計人員必須驗證從留存收益轉入的金額的合理性。

（3）所有者權益是否已按照企業會計準則的規定在財務報表中做出恰當列報與披露。

審計人員必須確認被測試單位是否在資產負債表上披露所有者權益各項目的同時，在報表附註中對所有者權益各明細項目在本期間的增減變動，特別是如果存在

所有者變更、註冊資本增加或減少、各所有者出資額的變動等事項進行充分的披露。

如果被測試單位是上市公司，還應該在報表附註中披露與股本有關的重要事項，如股本的種類、各類股本金額及股票發行的數額、每股股票的面值、本會計期間發行的股票等。同時，審計人員還需審查被測試單位對每股盈余的計算和披露情況。雖然每股盈余列示在損益表中，但每股盈余的確定需要對長期債務和所有者權益的組成進行仔細分析。複雜的資本結構要求對每股盈余進行雙重披露，即既要披露稀釋后的每股盈余還要披露基本每股盈余，並要對這兩者之間的關係進行勾稽。此外，其他的披露問題包括股利發放方面的限制、累積優先股股利和股票期權計劃的詳細信息，如股票期權行權日的公允價值等。

（二）所有者權益實質性程序

1. 審查書面文件及相關會計記錄

所有者權益交易具有金額大、次數少的特點，所以幾乎所有的交易都具有相應的授權和證明文件。審計人員必須審查與實收資本（或股本）有關的投資合同或協議、與資本公積轉增股本相關的文件、公積金和公益金計提的條款以及利潤分配（或股利發放）條款等。特別是因為大多數所有者權益交易都要求經過董事會的批准，所以審計人員必須檢查董事會會議備忘錄中對股票發行、股票回購或註銷、股利和股票期權等事項的授權。如果交易已經經過合理授權，那麼審計人員應該驗證相關的原始憑證，如股票發行的收款分錄和存款單、股票期權的行使、庫存股票的銷售或股票回購和股利發放時的款項支出記錄和支票存根。

如果被審計單位存在股票期權政策，審計人員必須審查被測試單位與股票期權協議相關的協議，並檢查其帳務處理和披露是否合理。通過檢查股票期權協議，審計人員也可以確定計量日和遞延補償款的金額。

2. 執行重新計算

審查了被審計單位的所有關於所有者權益的有關文件資料后，審計人員應該對下列項目重新進行計算，以確定被測試單位計算的正確性。

（1）所有者投入資本或股票發行的股本以及相關的發行費用；

（2）接受捐贈、股權投資準備、撥款轉入、外幣折算差額以及其他原因造成的資本公積增加額；

（3）法定盈余公積、法定公益金或任意盈余公積的本期計提額；

（4）留存收益的減少，包括現金股利和股票股利的發放；

（5）本年利潤的結轉以及未分配利潤的期末余額；

（6）股票期權貸方形成的遞延補償款的借方增加；

（7）每股盈余的計算過程；

（8）與庫存股票交易相關的計算。

表12-8總結了以上所述的所有者權益交易的主要實質性方案。

表 12-8　　　　　　　　所有者權益交易的實質性方案

分析性程序
1. 將本年發放的股利與以前年度相比，調查其重大變動。 　2. 將股本帳戶與以前年度相比，記錄所有變動。 　3. 將股票期權貸項與以前年度相比，記錄其增加額。
其他實質性測試程序
1. 向證券登記註冊機構函證股票發行和股利的支付。 　2. 檢查董事會會議記錄中對股利發放的宣布。 　3. 審查董事會會議記錄，以確定對下列事項的恰當授權：股票發行、股票回購；股票期權和股票股利。 　4. 核實股利發放的宣布與支付。 　5. 追查限制性流通股交易。 　6. 審查換取股份的非現金資產的計價。 　7. 重新計算每股收益、股票期權貸項及其攤銷額、股票股利。 　8. 檢查貸款協議和董事會會議記錄，以確定是否存在留存收益方面的限制及其在報表中的恰當披露。 　9. 檢查有關股票期權的合同，以確定是否恰當地披露了期權數、員工參與程度、期權價格和行權日。 　10. 檢查公司章程中對各種股票的描述，以確定是否恰當地披露了有關參與或累計優先股的情況。

第三節　投資活動實質性程序

一、投資循環實質性程序目標

（一）存在性和完整性認定

審計人員必須確定被測試單位資產負債表上的投資帳面余額為確實存在的投資，投資收益（或損失）是由被測試單位期間實際發生的投資交易事項引起的。審計人員必須確定被測試單位所有的投資業務均包括在投資帳戶中，投資的增減變動及其收益（或損益）均已登記入帳。

（二）權利與義務認定

審計人員必須確定被測試單位對投資擁有所有權。如果被測試單位持有他人用以為未償還負債做抵押的證券，那麼該證券的所有權並不屬於被測試單位，因而不應該將其包括在投資帳戶中。而對於被測試單位用於向其他人做抵押的證券投資則必須在財務報表附註中披露，因為該事項的存在將可能影響該項投資的未來所有權。

（三）估價或分攤認定

在測試金融資產的合理估價時，審計人員必須確定被測試單位是否遵循了以下計量標準：

（1）是否將投資合理地劃分為長期股權投資和長期債權投資，投資的入帳價值應符合投資合同或協議的規定；

(2) 長期股權投資的核算是否按規定採用權益法或成本法；
(3) 長期債券投資的溢價或折價是否按有關規定攤銷；
(4) 在資產負債表日前的應計的利息和已宣告發放的股利是否確認入帳；
(5) 期末對短期投資是否計提跌價準備，對長期投資是否計提減值準備；
(6) 對於不包括在合併範圍的子公司必須用權益法核算；
(7) 處置時已實現的收益或損益進入當期損益；
(8) 應收票據應該以可實現淨值來計價，估計的無法收回的應收票據應該進入損益表。

(四) 表達與披露認定

在資產負債表上如何對投資進行分類至關重要。在確定證券投資為流動資產還是非流動資產時，審計人員必須同時考慮變現能力和管理當局的意圖。證券投資為流動資產的條件是：變現能力強，並且管理當局只想短期持有。審計人員應檢查資產負債表上投資項目的數字是否與審定數相符，「一年內到期的長期債權投資」項目的數字是否與審定數相符，若長期投資超過淨資產的50%，是否已在財務報表的註釋中對此做了披露。因為按照《公司法》的規定，除國務院規定的投資公司和控股公司外，公司的累計投資額不得超過本公司淨資產的50%。審查當期的利息和股利收入是否在損益表上報告，但是對於收到的股利，如果對被投資單位採用權益法核算，那麼收到的股利應作為投資的收回。

如果股票、債券在資產負債表日市價與成本有顯著的差異，其中若市價高於成本，審計人員應檢查被審計單位是否對此已經進行了恰當的披露。若市價低於成本，審計人員應檢查被審計單位是否按照會計制度的規定計提了相應的準備；否則，審計人員應考慮在測試報告中反應。

除了投資的金額以外，財務報表還必須在報表內或報表附註內詳細披露下列信息：①估價方法；②抵押情況；③已實現和未實現的收益或損失；④在聯營企業所佔有的股權比例；⑤所有金融工具的市場價值；⑥與關聯方的交易；⑦採用權益法核算的未納入合併報表範圍的子公司的財務狀況、經營成果和現金流量。

二、投資循環實質性程序

(一) 實地盤點投資資產並檢查帳實是否相符

審計人員通常應對被審計單位所擁有的證券進行實地盤點。該程序中，審計人員必須對存放地點的所有可流通證券、庫存現金和現款資金實施控制，以防止被測試單位利用資金或證券的轉移替代來隱瞞證券的短缺。

在進行證券清點時，審計人員應確定證券的持有主體是否為被測試單位，並關注證券是否存在為貸款做抵押的情況。盤點時要有被測試單位有關管理人員在場，並編製盤點結果清單。如果實地盤點工作是在資產負債表日後進行的，審計人員還要根據盤點結果和結帳與盤點日之間的證券增減變動業務的發生情況計算資產負債表日長期投資餘額，然後審計人員將所有的證券編號與投資記錄中的編號進行核對。如果審計人員發現投資記錄中的部分證券被測試單位並沒有實際擁有，或者存在用

相似的證券來暫時替代缺少的證券以掩蓋短缺的行為，那麼被審計單位的證券可能被貪污或挪用。

（二）函證外部代管證券

如果被測試單位的證券存放在企業外部，審計人員可以通過對委託保管人進行函證的方式來代替證券的實地清點。審計人員需要就發行機構的名稱、股票股數或債券的面值、所有者登記的名稱、證券序號和取得成本等進行詢證。但如果存放在企業外部的證券十分重要，那麼審計人員可以選擇前往存放點進行實地清點。

此外，審計人員還應該向票據的出票人函證應收票據。詢證函應該包括與票據相關的抵押要求權和利息或本金的拖欠情況等細節性信息。

（三）審查投資記錄的真實完整

結合投資實地盤點清單，審計人員可以從兩個方面對被審計單位的投資記錄進行審查：一是從實地盤點清單（如果沒有實地盤點清單，則用詢證函回函開始追查到投資記錄，將盤點過程中記錄的證券序號與投資記錄進行核對，這可以幫助審計人員發現用相似證券代替缺失證券的行為；二是從投資記錄追查到盤點清單，則可以發現無法用替代或其他方式掩蓋的短缺行為。

審計人員還應該對股票經紀人的通知單、匯款通知單等代表投資增加和處置的原始憑證進行審查，以確定被測試單位投資增減記錄是否完整。

（四）審查投資的核算方法

我國企業會計準則和企業會計制度的規定，企業的長期股權投資應根據被測試單位是否對被投資企業擁有控制、共同控制或重大影響以及管理層的投資意圖，來確定採用權益法或成本法核算。審計人員可以通過詢問管理層或函證被投資企業確認被測試單位的投資核算方法選擇是否正確。審計人員還可以檢查證實管理層投資意圖的證明文件，如被測試單位投資戰略的書面記錄、投資經理的指導書以及董事會會議備忘錄等。

對於長期債權投資的購買溢價或折價，審計人員必須確定被測試單位是否按照實際利率法或直線法在規定的期限內攤銷。

（五）審查投資收益的確認

審計人員可以通過查詢股利報告來驗證股票股利收入的正確性。如果被測試單位對發行公司已宣告的股利在發放前提前進行確認，審計人員可以通過查詢以前年度的工作底稿來確認。

對於長期債權投資的利息收入，審計人員應按照債券發行人所提供的利率與債券購入日期、存續期等資料計算出每期長期債權投資的應計利息數，並與企業有關的會計記錄核對相符。債券投資的投資收益，不僅包括按利率計算的應計利息數，還包括長期債權投資溢價或折價攤銷額對應計利息的扣減或追加額。

（六）關注關聯方交易

投資活動往往導致關聯方交易，審計人員必須對投資活動中的關聯方交易保持關注。關聯方交易可能產生形式與實質的背離。例如，支付給主要股東的預付款項從法律形式上看是一種借款，但其經濟實質是股利。因為一般來說，不管是公司還

是股東都沒有想過償還這些「預付款」。當法律形式和經濟實質相背離時，審計人員必須做出職業判斷。

審計人員必須對臨近期末發生的公司間交易和公司內交易進行仔細檢查，以確定其被恰當記錄。因為公司間交易和公司內交易往往缺少與之相應的會計處理，即缺少這些交易的會計對稱性，因而可能會導致資產、負債或所有者權益的虛假陳述。審計人員必須對與此相關的原始憑證和會計記錄進行嚴格檢查，並向管理當局詢問該類交易的性質和原因等，以確定是否存在法律形式與經濟實質的背離。

（七）分析性程序

投資中的分析性程序主要在於對投資整體情況的復核，審計人員應該計算短期股票投資、長期股權投資、期貨等高風險投資所占的比例，分析短期投資和長期投資的安全性，要求被測試單位估計潛在的短期投資和長期投資損失。

審計人員還應該計算投資收益占利潤總額的比例，分析被測試單位在多大程度上依賴投資收益，判斷被測試單位盈利能力的穩定性，並將當期確認的投資收益與從被投資單位實際獲得的現金流量進行比較分析，將重大投資項目與以前年度進行比較，分析是否存在異常變動。

（八）審查短期投資跌價準備和長期投資減值準備的計提

根據企業會計制度的規定，企業可以對短期投資按單項投資、投資類別、投資總體採用成本與市價孰低法進行期末計價。審計人員可以向被測試單位索取短期投資的市價和市價的資料來源，計算被審計單位計提的短期投資跌價準備是否正確，以及對跌價回升的帳務處理是否正確等。

對於長期投資減值準備則應向被測試單位索取各項長期投資的市價和市價的資料來源，評價其合理性，據此估計被測試單位計提長期投資減值準備的合理性，並檢查被測試單位對價值回升的長期投資的帳務處理是否正確，如存在差異，應提請被測試單位調整。

表12-9是投資交易的導引表（主表），表12-10是該主表的附表之一，其中包含一些前面所討論的實質性測試程序。

表12-9　　　　　　　　　　　長期投資主表

		長期投資導引表		底稿號：H	
編製人： 被審計單位：	編製日期：	復核人：		復核日期： 被審年度：	
投資項目	期初審定余額 （12/31/×2）	本期增加	本期減少	期末審定額 （12/31/03）	底稿號
X公司普通股	750,000	150,000		900,000	H1
Y公司普通股	160,000	40,000		200,000	H2
Y公司優先股	55,000			55,000	H3
Z公司長期債券	225,000		50,000	175,000	H4
國庫券	100,000	150,000	50,000	200,000	H5
合計	1,290,000	340,000	100,000	1,530,000	

表 12-10   長期投資附表

		對 X 公司的普通股投資		底稿號：H1
編製人：		編製日期：	復核人：	復核日期：
被審計單位：			被審年度：	

			股份數
12/31/02	期初審定額	750,000~	150,000
01/03/03	本期增加額	100,000 * m	15,000
12/31/03	明細帳余額	850,000	
	調整額（#3）	50,000	
12/31/03	期末審定額	900,000	165,000
		（填入底稿 H）	√

調整額（#3）

對 X 公司的普通股投資	50,000	
股利收入	50,000	
擁有未合併子公司的權益收入		100,000

對已發放股利中超出應享額部分進行調整：

股利：

03/01/×2	(10,000) V	
06/01/×2	(10,000) V	
09/01/×2	(10,000) V	
12/01/×2	(20,000) V	
	(50,000)	
X 公司的年度淨收益	303,000@	
對 X 公司淨收益的應享額（占 33% 的股份）		100,000
應增加投資帳戶的帳面調整額		50,000

註：~表示查看 20×2 年度的工作底稿；　＊表示檢查股票經紀商的通知書和已封存支票；
　　M 表示審查董事會的授權記錄；　　√ 表示檢查股票的相關憑證；
　　V 表示追查收款記錄和銀行對帳單；　@ 表示查看 X 公司的年度已審損益表

　　表 12-11 概括了以上所講的投資交易的實質性程序，其中最關鍵的程序是實地盤點證券、確定投資的期末價值、重新計算投資收益及驗證投資的購買和處置。

表 12-11　　　　　　　　投資交易的實質性方案

分析性程序 　　將利息和股利收入與以前年度的進行比較，並調查其增減變動。
其他實質性測試程序 　1. 審查投資帳戶的明細帳是否與相關的控制帳戶相符。 　2. 檢查證券及其系列記錄號，以備其后與投資帳戶的明細帳相比較。 　3. 抽查應收票據。 　4. 函證外部代管證券。 　5. 從證券盤點清單或函證回函追查至投資明細帳（按系列號以發現用相似證券替代缺失的證券的行為）。 　6. 從投資明細帳核實至盤點清單或函證回函，以發現遺失的證券。 　7. 抽取部分票據發行人以函證應收票據。 　8. 追查證券投資或處置的以下原始文件：經紀人通知書、匯款單、收款記錄、銀行對帳單和已封存支票。 　9. 追查貸款交易的相關憑證、已封存支票和銀行對帳單。 10. 追查應收票據及其利息的以下原始文件：現金收款記錄、貨款通知、存款單和銀行對帳單。 11. 查看董事會會議記錄中有關重大貸款和投資取得或處置的批准授權。 12. 查看未合併子公司的損益表以確定是否按權益法核算。 13. 查看股利收入是否與信用評級機構發布的股利預測報告相符。 14. 重新計算已收到的利息或應計利息。 15. 重新計算長期股權投資和長期債券投資的有關攤銷額。 16. 重新計算證券投資的處置利得或損失。 17. 在特定情況下計算證券的內含利息。 18. 測試可交易證券的成本或市價。 19. 詢問管理當局有關證券投資和應收票據的性質及其持有的目的。 20. 詢問管理當局關聯方交易的情況。

第十三章
特殊事項審計

學習目標：

通過本章學習，你應該能夠：
- 瞭解貨幣資金交易的特性以及關鍵的內部控制點；
- 明確貨幣資金交易的審計方案，並根據重大錯報風險評價所識別的預警信號對測試方案（計劃）進行完善和修改；
- 掌握庫存現金監盤程序的實施要點；
- 掌握銀行存款檢查與函證等主要實質性審計程序；
- 掌握在報表審計中如何考慮對持續經營假設的影響；
- 掌握或有事項的審計目標與程序；
- 掌握期后事項的定義、種類、CPA對發生在各時段的期后事項的責任和實施的審計程序、期后事項對審計報告和審計意見的影響。

[引例] 2006年，由於被認為審計報告連續出現問題，普華永道中天會計師事務所（下稱「普華永道」）被上海外高橋保稅區開發股份有限公司（下稱「G外高橋」）送上了仲裁庭。G外高橋稱，根據《審計業務約定書》，普華永道對上海外高橋保稅區開發股份有限公司2003年及2004年度財務報表進行了審計並出具無保留意見的審計報告。2005年6月20日，G外高橋發現其存放在國海營業部證券保證金帳戶餘額與經審計的公司2003年度和2004年度的報表明細帳上金額嚴重不符，公司存放在國海證券上海圓明園路營業部（下稱「國海營業部」）證券保證金帳戶中的資金已經被挪用。為此，G外高橋於2006年5月9日向中國國際經濟貿易仲裁委員會上海分會提起仲裁，要求普華永道退還全部審計服務費共計170萬元，賠償申請人的全部經濟損失共2億元，並且承擔全部仲裁費和律師費。

思考：如何審計貨幣資金的真實性？

本章所涉及的特殊審計事項包括貨幣資金審計、考慮持續經營假設、或有事項審計、期后事項審計四個主要內容。

第一節　貨幣資金審計

一、貨幣資金與業務循環的關係

現金是指廣義上的現金，包括庫存現金及現金等價物、銀行存款和其他貨幣資金。貨幣資金是企業資產的重要組成部分，是企業資產中流動性最強、容易被貪污和挪用，屬於風險比較高的資產。現金與每一個業務循環都存在著密切的關係。具體表現如圖 13-1 所示。

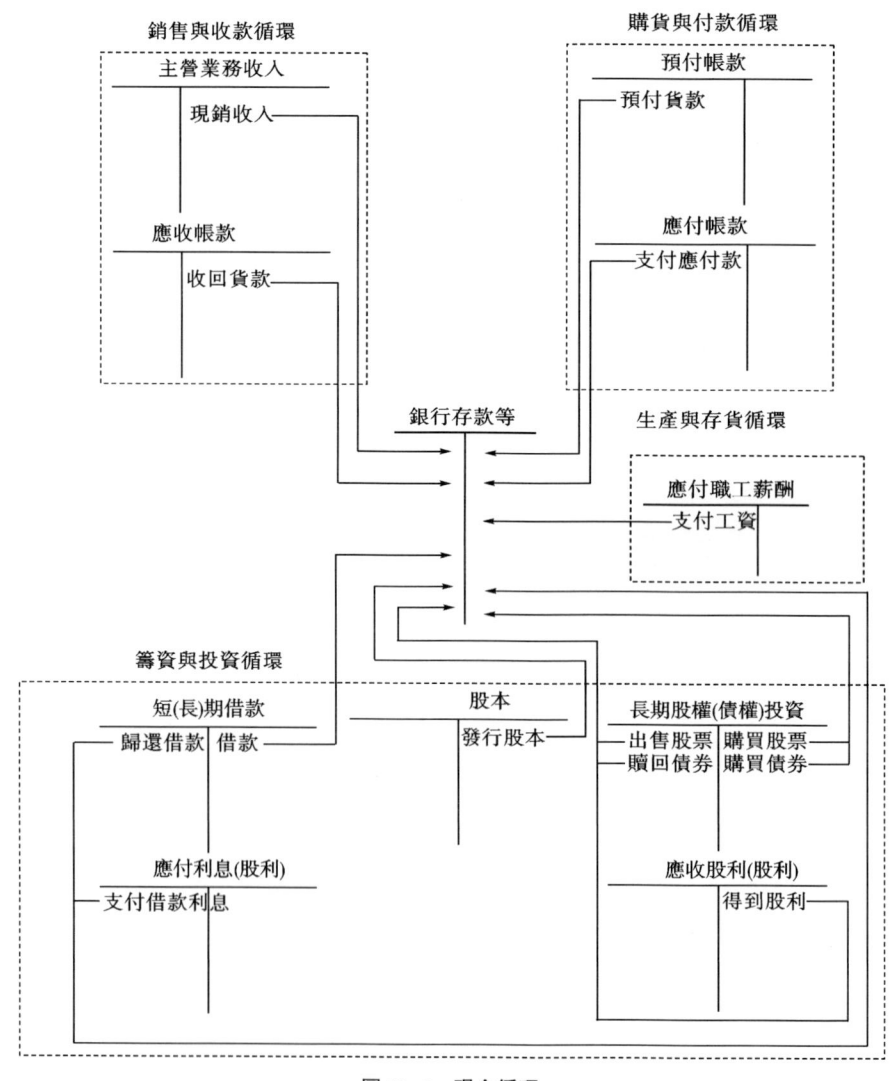

圖 13-1　現金循環

二、貨幣資金的關鍵控制點

由於貨幣資金是企業流動性最強的資產，企業必須對貨幣資金強化管理，並建立良好的內部控制制度，來保障貨幣資金的安全運行。

（一）崗位分工及授權批准

（1）單位應當建立貨幣資金業務的崗位責任制，明確相關部門和崗位的職責權限，確保辦理貨幣資金業務的不相容崗位相互分離、制約和監督。出納人員不得兼任稽核、會計檔案保管和收入、支出、費用、債權債務帳目的登記工作。單位不得由一人辦理貨幣資金業務收付的全過程。

（2）單位應當對貨幣資金業務建立嚴格的授權批准制度，明確審批人對貨幣資金業務的授權批准方式、權限、程序、責任和相關控制措施，規定經辦人辦理貨幣資金業務的職責範圍和工作要求。審批人應當根據貨幣資金授權批准制度的規定，在授權範圍內進行審批，不得超越審批權限。經辦人應當在職責範圍內，按照審批人的批准意見辦理貨幣資金業務。對於審批人超越授權範圍審批的貨幣資金業務，經辦人員有權拒絕辦理，並及時向審批人的上級授權部門報告。

（3）單位應當按照規定的程序辦理貨幣資金支付業務。

①支付申請。單位有關部門或個人用款時，應當提前向審批人提交貨幣資金支付申請，註明款項的用途、金額、預算、支付方式等內容，並附有效經濟合同或相關證明。

②支付審批。審批人根據其職責、權限和相應程序對支付申請進行審批。對不符合規定的貨幣資金支付申請，審批人應當拒絕批准。

③支付復核。復核人應當對批准后的貨幣資金支付申請進行復核，復核貨幣資金支付申請的批准範圍、權限、程序是否正確，手續及相關單證是否齊備，金額計算是否準確，支付方式、支付單位是否妥當等。復核無誤後，交由出納人員辦理支付手續。

④辦理支付。出納人員應當根據復核無誤的支付申請，按規定辦理貨幣資金支付手續，及時登記現金和銀行存款日記帳。

（4）單位對於重要貨幣資金支付業務，應當實行集體決策審批和聯簽，並建立責任追究制度，防範貪污、侵占、挪用貨幣資金等不法行為。

（5）嚴禁未經授權的機構或人員辦理貨幣資金業務或直接接觸貨幣資金。

（二）貨幣資金的管理

（1）單位應當加強現金庫存限額的管理，超過庫存限額的現金應及時存入銀行。

（2）單位必須根據《現金管理暫行條例》的規定，結合本單位的實際情況，確定本單位現金的開支範圍。不屬於現金開支範圍的業務應當通過銀行辦理轉帳結算。

（3）單位現金收入應當及時存入銀行，不得用於直接支付單位自身的支出。因特殊情況需要坐支現金的，應事先報經開戶銀行審查批准。單位借出款項必須執行

嚴格的授權批准程序，嚴禁擅自挪用、借出貨幣資金。

（4）單位取得的貨幣資金收入必須及時入帳，不得私設「小金庫」，不得帳外設帳，嚴禁收款不入帳。

（5）單位應當嚴格按照《支付結算辦法》等國家的有關規定，加強銀行帳戶的管理，嚴格按照規定開立帳戶，辦理存款、取款和結算。單位應當定期檢查、清理銀行帳戶的開立及使用情況，發現問題，及時處理。單位應當加強對銀行結算憑證的填製、傳遞及保管等環節的管理與控制。

（6）單位應當嚴格遵守銀行結算紀律，不準簽發沒有資金保證的票據或遠期支票，套取銀行信用；不準簽發、取得和轉讓沒有真實交易和債權債務的票據，套取銀行和他人資金；不準無理拒絕付款，任意占用他人資金；不準違反規定開立和使用銀行帳戶。

（7）單位應當指定專人定期核對銀行帳戶，每月至少核對一次，編製銀行存款余額調節表，使銀行存款帳面余額與銀行對帳單調節相符。如調節不符，應查明原因，及時處理。

（8）單位應當定期和不定期地進行現金盤點存相符。如發現不符，應及時查明原因，做出處理。

（三）票據及有關印章的管理

（1）單位應當加強與貨幣資金相關的票據的管理，明確各種票據的購買、保管、領用、背書轉讓、註銷等環節的職責權限和程序，專設登記簿進行記錄，防止空白票據的遺失和被盜用。

（2）單位應當加強銀行預留印鑒的管理。財務專用章應由專人保管，個人名章必須由本人或其授權人員保管。嚴禁一人保管支付款項所需的全部印章。按規定需要有關負責人簽字或蓋章的經濟業務，必須嚴格履行簽字或蓋章手續。

（四）內部檢查監督

（1）單位應當建立對貨幣資金業務的監督檢查制度，明確監督檢查機構或人員的職責權限，定期和不定期地進行檢查。

（2）貨幣資金監督檢查的內容主要包括：

①貨幣資金業務相關崗位及人員的設置情況。重點檢查是否存在貨幣資金不相容職務混崗的現象。

②貨幣資金授權批准制度的執行情況。重點檢查貨幣資金支出的授權批准手續是否健全，是否存在越權審批行為。

③支付款項印章的保管情況。重點檢查是否存在辦理付款業務所需的全部印章交由一人保管的現象。

④票據的保管情況。重點檢查票據的購買、領用、保管手續是否健全，票據保管是否存在漏洞。

（3）對監督檢查過程中發現的貨幣資金內部控制中的薄弱環節採取措施，及時加以糾正和完善。

三、庫存現金審計

企業的庫存現金包括人民幣現金和外幣現金。現金是企業流動性最強的資產，儘管其在企業資產總額中的比重不大，但企業發生的舞弊事件大部分都與現金或最后牽連到現金，因此，審計人員應該重視現金的審計。

（1）審計目標。庫存現金的審計目標一般應包括以下內容（括號內的為相應的財務報表認定）：

①確定被審計單位資產負債表的貨幣資金項目中的庫存現金在資產負債表日是否確實存在。（存在）

②確定被審計單位所有應當記錄的現金收支業務是否均已記錄完畢，有無遺漏。（完整性）

③確定記錄的庫存現金是否為被審計單位所擁有或控制。（權利和義務）

④確定庫存現金以恰當的金額包括在財務報表的貨幣資金項目中，與之相關的計價調整已恰當記錄。（計價和分攤）

⑤確定庫存現金是否已按照企業會計準則的規定在財務報表中做出恰當列報。（列報）

（2）控制測試。

①瞭解現金內部控制。通常通過現金內部控制流程圖來瞭解現金內部控制。編製現金內部控制流程圖是現金控制測試的重要步驟。審計師在編製之前應通過詢問、觀察等調查手段收集必要的資料，然后根據所瞭解的情況編製流程圖。對中小企業，也可採用編寫現金內部控制說明的方法。

若以前年度審計時已經編製了現金內部控制流程圖，審計師可根據調查結果加以修正，以供本年度審計之用。一般地，瞭解現金內部控制時，審計師應當注意檢查庫存現金內部控制的建立和執行情況，重點包括：一是庫存現金的收支是否按規定的程序和權限辦理；二是是否存在與被審計單位經營無關的款項收支情況；三是出納與會計的職責是否嚴格分離；四是庫存現金是否妥善保管，是否定期盤點、核對。

②抽取並檢查收款憑證。如果現金收款內部控制不強，很可能會發生貪污舞弊或挪用等情況。例如，在一個小企業中，出納員同時負責登記應收帳款明細帳，很可能發生循環挪用貨款的情況。為測試現金收款的內部控制，審計師應按現金的收款憑證分類，選取適當的樣本量，做如下檢查：一是核對現金日記帳的收入金額是否正確；二是核對現金收款憑證與應收帳款明細帳的有關記錄是否相符；三是核對實收金額與銷貨發票是否一致。

③抽取並檢查付款憑證。為測試現金付款內部控制，審計師應按照現金付款憑證分類，選取適當的樣本量，做如下檢查：一是檢查付款的授權批准手續是否符合規定；二是核對現金日記帳的付出金額是否正確；三是核對現金付款憑證與應付帳款明細帳的記錄是否一致；四是核對實付金額與購貨發票是否相符。

④抽取一定期間的庫存現金日記帳與總帳核對。審計師應抽取一定期間的庫存現金日記帳，檢查其加總是否正確無誤，庫存現金日記帳是否與總分類帳核對相符。

⑤檢查外幣現金的折算方法是否符合有關規定，是否與上年度一致。對於有外幣現金的被審計單位，審計師應檢查外幣庫存現金日記帳及「財務費用」「在建工程」等帳戶的記錄，確定企業有關外幣現金的增減變動是否採用交易發生日的即期匯率將外幣金額折算為記帳本位幣金額，或者採用按照系統合理的方法確定的、與交易發生日即期匯率近似的匯率折算為記帳本位幣，選擇採用匯率的方法前後各期是否一致；檢查企業的外幣現金的期末餘額是否採用期末即期匯率折算為記帳本位幣金額；折算差額的會計處理是否正確。

⑥評價庫存現金的內部控制。審計師在完成上述程序之後，即可對庫存現金的內部控制進行評價。評價時，審計師應首先確定庫存現金內部控制可信賴的程度以及存在的薄弱環節和缺點；然后據以確定在庫存現金實質性程序中對哪些環節可以適當減少審計程序，對哪些環節應增加審計程序並做重點檢查，以減少審計風險。

(三) 實質性程序

庫存現金的實質性程序一般包括：

1. 核對現金日記帳與總帳的餘額是否相符

審計師測試現金餘額的起點，是核對現金日記帳與總帳的餘額是否相符。如果不相符，應查明原因，並做出適當調整。

2. 盤點庫存現金

盤點庫存現金是證實資產負債表中所列現金是否存在的一項重要程序。盤點庫存現金，通常包括對已收到但未存入銀行的現金、零用金、備用金等的盤點。盤點庫存現金的時間和人員應視被審計單位的具體情況而定，但必須有出納員和被審計單位會計主管人員參加，並由審計師進行監盤。盤點庫存現金的步驟和方法有：

（1）制定庫存現金盤點程序，實施突擊性的檢查，時間最好選擇在上午上班前或下午下班時進行，盤點的範圍一般包括企業各部門經管的現金。在進行現金盤點前，應由出納員將現金集中起來存入保險櫃。必要時可加以封存，然后由出納員把已辦妥現金收付手續的收付款憑證登入現金日記帳。如企業現金存放部門有兩處或兩處以上的，應同時進行盤點。

（2）審閱現金日記帳並同時與現金收付憑證相核對。一方面檢查日記帳的記錄與憑證的內容和金額是否相符；另一方面瞭解憑證日期與日記帳日期是否相符或接近。

（3）由出納員根據現金日記帳進行加計累計數額結出現金結餘額。

（4）盤點保險櫃的現金實存數，同時編製庫存現金盤點表工作底稿（格式參見表 13-1），同時分幣種、面值列示盤點金額。

表 13-1　　　　　　　　　　**庫存現金監盤表**

被審計單位：＿＿＿＿＿＿＿＿＿＿＿＿　　　索引號：＿＿＿＿＿＿＿＿＿＿＿＿

項目：＿＿＿＿＿＿＿＿＿＿＿＿＿＿＿　　　財務報表截止日／期間：＿＿＿＿＿＿＿

編製：＿＿＿＿＿＿＿＿＿＿＿＿＿＿＿　　　復核：＿＿＿＿＿＿＿＿＿＿＿＿＿

日期：＿＿＿＿＿＿＿＿＿＿＿＿＿＿＿　　　日期：＿＿＿＿＿＿＿＿＿＿＿＿＿

<table>
<tr><th colspan="5">檢查盤點記錄</th><th colspan="7">實有庫存現金盤點記錄</th></tr>
<tr><th colspan="2">項目</th><th>項次</th><th>人民幣</th><th>美元</th><th>某外幣</th><th>面額</th><th colspan="2">人民幣</th><th colspan="2">美元</th><th colspan="2">某外幣</th></tr>
<tr><td colspan="2"></td><td></td><td></td><td></td><td></td><td></td><td>張</td><td>金額</td><td>張</td><td>金額</td><td>張</td><td>金額</td></tr>
<tr><td colspan="2">上一日帳面庫存余額</td><td>①</td><td></td><td></td><td></td><td>1,000 元</td><td></td><td></td><td></td><td></td><td></td><td></td></tr>
<tr><td colspan="2">盤點日未記帳傳票收入金額</td><td>②</td><td></td><td></td><td></td><td>500 元</td><td></td><td></td><td></td><td></td><td></td><td></td></tr>
<tr><td colspan="2">盤點日未記帳傳票支出金額</td><td>③</td><td></td><td></td><td></td><td></td><td></td><td></td><td></td><td></td><td></td><td></td></tr>
<tr><td colspan="2">盤點日帳面應有金額</td><td>④＝①+②-③</td><td></td><td></td><td></td><td>100 元</td><td></td><td></td><td></td><td></td><td></td><td></td></tr>
<tr><td colspan="2">盤點實有庫存現金數額</td><td>⑤</td><td></td><td></td><td></td><td>50 元</td><td></td><td></td><td></td><td></td><td></td><td></td></tr>
<tr><td colspan="2">盤點日應有與實有差異</td><td>⑥＝④-⑤</td><td></td><td></td><td></td><td>10 元</td><td></td><td></td><td></td><td></td><td></td><td></td></tr>
<tr><td rowspan="6">差異
原因
分析</td><td>白條抵庫（張）</td><td></td><td></td><td></td><td></td><td>5 元</td><td></td><td></td><td></td><td></td><td></td><td></td></tr>
<tr><td></td><td></td><td></td><td></td><td></td><td>2 元</td><td></td><td></td><td></td><td></td><td></td><td></td></tr>
<tr><td></td><td></td><td></td><td></td><td></td><td>1 元</td><td></td><td></td><td></td><td></td><td></td><td></td></tr>
<tr><td></td><td></td><td></td><td></td><td></td><td>0.5 元</td><td></td><td></td><td></td><td></td><td></td><td></td></tr>
<tr><td></td><td></td><td></td><td></td><td></td><td>0.2 元</td><td></td><td></td><td></td><td></td><td></td><td></td></tr>
<tr><td></td><td></td><td></td><td></td><td></td><td>0.1 元</td><td></td><td></td><td></td><td></td><td></td><td></td></tr>
<tr><td rowspan="5">追溯
調整</td><td></td><td></td><td></td><td></td><td></td><td>合計</td><td></td><td></td><td></td><td></td><td></td><td></td></tr>
<tr><td>報表日至審計日庫存現金付出總額</td><td></td><td></td><td></td><td></td><td></td><td></td><td></td><td></td><td></td><td></td><td></td></tr>
<tr><td>報表日至審計日庫存現金收入總額</td><td></td><td></td><td></td><td></td><td></td><td></td><td></td><td></td><td></td><td></td><td></td></tr>
<tr><td>報表日庫存現金應有余額</td><td></td><td></td><td></td><td></td><td></td><td></td><td></td><td></td><td></td><td></td><td></td></tr>
<tr><td>報表日帳面匯率</td><td></td><td></td><td></td><td></td><td></td><td></td><td></td><td></td><td></td><td></td><td></td></tr>
<tr><td></td><td>報表日余額折合本位幣金額</td><td></td><td></td><td></td><td></td><td></td><td></td><td></td><td></td><td></td><td></td><td></td></tr>
<tr><td colspan="2"></td><td></td><td></td><td></td><td></td><td></td><td></td><td></td><td></td><td></td><td></td><td></td></tr>
<tr><td colspan="2"></td><td></td><td></td><td></td><td></td><td></td><td></td><td></td><td></td><td></td><td></td><td></td></tr>
<tr><td colspan="2">本位幣合計</td><td></td><td></td><td></td><td></td><td></td><td></td><td></td><td></td><td></td><td></td><td></td></tr>
</table>

出納員：　　　　　會計主管人員：　　　　　監盤人：　　　　檢查日期：

審計說明：

（5）資產負債表日后進行盤點時，應調整至資產負債表日的金額。

（6）盤點金額與現金日記帳余額進行核對。如有差異，應查明原因，並出記錄或適當調整。

（7）若有沖抵庫存現金的借條、未提現支票、未做報銷的原始憑證，庫存現金盤點表中註明或做出必要的調整。

3. 分析被審計單位日常庫存現金余額

表 13-2 列示了執行收入循環中現金收款業務和現金帳戶實質性程序的審計方案，以此來對前面講述的問題進行概括。

表 13-2

分析程序 （1）比較本年度和上年度現金帳戶的增減情況。 （2）比較本年度和上年度的零星現金收款情況，並對重大的變化情況進行記錄。
其他實質性測試程序 （1）對期末庫存現金進行盤點和列示，並與現金收款記錄和銀行對帳單進行核對。 （2）對從顧客以外的來源獲得的重大現金收款進行核對，並與現金收款記錄和銀行對帳單進行核對。 （3）向銀行進行銀行存款余額的函證。 （4）將詢證函中銀行確認的余額與會計記錄中的期末余額進行比較。 （5）調節期末銀行存款帳戶余額。 （6）向銀行索取截止性測試表，並與銀行存款調節表進行核對。 （7）編製期末前后一段日期內的銀行轉帳分析表。 （8）檢查貸款協議和董事會記錄中對補償性余額限制的規定。如果余額較大，可以將其重分類為非流動資產。 （9）瞭解不常用銀行帳戶的情況。

4. 抽查大額現金收支

審計師應抽查大額現金收支的原始憑證內容是否完整，有無授權批准，並核對相關帳戶的進帳情況，如有與被審計單位生產經營業務無關的收支事項，應查明原因，並做相應的記錄。

5. 檢查現金收支的正確截止

被審計單位資產負債表中的現金數額，應以結帳日實有數額為準。因此，審計師必須驗證現金收支的截止日期。通常，審計師可以對結帳日前后一段時期內現金收支憑證進行審計，以確定是否存在跨期事項。

6. 檢查外幣現金、銀行存款的折算是否正確

對於有外幣現金的被審計單位，審計師應檢查對外幣現金的收支是否按所規定的匯率折合為記帳本位幣金額；外幣現金期末余額是否按期末市場匯率折合為記帳本位幣金額；外幣折合差額是否按規定記入相關帳戶。

7. 檢查現金是否在資產負債表上恰當披露

根據有關會計制度的規定，現金在資產負債表中「貨幣資金」項下反應，審計師應在實施上述審計程序后確定，確定現金帳戶的期末余額是否恰當，據以確定貨

幣資金是否在資產負債表上恰當披露。

【案例分析】2015年1月15日，審計人員對TQ股份公司2014年12月31日的財務報表進行審計。經查，2014年12月31日的「庫存現金日記帳」余額為2,450元；又查該公司2015年1月15日現金日記帳的帳面余額為1,838元。1月16日上午8時，審計師對該公司的庫存現金進行了突擊盤點，盤點結果如下：

(1) 庫存現金實有數為1,744元；

(2) 庫中有已收款未入帳的憑證共兩張，金額是256元；有已付款未入帳的憑證一張，金額是200元；

(3) 庫中還發現借據一張，金額為150元，借款人為公司職工李雨，未經批准，也沒有說明用途；

(4) 經核對，2015年1月1日—2015年1月15日的收付款憑證和現金日記帳，核實自1與1日—1月15日的現金收入數為6,534元、現金支出數為7,178元，正確無誤；

(5) 經瞭解得知，銀行核定該公司的庫存現金限額為2,000元。

要求：編製現金盤點表工作底稿，確認現金的真實性。

解析：

表13-3　　　　　　　　　　庫存現金監盤表

被審計單位：＿＿TQ股份公司＿＿＿　　　索引號：＿＿略＿＿

項目：＿＿＿現金監盤＿＿＿＿＿　　　　財務報表截止日/期間：＿＿＿＿＿

編製：＿＿＿略＿＿＿　　　　　　　　　復核：＿＿略＿＿

日期：＿＿2015.1.6＿＿　　　　　　　　日期：＿＿略＿＿

檢查盤點記錄					實有庫存現金盤點記錄					
項目	項次	人民幣	美元	某外幣	面額	人民幣		美元		某外幣	
						張	金額	張	金額	張	金額
上一日帳面庫存余額	①	1,838			1,000元						
盤點日未記帳傳票收入金額	②	256			500元						
盤點日未記帳傳票支出金額	③	200									
盤點日帳面應有金額	④=①+②-③	1,894			100元						
盤點實有庫存現金數額	⑤	1,744			50元						
盤點日應有與實有差異	⑥=④-⑤	150			10元						
差異原因分析	白條抵庫（張）		150		5元						
					2元						
					1元						
					0.5元						
					0.2元						
					0.1元						
					合計	1,744					

表13-3(續)

追溯調整	報表日至審計日庫存現金付出總額		7,378					
	報表日至審計日庫存現金收入總額		6,790					
	報表日庫存現金應有餘額		2,482					
	報表日帳面匯率							
	報表日余額折合本位幣金額							
本位幣合計								

出納員：略　　　會計主管人員：略　　　監盤人：略　　　檢查日期：2015.1.16

審計說明：
(1) 違反現金管理制度，存在白條抵庫現象；
(2) 現金收支入帳不及時；
(3) 審計結論：2014年12月31日，「庫存現金日記帳」餘額2,450元不能確認。

四、銀行存款審計

銀行存款是指企業存放在銀行或其他金融機構的貨幣資金。按照國家有關規定，凡是獨立核算的企業都必須在當地銀行開設帳戶。企業在銀行開設帳戶以後，除按核定的限額保留庫存現金外，超過限額的現金必須存入銀行；除了在規定的範圍內可以用現金直接支付的款項外，在經營過程中所發生的一切貨幣收支業務，都必須通過銀行存款帳戶進行結算。

（一）審計目標

銀行存款的審計目標一般應包括以下內容（括號內的為相應的財務報表認定）：

（1）確定被審計單位資產負債表的貨幣資金項目中的銀行存款在資產負債表日是否確實存在。（存在）

（2）確定被審計單位所有應當記錄的銀行存款收支業務是否均已記錄完畢，有無遺漏。（完整性）

（3）確定記錄的銀行存款是否為被審計單位所擁有或控制。（權利和義務）

（4）確定銀行存款以恰當的金額包括在財務報表的貨幣資金項目中，與之相關的計價調整已恰當記錄。（計價和分攤）

（5）確定銀行存款是否已按照企業會計準則的規定在財務報表中做出恰當列報。（列報）

（二）控制測試

（1）瞭解銀行存款的內部控制。審計師對銀行存款內部控制的瞭解一般與瞭解

現金的內部控制同時進行。審計師應當注意的內容包括：①銀行存款的收支是否按規定的程序和權限辦理；②銀行帳戶是否存在與本單位經營無關的款項收支情況；③是否存在出租、出借銀行帳戶的情況；④出納與會計的職責是否嚴格分離；⑤是否定期取得銀行對帳單並編製銀行存款餘額調節表等。

（2）抽取並檢查銀行存款收款憑證。審計師應選取適當的樣本量，做如下檢查：①核對銀行存款收款憑證與存入銀行帳戶的日期和金額是否相符；②核對銀行存款日記帳的收入金額是否正確；③核對銀行存款收款憑證與銀行對帳單是否相符；④核對銀行存款收款憑證與應收帳款明細帳的有關記錄是否相符；⑤核對實收金額與銷貨發票是否一致。

（3）抽取並檢查銀行存款付款憑證。為測試銀行存款付款內部控制，審計師應選取適當的樣本量，做如下檢查：①檢查付款的授權批准手續是否符合規定；②核對銀行存款日記帳的付出金額是否正確；③核對銀行存款付款憑證與銀行對帳單是否相符；④核對銀行存款付款憑證與應付帳款明細帳的記錄是否一致；⑤核對實付金額與購貨發票是否相符。

（4）抽取一定期間的銀行存款日記帳與總帳核對。審計師應抽取一定期間的銀行存款日記帳，檢查其有無計算錯誤，並與銀行存款總分類帳核對。

（5）抽取一定期間銀行存款餘額調節表，查驗其是否按月正確編製並經復核。為證實銀行存款記錄的正確性，註冊師必須抽取一定期間的銀行存款餘額調節表，將其同銀行對帳單、銀行存款日記帳及總帳進行核對，確定被審計單位是否按月正確編製並復核銀行存款餘額調節表。

（6）檢查外幣銀行存款的折算方法是否符合有關規定，是否與上年度一致。對於有外幣銀行存款的被審計單位，審計師應檢查外幣銀行存款日記帳及「財務費用」「在建工程」等帳戶的記錄，確定有關外幣銀行存款的增減變動是否採用交易發生日的即期匯率將外幣金額折算為記帳本位幣金額，或者採用按照系統合理的方法確定的、與交易發生日即期匯率近似的匯率折算為記帳本位幣，選擇採用匯率的方法前後各期是否一致；檢查企業的外幣銀行存款的餘額是否採用期末即期匯率折算為記帳本位幣金額；折算差額的會計處理是否正確。

（7）評價銀行存款的內部控制。審計師在完成上述程序之後，即可對銀行存款的內部控制進行評價。評價時，審計師首先確定銀行存款內部控制可信賴的程序以及存在的薄弱環節和缺點，然后確定在銀行存款實質性程序中對哪些環節可以適當減少審計程序，對哪些環節應增加審計程序並做重點檢查，以減少審計風險。

（三）實質性程序

銀行存款的實質性程序主要包括：

1. 核對銀行存款日記帳與總帳的余額是否相符

審計師測試現金余額的起點，是核對現金日記帳、銀行存款日記帳與總帳的余額是否相符。如果不相符，應查明原因，並做出適當調整。

2. 分析程序

計算定期存款占銀行存款的比例，瞭解被審計單位是否存在高息資金拆借。如

存在高息資金拆借，應進一步分析拆出資金的安全性，檢查高額利差的入帳情況；計算存放於非銀行金融機構的存款占銀行存款的比例，並分析這些資金的安全性。

3. 取得並檢查銀行存款余額調節表

檢查銀行存款余額調節表是證實資產負債表中所列銀行存款是否存在的重要程序，銀行存款余額調節表通常應由被審計單位根據不同的銀行帳戶及貨幣種類分別編製。其基本格式如表 13-4 所示。

表 13-4　　　　　　　　　　銀行存款余額調節表

編製人：　　　　　　日期
復核人：　　　　　　日期

戶別：　　　幣別：

項目： 銀行存款單余額：	備註
加：企業已收，銀行未入帳金額 其中：1. _____ 　　　　2. _____	
減：企業已付，銀行未入帳金額 其中：1. _____ 　　　　2. _____	
調整后銀行對帳單金額： 企業銀行存款日記帳金額： 加：銀行已收，企業尚未入帳金額 其中：1. _____ 　　　　2. _____	
減：銀行已付，企業尚未入帳金額 其中：1. _____ 　　　　2. _____	
調整后的銀行存款日記帳金額	
經辦會計人員：　　　　　　會計主管：	

如果經調節后的銀行存款余額存在差異，審計師應查明原因，並做出記錄或進行適當的調整。

取得銀行存款余額調節表后，審計師應分析和檢查調節表中未達帳項的真實性，以及資產負債表日后的進帳情況。如果存在應於資產負債表日之前進帳的，應做相應的調整。其程序一般包括：

（1）驗算調節表的數據計算；

（2）對於金額較大的未提現支票、可提現的未提現支票以及審計師認為重要的未提現支票，列示未提現支票清單，註明開票日期和收票人姓名或單位；

（3）追查截止日期銀行對帳單上的在途存款，並在銀行帳戶調節表上註明存款日期；

（4）檢查截止日仍未提現的大額支票和其他已簽發一個月以上的未提現支票；

（5）追查截止日期銀行對帳單已收、企業未收的款項性質及款項來源；

（6）核對銀行存款總帳余額、銀行對帳單加總金額。

4. 函證銀行存款余額

函證是指審計師在執行審計業務過程中，需要已被審計單位的名義向有關單位發函詢證，以驗證被審計單位的銀行存款是否真實、完整。

函證銀行存款余額是證實資產負債表所列銀行存款是否存在的重要程序。通過往來銀行的函證，審計師不僅可以瞭解企業資產的存在，同時還可以瞭解欠銀行的債務。函證還可以用於發現企業未登記的銀行借款。函證時，審計師應向被審計單位在本年存過款（含外埠存款、銀行匯票存款、銀行本票存款、信用卡存款、信用證保證金存款）的所有銀行發函，包括企業存款帳戶已結清的銀行。因為有可能存款帳戶已結清，但仍有銀行借款或其他負債存在。同時，雖然審計師已直接從某一銀行取得了銀行對帳單和所有已付支票，但仍應向這一銀行進行函證。

下面列示的是財政部、中國人民銀行制定的運用於審計的銀行詢證函參考格式。

_____銀行

本公司聘請的××會計師事務所正在對本公司的財務報表進行審計，按照中國審計師審計準則的要求，應當詢證本公司與貴行的存款、借款往來等事項。下列數據出自本公司帳簿記錄，如與貴行記錄相符，請在本函下端「數據證明無誤」處簽章證明；如有不符，請在「數據不符」處列明不符金額。有關詢證費用可直接從本公司××存款帳戶中收取。回函請直接寄至××會計師事務所。

通信地址：

郵編：　　　　　　電話：　　　　　　傳真：

截至　　年　月　日止，本公司銀行存款、借款帳戶余額等列示如下：

銀行存款

帳戶名稱	銀行帳戶	幣　種	利　率	余　額	備　註

銀行借款

銀行帳戶	幣　種	余　額	借款日期	還款日期	利　率	借款條件	備　註

其他事項

　　　　　　　　　　　　　　　　　（公司蓋章）　（日期）

結論：1. 數據證明無誤　　　　　　　（銀行蓋章）　（日期）

　　　2. 數據不符，請列明不符金額

　　　　　　　　　　　　　　　　　（銀行蓋章）　（日期）

5. 檢查一年以上定期存款或限定用途的銀行存款

一年以上的定期存款或限定用途的銀行存款，不屬於企業的流動資產，應列於其他資產類別之下。對此，審計師應查明情況，做好相應的記錄。

6. 抽查大額現金和銀行存款的收支

審計師應抽查大額現金收支、銀行存款（含外埠存款、銀行匯票存款、銀行本票存款、信用證存款）收支的原始憑證內容是否完整，有無授權批准，並核對相關帳戶的進帳情況。如有與被審計單位生產經營業務無關的收支事項，應查明原因並做相應的記錄。

7. 檢查銀行存款收支的正確截止

被審計單位資產負債表上的現金數額，應以結帳日實有數額為準。因此，審計師必須驗證現金收支的截止日期。通常，審計師可以對結帳日前后一段時期內現金收支憑證進行審計，以確定是否存在跨期事項。

企業資產負債表上銀行存款的數字應當包括當年最后一天收到的所有存放於銀行的款項，而不得包括其后收到的款項；同樣，企業年終前開出的支票，不得在年后入帳。為了確保銀行存款收付的正確截止，審計師應當在清點支票及支票存根時，確定各銀行帳戶最后一張支票的號碼，同時查實該號碼之前的所有支票均已開出。在結帳日未開出的支票及其后開出的支票，均不得作為結帳日的存款收付入帳。

8. 檢查外幣銀行存款的折算是否正確

對於有外幣存款的被審計單位，應檢查被審計單位對外幣銀行存款的收支是否按所規定的匯率折合為記帳本位幣金額；外幣銀行存款期末余額是否按期末市場匯率折合為記帳本位幣金額；外幣折合差額是否按規定記入帳戶。

9. 檢查銀行存款是否在資產負債表上恰當披露

根據有關會計制度的規定，企業的銀行存款在資產負債表上「貨幣資金」項目下反應。所以，審計師應在實施上述審計程序后，確定銀行存款帳戶的期末余額是否恰當，從而確定資產負債表上「貨幣資金」項目中的數字是否在資產負債表上恰當披露。

第二節　考慮持續經營假設

一、持續經營能力評估的測試目標

持續經營假設是指被審計單位在編製財務報表時，假定其經營活動在可預見的將來會繼續下去，不擬也不必終止經營或破產清算，可以在正常的經營過程中變現資產、清償債務。這裡的可預見的將來，通常是指資產負債表日后12個月。因此，審計師對財務報表審計的過程中，既要依照持續經營假設的原則實施測試程序，又要對被審計單位的持續經營能力進行有效的評估。

企業正常的會計核算是在持續經營假設這一會計核算的基本前提下進行的。在

持續經營假設下，企業所持有的資產將在正常的經營過程中被耗用、出售或轉換，而其所承擔的債務，也將在正常的經營過程中被清償。正是由於持續經營假設的存在，會計分期才成為必要，歷史成本原則、權責發生制原則、配比原則、劃分資本性支出與收益性支出原則才可以在正常的會計核算中予以貫徹。

在非持續經營下的會計核算與持續經營下的會計核算存在本質上的區別：一是在持續經營情況下，財務會計的目標是公允地反應企業的財務狀況、經營成果及現金流量。而當企業處於清算過程或大幅度縮減經營規模時，其業務活動主要是清理、變賣財產、清償債務和分配剩餘財產，因此，其會計目標是如實反應財產變現和債務清償情況。二是在非持續經營情況下的會計原則也不同於持續經營情況下的會計原則，其會計原則主要是收付實現制、變現價值等基本原則。三是由於非持續經營情況下會計信息的使用者及其對會計信息的需求與持續經營情況下存在著較大的差異，因而，與持續經營情況下的財務報表相比，非持續經營情況下財務報表的種類、內容與格式均發生了很大的變化。

從當前的市場經濟環境看，企業競爭十分激烈，企業紛紛為追求高增長、加速發展而大量舉債，如果高增長沒有技術支持，高負債沒有風險防範，必然招致財務危機。部分企業重投機、輕投資，部分企業缺乏風險意識，盲目為他人擔保，潛伏者嚴重的財務危機。財務危機一旦爆發，就會使這些企業面臨持續經營問題，並可能使得為這些企業提供測試服務的會計師事務所因遭受訴訟而陷入困境甚至倒閉。因此，在目前的測試環境下，審計師如何在測試過程中考慮被審計單位的持續經營能力問題，是會計師事務所提高自身的風險意識和增強風險防範能力的基本要求。

理解持續經營假設的含義，需要把握以下三點：

（1）持續經營假設是管理層在編製財務報表時做出的一種假定。管理層在編製財務報表時，應當對企業的持續經營能力做出評估。如果認為以持續經營假設為基礎編製財務報表不再合理時，被審計單位應當採用其他基礎編製，如清算基礎。

（2）持續經營假設是企業進行會計確認、計量和列報的前提。管理層是否以持續經營假設為基礎編製財務報表，會計確認、計量和列報將有很大差別。例如，對於以公允價值計量的投資性房地產，企業在持續經營假設的基礎下，不對該項資產計提折舊或進行攤銷，並以資產負債表日該項資產的公允價值為基礎調整其帳面價值，而當企業面臨終止經營時，該項資產將以清算價格計價。

（3）被審計單位的持續經營能力存在重大不確定性，並不一定意味著以持續經營假設為基礎編製財務報表是不適當的。某些事項或情況可能會導致對被審計單位的持續經營能力產生重大疑慮，但是管理層可以通過採取一定的措施緩解面臨的財務困境。在這種情況下，管理層仍然可以採用持續經營假設編製財務報表。

審計師對被測試企業持續經營能力的評估主要從兩個方面考慮測試目標：①確定被審計單位的持續經營假設是否合理；②根據被審計單位的持續經營假設的情況，確定財務報表項目的分類及計價基礎是否需做調整。

二、管理層與審計師的責任

被審計單位管理層應當根據企業會計準則的規定，對持續經營能力做出評估，考慮運用持續經營假設編製財務報表的合理性。如果認為以持續經營假設為基礎編製的財務報表不再合理時，管理層應當採用其他基礎編製，比如清算基礎。

在執行財務報表審計業務時，審計師的責任是考慮被審計單位管理層運用持續經營假設的適當性和披露的充分性。因此，審計師應當按照審計準則的要求，實施必要的審計程序，獲取充分、適當的審計證據，確定可能導致對被審計單位持續經營能力產生重大疑慮的事項或情況是否存在重大不確定性，並考慮對審計報告的影響。

三、計劃測試工作時考慮持續經營能力的影響

會計師事務所在編製測試計劃時，審計師應當考慮是否存在可能導致對被審計單位持續經營能力產生重大疑慮的事項或情況，以便與管理層討論持續經營假設的合理性。審計師應當充分關注被審計單位在財務、經營等方面存在的可能導致對被審計單位持續經營能力產生重大疑慮的事項或情況。

（1）被審計單位在財務方面存在的可能導致對其持續經營能力產生疑慮的事項或情況，包括：①無法償還到期債務；②無法償還即將到期且難以展期的借款；③無法繼續履行重大借款合同中的有關條款；④存在大額的逾期未繳稅金；⑤累計經營性虧損數額巨大；⑥過度依賴短期借款籌資；⑦無法獲得供應商的正常商業信用；⑧難以獲得開發必要新產品或進行必要投資所需資金；⑨資不抵債；⑩營運資金出現負數；⑪經營活動產生的現金流量淨額為負數；⑫大股東長期占用巨額資金；⑬重要子公司無法持續經營且未進行處理；⑭存在大量長期未做處理的不良資產；⑮存在因對外巨額擔保等或有事項引發的或有負債。

（2）被審計單位在經營方面存在的可能導致對其持續經營能力產生疑慮的事項或情況，包括：①關鍵管理人員離職且無人替代；②主導產品不符合國家產業政策；③失去主要市場、特許權或主要供應商；④人力資源或重要原材料短缺。

（3）被審計單位在其他方面存在的可能導致對其持續經營能力產生疑慮的事項或情況，包括：①嚴重違反有關法律、法規或政策；②異常原因導致停工、停產；③有關法律法規或政策的變化可能造成重大不利影響；④經營期限即將到期且無意繼續經營；⑤投資者未履行協議、合同、章程規定的義務，並有可能造成重大不利影響；⑥因自然災害、戰爭等不可抗力因素遭受嚴重損失。

四、對持續經營能力評估的基本程序

審計師認為被審計單位存在可能導致對其持續經營能力產生重大疑慮的事項或情況，外勤審計師應當提請管理層對持續經營能力做出書面評價。

（一）審計師應當充分識別管理層做出評價的過程、依據的假設和擬採取的改善措施，以考慮管理層對持續經營能力的評價是否適當

如果管理層對持續經營能力的評價期間少於自資產負債表日起的 12 個月，審計師應當提請管理層將評價期間延伸至 12 個月。審計師應當向管理層詢問被審計單位是否存在超出評價期間的、可能導致對其持續經營能力產生重大疑慮的事項或情況，以考慮這些事項對管理層所做評價的影響。

（二）復核管理層提出的應對計劃

審計師應當詢問管理層擬採取的改善措施，並考慮對持續經營能力的影響。管理層採取的改善措施通常包括處置資產、售後回租資產、取得擔保借款、實施資產置換與債務重組、獲得新的投資、削減或延緩開支、獲得重要原材料的替代品以及開拓新的市場等。當識別出可能導致對持續經營能力產生重大疑慮的事項或情況時，審計師應當實施以下進一步的審計程序：

（1）與管理層分析、討論最近的中期財務報表；
（2）與管理層分析、討論現金流量預測、盈利預測及其他相關預測；
（3）審閱影響持續經營能力的期後事項、承諾及或有事項；
（4）審閱債券、借款協議等的履行情況；
（5）查閱股東大會、董事會或類似機構會議及其他重要會議有關財務困境的記錄；
（6）向被審計單位的律師詢問有關訴訟、索賠的情況，以及管理層對有關訴訟、索賠結果及其財務影響的評價是否合理；
（7）確認有關財務支持協議的存在性、合法性和可行性，並對提供財務支持的關聯方或第三方的財務能力做出評價。
（8）復核期后事項並考慮其是否可能改善或影響持續經營能力。

（三）取得管理層聲明

根據《中國審計師審計準則第 1341 號——管理層聲明》的規定，如果合理預期不存在其他充分、適當的審計證據時，審計師應當就對財務報表有重大影響的事項向管理層獲取書面聲明。

五、考慮持續經營對審計意見的影響

審計師應當根據已發現的可能導致對被審計單位持續經營能力產生重大疑慮的事項或情況，考慮其對被審計單位持續經營能力的影響，並據以確定對審計報告的影響。

（一）如果認為被審計單位編製財務報表所依據的持續經營假設適當的

審計師如果認為被審計單位編製財務報表所依據的持續經營假設是合理的，但存在可能導致對其持續經營能力產生重大疑慮的事項或情況。審計師應當提請管理層在財務報表中適當披露下列內容：

（1）導致對被審計單位持續經營能力產生重大疑慮的主要事項或情況以及管理層擬採取的改善措施；

(2) 被審計單位持續經營能力存在重大不確定性，可能無法在正常的經營過程中變現資產、清償債務。

如果被審計單位在財務報表中已進行了適當披露，審計師應當出具無保留意見的審計報告，並在意見段之後增加強調事項段，描述導致對持續經營重大疑慮的主要事項或情況以及持續經營能力存在重大不確定性的事實，但不應使用附加條件的措辭；如果被審計單位未在財務報表中進行適當披露，審計師應當出具保留意見或否定意見的審計報告，並在意見段之前的說明段中描述導致對持續經營能力產生重大疑慮的主要事項或情況以及持續經營能力存在重大不確定性的事實，同時指明被審計單位未在財務報表中進行適當披露。

在極端情況下，如果同時存在多項重大不確定性，審計師應當考慮出具無法表示意見的審計報告。這是因為，當被審計單位存在多項可能導致對其持續經營能力產生重大疑慮的事項或情況存在重大不確定性，審計師難以判斷財務報表的編製基礎是否適合繼續採用持續經營假設，應將其視為審計範圍受到重大限制，考慮出具無法表示意見的審計報告。

（二）如果認為被審計單位編製財務報表所依據的持續經營假設不再合理，但財務報表仍然按照持續經營假設編製

審計師如果認為被審計單位將不能持續經營，其編製財務報表所依據的持續經營假設不再合理，而被審計單位仍按持續經營假設編製財務報表，審計師應當出具否定意見的審計報告。

（三）如果認為被審計單位編製財務報表所依據的持續經營假設不再合理，但財務報表仍然按照持續經營假設編製

如果認為被審計單位編製財務報表所依據的持續經營假設不再合理，而被審計單位已按其他基礎重新編製了財務報表，在這種情況下，審計師應當實施補充的審計程序。如果認為管理層選用的其他編製基礎是適當的，且財務報表已做出充分披露，審計師可以出具帶強調事項段的無保留意見審計報告，提醒財務報表使用者關注管理層選用的其他編製基礎。

（四）管理層拒絕對持續經營能力做出評估或評估期間未能涵蓋自資產負債表日起的12個月

管理層對持續經營能力的評估是審計師考慮持續經營假設的一個重要組成部分。審計師應當評價管理層對持續經營能力做出的評估。審計師應當確定管理層評估持續經營能力涵蓋的期間是否符合適用的會計準則和相關會計制度的規定。

如果管理層評估持續經營能力涵蓋的期間少於自資產負債表日起的12個月，審計師應當提請管理層將其延伸至自資產負債表日起的12個月：

(1) 管理層沒有對持續經營能力做出評估；

(2) 管理層未就超出評估期間的事項或情況對持續經營能力的影響做出評估；

(3) 管理層評估持續經營能力涵蓋的期間少於自資產負債表日起的12個月。

如果管理層拒絕審計師的要求，審計師應當將其視為審計範圍受到限制，考慮出具保留意見或無法表示意見的審計報告。

第三節　或有事項審計

或有事項是指過去的交易或事項形成的一種狀況，其結果須通過未來不確定事項的發生或不發生予以證實。或有事項中主要考察或有負債與或有資產。或有負債是指過去的交易或事項形成的潛在義務，其存在須通過未來不確定事項的發生或不發生予以證實；或過去的交易或事項形成的現時義務，履行該義務不是很可能導致經濟利益流出企業或該義務的金額不能可靠地計量。而或有資產是指過去的交易或事項形成的潛在資產，其存在須通過未來不確定事項的發生或不發生予以證實。

一、或有事項的認定

或有事項根據其性質和內容，可以分為兩大類：直接的或有事項和間接的或有事項。

（一）直接或有事項

直接或有事項主要包括被審計單位的未決訴訟、未決索賠、稅務糾紛、產品質量保證等。

1. 未決訴訟或未決仲裁

未決訴訟或未決仲裁案件是法庭或仲裁機構尚未做出最後判決或仲裁的案件，被審計單位有可能由於敗訴而承擔賠償的責任，因而，構成了被審計單位的一項或有事項。審計師測試時採用的獲取此類或有事項測試證據的主要方法，是向被審計單位的法律顧問或律師發函詢證。審計師若從被審計單位的法律顧問或律師處無法獲取有關未決訴訟或未決仲裁案件的充分證據，表明測試的範圍受到了限制，就不能出具無保留意見的審計報告。有時即使得到了充分證據，並且未決訴訟或未決仲裁案件在被審計單位的財務報表中也已進行了適當披露。但如果未決案件的結果對財務報表的影響較大且不確定性程度較大，審計師仍應考慮是否在審計報告中進行反應。

2. 未決索賠

在被審計單位的未決索賠中，凡被審計單位提出起訴，需經法庭裁決的，其檢查和處理方法與未決訴訟相同。若被審計單位未提出起訴，審計師應當直接向被審計單位瞭解有關情況。

3. 稅務糾紛

因稅務糾紛而產生的或有事項主要有：被審計單位與稅務部門對於應稅額和納稅額等方面存在分歧，尚未最後處理完畢；稅務部門決定追加稅款但尚未最後定案，或被審計單位不同意追加而尚未繳納稅款。審計師對此類或有事項的測試，主要應檢查被審計單位的納稅申報單等是否已經稅務部門審核批准。如尚未經審核批准，說明可能存在有待解決的稅務糾紛，則審計師應通過進一步的調查，確定被審計單位對此類或有事項的處理以及在財務報表上的披露是否恰當。

4. 產品質量保證

產品質量保證是企業對已售出商品或已提供勞務的保證。被審計單位確有可能由於產品品質量問題而承擔維修、調換甚至賠償的責任，因而構成了被審計單位的一項或有事項。

(二) 間接或有事項

間接或有事項主要包括商業票據貼現、應收帳款抵借、通融票據背書和其他債務擔保等。

1. 商業票據貼現

被審計單位以未到期商業票據向銀行貼現，如果貼現的票據將來到期時債務人因故不能付款，被審計單位作為票據的背書人往往負有代為償付的責任。因而，被審計單位向銀行貼現商業票據，就構成了一項或有事項。審計師檢查此類或有事項時，可採用函證的方法，直接向銀行調查，並將調查結果與被審計單位的會計記錄進行核對，以確定其是否正確無誤。

2. 應收帳款抵借

被審計單位以應收帳款做質押，向銀行取得借款，一旦將來債務人因故無法還款時，被審計單位對銀行借款仍負有償還的責任。審計師檢查此類或有事項時，直接向銀行函證，以取得有關的證據。

3. 通融票據背書和其他債務的擔保

所謂通融票據是指因開具票據的人信用較差而由他人背書作為擔保人的票據。被測試單位一旦在通融票據上背書，即負有連帶償還的責任。因此，如果被審計單位在通融票據上背書，就構成了被審計單位的一項或有事項。被審計單位對其他債務的擔保，因同樣負有連帶償還的責任，也屬於或有事項。由於通融票據的背書和其他債務的擔保很少被計入被審計單位帳簿，所以較難發現。審計師在測試時，應向被審計單位的有關負責人查詢，以證實被審計單位是否存在這類或有事項。

二、或有事項的測試程序

審計師對或有事項實施測試程序，有其他自身的特殊性。許多或有事項的測試，往往是作為其他測試事項的一個組成部分，而不是在臨近測試工作結束時作為一個單獨的部分來測試的。例如，所得稅的爭執也可作為分析所得稅費用、復核往來通信檔案、審核稅務機構報告的一部分來加以核實。即使單獨核實或有事項，也是在測試工作結束前的一段時期進行，以確保核實的正確性。在臨近測試工作結束時，審計師如果對或有事項進行測試，多數也是通過復核方式，而非初次關注式的測試策略。

根據或有事項的測試特點，審計師對或有事項進行測試所要達到的測試目標一般包括：①確定或有事項是否存在和完整；②確定或有事項的確認和計量是否符合規定；③確定或有事項的披露和列報是否恰當。在審計或有事項時，審計師尤其要關注財務報表反應的或有事項的完整性。

由於或有事項的種類不同，審計師在測試被審計單位的或有事項時，所採取的

程序也各不相同。但總結起來，或有事項的一般測試程序可歸結為：

（1）向被審計單位管理層詢問其確定、評價與控制或有事項方面的有關方針政策和工作程序。在詢問中，審計師應具體詢問被審計單位應反應的或有事項的種類。顯然，這種詢問是不能發現有意不反應或有事項的行為的。但如果單位管理層忽略了某一或有項目，或者未完全理解已做會計處理的或有事項，這種詢問就顯得很有用。

（2）向被審計單位管理層索取下列資料，做必要的審核和評價。

①被審計單位管理層的書面聲明，保證其已按照企業會計準則和有關財會制度等的規定，對其全部或有事項做了反應。

②被審計單位現存的有關或有事項的全部文件和憑證，判斷是否應確認為或有負債，損失金額是否可以合理估計；是否存在預期可獲得的補償，相關的會計處理是否正確。

③被審計單位與銀行之間的往來函件，以查找有關應收帳款抵借、通融票據背書和對其他債務的擔保。

④被審計單位的債務說明書。其中，除其他債務說明外，還應包括對或有事項的說明，即說明已知的或有事項均已在財務報表中做了適當披露。

（3）向被審計單位的法律顧問和律師進行函證，以獲取法律顧問和律師對被審計單位資產負債表日業已存在的，以及資產負債日至復函日期間存在的或有事項的確認證據。分析被審計單位在測試期間所發生的法律費用，從法律顧問和律師處復核發票和說明，視其是否足以說明存在或有事項，特別是未決訴訟或未決稅款估價等方面的問題。

（4）復核上期和被審計期間稅務機構的稅收結算報告。從報告中或許能發現被審計期間有關納稅方面可能發生的爭執之處。如果稅款拖延時間較久，發生稅務糾紛的可能性就較大。

（5）向與被審計單位有業務往來的銀行寄發含有要求銀行提供被審計單位或有事項的詢證函。銀行函證可以反應商業票據貼現、應收帳款抵借、通融票據背書情況和為其他單位的銀行借款進行擔保的情況（包括擔保事項的性質、金額、擔保期間等）。如果被審計單位為上市公司，則在測試其擔保事項時還應注意：

①檢查被審計單位是否存在為控股股東及持股50%以下的其他關聯方、任何非法人單位或個人提供擔保。

②復核被審計單位對外擔保總額是否超過最近一個會計年度合併財務報表淨資產的50%。

③檢查被審計單位是否存在直接或間接為資產負債率超過70%的被擔保對象提供債務擔保。

④檢查被審計單位在對外擔保時是否要求對方提供反擔保，判斷反擔保的提供方是否具有實際承擔能力。

（6）審閱截至測試外勤工作完成日止被審計單位歷次董事會紀要和股東大會會議記錄，確定是否存在未決訴訟或仲裁、未決索賠、稅務糾紛、債務擔保、產品質

量保證等方面的記錄。

(7) 復核現存的測試工作底稿,尋找任何可以說明潛在或有事項的資料。

(8) 詢問並調查被審計單位對未來事項和協議的財務承諾,並向被審計單位管理層詢問。承諾是指由合同或協議的要求引起的義務,在未來的特定期間內,只要滿足特定條件,即發生現金流出、其他資產的減少或負債的增加。財務承諾與或有事項密切相關。例如,按某固定價格購買原材料或租賃設備的承諾,或者按某固定價格出售商品的承諾。審計師應當獲取並審閱截至測試外勤工作完成日止歷次股東大會、董事會和管理層會議記錄及其他重要文件(包括被審計單位的重要合同和往來通信檔案等),確定是否存在不可撤銷的財務承諾事項。比如:已簽約(或已批准未簽約)的尚未履行或尚未完全履行的對外投資;已簽約(或已批准未簽約)的正在或準備履行的大額發包項目;已簽約(或已批准未簽約)的正在或準備履行的租賃項目;對外提供的財產抵押;為其他單位提供的信貸擔保。

(9) 確定或有事項的確認和計量是否符合確定,會計處理是否正確。

(10) 確定或有事項在財務報表上的披露是否恰當。按照《企業會計準則——或有事項》的規定,或有負債和或有資產在財務報表及其附註中的反應是完全不同的。對於通過或有事項所確認的負債,應在資產負債表中單列項目反應,與所確認負債有關的費用或支出應在扣除確認的補償金額后,在利潤表中反應。並且,企業還應在財務報表附註中披露如下或有負債:①已貼現商業承兌匯票的或有負債;②未決訴訟、仲裁形成的或有負債;③為其他單位提供債務擔保形成的或有負債;④其他或有負債(不包括極小可能導致經濟利益流出企業的或有負債)。

對上述或有負債,企業應在財務報表附註中分類披露或有負債形成的原因、預計產生的財務影響(如無法預計,應說明理由)以及獲得補償的可能性等內容;對於財務承諾,則按規定應當在財務報表附註中披露承諾事項的性質、承諾的對象、承諾的主要內容、承諾的時間期限、承諾的金額以及相關的違約責任等內容。但對未決訴訟、仲裁形成的或有負債的披露有個例外,如果披露其全部或部分信息預期會對企業造成重大不利影響,則企業只需披露該未決訴訟、仲裁的形成原因。對於或有資產,企業既不應在財務報表上予以確認,也不應在財務報表附註中披露。但當或有資產很可能會給企業帶來經濟利益時,則應在財務報表附註中披露其形成的原因;如果能夠預計其產生的財務影響,還應對此做相應披露。

第四節 期后事項審計

期后事項是指資產負債表日至審計報告日之間發生的事項以及審計報告日后發現的事實。期后事項很可能會改變審計師對被審計單位財務報表公允性的意見,所以審計師必須對期后事項予以充分關注。

一、期后事項的種類

期后事項是指資產負債表日至審計報告日之間發生的事項以及審計報告日后發

現的事實。根據上述定義，期后事項可以按時段劃分為三個時段：資產負債表日后至審計報告日之間發生的期后事項，為第一時段的期后事項；審計報告日后至財務報表報出日發生的期后事項，為第二時段的期后事項；財務報表報出日后，為第三時段的期后事項。

期后事項的三個時段如圖 13-2 所示。

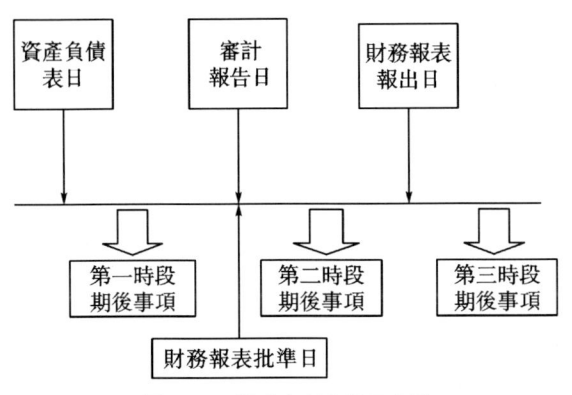

圖 13-2　期后事項分段示意圖

資產負債表日是指財務報表涵蓋的最近期間的截止日期；財務報表批准日是指被審計單位董事長或類似機構批准財務報表報出的日期；財務報表報出日是指被審計單位對外披露已審計財務報表的日期。在實務中，審計報告日通常與財務報表批准日是相同的日期。

為了確定期后事項對被為了確定期后事項對被審計單位財務報表公允性的影響，有兩類期后事項需要被審計單位管理層考慮，並需要審計師測試：一是能為資產負債表日已存在情況提供補充證據的事項，這類事項需提請被審計單位調整財務報表；二是雖不影響財務報表金額，但可能影響對財務報表正確理解的事項，這類事項需提請被審計單位披露。

（一）資產負債表日后調整事項

這類事項既為被審計單位管理層確定資產負債表日帳戶余額提供信息，也為審計師核實這些余額提供補充證據。如果這類期后事項的金額重大，應提請被審計單位對本期財務報表及相關的帳戶余額進行調整。諸如：

（1）資產負債表日后取得確鑿證據，表明某項資產在資產負債表日發生了減值或者需要調整該項資產原先確認的減值金額。比如，資產負債表日被審計單位認為可以收回的大額應收款項，因資產負債表日后債務人突然破產而無法收回。在這種情況下，債務人財務狀況顯然早已惡化，所以審計師應考慮提請被審計單位增加計提壞帳數額，調整財務報表有關項目的數額。

（2）資產負債表日后進一步確定了資產負債表日前購入資產的成本或售出資產的收入。比如，資產負債表日前購入一棟房屋，並投入使用。由於購入時尚未準確確定購買價款，故先以估計的價格考慮其達到預定可使用狀態前所發生的可歸屬於該項固定資產的運輸費、裝卸費、安裝費和專業人員服務費等因素暫估入帳，並按

規定計算提取了固定資產折舊。如果在資產負債表日后商定了購買價款，取得了採購發票，被審計單位就應該據此調整該固定資產的原價。

（3）被審計單位由於某種原因被起訴，人民法院於資產負債表日后判決被審計單位應賠償對方損失。因為這一負債實際上在資產負債表日之前就已存在，所以，如果賠償數額很大，審計師應考慮提請被審計單位增加資產負債表有關負債項目的數額，並加以說明。利用期后事項測試以確認被審計單位財務報表所列金額時。應對資產負債表日已經存在的事項和資產負債表日后出現的事項嚴加區分，不能混淆。如果確認發生變化的事項直到資產負債表日後才發生，就不應將資產負債表日后的利息計入財務報表本身中去。

（4）資產負債表日后發現了財務報表舞弊或差錯。比如，在資產負債表日以前或資產負債表日，被審計單位根據合同規定所銷售的商品已經發出，當時認為與該項商品所有權相關的風險和報酬已經轉移，貸款能夠收回，根據收入確認原則確認了收入並結轉了相關成本，即在資產負債表日被審計單位確認為已經銷售，並在財務報表上反應。但在資產負債表日后至審計報告日之間所取得的證據證明該批已確認為銷售的商品確實已經退回。如果金額較大，審計師應考慮提請被審計單位調整財務報表有關項目的數額。

（二）資產負債表日后非調整事項

這類事項因不影響資產負債表日財務狀況，所以不需要調整被審計單位的本期財務報表。但如果被審計單位的財務報表因此可能受到誤解，就應在財務報表以附註的形式予以披露。

被審計單位在資產負債表日后發生的，需要在財務報表上披露而非調整的事項主要有：

（1）資產負債表日后發生的重大訴訟、仲裁、承諾；
（2）資產負債表日后資產價格、稅收政策、外匯匯率發生重大變化；
（3）資產負債表日后因自然保護災害導致資產發生重大損失；
（4）資產負債表日后發行股票和債券以及其他巨額舉債；
（5）資產負債表日后資本公積轉增資本；
（6）資產負債表日后發生巨額定虧損；
（7）資產負債表表日后發生企業合併或處置子公司；
（8）資產負債表日后企業利潤分配方案中擬分配的以及經審議批准宣告發放的股利或利潤。

這些事項如不加以反應，往往會導致對被審計單位財務報表的誤解，所以應在財務報表的附註中加以披露。

審計師對待期后事項，應注意區分兩類不同的期后事項，以保證對被審計單位財務報表的公允性表示適當的意見。正確區分兩類不同的期后事項，關鍵在於正確確定期后事項主要情況出現的時間，這就需要審計師進行細緻深入的調查和分析研究。凡主要情況出現在被審計單位資產負債表日之前的事項，應提請被審計單位調整財務報表；凡主要情況出現在被審計單位資產負債表日之后的事項，只需建議被

審計單位在財務報表的附註中加以披露即可。

當被審計單位的期后事項十分重要時，有時需另外編製補充財務報表，將期后事項作為財務報表期間發生的事實加以說明，即說明假如該期后事項在資產負債表日之前發生，將會造成什麼後果。一般來說，只有當期后事項對被審計單位的資產結構或資本結構產生重大影響（如被審計單位合併或分立）時，才編製補充財務報表，而且通常只編製資產負債表。

二、不同時段期后事項的審計責任及測試程序

（一）截至審計報告日發生的期后事項

1. 主動識別第一時段的期后事項

發生在資產負債表日至審計報告日之間的期后事項屬於第一時段的期后事項。對於此時段的期后事項，審計師負有主動識別的責任和義務，應當設計專門的審計程序來識別這些期后事項，並根據期后事項的性質判斷其對財務報表的影響，進而確定是進行調整還是進行披露。

審計師應當實施必要的審計程序，獲取充分適當的審計證據，以確定截至審計報告日發生的、需要在財務報表中調整或披露的事項是否均已得到識別。

2. 用以識別期后事項的審計程序

審計師應當在盡量接近審計報告日時，實施旨在識別需要在財務報表中調整或披露事項的審計程序。之所以選擇接近資產負債表日，是因為被審計單位這段時間內累積的對資產負債表日已經存在的情況提供的進一步證據也就越多，審計師遺漏期后事項的可能性也就越低。

用以識別第一時段期后事項的審計程序通常包括：

（1）復核被審計單位管理層建立的用於確保識別期后事項的程序；

（2）查閱股東會、董事會及其專門委員會在資產負債表日後舉行的會議的紀要，並在不能獲取會議紀要時詢問會議討論的事項；

（3）查閱最近的中期財務報表；如認為必要和適當，還應當查閱預算、現金流量預測及其他相關管理報告；

（4）向被審計單位律師或法律顧問詢問有關訴訟和索賠事項；

（5）向管理層詢問是否發生可能影響財務報表的期后事項。

在向管理層詢問可能影響財務報表的期后事項時，審計師詢問的內容主要包括：①根據初步或尚無定論的數據做出會計處理的項目的現狀；②是否發生新的擔保、借款或承諾；③是否出售或購進資產，或者計劃出售或購進資產；④是否已發行或計劃發行新的股票或債券，是否已簽訂或計劃簽訂合併或清算協議；⑤資產是否被政府徵用或因不可抗力而遭受損失；⑥在風險領域和或有事項方面是否有新進展；⑦是否已做出或考慮做出異常的會計調整；⑧是否已發生或可能發生影響會計政策適當性的事項。

（二）截至財務報表報出日前發現的事實

1. 被動識別第二時段的期后事項

在審計報告日后，由於審計師已經撤離了審計現場，針對被審計單位的審計業

務已經結束，因此無法承擔主動識別第二時段期后事項的責任。但由於此時段被審計單位的財務報表並未報出，被審計單位管理層有責任將發現的可能影響財務報表的事實告知審計師，同時，審計師也可能通過媒體報導、舉報信或證券監管部門告知等途徑獲悉影響被審計單位的期后事項。即在審計報告日後，審計師沒有責任針對財務報表實施審計程序或進行專門查詢。在審計報告日至財務報表報出日期間，管理層有責任告知審計師可能影響財務報表的事實。

2. 知悉第二時段期后事項時的審計程序

在審計報告日後至財務報表報出日前，如果知悉可能對財務報表產生重大影響的事實，審計師應當考慮是否需要修改財務報表，並與管理層討論，同時根據具體情況採取適當措施。

如果管理層修改了財務報表，審計師應當根據具體情況實施必要的審計程序，並針對修改后的財務報表出具新的審計報告；如果審計師認為應當修改財務報表而管理層沒有修改，並且審計報告尚未提交給被審計單位，審計師應當出具非標準審計意見；如果審計師認為應當修改財務報表而管理層沒有修改，並且審計報告已提交給被審計單位，審計師應當通知治理層不要將財務報表和審計報告向第三方報出；如果財務報表仍被報出，審計師應當採取措施防止財務報表使用者信賴該審計報告；採取的措施取決於自身的權利和義務以及徵詢的法律意見。

（三）財務報表報出日後發現的事實

在財務報表報出後，審計師沒有義務識別第三時段的期后事項，而僅有關注的責任。審計師沒有義務針對財務報表做出查詢，但其可能通過媒體等其他途徑獲悉可能對財務報表產生重大影響的期后事項的可能性。在財務報表報出後，如果知悉在審計報告日已存在的、可能導致修改審計報告的事實，審計師應當考慮是否需要修改財務報表，並與管理層討論，同時根據具體情況採取適當措施。

三、各時段期后事項對審計意見的影響

（一）第一時段期后事項對審計報告的影響

如前所述，審計師對發生在第一時段的期后事項，負有主動識別的責任。如果獲悉期后事項屬於調整事項，審計師應當考慮被審計單位是否已對財務報表做出適當的調整；如果獲悉的期后事項屬於非調整事項，審計師應當考慮被審計單位是否在財務報表附註中予以充分披露。

如果被審計單位已做了調帳或披露處理，則不影響審計師發表無保留審計意見結論；否則，審計師應結合審計的重要性水平考慮發表保留或否定意見的審計報告。

（二）第二時段期后事項對審計報告的影響

在審計報告日後至財務報表報出日前，如果審計師知悉可能對財務報表產生重大影響的事實，應當考慮是否需要修改財務報表，並與管理層討論，同時根據具體情況採取適當措施。對雖不影響財務報表金額，但可能影響對財務報表正確理解的事項，提請被審計單位在財務報表有關附註中做適當披露。這是因為，這類非調整事項通常可能涉及較大的金額或性質較嚴重，如不加以說明，將會影響財務報表的

使用者對被審計單位財務狀況、經營成果做出正確的估價和決策。如果被審計單位不接受調整或披露建議，審計師應當發表保留意見或否定意見。

如果管理層修改了財務報表，審計師應當根據具體情況實施必要的審計程序，並針對修改后的財務報表出具新的審計報告。新的審計報告日期不應早於董事會或類似機構批准修改后的財務報表的日期。相應地，審計師應當將審計程序延伸至新的審計報告日。

如果審計師認為應當修改財務報表而管理層沒有修改，並且審計報告尚未提交給被審計單位，審計師應當按照《中國審計師審計準則第1502號——非標準審計報告》的規定，出具保留意見或否定意見的審計報告。

如果審計師認為應當修改財務報表而管理層沒有修改，並且審計報告已提交給被審計單位，審計師應當通知治理層不要將財務報表和審計報告向第三方報出。

如果財務報表仍被報出，審計師應當採取措施防止財務報表使用者信賴該審計報告；採取的措施取決於自身的權利和義務以及徵詢的法律意見。

（三）第三時段期后事項對審計報告的影響

第三時段期后事項發生在財務報表報出后，審計師沒有義務針對財務報表做出查詢。

在財務報表報出后，如果知悉在審計報告日已存在的、可能導致修改審計報告的事實，審計師應當考慮是否需要修改財務報表，並與管理層討論，同時根據具體情況採取適當措施。

如果管理層修改了財務報表，審計師應當根據具體情況實施必要的審計程序，復核管理層採取的措施能否確保所有收到原財務報表和審計報告的人士瞭解這一情況，並針對修改后的財務報表出具新的審計報告。

新的審計報告應當增加強調事項段，提請財務報表使用者注意財務報表附註中對修改原財務報表原因的詳細說明，以及審計師出具的原審計報告。

新的審計報告日期不應早於董事會或類似機構批准修改后的財務報表的日期。相應地，審計師應當將審計程序延伸至新的審計報告日。

如果管理層既沒有採取必要措施確保所有收到原財務報表和審計報告的人士瞭解這一情況，又沒有在審計師認為需要修改的情況下修改財務報表，審計師應當採取措施防止財務報表使用者信賴該審計報告，並將擬採取的措施通知治理層；採取的措施取決於自身的權利和義務以及徵詢的法律意見。

如果臨近公布下一期財務報表，且能夠在下一期財務報表中進行充分披露，審計師應當根據法律法規的規定確定是否仍有必要提請被審計單位修改財務報表，並出具新的審計報告。

審計師對期后事項測試時，其應負責任的日期應以完成測試工作日期為限。審計師沒有責任實施測試程序或進行專門詢問，以發現審計報告日至財務報表公布日發生的期后事項，但應對其知悉的期后事項予以關注，並實施相應的測試程序。被審計單位管理層有責任及時向審計師告知可能影響財務報表的期后事項。例如，被審計單位確定的財務報表公布日為3月20日，審計師於3月16日完成了對被審計

單位上年度的測試工作,因此確定審計報告日為3月16日。現假定審計師於3月17日得知被審計單位於當天收購了另一家公司。在這種情況下,審計師仍應認為該購買事項對被審計單位年度財務報表的可靠性有重要影響,需追加對該新近發生的期後事項的測試。審計師追加期後事項測試時對審計報告日期的選擇是:將所有期後事項測試的期間延長到審計師新近確定的期後事項的測試完成日期,即變更測試工作結束日。以上述收購事項為例,審計師於3月18日完成了對被審計單位截至該日止的包括收購事項在內的所有期後事項的測試,則應將3月18日確定為審計報告日。

延長測試工作結束日的做法,在財務報表測試範圍內全面地擴大了審計師的責任範圍。如在財務報表公布日後獲知審計報告日已經存在但尚未發現的期後事項,審計師應當與被審計單位討論如何處理,並考慮是否需要修改已測試財務報表。如被審計單位拒絕採取適當措施,審計師應當考慮是否修改審計報告。

【案例】審計師李雲對TD股份有限公司2014年度的財務報表進行審計,並於2015年4月1日出具了審計報告,該公司的財務報表於4月15日公布。在2015年4月20日,審計師獲知TD股份有限公司在2014年12月20日出售了其在一家子公司的股權,該子公司的利潤總額占合併財務報表利潤的30%。對於此事項中國證監會責令TD股份有限公司修改財務報表,該公司修改財務報表后,聘請審計師李雲重新編製審計報告。

本案例中,期後事項雖然是在財務報表公布後發現的,但該事項在資產負債表日已經發生,屬於影響測試年度財務報表的事項,應當建議被審計單位調整財務報表。如果已測試財務報表公布後被審計單位需要修改財務報表,應當聘請審計師重新編製審計報告。審計師接受委託後,應當對導致財務報表重新編製的交易或事項進行測試,如採取閱讀當期財務報表、將重新編製前後的財務報表進行比較等。重新出具審計報告,不是出具補充審計報告,而是因為原來發表意見的對象內容改變了,因此原審計報告會因為沒有存在的基礎而作廢,這時重新出具的審計報告是唯一有效的報告,它與重新編製的財務報表一起向社會公眾傳遞會計信息。但注意,審計師應當提請公司管理層採取適當措施確保所有財務報表使用人瞭解財務報表和審計報告已被修正這一情況。從原審計報告簽署日至作廢日(簽發修正後的財務報表日),如果因審計師執業不當給報告使用人造成損失,審計師應當承擔相應責任。

對於多期財務報表測試,如果審計師重新編製審計報告,應在審計報告的意見段後增加強調事項段,指明財務報表和審計報告修正的主要原因並披露:①原審計報告的日期;②原發表的意見類型;③導致審計師發表不同意見的情形或者事項;④審計師對於重新編製的財務報表發表的意見有可能不同於原發表的審計意見。

【案例分析】ABC會計師事務所承接D股份有限公司2014年財務報表審計工作。於2015年3月15日完成審計工作,審計報告於2015年3月20日提交。被審計單位於2015年3月22日對外公布財務報表。審計師在期後事項期間分別發生如下事項:

(1) 2015年3月14日D股份有限公司在一起歷時半年的訴訟中敗訴,支付賠

償金 1,500 萬元，D 股份有限公司在上年末已確認預計負債 1,000 萬元。被審計單位最終未接受審計師要求的按規定對此事項進行恰當會計處理的建議。

（2）2015 年 4 月 8 日因遭受火災，存貨發生毀損 100 萬元。

（3）2015 年 3 月 21 日已確認為 2014 年度營業收入的重大銷售相關貨物因質量原因被退回，管理層最終並未修改財務報表。

（4）2015 年 4 月 2 日被審計單位為從銀行借入 5,000 萬元長期借款而簽訂重大資產抵押合同。

（5）2015 年 3 月 23 日，審計師發現已公布財務報表中存在某項當初未被發現的重大錯報。被審計單位按審計師的要求修改了財務報表。

要求：分別判斷各事項是否為期後事項。如是，請判斷期後事項的種類；指出審計師應承擔的責任；對於歸屬於期後事項的，審計師應採取的措施。（提示：上述事項相互之間並不關聯，單獨考慮每一事項即可）

解析：見表 13-5。

表 13-5

事項序號	是否歸屬於期後事項（是或否）	期後事項的種類	審計師應承擔的責任	對於歸屬於期後事項的，審計師應採取的應對措施
事項一	是	第一時段期後事項	主動識別該時段期後事項。	審計師應當出具保留或否定意見的審計報告。
事項二	否	—	不承擔任何責任。	—
事項三	是	第二時段期後事項	被動識別第二時段期後事項。	審計師應當通知管理層不要將財務報表和審計報告向第三方提出。如果財務報表仍被報出，審計師應當採取措施防止財務報表使用者信賴該審計報告。
事項四	否	—	不承擔任何責任。	—
事項五	是	第三時段期後事項	沒有義務識別第三時段期後事項，但如果知悉在審計報告日已存在的、可能導致修改財務報表的事實，審計師應當採取適當措施。	①實施必要的審計程序，確定管理層對財務報表的修改是否恰當；②復核管理層採取的措施能否確保所有收到原財務報表和審計報告的人士瞭解這一情況；③針對修改后的財務報表出具新的審計報告，新的審計報告應當增加強調事項段，提請財務報表使用者注意財務報表附註中對修改原財務報表原因的詳細說明，以及審計師出具的原審計報告；④審計師應當將用以識別期後事項的審計程序延伸至新的審計報告日，以避免重大遺漏。

第十四章
完成審計工作

學習目標:

通過本章學習,你應該能夠:
- 瞭解現場審計后期的主要工作內容;
- 理解匯總差異、重要性與審計意見的關係;
- 掌握溝通、復核與外部聲明書的作用。

在審計過程的最后階段,審計師完成了現場審計工作,為了編製審計報告和發表審計意見的需要,應當對全部審計工作進行整體評價和分析。主要內容包括:匯總審計差異、同治理層進行有效溝通、復核審計工作、獲取管理層聲明書和律師聲明書、總結和評價審計結果。

第一節 匯總審計差異

在完成按業務循環進行的控制測試、交易與帳戶余額的實質性程序后,對審計中發現的被審計單位的會計處理與企業會計準則的不一致,即審計差異,審計項目負責人應根據審計重要性原則予以初步確定並匯總,並建議被審計單位進行調整,使經審計的財務報表所載信息能夠公允地反應被審計單位的財務狀況、經營成果和現金流量。對審計差異的「初步確定並匯總」直至形成「經審計的財務報表」,主要工作是通過編製審計差異調整表和試算平衡表得以完成的。

一、編製審計差異調整表

(一) 審計差異的種類

審計差異又稱為審計誤差或錯報,審計差異內容按是否需要調整帳戶記錄可分為核算差異(誤差或錯報)和重分類差異(誤差或錯報)。

1. 核算差異(誤差或錯報)

核算差異(誤差或錯報)是因為被審計單位對經濟業務進行了不正確的會計核算而引起的錯誤,如會計科目使用錯誤或是記帳金額錯誤等。按照審計重要性原則來衡量核算誤差,又分為建議調整的核算誤差和不建議調整的核算誤差。

正確劃分建議調整的核算誤差和不建議調整的核算誤差,是編製審計差異調整

表的關鍵，對財務報表審計意見有重大影響。其劃分原則為：

（1）如果單筆核算誤差低於所涉及財務報表項目（或帳戶）層次的重要性水平，並且性質不重要的，一般視為不建議調整的核算誤差；

（2）如果單筆核算誤差低於所涉及財務報表項目（或帳戶）層次的重要性水平，但是性質重要的，應視為建議調整的核算誤差；

（3）如果單筆核算誤差超過所涉及財務報表項目（或帳戶）層次的重要性水平，應視為建議調整的核算誤差；

（4）如果多筆核算誤差（指匯總錯漏報）超過所涉及財務報表層次的重要性水平，應視為建議調整的核算誤差。

2. 重分類差異（誤差或錯報）

該項誤差是因企業未按企業會計準則列報財務報表而引起的錯誤。例如，被審計單位資產負債表中長期借款項目中包括了一年內到期的長期借款。

（二）編製審計差異調整表

無論是核算誤差和重分類誤差，在審計工作底稿中通常都是以會計分錄的形式反應的。由於審計中發現的錯誤往往不止一兩項，為便於審計項目的各級負責人綜合判斷、分析和決策，也為了便於有效編製試算平衡表和代編經審計的財務報表，通常需要將這些建議調整的核算誤差、不建議調整的核算誤差和重分類誤差分別匯總至調整分錄匯總表、重分類分錄匯總表和未調整不符事項匯總表。三張匯總表的參考格式分別見表14-1、表14-2和表14-3。

表 14-1　　　　　　　　　　審計差異調整表
　　　　　　　　　　　　——調整分錄匯總表

被審計單位名稱：＿＿＿＿　　　　簽名　　日期　　索引號
審計項目名稱：＿＿＿＿　　　　　編製人
會計期間或截止日：＿＿＿＿　　　復核人　　　　　　頁次

序號	索引號	調整分錄及項目	資產負債表		利潤表		影響利潤 +（-）
			借方	貸方	借方	貸方	
		合計					

表 14-2　　　　　　　　　　審計差異調整表
　　　　　　　　　　　——重分類分錄匯總表

被審計單位名稱：_____
審計項目名稱：_____
會計期間或截止日：_____

簽名	日期	索引號
編製人		
復核人		頁次

序號	索引號	重分類內容及分類項目	調整金額 借方	調整金額 貸方	被審計單位調整情況及未調整原因
		合　　計			

表 14-3　　　　　　　　　　審計差異調整表
　　　　　　　　　　　——未調整不符事項匯總表

被審計單位名稱：_____
審計項目名稱：_____
會計期間或截止日：_____

簽名	日期	索引號
編製人		
復核人		頁次

序號	索引號	未調整的內容及說明	調整金額 借方	調整金額 貸方	備註

未予調整的影響：
　　　　項目　　　　金額　　　百分比　　　　計劃百分比
1. 淨利潤
2. 淨資產
3. 資產總額
4. 營業收入

審計結論：

【案例分析】 審計師於 2015 年 3 月 20 日完成了對 ABC 公司 2014 年度財務報表的外勤審計工作。確定的財務報表層次的重要性水平為 30 萬元，其他有關資料如下：

(1) 2014 年 1 月 1 日按面值購入 3 年期、票面年利率為 5%、到期一次還本付息的公司債券（假定企業準備長期持有）800 萬元，年末未計提債券利息；

(2) 2014 年 12 月 22 日法院終審判決本公司與乙公司的官司敗訴，應支付乙公司賠償款為 60 萬元，並與 12 月 30 日執行完畢，但該公司在 2014 年末未做帳務處理；

(3) 2014 年末資產負債表上列「預付帳款」為 890 萬元，「應付帳款」為 610 萬元，「預付帳款」和「應付帳款」的明細資料如下：

預付帳款——甲公司	900 萬元	應付帳款——D 公司	-200 萬元
預付帳款——乙公司	-300 萬元	應付帳款——E 公司	500 萬元
預付帳款——丙公司	290 萬元	應付帳款——F 公司	310 萬元
合計	890 萬元	合計	610 萬元

要求：判斷上述是否為審計差異？如是，是哪種差異？在考慮審計重要性水平、不考慮調整分錄對期末結轉損益及利潤和利潤分配影響的前提下，請代審計師分別提出處理建議；編製調整分錄匯總表和重分類分錄匯總表。

【案例解析】
事項 (1)，是審計差異，屬於核算誤差，由於此項錯漏報達到 40 萬元（少計提債券利息 800×5%），超過報表層次的重要性水平，應視為建議調整的核算誤差。審計調整分錄為：

借：持有至到期投資　　　　　　　　　　　　　400,000
　　貸：投資收益　　　　　　　　　　　　　　　　400,000

事項 (2)，是審計差異，屬於核算誤差，由於此項錯漏報達到 60 萬元，超過報表層次的重要性水平，應視為建議調整的核算誤差。審計調整分錄為：

借：營業外支出　　　　　　　　　　　　　　　600,000
　　貸：其他應付款　　　　　　　　　　　　　　　600,000
借：其他應付款　　　　　　　　　　　　　　　600,000
　　貸：銀行存款　　　　　　　　　　　　　　　　600,000

事項 (3)，是審計差異，屬於重分類誤差，「預付帳款」帳戶由 890 萬元調整為 1,390 萬元，「應付帳款」帳戶由 610 萬元調整為 1,110 萬元，需調整的錯漏報遠遠超過報表層次的重要性水平，應視為建議調整的重分類誤差。審計調整分錄為：

借：預付帳款——乙公司　　　　　　　　　　3,000,000
　　貸：應付帳款——乙公司　　　　　　　　　　3000,000
借：預付帳款——D 公司　　　　　　　　　　2,000,000
　　貸：應付帳款——D 公司　　　　　　　　　　2,000,000

表 14-4　　　　　　　　　　　審計差異調整表
　　　　　　　　　　　　　——調整分錄匯總表

金額單位：萬元

序號	索引號	調整內容及項目	資產負債表 借方	資產負債表 貸方	利潤表 借方	利潤表 貸方	影響利潤 +（-）
(1)		持有至到期投資	40				
		投資收益				40	+40
(2)		營業外支出			60		-60
		其他應付款		60			
		其他應付款	60				
		銀行存款		60			
	合　　計		100	120	60	40	-20

表 14-5　　　　　　　　　　　審計差異調整表
　　　　　　　　　　　　　——重分類分錄匯總表

金額單位：萬元

序號	索引號	重分類內容及分類項目	調整金額 借方	調整金額 貸方	被審計單位調整情況及未調整原因
(3)		預付帳款	500		
		應付帳款		500	
	合　　計		500	500	

二、編製試算平衡表

試算平衡表是審計師在被審計單位提供未審財務報表的基礎上，考慮調整分錄、重分類分錄等內容以確定已審數與報表披露數的表式。下面列示了有關資產負債表試算平衡表的參考格式（見表 14-6）、利潤表試算平衡表的參考格式（見表 14-7）。需要說明的是：

（1）試算平衡表中的「未審金額」欄，應根據被審計單位提供的未審計財務報表填列。

（2）在編製完試算平衡表后，應注意核對相應的勾稽關係。

表 14-6　　　　　　　　　　　　　　資產負債表試算平衡表

項目	期末未審數	帳項調整 借方	帳項調整 貸方	重分類調整 借方	重分類調整 貸方	期末審定數	項目	期末未審數	帳項調整 借方	帳項調整 貸方	重分類調整 借方	重分類調整 貸方	期末審定數
貨幣資金							短期借款						
交易性金融資產							交易性金融負債						
應收票據							應付票據						
應收帳款							應付帳款						
預付帳款							預收款項						
應收利息							應付職工薪酬						
應收股利							應交稅費						
其他應收款							應付利息						
存貨							應付股利						
一年內到期的非流動資產							其他應付款						
其他流動資產							一年內到期的非流動負債						
可供出售金融資產							其他流動負債						
持有至到期投資							長期借款						
長期應收款							應付債券						
長期股權投資							長期應付款						
投資性房地產							專項應付款						
固定資產							預計負債						
在建工程							遞延所得稅負債						
工程物資							其他非流動負債						
固定資產清理							實收資本（股本）						
無形資產							資本公積						
開發支出							盈余公積						
商譽							未分配利潤						
長期待攤費用													
遞延所得稅資產													
其他非流動資產													
合計							合計						

表 14-7　　　　　　　　　利潤表試算平衡表工作底稿

被審計單位：＿＿＿＿＿＿＿＿＿＿＿＿　　索引號：＿＿＿＿＿＿＿＿＿＿
項目：＿＿＿＿＿＿＿＿＿＿＿＿＿＿＿　　財務報表截止日／期間：＿＿＿＿＿＿＿
編製：＿＿＿＿＿＿＿＿＿＿＿＿＿＿＿　　復核：＿＿＿＿＿＿＿＿＿＿＿＿＿＿＿
日期：＿＿＿＿＿＿＿＿＿＿＿＿＿＿＿　　日期：＿＿＿＿＿＿＿＿＿＿＿＿＿＿＿

項目		審計前金額	調整金額		審定金額
			借方	貸方	
一、	營業收入				
	減：營業成本				
	營業稅金及附加				
	銷售費用				
	管理費用				
	財務費用				
	資產減值損失				
	加：公允價值變動損益				
	投資收益				
二、	營業利潤				
	加：營業外收入				
	減：營業外支出				
三、	利潤總額				
	減：所得稅費用				
四、	淨利潤				

第二節　獲取管理層和律師聲明書

一、管理層聲明書

　　審計師在出具審計報告前，應當獲取審計證據，以確定管理層認可其按照適用的會計準則和相關會計制度的規定編製財務報表的責任，並且已批准財務報表。在獲取此類審計證據時，審計師應當考慮查閱治理層相關會議紀要、向管理層獲取書面聲明或已簽署的財務報表副本。

　　如果合理預期不存在其他充分、適當的審計證據，審計師應當就對財務報表具有重大影響的事項向管理層獲取書面聲明。管理層對其口頭聲明的書面確認可以減少審計師與管理層之間產生誤解的可能性。

　　管理層聲明包括書面聲明和口頭聲明。書面聲明作為審計證據通常比口頭聲明可靠。書面聲明可以採取下列形式：①管理層聲明書；②審計師提供的列示其對管理層聲明的理解並經管理層確認的函；③董事會及類似機構的相關會議紀要，或已

簽署的財務報表副本。

當要求管理層提供聲明書時，審計師應當要求將聲明書直接送審計師本人。聲明書應當包括要求列明的信息，標明適當的日期並經簽署。管理層聲明書標明的日期通常與審計報告日一致。但在某些情況下，審計師也可能在審計過程中或審計報告日後就某些交易或事項獲取單獨的聲明書。

管理層聲明書通常由管理層中對被審計單位及其財務負主要責任的人員簽署。在某些情況下，審計師也可以向管理層中的其他人員獲取管理層聲明書。

如果管理層拒絕提供審計師認為必要的聲明，審計師應當將其視為審計範圍受到限制，出具保留意見或無法表示意見的審計報告。在這種情況下，審計師應當評價審計過程中獲取的管理層其他聲明的可靠性，並考慮管理層拒絕提供聲明是否可能對審計報告產生其他影響。

審計師要求管理層提供的書面聲明僅限於單獨或匯總起來對財務報表產生重大影響的事項。必要時，審計師應將對聲明事項重要性的理解告知管理層。

審計師應當就下列事項向管理層獲取書面聲明：①管理層認可其設計和實施內部控制以防止或發現並糾正錯報的責任；②管理層認為審計師在審計過程中發現的未更正錯報，無論是單獨還是匯總起來考慮，對財務報表整體均不具有重大影響。未更正錯報項目的概要應當包含在書面聲明中或附於書面聲明後。

當管理層聲明的事項對財務報表具有重大影響時，審計師應當實施下列審計程序：①從被審計單位內部或外部獲取佐證證據；②評價管理層聲明是否合理並與獲取的其他審計證據（包括其他聲明）一致；③考慮做出聲明的人員是否熟知所聲明的事項。

審計師需要注意：被審計單位管理層聲明書屬於非獨立來源的書面說明。因此，不能將它視為非常可靠的審計證據。雖然它提供了審計師要求被審計單位管理層回答的某些問題的證據，但其主要作用是心理方面的，是用來保護審計師，並使其不至於捲入由於管理人員不明白自身責任而導致的潛在糾紛。

二、律師聲明書

被審計單位律師對有關函證問題的答覆和說明，就是律師聲明書。通常律師聲明書可提供一些有力的證據，並幫助審計師解釋並報告有關的期後事項和或有事項，從而減少審計師誤解上述特殊事項的可能性。所以，審計師在對被審計單位的期後事項和或有事項等進行審計時，有必要向被審計單位的法律顧問和律師進行函證，以獲取其對資產負債表日業已存在的，以及資產負債表日至他們復函日這一時期內存在的期後事項和或有事項等的確認證據，但其本身不足以對審計師形成審計意見提供基本理由。

審計師對律師的函證，通常通過被審計單位向其律師寄發審計詢證函的方式來實施。被審計單位應對曾為其提供法律諮詢或代理的所有律師寄發審計詢證函，其內容應包括被審計單位敘述和評價與該律師業務相關的期後事項和或有事項等情況。律師的責任在於聲明被審計單位對有關期後事項和或有事項等的敘述是完整的（或指

明其疏漏），並對被審計單位就有關期后事項和或有事項等情況的說明做出評價。

律師聲明書所用的格式和措辭並沒有定式。單位不同或情況不同，律師出具的聲明書也不相同。但是，律師聲明書的内容可能會影響審計師發表審計意見的類型。

審計師應根據該律師的職業條件和聲譽情況來確定律師聲明書的合理性。如果審計師熟悉該律師的職業聲譽，就不再需要做專門查詢；如果審計師對代理被審計單位重大法律事務的律師並不熟悉，則應查詢諸如該律師的職業背景、聲譽及其在法律界的地位等情況，並考慮從律師協會獲取信息。一旦這些方面都令人滿意，除非律師關於被審計單位法律事項的意見是不合情理的，否則審計師應接納律師聲明書中的意見。

審計師需要對律師聲明書從整體上進行分析，以便確定它對審計詢證函的總體反應，確定它與審計師所知的情況是否矛盾。倘若律師聲明書表明或暗示律師拒絕提供信息，或隱瞞信息，或對被審計單位敘述的情況應予修正而不加修正，審計師一般應認為審計範圍受到限制，就不能出具無保留意見的審計報告。

下面分別列示了一種常見的律師詢證函和律師詢證函復函的範例，僅供參考。

律師詢證函

本公司已聘請××會計師事務所對本公司　年　月　日（以下簡稱資產負債表日）的資產負債表以及截至資產負債表日的該年度利潤及利潤分配表和現金流量表進行審計。為配合該項審計，謹請貴律師基於受理本公司委託的工作（諸如常年法律顧問、專項諮詢和訴訟代理等），提供下述資料，並函告××會計師事務所：

一、請說明存在於資產負債表日並且自該日起至本函回覆日止本公司委託貴律師代理進行的任何未決訴訟。該說明中謹請包含以下内容：

1. 案件的簡要事實經過與目前的發展進程；
2. 在可能範圍内，該律師對於本公司管理層就上述案件所持看法及處理計劃（如庭外和解設想）的瞭解，及您對可能發生結果的意見；
3. 在可能範圍内，您對可能發生的損失或收益的可能性及金額的估計。

二、請說明存在於資產負債表日並且自該日起至本函回覆日止，本公司曾向該律師諮詢的其他諸如未決訴訟、追索債權、被追索債務以及政府有關部門時本公司進行的調查等可能涉及本公司法律責任的事件。

三、請說明截至資產負債表日，本公司與貴律師事務所律師服務費的結算情況（如有可能，請依服務項目區分）。

四、若無上述一及二事項，為節省您寶貴的時間，煩請填寫本函背面《律師詢證函復函》並簽章後，按以下地址，寄往××會計師事務所（地址：××市××路××號；郵編××××××）。

謝謝合作！

××公司（蓋章）
公司負責人（簽章）
　　　　　　　　　　　　　　　　　　　　年　　月　　日

```
           律師詢證函復函
××會計師事務所：
    本律師於_____期間，除向_____公司提供一般性法律諮詢服務，並未
有接受委託，代理進行或諮詢如前述一、二項所述之事宜。
    另截至    年    月    日止，該公司

    ○未積欠本律師事務所任何律師服務費。
    ○尚有本律師事務所的律師服務費計人民幣_____元，未予
付清。
                                        _____律師事務所
                                        律師_____（簽章）
                                              年      月      日
```

第三節　與治理層溝通

治理層是指對被審計單位戰略方向以及管理層履行經營管理責任富有監督責任的人員或組織。治理層的責任包括對財務報表過程的監督。管理層是指對被審計單位經營活動的執行富有管理責任的人員或組織。管理層負責編製財務報表，並受到治理層的監督。審計師應當就財務報表審計相關且根據職業判斷認為與治理層責任相關的重大事項，以適當方式及時與治理層溝通。

一、溝通的目的與方式

審計師與治理層溝通的主要目的是：①就審計範圍和時間以及審計師、治理層和管理層各方在財務報表審計和溝通中的責任，取得相互瞭解；②及時向治理層告知審計中發現的與治理層相關的責任；③共享有助於審計師獲取審計證據和治理層履行責任的其他信息。

溝通的形式涉及口頭或書面溝通、詳細或簡略溝通、正式或非正式溝通。有效的溝通形式不僅包括正式聲明和書面報告等正式形式，也包括討論等非正式的形式。如果以口頭形式溝通涉及治理層責任的事項，審計師應當確信溝通的事項已記錄於討論紀要或審計工作底稿。

二、溝通的主要事項

審計師應當直接與治理層溝通的事項包括：①審計師的責任；②計劃的審計範圍和時間；③審計工作中發現的問題；④審計師的獨立性。下面僅就審計工作中發現的問題和審計師的獨立性兩個方面進行說明。

(一) 審計工作中發現的問題

審計師應當就審計工作中發現的問題與治理層直接溝通下列事項：①審計師對被審計單位會計處理質量的看法；②審計工作中遇到的重大困難；③尚未更正的錯報，除非審計師認為這些錯報明顯不重要；④審計中發現的、根據職業判斷認為重大且與治理層履行財務報表過程監督責任直接相關的其他事項。

除非治理層全部參與管理，審計師還應當與治理層直接溝通的事項包括：①根據職業判斷認為需要提請治理層注意的管理層聲明；②已與管理層討論或書面溝通的、審計中發現的重大事項。

審計師應當就下列重要會計處理的質量和可接受性與治理層溝通：①選用的會計政策；②做出的會計估計；③財務報表的披露。

(三) 審計師的獨立性

如果被審計單位是上市公司，審計師應當就獨立性與治理層直接溝通下列內容：①就審計項目組成員、會計師事務所其他相關人員以及會計師事務所按照法律法規和職業道德規範的規定保持了獨立性做出聲明；②根據職業判斷，審計師認為會計師事務所與被審計單位之間存在的可能影響獨立性的所有關係和其他事項，包括會計師事務所在財務報表涵蓋期間為被審計單位和受被審計單位控制的組成部分提供審計、非審計服務的收費總額；③為消除對獨立性的威脅或將其降至可接受的水平，已經採取的相關防護措施。

如果被審計單位是非上市公司，但可能涉及重大的公眾利益，審計師應當考慮有關審計師獨立性的溝通事項是否適用。

如果出現了違反與審計師獨立性有關的職業道德規範的情形，審計師應當盡早就該情形及已經或擬採取的補救措施與治理層直接溝通。

此外，審計師還應當與治理層溝通的事項包括：①法律法規和本準則以外的其他準則要求溝通的事項；②與治理層或管理層商定溝通的事項。補充事項包括：已引起審計師注意的事項；③根據職業判斷認為與治理層的責任關係重大，且管理層或其他人員尚未與治理層有效溝通的事項。

第四節　復核與評價

審計師在全面完成審計的實質性測試程序后，審計組的項目經理應當對審計工作進行全面復核，並在此基礎上總結和評價審計結果，通過審計總結的編寫，總括說明審計計劃執行情況及審計目標的實現情況。

一、報表整體分析性復核

分析程序不僅被廣泛運用於審計的計劃階段和財務報表項目的實質性程序階段，也可用於審計報告階段對財務報表進行總體復核，以幫助審計師評價審計過程中形成的審計結論的恰當性和財務報表整體反應的公允性。需要說明的是，此階段的財

報分析數據已經經過被審計單位的調整或修改。

在對財務報表進行總體性復核時，審計師首先應當全面審閱財務報表及其附註，考慮針對實質性測試中發現的異常差異或未預期差異所獲取的證據是否充分、恰當；這些異常差異或未預期差異與審計計劃階段的預計之間的關係。然后再將分析性復核程序運用於財務報表上，以確定是否還可能存在任何其他的異常或未預期的關係。如果這種異常或未預期的關係存在，則審計師必須在完成審計外勤工作時追加實施額外的審計程序。

在對財務報表整體實施分析性程序時，可以運用比率法及其他比較技術。但由於這一審計程序的實施有一定的難度，需要比較豐富的審計經驗，因此，應由全面瞭解被審計單位經營情況和所屬行業特點的審計項目經理、部門經理甚至主任會計師來執行。並且，這種分析性復核程序的對象應集中在審計師認定的重要審計領域和考慮了所有建議調整的不符事項和重分類誤差后的財務報表方面。比較的一方是被審計單位的資料，比較的另一方則是預期的被審計單位的結果，可獲得的行業資料，或者產量、銷量和員工人數等相關的一些非財務資料。

二、項目組內部復核

審計工作底稿的復核是保證審計證據質量的基本方法，依照《中國審計師審計準則第1121號——對財務報表審計實施的質量控制》和《質量控制準則第5101號——會計師事務所對執行財務報表審計和審閱、其他鑒證和相關服務業務實施的質量控制》對審計工作底稿復核的規範，我國的財務報表審計程序中審計工作底稿的復核包括項目組內部復核和項目質量控制復核。

項目組內部復核通常會在制訂審計計劃時安排組內經驗豐富的人員擔任，主要包括復核人員、復核範圍、復核時間以及項目合夥人的復核。

(一) 復核人員

項目組需要在審計計劃階段確定復核人員的指派，以確保所有審計工作底稿均得到適當層級人員的復核，比如：舞弊風險的識別、評估與應對；重大會計政策的選擇和運用；重要會計估計及其他複雜的會計問題；關聯方及關聯交易；持續經營存在問題的判斷等審計風險較高的領域，均需要經驗豐富的組內復核人員進行內部復核。

(二) 復核範圍

復核範圍是所有的審計工作底稿至少要經過一級復核。其復核的主要內容包括：

(1) 審計工作是否已按照職業準則和適用的法律法規的規定執行；
(2) 重大事項是否已提醒進一步考慮；
(3) 相關事項是否已進行適當諮詢，由此形成的結論是否已得到記錄和執行；
(4) 是否需要修改已執行審計工作的性質、時間安排和範圍；
(5) 已執行的審計工作是否支持形成的結論，並已得到適當記錄；
(6) 已獲取的審計證據是否充分、適當；
(7) 審計程序的目標是否已實現。

（三）復核時間

復核人員需要在審計的計劃階段、實施階段和完成階段及時復核相應的審計工作底稿，即在審計全過程實施復核。比如：計劃階段主要復核審計策略和審計計劃的工作底稿；實施階段復核控制測試和實質性程序形成的工作底稿；完成階段復核記錄重大事項、審計調整及未更正錯報的工作底稿等。

（四）項目負責人復核

對已審計財務報表進行技術性復核，項目負責人可以通過填列和復核財務報表檢查清單的方式來進行。很多會計師事務所都備有詳細的財務報表檢查清單，甚至為不同的行業、不同性質的被審計單位準備了不同的檢查清單。該檢查清單由負責全面復核審計工作底稿的項目經理來填列完成。

檢查項目	是	否	不適合
1. 以前期間審計所結轉下來的事項是否全部處理。			
2. 各項審計程序是否全部完成。			
3. 審計範圍是否完全沒有受到限制。			
4. 期后承諾對財務的影響是否考慮過。			
5. 在審計報告日以前的董事會會議，股東大會以及其他相關的會議紀要是否都檢查了。			
6. 審計中發現的所有重大事項是否都已經在審計總結中反應，並且得到了滿意的解決。			
7. 審計項目組成員的分工是否都已經分別完成。			
8. 如果出具非標準無保留意見的審計報告，所使用的表達形式是否經主任會計師批准。			
9. 下一期間審計時需要考慮的重要事項的備忘錄是否已經存檔。			
10. 是否收到相關事項的聲明書。			
11. 董事會或管理層是否已經批准所審計財務報表及其附註，並且已經採納了我們的審計報告。			

（五）項目合夥人復核

項目合夥人是指會計師事務所中負責某項業務及其執行，並代表會計師事務所在出具的報告上簽字的合夥人。根據審計準則的規定，項目合夥人應當對會計師事務所分派的每項審計業務的總體質量負責；項目合夥人應當對項目組按照會計師事務所復核政策和程序實施的復核負責。

項目合夥人的復核內容包括：①對關鍵領域所做的判斷，尤其是執行業務過程中識別出的疑難問題或爭議事項；②特別風險；③項目合夥人認為重要的其他事項。

三、項目質量控制復核

項目質量控制復核是指在審計報告日或報告日之前，項目質量控制復核人員對項目組做出的重大判斷和在準備報告時得出的結論進行客觀評價的過程。

項目質量控制復核人員是指項目組成員以外的，具有足夠、適當的經驗和權限，

對項目組做出的重大判斷和在準備審計報告時得出的結論進行客觀評價的合夥人、會計師事務所其他人員、具有適當資格的外部人員或由這類人員組成的小組。

具有適當資格的外部人員是指會計師事務所以外的具有擔任項目合夥人的勝任能力和必要素質的個人，如其他會計師事務所的合夥人、審計師協會或提供相關質量控制服務的組織中具有適當經驗的人員。

會計師事務所應當制定政策和程序，要求項目質量控制復核包括下列工作：
（1）就重大事項與項目合夥人進行討論；
（2）復核財務報表或其他業務對象信息及擬出具的報告；
（3）復核選取的與項目組做出重大判斷和得出的結論相關的業務工作底稿；
（4）評價在編製報告時得出的結論，並考慮擬出具報告的恰當性。

只有完成項目質量控制復核，審計師才可以簽署審計業務報告。因此，項目質量控制復核人員在審計業務過程中的適當階段及時實施項目質量控制復核，以便重大事項在審計報告日之前得到及時的解決。

四、評價審計工作

審計師評價審計結果，主要是為了確定將要發表的審計意見的類型以及在整個審計工作中是否遵循了中國審計師審計準則。為此，審計師必須完成以下兩項工作：一是對重要性和審計風險進行最終的評價；二是對被審計單位已審計報表形成審計意見並撰寫審計報告草稿。

（一）重要性和審計風險的最終評價

對重要性和審計風險進行最終評價，是審計師決定發表何種類型審計意見的必要過程。該過程可以通過以下兩個步驟來完成：

第一步，按財務報表項目確定可能的審計差異即可能錯報金額。按財務報表項目確定的可能錯報金額由三部分組成：

（1）通過交易和財務報表項目的實質性程序所確認的未更正錯報，即「已知錯報」。這部分「已知錯報」既包含審計師考慮報表項目層次重要性水平而未建議被審計單位予以調整的未調整不符事項，也包括被審計單位拒絕按審計師的建議進行調整而形成的未調整不符事項。

（2）通過運用審計抽樣技術所估計的未更正預計錯報。

（3）通過運用分析程序發現和運用其他審計程序所量化的其他估計錯報。

第二步，確定各財務報表項目可能的錯報金額的匯總數（可能錯報總額）對財務報表層次重要性水平和其他與這些錯報有關的財務報表總額（比如流動資產或流動負債）的影響程度。應當注意的是：①這裡的財務報表層次的重要性水平是指審計計劃階段確定的重要性水平。如果該重要性水平在審計過程中已做過修正，則當然應按修正后的財務報表層次重要性水平進行比較。②這裡的可能錯報總額一般是指各財務報表項目可能的錯報金額的匯總數，但也可能包括上一期間的任何未更正可能錯報對本期財務報表的影響。如果審計師將上一期間的未更正可能錯報包括進來，可能會導致本期財務報表被嚴重錯報的風險高到無法接受的程度，則審計師估

計本期的可能錯報總和時，就應包括上一期間的未更正可能錯報。審計師在審計計劃階段已確定了審計風險的可接受水平。隨著可能錯報總和的增加，財務報表可能產生嚴重錯報的風險也會增加。如果審計師得出結論，審計風險處在一個可按受的水平，則可以直接提出審計結果所支持的意見。如果審計師認為審計風險不能接受，則應追加實施額外的實質性測試或者說服被審計單位做必要調整，以便將重要錯報的風險降低到一個可接受的水平；否則，審計師應慎重考慮該審計風險對審計報告的影響。

（二）對被審計單位已審計財務報表形成審計意見

在審計過程中，審計師要實施各種審計測試程序。這些測試通常是由參與本次審計工作的審計項目小組成員來執行的，而每個成員所執行的測試程序可能只限於某幾個領域或帳項，所以，在每個功能領域或報表項目的測試程序都完成之後，審計項目負責人應匯總所有成員的審計結果。

在完成審計工作階段，審計師為了對財務報表整體發表適當的意見，必須將這些分散的審計結果加以匯總和評價，綜合考慮在審計過程中所收集到的全部證據，通過判斷提出和發表不同類型的審計意見，並以審計報告的形式傳輸給財務報表使用者，草擬審計報告和提出初步的審計意見。審計師需要評價影響發表審計意見的重要因素主要包括：是否遵守企業會計準則、審計範圍是否受到限制、是否對企業持續經營能力產生重大懷疑等。

第十五章
審計報告

學習目標：

通過本章學習，你應該能夠：
- 瞭解審計報告的類型與格式；
- 明確不同審計意見的出具條件；
- 理解說明段、強調段及其他事項段；
- 掌握註冊會計師財務報表審計日前後的不同責任。

[引例] 根據中國註冊會計師協會發布的《2014年年報審計情況快報》（第15期）的公告，2015年1月1日—5月4日，40家證券資格會計師事務所共為2,667家上市公司出具了財務報表審計報告（詳見表15-1）。在上述2,667份審計報告中，標準審計報告2,569份，帶強調事項段的無保留意見審計報告71份，保留意見審計報告18份，無法表示意見的審計報告9份。在2,667份財務報表審計報告中，非標準財務報表審計報告98份，占3.67%，非標報告的數量和比例都較2013年度（87份，占3.43%）有所上升。

表15-1　上市公司2014年度財務報表審計報告意見匯總表

財務報表審計意見類型	滬市主板	深市主板	中小企業板	創業板	合計
（標準）無保留意見	972	453	727	417	2,569
帶強調事項段的無保留意見	41	19	6	5	71
保留意見	10	3	5	0	18
否定意見	0	0	0	0	0
無法表示意見	2	5	2	0	9
非標準審計意見小計	53	27	13	5	98
合計	1,025	480	740	422	2,667
非標準審計意見比例	5.17%	5.63%	1.76%	1.18%	3.67%

思考：分析不同審計意見的信息含量。

審計報告是表達審計意見的載體，及時編製並致送審計報告是註冊會計師的審計責任。本章將介紹註冊會計師在結束外勤工作的基本內容的基礎上，分析審計報告的基本類型及其編製審計報告的方法與要求，說明註冊會計師出具審計意見的影響因素，並對年報審計結束后發現的重大事項的影響作用進行分析和總結。

第一節　審計報告概述

在審計業務約定關係確定以后，註冊會計師以獨立的第三者的身分對被審計單位的財務報表項目實施必要的審計程序，收集充分而恰當的審計證據，根據中國註冊會計師審計準則的規範要求對被審計單位的財務狀況、經營成果及其現金流量進行客觀公正的評價，並將這種評價結果以審計報告的形式披露給財務報表使用者。審計報告是註冊會計師根據審計準則的要求，在實施審計工作的基礎上出具的，用於對被審計單位財務報表發表審計意見的書面文件。審計報告是審計工作的最終成果，具有法定證明效力。

一、審計報告的作用

（一）鑒證作用

註冊會計師簽發的審計報告是以超然獨立的第三者身分，對被審計單位財務報表合法性、公允性發表意見。這種意見，具有鑒證作用，得到了政府及其各部門和社會各界的普遍認可。政府有關部門，如財政部門、稅務部門等瞭解、掌握企業的財務狀況和經營成果的主要依據是企業提供的財務報表。財務報表是否合法、公允，主要依據註冊會計師的審計報告做出判斷。股份制企業的股東，主要依據註冊會計師的審計報告，來判斷被投資企業的財務報表是否公允地反應了財務狀況和經營成果，以進行投資決策等。

（二）保護作用

註冊會計師通過審計，可以對被審計單位出具不同類型審計意見的審計報告，以提高或降低財務報表信息使用者對財務報表的信賴程度，能夠在一定程度上對被審計單位的財產、債權人和股東的權益及企業利害關係人的利益起到保護作用。如投資者為了減少投資風險，在進行投資之前，必須要查閱被投資企業的財務報表和註冊會計師的審計報告，瞭解被投資企業的經營情況和財務狀況。投資者根據註冊會計師的審計報告做出投資決策，可以降低其投資風險。

（三）證明作用

審計報告是對註冊會計師審計任務完成情況及其結果所做的總結，它可以表明審計工作的質量並明確註冊會計師的審計責任。因此，審計報告可以對審計工作質量和註冊會計師的審計責任起證明作用。通過審計報告，可以證明註冊會計師在審計過程中是否實施了必要的審計程序，是否以審計工作底稿為依據發表審計意見，發表的審計意見是否與被審計單位的實際情況相一致，審計工作的質量是否符合要

求。通過審計報告,可以證明註冊會計師審計責任的履行情況。

二、審計報告的分類

(一) 按照審計報告的性質,可分為標準審計報告和非標準審計報告

標準審計報告是指包括標準措辭的引言段、範圍段和意見段的無保留意見的審計報告,不附有任何說明段、強調事項段或修正性用語。非標準審計報告是指帶強調事項段或其他事項段的無保留意見的審計報告和非無保留意見的審計報告。非無保留意見的審計報告包括保留意見的審計報告、否定意見的審計報告和無法表示意見的審計報告。標準審計報告以外的其他審計報告統稱為非標準審計報告。

(二) 按照審計報告使用目的,可分為公布目的的審計報告和非公布目的的審計報告

公布目的的審計報告,是指用於對企業股東、投資者、債權人等非特定利益關係者公布的附送財務報表的審計報告。

非公布目的的審計報告,是指用於經營管理、合併或業務轉讓、融通資金等特定目的而實施審計的審計報告。這類審計報告是分發給特定使用者的,如經營者、合併或業務轉讓的關係人、提供貸款的金融機構等。

(三) 按照披露的詳略程度,可分為簡式審計報告和詳式審計報告

簡式審計報告又稱為短式審計報告,是指註冊會計師對應公布的財務報表進行審計后所編製的簡明扼要的審計報告。簡式審計報告反應的內容是非特定多數的利害關係人共同認為的必要審計事項,它具有記載事項為法令或審計準則所規定的特徵,具有標準格式。因而,簡式審計報告一般適用於公布目的、具有標準審計報告的特點。註冊會計師根據審計結果和被審計單位對有關問題的處理情況,提出審計意見,出具四種基本類型的審計報告,即無保留意見的審計報告、保留意見的審計報告、否定意見的審計報告和無法表示意見的審計報告。

詳式審計報告又稱為長式審計報告,是指對審計對象所有重要的經濟業務和情況都要做詳細說明和分析的審計報告。詳式審計報告主要用於指出企業經營管理存在的問題和幫助企業改善經營管理,故其內容要較簡式審計報告豐富得多、詳細得多。詳式審計報告一般用於非公布目的、具有非標準審計報告的特點。

三、在審計報告中溝通的關鍵審計事項

關鍵審計事項是指註冊會計師根據職業判斷認為對當期財務報表審計最為重要的事項。為提高審計報告的信息含量和時效性,增進其溝通價值,加大審計工作的透明度,註冊會計師需要確定關鍵審計事項並就這些事項與被審計單位治理層進行溝通。

(一) 確定關鍵審計事項

確定關鍵審計事項應當考慮下列方面:

(1) 在執行審計工作過程中評估的重大錯報風險較高的領域或識別出的特別風險;

（2）與財務報表中涉及重大管理層判斷（包括被認為具有高度不確定性的會計估計）的領域相關的重大審計判斷；

（3）當期重大交易或事項對審計的影響。

（二）溝通關鍵審計事項

註冊會計師應當在審計報告的關鍵審計事項部分進行逐項描述，並同時說明下列內容：第一，該事項被認定為審計中最為重要的事項之一，因而被確定為關鍵審計事項的原因。第二，該事項在審計中是如何應對的，除非存在下列情形之一，註冊會計師應當在審計報告中逐項描述關鍵審計事項：該法律法規禁止公開披露某事項；在極其罕見的情形下，如果合理預期在審計報告中溝通某事項造成的負面後果超過產生的公眾利益方面的益處，註冊會計師確定不應在審計報告中溝通該事項。

第二節　標準審計報告

標準審計報告是指不含有說明段、強調事項段、其他事項段或其他任何修飾性用語的無保留意見的審計報告。其中，無保留意見是指當註冊會計師認為財務報表在所有重大方面按照適用的財務報表編製基礎編製並實現公允反應時發表的審計意見。包含其他報告責任段，但不含有強調事項段或其他事項段的無保留意見的審計報告也被視為標準審計報告。

一、標準審計報告的要素及內容

（一）要素

審計報告主要包括下列 10 項基本要素：①標題；②收件人；③審計意見；④形成審計意見的基礎；⑤管理層對財務報表的責任段；⑥註冊會計師對財務報表審計的責任；⑦按照相關要求，履行其他報告責任（如適用）；⑧註冊會計師的簽名及蓋章；⑨會計師事務所的名稱、地址及蓋章；⑩審計報告日期。

（二）審計報告的內容

1. 標題

審計報告的標題應統一規範為「審計報告」。

2. 收件人

審計報告的收件人是指註冊會計師按照審計業務約定書的要求致送審計報告的對象，一般是指審計業務的委託人。審計報告應當載明收件人的全稱。

3. 意見段

以審計意見作為標題，審計報告的意見段應當包括下列方面：指出被審計單位的名稱；說明財務報表已經審計；指出構成整套財務報表的每一財務報表的名稱；提及財務報表附註（包括重要會計政策概要和其他解釋性信息）；指明構成整套財務報表的每一財務報表的日期或涵蓋的期間。

如果認為財務報表符合下列所有條件，註冊會計師應當出具無保留意見的審計報告：第一，財務報表已經按照適用的會計準則和相關會計制度的規定編製，在所有重大方面公允反應了被審計單位的財務狀況、經營成果和現金流量；第二，註冊會計師已經按照中國註冊會計師審計準則的規定計劃實施審計工作，在審計過程中未受到限制。

當出具無保留意見的審計報告時，註冊會計師應當以「我們認為」作為意見段的開頭，並使用「在所有重大方面」「公允反應」等術語。

4. 形成審計意見的基礎

該部分位於審計意見之後，並包括下列方面：說明註冊會計師按照中國註冊會計師審計準則的規定執行了審計工作；提及審計報告中用於描述審計準則規定的註冊會計師責任的部分；聲明註冊會計師按照與審計相關職業道德要求獨立於被審計單位，並按照這些要求履行了職業道德方面的其他責任；說明註冊會計師是否相信獲取的審計證據是充分、適當的，為其發表審計意見提供了基礎。

5. 管理層對財務報表的責任段

該段應當說明管理層的責任，這種責任包括：按照適用的財務報告編製基礎編製財務報表，並使其實現公允反應，並設計、執行和維護必要的內部控制，以使財務報表不存在由於舞弊或錯誤導致的重大錯報；評估被審計單位的持續經營能力和使用持續經營假設是否適當，並披露與持續經營相關的事項。

6. 註冊會計師的責任段

該段應當說明下列內容：第一，註冊會計師的目標是對財務報表整體是否不存在由於舞弊或錯誤導致的重大錯報獲取合理保證，並出具包含審計意見的審計報告；第二，合理保證是高水平的保證，但並不能保證按照審計準則執行審計在某一重大錯報存在時總能發現；第三，錯報可能由於舞弊或錯誤導致的財務報表重大錯報風險的評估。

此外還包括：在按照審計準則執行審計工作的過程中，註冊會計師運用職業判斷，並保持職業懷疑。註冊會計師的責任描述，這些責任主要有：識別和評估由於舞弊或錯誤導致的財務報表重大錯報風險，對這些風險有針對性地設計和實施審計程序，獲取充分、適當的額審計證據，作為發表審計意見的基礎；瞭解與審計相關的內部控制，以設計恰當的審計程序，但目的並非對內部控制的有效性發表意見；評價管理層選用會計政策的恰當性和做出會計估計及相關披露的合理性；對管理層使用持續經營結舌的恰當性得出結論；評價財務報表的總體列報、結構和內容（包括披露），並評價財務報表是否公允反應相關交易和事項。

註冊會計師對財務報表審計的責任還包括：註冊會計師與治理層就計劃的審計範圍、時間安排和重大審計發現等進行溝通，包括溝通註冊會計師在審計中識別的值得關注的內部控制缺陷；對於上市實體財務報表審計，指出就遵守關於獨立性的相關職業道德要求向治理層提供聲明，並與治理層溝通可能被認為影響註冊會計師獨立性的所有關係和其他事項，以及相關的防範措施；上市實體的關鍵審計事項。

7. 按照相關要求，履行其他報告責任（如適用）

該部分應當作為單獨的內容，並以「對其他法律和監管要求的報告」為標題。

8. 註冊會計師的簽名及蓋章

審計報告應當由註冊會計師簽名並蓋章。對於合夥會計師事務所出具的審計報告，應當由一名對審計項目負最終復核責任的合夥人和一名負責該項目的註冊會計師簽名蓋章；對於有限責任會計師事務所出具的審計報告，應當由會計師事務所主任會計師或其授權的副主任會計師和一名負責該項目的註冊會計師簽名並蓋章。

9. 會計師事務所的名稱、地址及蓋章

審計報告應當載明會計師事務所的名稱和地址，並加蓋會計師事務所公章。

10. 日期

審計報告日期是指註冊會計師完成審計工作的日期。註冊會計師簽署的審計報告日期不應早於被審計單位管理層簽署財務報表的日期。這裡的完成審計工作是指註冊會計師完成了所有審計程序，獲取的審計證據足以支持對財務報表發表意見。註冊會計師在界定完成審計工作的日期時，應當考慮以下因素：①應當實施的程序全部完成；②要求被審計單位調整或披露的事項已經提出，被審計單位已經做出或拒絕做出調整或披露；③被審計單位管理層已經正式簽署了財務報表。

二、標準審計報告（即無保留審計意見的審計報告）適用條件

主要圍繞兩個方面進行評價：財務報表的編製基礎、是否實現公允反應。

對財務報表編製基礎的評價主要包括：

（1）財務報表是否充分披露了選擇和運用的重要會計政策；

（2）選擇和運用的會計政策是否符合適用的財務報告編製基礎，並適合被審計單位的具體情況；

（3）管理層做出的會計估計是否合理；

（4）財務報表列報的信息是否具有相關性、可靠性、可比性和可理解性；

（5）財務報表是否做出充分披露，使預期使用者能夠理解重大交易和事項對財務報表所傳遞的信息的影響；

（6）財務報表使用的術語（包括每一財務報表的標題）是否適當。

在評價財務報表是否實現公允反應時，應當考慮：財務報表的整體列報、結構和內容是否合理；財務報表（包括相關附註）是否公允地反應了相關交易和事項。

如果註冊會計師認為財務報表在所有重大方面按照適用的財務報告編製基礎編製並實現公允反應，就應當發表無保留審計意見。

三、標準審計報告的格式

表 15-1 為無保留審計意見審計報告的參考格式。

表 15-1

審計報告

ABC 股份有限公司全體股東：

一、對財務報表出具的審計報告

（一）審計意見

我們審計了后附的 ABC 股份有限公司（以下簡稱 ABC 公司）財務報表，包括 20×1 年 12 月 31 日的資產負債表和 20×1 年度的利潤表、現金流量表和相關附表（詳細列明附表名稱）以及財務報表附註。

我們認為，后附的財務報表在所有重大方面按照企業會計準則的規定編製，公允反應了公司 20×1 年 12 月 31 日的財務狀況以及 20×1 年度的經營成果和現金流量。

（二）形成審計意見的基礎

我們按照中國註冊會計師審計準則的規定執行了審計工作。審計報告的「註冊會計師對財務報表審計的責任」部分進一步明確了我們在這些準則下的責任。按照中國註冊會計師職業道德守則，我們獨立於公司，並履行了職業道德方面的其他責任。我們相信獲取的審計證據是充分、適當的，為其發表審計意見提供了基礎。

（三）關鍵審計事項

關鍵審計事項是根據我們的職業判斷，認為對本期財務報表審計最為重要的事項。這些事項是在對財務報表整體進行審計並形成意見的背景下進行處理的，我們不對這些事項提供單獨的意見。

（逐一描述關鍵審計事項）

（四）管理層和治理層對財務報表的責任

管理層負責按照企業會計準則的規定編製財務報表，使其實現公允反應，並設計、執行和維護必要的內部控制，以使財務報表不存在由於舞弊或錯誤導致的重大錯報。

在編製財務報表時，管理層負責評估公司的持續經營能力，披露與持續經營相關的事項（如適用），並運用持續經營假設，除非管理層計劃清算公司、停止營運或別無其他現實的選擇。

（五）註冊會計師對財務報表審計的責任

我們的目標是對財務報表整體是否不存在由於舞弊或錯誤導致的重大錯報獲取合理保證，並出具包含審計意見的審計報告。合理保證是高水平的保證，但並不能保證按照審計準則執行審計在某一重大錯報存在時總能發現。錯報可能由於舞弊或錯誤導致，如果合理預期錯報單獨或匯總起來可能影響財務報表使用者依據財務報表做出的經濟決策，則錯報是重大的。

在按照審計準則執行審計工作的過程中，我們運用了職業判斷，保持了職業懷疑，我們同時：①識別和評估由於舞弊或錯誤導致的財務報表重大錯報風險，

對這些風險有針對性地設計和實施審計程序，獲取充分、適當的審計證據，作為發表審計意見的基礎；②瞭解與審計相關的內部控制，以設計恰當的審計程序，但目的並非對內部控制的有效性發表意見；③評價管理層選用會計政策的恰當性和做出會計估計及相關披露的合理性；④對管理層使用持續經營假設的恰當性得出結論；⑤評價財務報表的總體列報、結構和內容（包括披露），並評價財務報表是否公允反應相關交易和事項。

除其他事項外，我們與治理層就計劃的審計範圍、時間安排和重大審計發現（包括我們在審計中識別的值得關注的內部控制缺陷）進行溝通。

我們還就遵守關於獨立性的相關職業道德要求向治理層提供聲明，並就可能被認為影響註冊會計師獨立性的所有關係和其他事項，以及相關的防範措施與治理層進行了溝通。

從與治理層溝通的事項中，我們確定哪些事項對當期財務報表審計最為重要，因而能構成關鍵審計事項。我們在審計報告中已逐一描述了這些事項。

二、按照相關法律法規的要求報告的事項

（本部分報告的格式和內容，取決於相關法律法規對其他報告責任的規定。）

××會計師事務所　　　　　　　　　　中國註冊會計師（簽名並蓋章）
　　（蓋章）　　　　　　　　　　　　中國註冊會計師（簽名並蓋章）
中國××市　　　　　　　　　　　　　二○×二年×月×日

第三節　非標準審計報告

非標準審計報告是指標準審計報告以外的其他審計報告，包括帶強調事項段的無保留意見的審計報告和非無保留意見的審計報告。非無保留意見的審計報告包括保留意見的審計報告、否定意見的審計報告和無法表示意見的審計報告。註冊會計師在出具非標準審計報告時，應當遵守《中國註冊會計師審計準則第1502號——在審計報告中發表非無保留意見》《中國註冊會計師審計準則第1503號——在審計報告中增加強調事項段和其他事項段》的相關規定。

一、非無保留意見的審計報告

（一）適用情形

當存在下列情形之一時，註冊會計師應當在審計報告中發表非無保留意見：

1. 根據獲取的審計證據，得出財務報表整體存在重大錯報的結論

要判斷財務報表整體是否存在由於舞弊或錯誤導致的重大錯報，註冊會計師應當根據獲取的審計證據來評價未更正錯報對財務報表所產生的影響。錯報是指某一財務報表項目的金額、分類、列報或披露，與按照適用的財務報表編製基礎應當列示的金額、分類、列報或披露之間存在的差異。財務報表的重大錯報可能源於：

①選擇的會計政策的恰當性；②對所選擇的會計政策的運用；③財務報表披露的恰當性或充分性。財務報表的重大錯報風險來源及示例如表 15-2 所示。

表 15-2

財務報表重大錯報的風險來源	示例
選擇的會計政策的恰當性	①選擇的會計政策與適用的財務報表編製基礎不一致； ②財務報表（包括相關附註）沒有按照公允列報的方式反應交易和事項。
會計政策運用的合理性	①管理層沒有按照適用的財務報表編製基礎的要求一貫運用所選擇的會計政策，包括管理層未在不同會計期間或對相似的交易和事項一貫運用所選擇的會計政策（運用的一致性）； ②不當運用所選擇的會計政策（如運用中的無意錯誤）。
財務報表披露的恰當性或充分性	①財務報表沒有包括適用的財務報表編製基礎要求的所有披露； ②財務報表的披露沒有按照適用的財務報表編製基礎列報； 財務報表沒有做出必要的披露以實現公允反應。

2. 無法獲取充分、適當的審計證據，不能得出財務報表整體不存在重大錯報的結論

不能得出財務報表整體不存在重大錯報結論的主要原因是審計範圍受到限制：超出被審計單位控制的情形；與註冊會計師工作的性質或時間安排相關的情形；管理層施加限制的情形。審計範圍受限的原因及示例如表 15-3 所示。

表 15-3

審計範圍受限的原因	示例
超出被審計單位控制的情形	被審計單位的會計記錄已被毀壞； 重要組成部分的會計記錄已被政府有關機構無限期地查封。
與註冊會計師工作的性質或時間安排相關的情形	被審計單位需要使用權益法對聯營企業進行核算，註冊會計師無法獲取有關聯營企業財務信息的充分、適當的審計證據以評價是否恰當地運用了權益法； 註冊會計師接受審計委託的時間安排，使註冊會計師無法實施存貨監盤； 註冊會計師確定僅實施實質性程序是不充分的，但被審計單位的控制是無效的。
管理層施加限制的情形	管理層阻止註冊會計師實施存貨監盤； 管理層阻止註冊會計師對特定帳戶餘額實施函證。

（二）確定非無保留意見的類型

註冊會計師確定恰當的非無保留意見類型，取決於下列事項：①導致非無保留意見的事項的性質，是財務報表存在重大錯報，還是在無法獲取充分、適當的審計證據的情況下，財務報表可能存在重大錯報；②註冊會計師就導致非無保留意見的事項對財務報表產生或可能產生影響的廣泛性做出的判斷。

廣泛性是描述錯報影響的術語，用以說明錯報對財務報表的影響，或者由於無法獲取充分、適當的審計證據而未發現的錯報（如存在）對財務報表可能產生的影響。根據註冊會計師的判斷，對財務報表的影響具有廣泛性的情形包括：①不限於對財務報表的特定要素、帳戶或項目產生影響；②雖然僅對財務報表的特定要素、帳戶或項目產生影響，但這些要素、帳戶或項目是或可能是財務報表的主要組成部分；③當與披露相關時，產生的影響對財務報表使用者理解財務報表至關重要。

表 15-4 列示了註冊會計師對導致發生非無保留意見的事項的性質和這些事項對財務報表產生或可能產生影響的廣泛性做出的判斷，以及註冊會計師的判斷對審計意見類型的影響。

表 15-4

導致發生非無保留意見的事項的性質	這些事項對財務報表產生或可能產生影響的廣泛性	
	重大但不具有廣泛性	重大且具有廣泛性
財務報表存在重大錯報	保留意見	否定意見
無法獲取充分、適當的審計證據	保留意見	無法表示意見

在發表非無保留意見時，註冊會計師應當對審計意見段使用恰當的標題，如「保留意見」「否定意見」或「無法表示意見」。審計意見段的標題能夠使財務報表使用者清楚註冊會計師發表了非無保留意見，並能夠表明非無保留意見的類型。

1. 保留意見
（1）適用情形
當存在下列情形之一時，註冊會計師應當發表保留意見：
①在獲取充分、適當的審計證據后，註冊會計師認為錯報單獨或匯總起來對財務報表影響更大，但不具有廣泛性。

註冊會計師在獲取充分、適當的審計證據后，只有當認為財務報表就整體而言是公允的，但還存在對財務報表產生重大影響的錯報時，不影響到財務報表的公允反應，才能發表保留意見；如果註冊會計師認為錯報對財務報表產生的影響極為嚴重且具有廣泛性，影響到財務報表的公允反應，則應發表否定意見。因此，保留意見被視為註冊會計師在不能發表無保留意見情況下最不嚴厲的審計意見。

②註冊會計師無法獲取充分、適當的審計證據以作為形成審計意見的基礎，但認為未發現的錯報（如存在）對財務報表可能產生的影響重大，但不具有廣泛性。

註冊會計師因審計範圍受到限制而發表保留意見還是無法表示意見，取決於無法獲取的審計證據對形成審計意見的重要性。註冊會計師在判斷重要性時，應當考慮有關事項潛在影響的性質和範圍以及在財務報表中的重要程度。只有當未發現的錯報（如存在）對財務報表可能產生的影響重大但不具有廣泛性時，才能發表保留意見。

（2）注意事項
如果註冊會計師對財務報表發表非無保留意見，除了上述規定的審計報告基本要素外，還需要注意以下事項：

①「審計意見」標題改為「保留意見」。

②將「形成審計意見基礎」這一標題改為「形成保留意見的基礎」，並就形成此種審計意見的理由進行描述。

③當由於財務報表存在重大錯報而發表保留意見時，註冊會計師應當根據適用的財務報告編製基礎在審計意見部分說明；註冊會計師認為，除形成保留意見的基礎部分所述事項的影響外，財務報表在所有重大方面按照適用的財務報告編製基礎編製，並實現公允反應。

④當由於無法獲取充分、適當的審計證據而發表保留意見時，註冊會計師應當在審計意見部分使用「除……可能產生的影響外」等術語。

2. 否定意見

（1）適用情形

在獲取充分、適當的審計證據後，如果認為錯報單獨或匯總起來對財務報表的影響重大且具有廣泛性，影響到財務報表整體的公允反應，註冊會計師應當發表否定意見。

（2）注意事項

如果註冊會計師對財務報表發表非無保留意見，除了上述規定的審計報告基本要素外，還需要注意以下事項：

①將「審計意見」標題改為「否定意見」。

②將「形成審計意見基礎」這一標題改為「形成否定意見的基礎」，並就形成此種審計意見的理由進行描述。

③當發表否定意見時，註冊會計師應當根據適用的財務報告編製基礎在審計意見部分說明；註冊會計師認為，由於形成否定意見的基礎部分所述事項的重要性，財務報表並沒有在所有重大方面按照適用的財務報告編製基礎編製，未能實現公允反應。

3. 無法表示意見

（1）適用情形

如果無法獲取充分、適當的審計證據以作為形成審計意見的基礎，但認為未發現的錯報（如存在）對財務報表可能產生的影響重大且具有廣泛性，註冊會計師應當發表無法表示意見。在極其特殊的情況下，可能存在多個不確定事項，即使註冊會計師對每個單獨的不確定事項獲取了充分、適當的審計證據，但由於不確定事項之間可能存在相互影響，以及可能對財務報表產生累積影響，註冊會計師不可能對財務報表形成審計意見。在這種情況下，註冊會計師應當發表無法表示意見。

（2）注意事項

如果註冊會計師對財務報表發表非無保留意見，除了上述規定的審計報告基本要素外，還需要注意以下事項：

①將「審計意見」標題改為「無法表示意見」。

②將「形成審計意見基礎」這一標題改為「形成無法表示意見的基礎」，並就形成此種審計意見的理由進行描述。

③當由於無法獲取充分、適當的審計證據而發表無法表示意見時，註冊會計師應當說明：

第一，不對后附的財務報表發表審計意見；

第二，由於形成無法表示審計意見的基礎部分所述事項的重要性，註冊會計師無法獲取充分、適當的審計證據以作為對財務報表發表審計意見的基礎；

第三，修改財務報表已經審計的說明，改為註冊會計師接受委託審計財務報表。

④無法表示意見的審計報告中不應當包含以下要素：提及審計報告中用於描述註冊會計師責任的部分；說明註冊會計師是否已獲取充分、適當的審計證據以作為形成審計意見的基礎。

⑤修改對註冊會計師責任段的描述。並僅能包含以下內容：

第一，說明註冊會計師的責任是按照中國註冊會計師審計準則的規定，對被審計的單位財務報表執行審計工作，以出具審計報告；第二，但由於形成無法表示意見的基礎部分所述的事項，註冊會計師無法獲取充分、適當的審計證據以作為發表審計意見的基礎；第三，說明註冊會計師在獨立性和職業道德其他要求方面的責任。

⑥不得在審計報告中包含關鍵事項部分。

強調事項段是指審計報告中含有的一個段落。該段落提及已在財務報表中恰當列報或披露的事項，根據註冊會計師的職業判斷，該事項對財務報表使用者理解財務報表至關重要。強調事項應當同時符合下列條件：一是該事項不會導致註冊會計師按照《中國註冊會計師審計準則第1502號——在審計報告中發表非無保留意見》的規定發表非無保留意見；二是該事項未被確定為將要在審計報告中溝通的關鍵審計事項。

註冊會計師可能認為需要強調事項的情形主要有：

（1）儘管已在財務報表中恰當列報或披露，但對財務報表使用者理解財務報表至關重要的事項。

（2）未在財務報表中列報或披露，但與財務報表使用者理解審計工作、註冊會計師的責任或審計報告相關的其他事項。

如果在審計報告中包含強調事項段，註冊會計師應當採取下列措施：一是將強調事項段作為單獨的一部分置於審計報告中，並使用包含「強調事項」這一術語的適當標題；二是明確提及被強調事項以及相關披露的位置，以便能夠在財務報表中找到對該事項的詳細描述；三是指出審計意見沒有因該強調事項而改變。

【案例分析】誠信會計師事務所的 A 和 B 註冊會計師對 XYZ 股份有限公司 2014 年度的財務報表進行審計，確定的財務報表層次重要性水平為 30 萬元。審計外勤工作結束日是 2015 年 3 月 15 日，並於 2015 年 3 月 28 日遞交審計報告。XYZ 股份有限公司 2014 年度審計前財務報表反應的資產總額為 8,200 萬元，股東權益總額為 2,600 萬元，利潤總額為 300 萬元。A 和 B 註冊會計師經審計發現該公司存在以下 5 個事項：

（1）該公司 2014 年 6 月購置一臺價值為 80 萬元的設備，已入帳，當月由管理

部門啟用，但當年並未計提折舊。該公司按政策規定，該設備折舊年限為4年，預計淨殘值率為10%，按直線法提折舊。

(2) 2014年5月1日，該公司為增加營運資金按面值發行2年期、面值為2,400萬元、票面年利率10%的企業債券，當日籌足資金並按規定做了相應的會計處理（債券發行費用略）。但當年未計提債券利息。

(3) 2014年10月31日，該公司清查盤點成品倉庫，發現X產品短缺50萬元，作了借記「待處理財產損溢」科目50萬元、貸記「庫存商品」科目50萬元的會計處理。2015年1月，查清短缺原因，其中屬於一般經營損失部分為35萬元、屬於非常損失部分為15萬元，由於結帳時間在前，公司未在2014年度財務報表中包含對這一經濟業務相應的會計處理。

(4) 2014年8月，XYZ公司與某廣告代理公司簽訂廣告代理合同，委託該公司承辦本公司產品廣告業務，採用路邊廣告牌形式。廣告代理合同約定：路邊廣告費用為360萬元，展示時間為2014年9月—2017年8月共3年，若因故在展示期間中止廣告，則代理方應退還未展示期間所分擔的廣告費用。XYZ公司於2014年8月支付上述費用計360萬元，並且考慮到電視廣告的受益期間難以準確界定，於當月將路邊廣告費用計入長期待攤費用，在自2014年9月起的36個月內平均攤入銷售費用，2014年度攤銷10萬元。

(5) 2015年1月10日，該公司原材料倉庫因火災造成Z原材料毀損280萬元，該公司於當月按規定進行了相應的會計處理。

要求：

①假定不考慮審計重要性水平因素，針對審計發現的上述5個事項，註冊會計師應分別提出何種處理建議？若需提出調整建議，應列示審計調整分錄（不考慮審計調整分錄對稅費、期末結轉損益及利潤分配的影響）。

②如果XYZ股份有限公司拒絕接受註冊會計師針對審計發現的上述5個事項所提出的相應的處理建議，註冊會計師應當出具何種意見類型的審計報告？並簡要說明理由。

③如果XYZ股份有限公司只存在上述第(4)和第(5)這兩個事項，並且接受A和B註冊會計師對第(4)個事項提出的相應的處理建議，但拒絕接受對第(5)個事項提出的相應的處理建議，註冊會計師應當出具何種意見類型的審計報告？並簡要說明理由。

④如果XYZ股份有限公司只存在上述第(1)和第(3)這兩個事項，並且拒絕接受註冊會計師對這兩個事項提出的相應的處理建議，註冊會計師應當出具何種意見類型的審計報告？並簡要說明理由。

【案例解析】

要求①：

事項(1)，屬於核算誤差，應補提半年折舊9萬元[80×(1-10%)÷4÷2]，註冊會計師應提請調帳。調整分錄為：

借：管理費用　　　　　　　　　　　　　　　　　　　90,000
　　　　貸：固定資產——累計折舊　　　　　　　　　　　　　90,000
事項（2），屬於核算誤差，應補提 8 個月的債券利息 160 萬元（2,400×10%÷12×8），註冊會計師應提請調帳。調整分錄為：
　　借：財務費用　　　　　　　　　　　　　　　　　　1,600,000
　　　　貸：應付債券——應計利息　　　　　　　　　　　1,600,000
事項（3），屬於核算誤差，註冊會計師應提請調帳。調整分錄為：
　　借：管理費用　　　　　　　　　　　　　　　　　　　350,000
　　　　營業外支出　　　　　　　　　　　　　　　　　　150,000
　　　　貸：待處理財產損溢　　　　　　　　　　　　　　500,000
事項（4），屬於核算誤差，2014 年少攤銷 30 萬元［2014 年應攤銷 40 萬元（360÷3÷12×4）］，註冊會計師應提請調帳。調整分錄為：
　　借：銷售費用　　　　　　　　　　　　　　　　　　　300,000
　　　　貸：長期待攤費用　　　　　　　　　　　　　　　300,000
事項（5），屬於期後事項——非調整事項，註冊會計師應提請披露。
　　要求②：匯總錯漏報數為 330 萬元（9+160+50+30），因為事項（1）（2）（3）（4）均使利潤總額減少，因此可以匯總。如果 XYZ 股份有限公司拒絕接受註冊會計師針對審計發現的上述 5 個事項所提出的相應的處理建議，註冊會計師應當出具否定意見類型的審計報告。
　　理由是：匯總錯漏報數為 330 萬元（9+160+50+30），遠遠超過財務報表層次的 30 萬元的重要性水平；事項（5）屬於非調整事項，註冊會計師的披露建議未被採納。
　　要求③：註冊會計師應當出具保留意見類型的審計報告。因為存在應披露而被審計單位未予以披露的重大事項。
　　要求④：註冊會計師應當出具保留意見類型的審計報告。因為匯總錯漏報數為 59 萬元（9+50），略微超過財務報表層次的 30 萬元的重要性水平。

第四節　審計報告的編製

　　編製審計報告是一項嚴格而細緻的工作，為確保審計報告的質量，註冊會計師應掌握編製審計報告的步驟和要求，認真做好審計報告的編製工作。

一、編製審計報告的步驟

　　審計報告主要由審計項目負責人編製。編製審計報告時，審計項目負責人應當仔細查閱註冊會計師在審計過程中形成的審計工作底稿，並要檢查註冊會計師的審計是否嚴格遵循了中國註冊會計師審計準則的要求，被審計單位是否按照企業會計準則及國家其他有關財務會計法規的規定以及有關協議、合同、章程的要求進行會

計核算，編製財務報表等，使註冊會計師能夠在按照審計準則要求進行審計並形成一整套審計工作底稿的基礎上，根據被審計單位對國家有關規定和經濟關係人有關要求的執行情況，提出客觀、公正、實事求是的審計意見。一般來說，編製審計報告需經過以下幾個步驟：

(一) 整理和分析審計工作底稿

在外勤審計過程中，審計工作底稿是分散的、不系統的。編製審計報告時，審計項目負責人應根據委託審計的內容、範圍和要求，對審計工作底稿進行整理和分析，全面總結審計工作。註冊會計師及其助理人員都應整理好自己的工作底稿，回顧是否有遺漏的環節，著重列舉審計中發現的問題。審計項目負責人應對全部審計工作底稿進行綜合分析，並對註冊會計師及其助理人員在審計過程中是否遵循了獨立審計準則要求進行檢查，對審計工作底稿做出綜合結論，形成書面記錄。

(二) 提請被審計單位調整和披露

註冊會計師在整理和分析審計工作底稿的基礎上，向被審計單位通報審計情況、初步結論、應調整財務報表的事項以及應在財務報表附註中予以披露的事項，提請被審計單位加以調整或披露。對於被審計單位會計記錄或會計處理方法上的錯誤，註冊會計師應提請被審計單位改正，並相應調整財務報表的有關項目。註冊會計師對於被審計單位會計處理不當、期後事項和或有事項，有的應提請被審計單位調整財務報表，有的應提請被審計單位在財務報表附註中加以披露，有的應在審計報告中予以說明。如審計報告用於對外公布目的，除被審計單位財務報表不需調整者外，註冊會計師應在致送審計報告時後附被審計單位調整后的財務報表。

(三) 確定審計報告的類型

註冊會計師以經過整理和分析的審計工作底稿為依據，並根據被審計單位是否接受其提出的調整和披露意見等情況，確定審計報告的類型和措辭。如被審計單位財務報表已根據調整和披露意見做了調整和披露，其合法性和公允性予以確認后，除專門要求說明的外，審計報告不必將被審計單位已調整和披露的事項再做說明。如果被審計單位不接受調整和披露建議，註冊會計師應當根據需要調整和披露事項的性質和重要程度，確定審計報告的類型；對於被審計單位資產負債表日與審計報告日之間發生的期後事項，註冊會計師應當根據其性質和重要程度以及被審計單位的處理情況，確定審計報告的類型。對於被審計單位截至報告日止仍然存在的未確定事項，註冊會計師應當根據其性質、重要程度和可預知的結果對財務報表反應的影響程度，確定審計報告的類型。

(四) 編製和出具審計報告

審計項目負責人在推理、分析審計工作底稿和要求被審計單位調整財務報表、對財務報表附註做出適當披露，並根據被審計單位對審計建議的採納情況確定審計報告的類型和措辭后，應擬訂審計報告提綱，概括和匯總審計工作底稿所提供的資料。標準審計報告可以只擬訂簡單的提綱，根據提綱進行文字加工就可以編製出審計報告。審計報告一般由審計項目負責人編製，如由其他人員編製時，須由審計項目負責人復核、校對。標準審計報告應按前述規定的審計報告類型、措辭和結構來

表述，以便為各財務報表使用者所理解。審計報告完稿后，應經會計師事務所的主任會計師復核，並提出修改意見。如審計證據不足以支持發表審計意見時，則應要求審計項目負責人追加審計程序，以確保審計證據的充分性與適當性。審計報告經復核、修改后定稿，經註冊會計師簽章並加蓋會計師事務所公章后報送委託人。

二、編製和使用審計報告的要求

為便於各財務報表的使用者根據審計意見來瞭解和判斷被審計單位的財務狀況、經營成果和現金流量，發揮審計報告的作用，編製及使用審計報告時，應符合下列基本要求：

（一）內容要完整

審計報告是會計師事務所提供給各財務報表使用者的「產品」，各財務報表使用者要根據審計意見，對被審計單位的財務狀況、經營成果和現金流量做出正確判斷。所以，註冊會計師在編製審計報告時，內容一定要全面完整。審計報告的書寫格式，應當明確表明收件人、簽發人、簽發單位等有關內容。審計報告應當按照中國註冊會計師審計報告準則的要求編製，確保對審計結論等的明確表述。

（二）責任要明確

註冊會計師應當按照審計準則的要求，通過實施適當的審計程序和審計方法，收集必要的審計證據，從而判斷被審計單位財務報表的編製是否符合企業會計準則的要求，是否公允地反應了被審計單位的財務狀況、經營成果以及現金流量，並把自己判定的結論即審計意見在審計報告中恰當地表達出來。

（三）證據要充分

審計報告是向使用者傳遞信息，提供其決策的依據。因此，審計報告所列的事實必須證據充分、適當，這也是發揮審計報告作用的關鍵所在。為此，審計報告一定要從實際出發，憑事實說話，不可虛構證據，提供偽證。一方面，審計報告所列事實必須可靠，引用資料必須經過復核；另一方面，審計報告所列事實必須具有充分性，應足以支持審計意見的形成，絕不能憑主觀願望對被審計單位的財務狀況、經營成果和現金流量提出審計意見：「事實勝於雄辯」。只有證據充分、適當，才能使審計報告令人信服，達到客觀、公正的要求。

（四）措辭要恰當

審計報告是註冊會計師對被審計單位特定時期內與財務報表反應有關的所有重大方面發表審計意見，並不是對被審計單位的全部經營管理活動發表審計意見。因此，在相關審計業務約定書中就必須明確這一點。註冊會計師應當要求委託人按照審計業務約定書的要求使用審計報告。委託人或其他第三者因使用審計報告不當所造成的后果，與註冊會計師及其所在的會計師事務所無關。

第五節　審計以后發現的事項

審計以后發現的重大事項，可能對財務報表使用者正確理解和使用財務報表產生一定的影響，註冊會計師有必要對這些重要事項給予必要的分析。

一、期后發現審計報告日存在的事實

如果註冊會計師在已審計財務報表公布后意識到財務報表中的某些信息有重大錯誤，就有責任保證已審計財務報表使用者瞭解有關錯報的情況。註冊會計師在對財務報表發表了無保留意見后，如果確定財務報表存在重大錯誤時，就形成了「期后發現審計報告日存在的事實」。引起重大錯誤的原因有重大的虛假銷售、未衝銷的報廢存貨、遺漏必不可少的財務報表附註等。未能發現的錯誤無論是註冊會計師的過失，還是被審計單位的過失，註冊會計師都有責任採取措施予以糾正。如果註冊會計師發現財務報表存在重大錯誤，最適宜的補救辦法是要求被審計單位立即發布一個修正后的財務報表，並解釋修正的原因，假若后一期的財務報表在修正的財務報表發布以前完成，就可以在后一期的財務報表中反應錯報的情況。註冊會計師有責任促使被審計單位採取恰當的措施，向財務報表的使用者通報財務報表的錯報情況。

如果被審計單位拒絕在披露錯報方面進行合作，註冊會計師就須將此情況通知被審計單位董事會。同時，還應向對被審計單位有管轄權的管理機構報告。還有一個更可行的辦法，即讓那些信任財務報表的使用者知道，財務報表不再值得信賴。如果被審計單位是一個上市公司，也可要求證券監管機構和股票交易所通知股東。如何鑑別期后發現的事實很重要，不能僅僅依據審計報告日后的情況而提出取消或重新公布財務報表的要求。例如，如果對審計報告日的有關事實進行恰當審計后認為，某筆應收帳款可以收回，而顧客卻在審計報告日后申請破產。在這種情況下，就不需要修改財務報表。只有當審計報告日已經存在的信息表明財務報表未公允表達時，才需撤銷或重新公布財務報表。

二、財務報表公布日后發現的重大不一致和重大錯報

註冊會計師審計的主要對象是被審計單位的財務報表，但這並不等於註冊會計師不關注與已審計財務報表一同披露的其他信息。對於被審計單位根據有關法規或慣例在年度報告、招股說明書等文件中披露的、除已審計財務報表以外的其他會計信息或非會計信息，註冊會計師也應同樣予以必要的關注。註冊會計師在財務報表公布日后，獲取其他信息時應關注兩種情況：①重大不一致。即其他信息與已審計財務報表中的相關信息相互矛盾，並可能導致註冊會計師對審計結論和審計意見產生懷疑。②對事實的重大錯報。即在其他信息中，對與已審計財務報表所反應事項不相關的重要信息做出了不正確的披露。

註冊會計師在查閱財務報表公布日后獲取的其他信息時，如注意到存在重大不一致或明顯的對事實的重大錯報，應當提請被審計單位修改已審計財務報表或其他信息。如果已審計財務報表需做修改，但被審計單位予以拒絕，註冊會計師應當根據需做修改的事項對財務報表的影響程度，重新考慮已出具審計報告的適當性。如果在審計報告發出后，註冊會計師發現了一些審計報告日已經存在的可能導致修正審計報告的事實，應當與被審計單位討論如何處理。如果被審計單位同意修改原來提供的有關資料，註冊會計師應當將前一次出具的審計報告撤銷，在實施必要的審計程序的基礎上，針對修改后的資料重新出具審計報告，而不是出具補充審計報告，以免對審計報告使用人造成誤導。

　　如果認定其他信息對事實的重大錯報確實存在，且被審計單位同意修改，註冊會計師可實施檢查被審計單位所採取的措施是否適當等必要的程序，以合理確信財務報表使用人知悉修改情況。如果認定其他信息對事實的重大錯報確實存在，而被審計單位卻拒絕修改，註冊會計師應當考慮以書面形式告知被審計單位最高管理層，並考慮徵求律師的意見。

國家圖書館出版品預行編目(CIP)資料

審計 / 呂先錩 主編. -- 第三版.
-- 臺北市：崧博出版：崧燁文化發行，2018.09
　面；　公分
ISBN 978-957-735-450-1(平裝)
1.審計學
495.9　　　107015109

書　　名：審計
作　　者：呂先錩 主編
發行人：黃振庭
出版者：崧博出版事業有限公司
發行者：崧燁文化事業有限公司
E-mail：sonbookservice@gmail.com
粉絲頁　　　　　　網　址：
地　　址：台北市中正區重慶南路一段六十一號八樓 815 室
8F.-815, No.61, Sec. 1, Chongqing S. Rd., Zhongzheng Dist., Taipei City 100, Taiwan (R.O.C.)
電　　話：(02)2370-3310　傳　真：(02) 2370-3210

總經銷：紅螞蟻圖書有限公司
地　　址：台北市內湖區舊宗路二段 121 巷 19 號
電　　話：02-2795-3656　傳真：02-2795-4100　網址：

印　　刷：京峯彩色印刷有限公司（京峰數位）

　　本書版權為西南財經大學出版社所有授權崧博出版事業有限公司獨家發行電子書及繁體書繁體版。若有其他相關權利及授權需求請與本公司聯繫。

定價：550 元
發行日期：2018 年 9 月第三版
◎ 本書以POD印製發行